U0940560

中国核能行业智库丛书
第七卷

中国核能行业协会　编

中国原子能出版社

图书在版编目（CIP）数据

中国核能行业智库丛书．第七卷 / 中国核能行业协会编．-- 北京：中国原子能出版社，2024. 8. -- ISBN 978-7-5221-3577-9

Ⅰ．F426.23-53

中国国家版本馆 CIP 数据核字第 20240AP267 号

中国核能行业智库丛书（第七卷）

出版发行 中国原子能出版社（北京市海淀区阜成路 43 号　100048）

责任编辑 胡晓彤　尚佳艺

责任校对 刘　铭

责任印制 赵　明

印　　刷 北京中科印刷有限公司

经　　销 全国新华书店

开　　本 787 mm × 1092 mm　1/16

印　　张 37.75　**字　数** 595 千字

版　　次 2024 年 8 月第 1 版　2024 年 8 月第 1 次印刷

书　　号 ISBN 978-7-5221-3577-9　**定　价** **228.00 元**

网址：http://www.aep.com.cn　E-mail: atomep123@126.com

发行电话：010-68452845

中国核能行业智库丛书（第七卷）
编辑工作组织机构

主　　编： 张廷克

副 主 编： 黄　峰　陈映坚　杨　波

编　　委（按姓氏汉语拼音排序）

白云生　陈　荣　郝志坚　李　涛　王少洪　赵　勇

郑玉辉

审核专家组（按姓氏汉语拼音排序）

组　　长： 黄　峰

成　　员： 白云生　林　森　肖　岷　严锦泉　周士荣　郑玉辉

编 辑 部

主　　任： 李　涛

特约编辑： 杨志平

成　　员： 李　涛　刘　玮　王　丹　王妍婷　何　玲　蔡　萌

策划者语

《中国核能行业智库丛书(第七卷)》编辑思路与遴选原则、理念、目标与前六卷一脉相承,拥有翔实的资料、最新的数据、科学的分析、国际化视野、权威的结论。

该书是一本发产业先声的智慧文萃,是行业专家们从不同角度、不同高度、不同深度对产业前途命运进行思考的思想文库,是中国核能行业协会致力打造的高端智库品牌,是传播、交流软科学研究成果的平台。期待广大读者品鉴。

深化交流与合作
共同推动核能可持续发展
（代序）

中国核能行业协会副理事长兼秘书长　张廷克

“应对全球气候变化背景下的能源绿色低碳转型”及“国际政治经济社会发展形势复杂多变背景下的能源供应安全”已成为当前全球能源发展的两大主线。核能作为全球公认的清洁低碳、安全高效的优质能源，在这两方面具有独特的优势。我将结合全球及中国核能发展，就核能可持续发展问题和大家一起分享一些观点和意见。

一、核能在应对气候变化、保障能源供应安全中的重要地位在国际社会已形成广泛共识，全球核能发展进入新的战略机遇期

联合国政府间气候变化委员会的评估报告指出，在考虑铀矿采冶及核电站退役治理后，核能依然是全生命周期碳排放最小的发电技术之一。《中国产品全生命周期温室气体排放系数集（2022）》显示，核电全生命周期（包括乏燃料后处理和废物处置）二氧化碳排放当量仅约 12.2 克 / 千瓦时，与水电基本持平，并低于风

电、光伏。同时，核燃料能量密度大，易于较大规模长期储存，具有准本土能源类似属性，发展核能有助于提高各国能源安全保障能力。

为进一步强化气候目标，保障本国能源安全，全球多数主要经济体均明确提出积极发展核能。欧盟议会正式将核能项目纳入绿色投资分类；法国政府提出大规模重振核电计划；英国政府将大力发展核能作为国家能源战略的重要组成；美国能源部最新研究报告指出，2050 年至少要再新增 2 亿千瓦核电装机，才能支撑其“碳中和”目标实现。中国政府也明确提出“积极安全有序发展核电”方针，已连续两年各核准建设 10 台核电机组，核电发展规模和节奏已进入新常态。2023 年 12 月，在第 28 届联合国气候变化大会（COP28）上，22 个国家达成了《三倍核能宣言》，共同努力推进到 2050 年将全球核能容量增加两倍。结合国际能源署（IEA）、国际原子能机构（IAEA）最新研究成果，在“碳中和”情景下，综合判断，2030 年、2050 年全球核电装机将由当前的 3.7 亿千瓦分别增长至约 5 亿、10 亿千瓦。

二、新时代中国核能安全高效发展取得重要成就，为推动核能可持续发展奠定了坚实基础

中国已全面跻身世界核电大国行列，核电安全运行业绩保持国际先进水平。截至 2024 年 3 月底，中国商运核电机组共 55 台，总装机容量 5 703 万千瓦，仅次于美国、法国，位居全球第三；在建及已核准核电机组 38 台，总装机容量 4 480 万千瓦，在运、在建及已核准总装机规模超过 1 亿千瓦，位居全球第一。2023 年，中国核电机组发电量为 4 334 亿千瓦时，位居全球第二，占全国发电量的 4.86%（仅占当前全球平均水平的 50%），年度等效减排二氧化碳约 3.4 亿吨。中国核电发展始终坚持“安全第一”的方针，核电生产运行保持着良好的安全业绩，从未发生国际核事件分级（INES）二级及以上的运行事件。与世界主要核电国家相比，2023 年中国核电机组的 WANO 综合指数满分比例和综合指数平均值均高于美国、俄罗斯、法国和韩国等主要核电国家。

自主三代核电技术达到国际先进水平，先进核能技术研发及示范取得重大成果。中国已形成了自主化三代压水堆“华龙一号”“国和一号”国产化品牌，具有四代特征的高温气冷堆、快堆，以及小型模块化反应堆等先进核电技术。其中，自主化三代核电技术已全面进入批量化建设阶段，“华龙一号”在国内外已有 5 台机组投入商运、在建机组 13 台，国家重大科技专项高温气冷堆示范工程已于 2023 年年底投入商运、“国和一号”示范工程建设稳步推进。在小型反应堆方面，全球首个陆上商用模块化小堆“玲龙一号”反应堆厂房主体结构已全部施工完成，预计 2026 年建成投产；泳池堆、低温供热堆和一体化供热堆等小型反应堆在研发设计方面已开展了大量工作。

中国持续推进“热堆—快堆—聚变堆”核能“三步走”发展战略。60 万千瓦级中国示范快堆建设有序推进，正在研发更为先进的装载金属混合燃料、采用干法乏燃料处理技术的百万千瓦级一体化闭式循环快堆核能系统，以期实现核燃料增殖及放射性废物最小化。在聚变堆研发方面，世界首个全超导大型托卡马克装置东方超环（EAST）创造了高约束模式运行新的世界纪录；中国环流三号实现 100 万安培等离子体电流下的高约束模式运行。

核能产业链保障能力全面提升，核电装备自主化、国产化水平稳步提高。铀矿勘查技术水平持续提升，发现了一批新的万吨级铀矿床，“四位一体”铀资源保障能力进一步夯实；具备了万吨级铀纯化转化能力，铀浓缩离心机实现了升级换代；具备了覆盖压水堆、重水堆和高温气冷堆等多种堆型的核燃料元件加工供应能力。通过自主研发和国产化攻关，形成了每年 10 台 / 套左右的百万千瓦级压水堆主设备制造能力，自主三代核电综合国产化率已达 90% 以上。核电工程建设规模，以及安全、质量、进度和造价控制等能力保持国际先进水平，具备了同时建造 40 余台核电机组的工程施工能力。乏燃料后处理科研专项及示范工程建设稳步推进，中低水平放射性固体废物的处置布局已初步形成，高放废物深地质处置地下实验室建设进展顺利。

三、核能作为新质生产力，是未来新型电力系统安全稳定运行的重要基础性支撑电源，将有力推动经济社会清洁低碳转型发展

当前，中国正在加快构建新型电力系统，核电是新型电力系统安全稳定运行的重要基础性支撑电源。一方面，核电可用率高，适于承担电网的基本负荷及负荷跟踪，能有效替代同等容量的煤电，为风电、太阳能发电等新能源消纳提供支撑；另一方面，核电可以提供电力系统安全稳定运行所必需的转动惯量，提高电力系统阻尼，增强系统在扰动后的恢复能力，尤其是在极端气候条件或事故情况下提供电力电量平衡支撑，提升电力系统风险应对能力。

综合中国核能行业协会及相关机构研究结论，为实现“碳达峰、碳中和”目标，预计到 2035 年，核能发电量在中国电力结构中的占比将达到 10% 左右，与当前的全球平均水平相当，相应减排二氧化碳约 9 亿吨；到 2060 年，核电发电量占比需要达到 18% 左右，与当前经济合作与发展组织（OECD）国家平均水平相当。

此外，中国也正在积极拓展核能多用途利用，为经济社会低碳转型提供新质解决方案。在核能供暖方面，海阳、秦山、红沿河核电厂供暖示范项目陆续投产，核能供暖面积已达到 1 320 万平方米。在工业供汽方面，不同类型的核反应堆设计参数范围可覆盖石化行业及加工制造业所需的各个蒸汽参数等级，江苏田湾核电基地核能工业供汽已投入试运行，浙江三门核电厂核能工业供汽等项目正在有序推进。核电海水淡化已为多个核电厂厂用水提供了保障，多个省份正在探索商业化核电海水淡化项目。根据中国核能行业协会初步研究成果，预计到 2030、2060 年，核能供暖规模有望分别达到 1.5 亿、15 亿平方米；核能在实现绿色低碳供暖、供汽、海水淡化和制氢等综合利用方面均有较广阔的市场空间。

四、继续深化核能国际交流与合作，共同推动全球核能安全高效可持续发展

全球核能界具有典型的命运共同体特征，应对全球气候变化、确保核安全是我

们共同的责任。当前全球核能发展迎来了新的战略机遇期，在把握重要发展机遇的同时，务必要更加深刻地认识核安全的极端重要性。核安全是核能发展的生命线，历史上的三次核事故都对全球核能发展造成了巨大的影响，也时刻提醒着我们对核安全要保持高度警醒。全球核能界务必要高度重视核安全，把核安全放在高于一切的位置，落实核安全责任，培育并践行核安全文化，加强领导力及能力建设，持续强化核安全改进与绩效提升，确保核安全万无一失。

深化国际交流与合作是推动全球核能安全高效可持续发展的有效途径，核安全无国界、应对全球气候变化无国界、人类文明交流与互鉴无国界。社会组织在全球核能安全改进与绩效提升、经验交流与知识共享、创新驱动与政策改善等方面发挥着重要的桥梁纽带作用和平台资源共享优势，中国核能行业协会始终以“创建世界一流协会”为愿景，以“构建核能安全发展命运共同体”为使命，期待与国际核能界同仁一道，更广泛、更深入、更持久地开展核能国际交流与合作，为造福人类美好生活、推动全球核能安全高效可持续发展贡献智慧和力量！

注：

在中国核能行业协会2024春季核能可持续发展国际论坛的致辞摘要，本书刊发以代序。

目　录

特别推荐

优秀文章

政策法规

核电建设运行

核燃料循环

核安全与应急

公众沟通

核技术应用

数字化转型

综合

两会议案提案（2024）

"五项举措"保障核电安全高质量发展

——在国际原子能机构核电厂运行安全国际大会的主旨报告（摘要）

生态环境部副部长、国家核安全局局长　董保同

2024年是习近平主席提出总体国家安全观和中国核安全观10周年。2014年，习近平主席首次提出总体国家安全观，在荷兰海牙全球核安全峰会上提出"理性、协调、并进"的中国核安全观，强调坚持"发展和安全并重、权利和义务并重、自主和协作并重、治标和治本并重"，对确保核安全提出明确要求。多年来，中国始终把保障核安全作为重要的国家责任，融入核能开发利用全过程，坚持以安全为前提发展核事业，按照最严格标准实施监督管理，不断推动核安全与时俱进。

一是坚持以法律法规为引领。坚持依法治理，注重接轨国际，形成了以《放射性污染防治法》《核安全法》《民用核设施安全监督管理条例》《核材料管制条例》《民用核安全设备监督管理条例》和《放射性物品运输安全管理条例》等为主体，多层次科学系统的核与辐射安全法律法规体系。

二是坚持以落实主体责任为关键。核电集团、营运单位和工程总承包单位等都建立健全安全管理体系、质量保证体系和内部监督机制。发布《核安全文化政策声明》《核安全文化特征》，积极培育和发展行业核安全文化。

三是坚持以严格精准监管为抓手。建立独立专业的核安全监管部门，实施独立有效的核安全监管，根据核电发展形势持续优化监管策略，依法实施严格监管，有力保障"华龙一号""国和一号"、AP1000、EPR等全球首堆高标准建造和安

全投运。通过建立核安全形势分析机制和核设施健康档案等，推动各核电基地及时有效防控可能的风险。

四是坚持以技术能力为支撑。中国拥有体系完整的核工业科研、设计、建造、运行管理能力和经验丰富的人才队伍。建成国家核与辐射安全监管技术研发基地，正在推进区域核与辐射监测应急物资储备库等重点项目建设，初步建成核电安全大数据中心，核电仿真分析、试验验证、独立校核计算和软件评价等核安全监管技术能力逐步提升。

五是坚持以经验反馈为手段。建设运行全国统一的核电厂经验反馈信息平台，健全经验反馈集中分析机制，近期围绕防造假、非能动、核燃料元件和辐射监测等开展经验反馈集中分析活动，成立人因、核电厂取水安全和运行技术规格书等专项工作组，强化共性问题分析、重要事件处理和行业信息通报，不断提升核安全监管的有效性。

六是坚持以开放合作为动力。认真履行国际义务和政治承诺，完成 9 次《核安全公约》和 4 次《乏燃料管理安全和放射性废物管理安全联合公约》履约。强化与国际原子能机构等多边交流，生态环境部核与辐射安全中心作为国际原子能机构全球首个核与辐射安全协作中心正式授牌。积极参与核安全国际同行评估，与主要核电国家、“一带一路”倡议沿线国等开展技术交流、审评咨询和联合研究，对标国际共同提高。

在全行业共同努力下，在国际同行关心支持帮助下，依托核电后发优势、完整的产业链保障和持续的安全改进，中国核电安全业绩总体保持良好。截至 2024 年 3 月底，中国大陆地区已颁发运行许可证的 56 台核电机组保持安全稳定，机组安全运行时间已超过 570 堆年，未发生国际核与辐射事件分级表（INES）2 级及以上事件；已颁发建造许可证的 27 台核电机组质量受控。

近年来，全球核电发展逐步复苏，让核能在保障能源供应、应对气候变化中发挥更大作用正逐渐成为新的共识。与此同时，需要指出的是，核能发展的好形势不是一劳永逸的，在一定程度上甚至是十分脆弱的，一次新的核事故就会使大好形势陡然逆转。我们必须形成另一个重要共识，那就是：核能的新发展、大发展必须建立在高水平核安全的基础上。我们必须牢牢树立安全第一的理念,时刻以如履薄冰的心态,始终保持对核安全的敬畏之心,时刻守牢核安全这一生命线。

中国作为核电大国,正在步入规模化发展,既面临全球气候变化影响、供应链造假等全球共性问题,也面临核电规模大、首堆新堆多等个性挑战,“保障上百台机组近百年安全运行”“确保核电建设规模化高峰期建造质量”正在成为我国面临的重大课题。我们将与时俱进推动核安全工作理念、方式和手段变革,以更高水平核安全保障核电高质量发展,为全球核安全治理贡献力量。

一要着力构建严密的核安全责任体系。全面有效的核安全责任体系是核电领域保障核安全的基石。首先,应确保核电厂营运单位对核安全负有绝对责任、直接责任。其次,要进一步落细落实核电集团、股份公司、监理公司和承包商等核电各环节全链条安全责任,建立严密的安全管理和质量保证体系,以安全为第一优先级建立考核体系。同时,要强化核电集团、股份公司的核安全管理,加强对核电专业化公司、核电工程总承包单位的管理,确保换料大修、设备采购和工程现场等重点环节的安全质量。最后,要强化违规造假管理,建立有效管理屏障,升级技防手段,完善责任传递机制,对弄虚作假和违规操作行为依法从严处罚,保持“零容忍”的高压态势。

二要着力完善与核事业发展相适应的现代化核安全监管体系。独立严格监管是核安全监管的立身之本。要健全系统完备的法规政策体系,加快制定小型模块化堆等新领域法规标准和监管政策。要健全问题导向、严格有效的监督执法体系,健全专业过硬、多元互补的技术支持体系,强化技术审评与现场监督贯通。要健全公开透明的经验反馈体系,畅通集团之间、设施之间,以及设计、制造、安装和运行等各单位之间的信息交流,提升监管针对性、有效性。要以更加独立、专业、严慎、高效的核安全监管,推进核安全监管现代化。

三要着力防范化解风险,提升产业链、供应链能力水平。核能本身有高水平的本质安全度,但必须看到,核能发展客观伴随着一定的风险,防控风险不仅要在核电设计建造运行管理中坚持纵深防御,也要在全链条加强风险管控。要健全科学精准、响应灵敏的风险防控体系,强化核安全风险监测预警,查找风险隐患和薄弱环节，对风险隐患提前预判、早期预警、及时干预。要加快推动先进核燃料组件研制进程，进一步提高安全性、可靠性。要推进放射性废物处理处置能力建设。要强化专业人才培养，确保与核电发展相适应。

四要着力筑牢夯实基础，强化科技“硬支撑”和安全“软实力”。一方面，核安全科技是核安全水平取得突破性提升的关键。要强化核安全科研，深入开展反应堆物理、热工水力、材料性能等基础性研究，集中力量解决燃料可靠性提升、运行机组老化管理等关键性问题，积极运用数字孪生、人工智能等信息化技术赋能核安全管理。另一方面，对核安全的科学认知是核能产业健康发展的重要基础。要做优做强核安全公共沟通品牌，培育专业化队伍，下大力气提高全社会对核安全的科学认知。

五要着力深化国际合作，推进核安全共建共治共享。核能事业一损俱损，核安全没有国界，国际核安全领域的团结交流与合作至关重要。我认为，现役核电长期安全运行、先进核能技术开发应用、新兴核电国家核安全保障能力建设与提升、国际核安全标准的完善与推广、核设施退役等，是需要特别关注的几个重点领域，这些领域都需要以深入的国际合作交流作为支撑。我们将以更积极的态度、更有效的作为参与国际核安全治理体系建设，紧密跟踪国际经验持续改进，积极为国际核安全治理体系建设贡献力量。我们将充分发挥国际原子能机构核安全协作中心平台作用，与其他国家共享实践经验，帮助有需要的国家提高监管能力。

和平开发利用核能是我们共同的愿望，确保核安全是我们共同的责任。让我们携手共进、精诚合作，共同构建公平、合作、共赢的国际核安全体系，打造核安全命运共同体，共同提升全球核安全水平，共享和平利用核能事业成果。

董保同，曾任国家原子能机构副主任，长期从事核政策法规研究。现任生态环境部副部长、党组成员，国家核安全局局长。

核电在新型电力系统的地位和作用

——在中国核协2024春季核能可持续发展国际论坛的主旨报告（摘要）

中国工程院院士　舒印彪

2023年，习近平总书记在中央全面深化改革委员会第二次会议上明确提出，“要深化电力体制改革，加快构建清洁低碳、安全充裕、经济高效、供需协同、灵活智能的新型电力系统，更好推动能源生产和消费革命，保障国家能源安全”，为新型电力系统发展指明了方向。习近平总书记在主持召开新时代推动东北全面振兴座谈会时指出，加快发展风电、光电、核电等清洁能源，建设风光火核储一体化能源基地。核电是全生命周期碳排放最少的清洁能源之一，具有装机容量大、能量密度高、运行安全可靠和绿色节能环保等特点，对我国优化电源结构、保障能源供应安全、实现“双碳”目标具有重要作用。党的二十大报告、《2030年前碳达峰行动方案》和《“十四五”现代能源体系规划》中都提出，要加快构建新型电力系统，积极安全有序发展核电。在新型电力系统建设中，核电应有怎样的功能定位，如何发挥好核电的作用，已成为一个重要的命题。借此机会，我将结合新型电力系统构建，就核电发展谈三方面的认识。

一、构建新型电力系统对核电发展提出了迫切的要求

我国是世界上最大的能源生产国和消费国，能源活动碳排放占全国碳排放总量

的 88%,电力碳排放占能源活动碳排放的 43%。因此,实现“双碳”目标,根本上要大力推进能源转型,打造清洁低碳、安全高效的新型能源体系,构建新型电力系统。

核电在新型电力系统构建不同阶段都是清洁电力的重要来源。在“碳达峰”阶段（2030 年前),全社会用电量将达到 11.8 万亿千瓦时,发电装机达到 40 亿千瓦。清洁能源发电量占比达到 50%,其中,核电发电量占比超过 8%。新增电力需求的 80% 由清洁能源满足,其中，17% 的新增电力需求由核电满足。在深度低碳阶段（2031—2050 年),全社会用电量增加到 15 万亿千瓦时,发电装机 62 亿千瓦。清洁能源发电量占比达到 80%,其中,核电发电量占比超过 15%。新增电力需求全部由清洁能源满足,并逐步替代存量煤电,其中，20% 的新增电力需求由核电提供,并全部用于替代煤电发电量。在“碳中和”阶段（2051—2060 年),全社会用电量达到 16 万亿 ~ 18 万亿千瓦时,发电装机 70 亿千瓦。清洁能源发电量占比达到 90% 以上,其中,核电发电量占比达到 18%。

新型电力系统安全稳定运行需要核电提供坚强支撑。随着新能源装机和发电量占比逐步提升,电力系统表现出“双高”特征,即高比例新能源和高比例电力电子装备。主体电源由连续可控变为弱可控和强不确定性,保持频率、电压等同步稳定的技术基础发生显著改变。频率稳定方面,常规火电机组具有较大的转动惯量,风电是弱转动惯量系统,光伏没有转动惯量,大量替代火电将导致系统惯量大幅减少,保持频率稳定的能力持续下降。电压稳定方面,常规发电机组既可以控制有功、无功功率,在系统故障时又可以提供强励,对电压稳定的支撑能力强;新能源由大量电力电子装备组成,从系统吸收无功功率,降低了系统的动态电压支撑能力。核电机组是同步发电机,具有转动惯量,能够提高系统阻尼,为电力系统提供有效的功角稳定、电压稳定和频率稳定支撑,是新型电力系统安全稳定运行的重要保障。

新型电力系统提升调节能力需要核电发挥更大作用。新型电力系统“双高”特征增加了系统调节资源需求。从日负荷特性变化看,间歇性新能源与用电负荷叠加后,净负荷日峰谷差持续增大,日调节需求向调频、调峰和爬坡等多类型需求转变。从季节调节需求看,气候变化因素和极端天气对电力系统规划、生产、运行的影响加剧,在发电侧、电网侧和负荷侧都面临较大的不确定性,当“极热无风”“极寒无光”等情况出现时,电力保供和系统平衡问题更加突出。核电运行稳定可靠且具备一定的调节能力，适于接带基荷，并承担必要的调节任务，对于主动响应负荷和新能源功率波动，以及应对极端条件下的电力保供风险，增强系统韧性，都将发挥重要作用。

二、核电在新型电力系统的功能作用凸显

核电具有单机容量大、运行稳定可靠和换料周期长等特点，具备较强的频率和电压调节能力，能够为经济社会发展提供充足的电力保障，为“双高”电力系统安全稳定运行提供关键支撑，主要发挥四大功能。

功能一：在电力供应方面起到基础保障作用。核电替代化石能源，有助于维持确定性电源占比，有效应对新能源出力的随机性和波动性，尤其是保障极端天气或极端自然灾害条件下的电力供应安全。目前，我国核电主要布局在沿海省份，福建、海南、广东、浙江和辽宁等省核电发电量占比已达到 17% ~ 27%，核电在保障电力安全可靠供应中发挥着重要作用。未来，随着煤电发电量占比逐步减少和新能源大规模发展，核电将是稳定托底的基础电源，在承担基荷、参与调峰调频和提供应急保障等方面发挥重要作用。

功能二：在新型电力系统安全稳定运行方面起到关键支撑作用。核电机组转动惯量与火电机组基本相当，时间常数为 7.6 ~ 8.6 秒，核电具有的 AGC、AVC 和快速励磁系统等可以为新型电力系统安全稳定运行提供必要的控制手段。尤其在我国中东部地区，区外来电比例高，大规模直流馈入替代了本地煤电机组，核电作为重要的支撑性电源，能够有效应对煤电机组有序减少带来的转动惯量下降和频率、电压支撑能力减弱等安全风险。

功能三：促进新能源消纳。我国抽水蓄能、天然气发电等灵活调节电源装机占总装机比重仅为 6%，“三北”地区该比重仅为 4%，远低于发达国家 30% ~ 40% 的平均水平。随着新能源快速发展，我国灵活性资源需求缺口逐步增大，“十四五”期间全国调节能力缺口超过 1 亿千瓦，预计至 2030 年，调节能力缺口还将持续扩大。核电机组具备调峰调频能力优势，尤其是第三代核电机组具备的调峰深度和调节速度能够较好适应负荷特性变化和新能源随机波动，是实现核电与新能源协

同发展的重要技术基础。

功能四：核能综合利用为实现“双碳”目标提供多元化解决方案。核能供暖具有清洁低碳、充足可靠的优点，是当前较为成熟的替代化石能源、实现大规模集中供暖的有效方式。预计到 2030、2060 年，核能供暖规模有望达到 1.5 亿、15 亿平方米。核能供应蒸汽参数范围可覆盖 0.35 ~ 12.5 兆帕、100 ~ 540 摄氏度，涵盖工业所需的全部蒸汽参数等级，是助力工业部门碳减排的重要手段。核能制氢、海水淡化也具有较高和较广阔的技术可行性和市场空间，制冷在区域集中供冷、冷库和数据中心等应用场景具有较大的发展潜力。

三、推进我国核电高质量发展重点措施建议

一是加强统筹规划。目前，核电在我国发电量中的占比为 4.8%，低于全球 10% 的平均水平，与 OECD 国家 18% 的平均水平相比差距更加明显。随着“双碳”战略实施，我国核电迎来了新的发展机遇。持续壮大核电产业，充分利用核电产能，“十四五”“十五五”期间保持较大规模、稳定的建设节奏。到 2035 年，核电发电量达到全国发电量的 10% 左右。到 2060 年，核电装机达到 4 亿 ~ 5 亿千瓦，发电量占比达 15% ~ 18%。

二是优化核电布局。我国在运和在建核电机组目前全部在东部沿海地区。未来，考虑到资源条件和能源需求，为确保受端电网具备坚强的电压支撑能力，需要优先在东部发展核电，推进沿海厂址建设。预计到 2035 年，东部沿海 11 省（市）核电发电量占比达到 26%。我国中部地区位于能源供应的末端，水电资源已开发，在运煤电机组多，风光资源不具备基地型开发条件，核电成为实现能源可持续供应和替代煤电的较好选择，将对保障中部省份持续增长的用电需求、优化电源结构起到重要作用，预计在 2030 年前后将适时启动中部地区核电项目前期及工程建设工作。目前已完成前期工作的核电厂址应尽快纳入国家规划，并适时启动建设。在西北地区，大型能源基地开发应探索将核电作为支撑电源，与风光火储实现多能互补一体化开发运行，推动能源基地规模化集约化开发和外送输电通道建设，持续提升输电能力和效率。

三是加强基础研究和先进核能技术研发。我国拥有完整的核工业体系，自主研发成功并推广应用第三代核电技术“华龙一号”和“国和一号”，第四代核电技术取得长足进展。但目前仍有部分核电关键设备、材料存在短板和弱项。发挥新型举国体制优势，加强核能基础性关键技术研究、工业软件开发，补齐短板，保障核电产业链安全。健全天然铀供应保障体系，加大国内铀资源勘查开发力度，增强境外资源获取能力。推进乏燃料后处理技术攻关、一体化闭式循环快堆等战略性先进核能技术研发，解决放射性废物环境制约问题。

四是推进核能综合利用。我国山东海阳核电、辽宁红沿河核电等已率先开展核能供暖，并积极拓展海水淡化等综合利用。小型模块化反应堆具有很高的安全性和灵活性，但相关技术标准法规体系尚不完善。将核电建设与城市及工业园区供热、供冷等基础设施统一规划，推动核电用于集中供热与海水淡化。研究启动高温堆和多用途小型堆城市清洁供暖及工业园区综合利用示范，实现对燃煤供热的有序替代。

五是加大政策法规支持力度。目前，我国碳排放权交易市场、绿色电力交易试点配套的相关金融支持政策均未将核能纳入其中。全国统一电力市场交易及可再生能源消纳政策中也未考虑核电的低碳属性和减排贡献度。核法律体系尚不健全，《原子能法》长期缺位，放射性废物管理、核事故损害赔偿等法律法规体系有待完善。明确核电的绿色价值属性，推动核电全面纳入绿色低碳政策体系，在碳市场、电力市场等机制设计中，充分考虑核电的市场地位和价格机制，促进核电产业健康发展。加强涉核领域法律法规体系建设，推动《原子能法》尽快出台，推进《核损害赔偿法》《放射性废物管理法》等立法进程。出台核电管理条例，制定并颁布核电厂址保护相关法规。研究制定适应小型模块化反应堆发展的相关法规标准。

舒印彪，中国工程院院士，曾任国家电网有限公司、中国华能集团有限公司党组书记、董事长，现任国家电网有限公司顾问，中国电机工程学会理事长，国际电工委员会（IEC）第 36 届主席。

核能支持低碳发展前瞻性研究

——中法核能合作首份蓝皮书（摘录）

中方主编白云生　法方主编安东尼

中核战略规划研究总院，法国电力集团战略部联合研究团队

摘　要：中法两国是全球核能大国，在“碳达峰、碳中和”目标下，中国核工业集团有限公司（以下简称“中核集团”）和法国电力集团（以下简称“法电集团”）达成战略协同，组织两国核能界专家联合撰写《核能支持低碳发展前瞻性研究》，这是中法两国核能界合作撰写的首份蓝皮书。蓝皮书深入分析了核能具备的优势，提出了核能发展未来趋势，强调了应对全球气候变化背景下发展核能对能源经济、安全、低碳转型的重要作用。

蓝皮书以能源低碳转型发展为着眼点，系统展示了中法两大核能国家在核能技术开发、工程建设、电站运行和企业管理等方面的优秀实践、科技研发新成果及发展新趋势。

蓝皮书由中核集团所属的中核战略规划研究总院和法国电力集团战略部各负其责编写特定章节。双方达成合著“摘要”章节的一致意见，面向全球发出核能发展共同声音。

关键词：气候变化；清洁能源；核能贡献；中法合作；国际合作

1 加快能源清洁低碳转型是应对气候变化的关键

当前，气候变化成为人类面临的共同威胁，需要各国共同应对。造成气候变化的主要因素是温室气体的大量排放，其中能源行业是温室气体排放的最大源头，约占温室气体排放量的 3/4，加快能源清洁低碳转型是应对气候变化的关键之钥。

1.1 气候变化的挑战

过去一个世纪里，人类大量燃烧煤炭、石油等化石燃料，加上过度开垦林地、拓展农业和发展工业，造成大气中的二氧化碳浓度大幅上升，全球地表温度也随之上升。联合国政府间气候变化专门委员会（IPCC）发布的评估报告（AR6）明确提出，人类活动排放的温室气体是导致全球变暖的主要因素，如果不立即采取行动，未来 30 年，全球地表温度将会持续升高。

IPCC 评估结果显示，在过去的 40 年里，极端热浪、极端寒冷、农业和生态干旱、极端降水和火山喷发等极端事件变得更加频繁。2019 年，一些科学家警告称，十年前确认的气候临界点中，现在已有超过一半处于“活跃”状态。极端天气有可能更加频繁发生并引发地球系统的“多米诺骨牌效应”，从而以自然灾害、疾病和其他灾难等形式直接或者间接影响人类的生存与可持续发展。

应对气候变化已成为全球最为紧迫的问题之一。各国正在加快采取务实行动以应对日益严峻的气候变化。2015 年 12 月达成的《巴黎协定》提出“把全球平均气温升幅控制在较工业化前水平低于 2 ℃之内，并努力将气温升幅限制在较工业化前水平 1.5 ℃内”。

1.2 能源行业的清洁低碳转型

能源行业是当前约 3/4 的温室气体的排放来源，是影响气候变化的关键因素。2022 年全球与能源相关的温室气体总排放量增长了 1.0%，达到 413 亿吨二氧化碳当量。其中，全球能源燃烧和工业过程所产生的二氧化碳排放量为 368 亿吨，达到历史最高水平，占能源相关温室气体排放总量的 89%。国际能源署（IEA）预计在“现行政策情景”下，2030 年前全球能源需求平均每年将增长约 0.8%。在持续增长的能源需求与“碳达峰、碳中和”的要求下，能源清洁低碳转型是必由之路。

1.3 核能发挥的重要作用

核能作为技术成熟、安全可靠的清洁能源，较其他能源品种减碳效果显著。一台百万千瓦核电机组一年可等效减排二氧化碳超过 600 万吨（相比煤电），等效减排量相当于植树造林 1.8 万公顷，同时还具备二氧化硫、氮氧化物等其他大气污染物的协同减排效应，核能低碳优势十分明显。核电稳定性强、可靠性高，适用于电网基本负荷及必要的负荷跟踪，具备大规模替代化石能源的条件。核电可以与风光等新能源协同发展，支撑电网对高比例风电和光电的消纳，有助于电力平衡和调度，确保电力系统安全稳定可靠。此外，核能供热、供汽等多用途利用可为其他能源密集型产业提供更清洁的能源替代方案。70 余年来，核能作为清洁低碳能源，为全球能源供应安全和减排作出了巨大贡献，也将在未来应对气候变化和促进联合国可持续发展目标实现过程中发挥更大作用。

1.4 中法两国在核能发展中的贡献

截至 2023 年 12 月底，法国在运核电机组装机容量为 61.37 吉瓦，在运核电机组装机容量位列世界第二，在建核电机组装机容量为 1.63 吉瓦；中国在运核电机组装机容量为 53.15 吉瓦，在运核电机组装机容量位列世界第三，在建核电机组装机容量为 23.72 吉瓦。中法两国都是核能大国，中核集团与法电集团作为全球核能发展的主要力量，在核电建设、运营、维护及核燃料供应等方面各有优势，在各自发展核能的进程中积累了丰富的经验。面向未来，中核集团和法电集团达成共识，在向清洁低碳、安全高效的现代能源体系转型的进程中，发展核能是现实可行的重要选择之一，尤其是随着从单一发电扩展至供热、供汽和制氢等应用方向，核能有望加速高排放行业的脱碳。

2 中法是核能可持续发展的坚定推动者

中国核工业集团有限公司（简称中核集团）与法国电力集团（简称法电集团）是全球核能发展的主力，达成了核能支持全球“碳中和”及可持续发展目标的共识，主要涉及核能在应对气候变化中的作用、核能的发展趋势、核能的优势、发展核能的关键议题，以及中法两国实践、科技创新和国际合作。

2.1 核能在应对气候变化中的作用

气候变化是人类生存和发展面临的共同挑战。联合国已宣布世界正处于气候紧急状态。近年来，采取气候行动的迫切需求越来越受到全球关注。IPCC 指出，为了实现气候目标，长期全球温升水平需要像《巴黎协定》指出的那样，控制在 2 ℃以内。然而，如果世界各国现行政策保持不变，全球长期升温可能超过 3 ℃。中法两国都制定了国家层面的“碳中和”目标，法国政府宣布将在 2050 年实现“碳中和”，中国政府宣布努力争取在 2060 年前实现“碳中和”。

以二氧化碳为主的温室气体大量排放是导致温升变化的主要因素，而能源行业是碳排放的主要来源。加快能源清洁低碳转型，尤其是提高电气化水平是应对气候变化的重要途径，这要求增加电力生产量及提高能源利用率。全球能源清洁低碳转型变得更为紧迫。为实现减排目标，须采用所有可用的低碳技术，以缩小当前政策与既定目标之间的差距。世界各国应接纳所有成熟的低碳技术，以实现经济可行的低碳转型。

核能是近零排放的安全、高效、可持续且有竞争力的能源，历史上已为全球温室气体减排作出了重要贡献。从 1971 年到 2022 年，全球核能发电累计减少二氧化碳排放量约 700 亿吨。若无核电的贡献，在过去 50 年中，全球化石能源发电产生的碳排放总量会增加近 20%。在能源低碳转型的进程中，核能是目前可实现大规模发展且支持低成本低碳转型的现实选择，人类实现“碳中和”离不开核能的贡献。近年来，核能发电量约占全球总发电量的 10%，占世界低碳发电量的 25% 以上。

越来越多的国家认识到，核能作为一种已被证实的低碳电力来源，是减缓气候变化和提供必要可调度电力的重要工具，与风能和太阳能等快速发展的非可调度可再生能源发电相辅相成。从国际上大部分的能源研究来看，核能在未来能源结构中发挥着重要作用。

2.2 核能发展呈现新趋势

在几乎所有拥有核电厂的国家，核能的作用已被证实或进一步凸显。包括法国、中国、加拿大、印度、日本、韩国、俄罗斯、英国、美国和欧洲若干国家在内的许多国家，最近都公布了强调核电作用的国家能源战略规划，支持核电厂延寿，也包括制订新建核电计划，以确保国家能源低碳转型。

国际能源组织预测全球核电装机容量呈现大幅增长趋势。随着更多国家在应对全球气候变化上达成共识，国际原子能机构（IAEA）、国际能源署（IEA）和经济合作与发展组织核能署（OECD/NEA）等多个国际组织对全球核能发展持积极乐观态度，预测全球核电装机容量在未来会有大幅增长。其中，IEA 在 2022 年发布的报告《核电与保障能源转型：从今日的挑战到明日的清洁能源体系》中提出，基于净零排放情景预测“全球核电装机容量到 2050 年实现翻一番”。

中法两国是核能可持续发展的坚定推动者。截至 2024 年，法国拥有 61.37 吉瓦在运核电装机容量，1.63 吉瓦在建核电装机容量；中国拥有 53.15 吉瓦在运核电装机容量，23.72 吉瓦在建核电装机容量。中国和法国当前及未来会保持较大规模的核电机组运行。2022 年，法国总统决定，在确保安全的情况下，延长法国所有可延长的核电机组寿命，启动至少 6 台甚至 14 台新的大型 EPR2 核电机组建设，同步开发小型模块化反应堆。中国 2021 年《政府工作报告》指出，将“在确保安全的前提下积极有序发展核电”。2022 年及 2023 年中国政府每年核准 10 台机组，是 2008 年以来核准机组数最多的年份。

未来，核电装机的增量将主要来自中国、印度和其他新兴国家。这主要是由于这些国家因经济和社会发展对清洁低碳能源的需求日益增长。越来越多的国家正在筹划、规划或启动核电计划，包括孟加拉国、埃及、波兰、土耳其，以及非洲、南美洲、东南亚和中东的许多国家。

压水堆（PWRs）将是目前至21世纪50年代三代大型反应堆最广泛使用的堆型技术。压水堆核电机组在安全性、技术成熟度和成本效益方面获得了市场认可，长期以来在全球核电建设中保持主流技术地位。截至2023年年底，全球在运压水堆核电机组超过300台，占在运核电机组总数比例超过70%；在建压水堆核电机组约50台，占在建核电机组总数比例超85%。中国在建在运压水堆核电机组占全国在建在运核电机组总数的91%，而法国100%为压水堆核电机组。到21世纪50年代，预计压水堆仍为许多国家新建大型核电机组的首选堆型。

近年来，全球风能、太阳能等可再生能源发展取得了巨大进步，发电成本大幅降低，这有助于加快全球能源低碳转型。考虑到核电厂的建设周期较长，以及核能的可调度特性，大型核能企业积极开发可再生能源。这种推动核能与可再生能源协同发展的方式，旨在充分发挥各能源品种优势，形成能源产业优势互补发展格局，共同助力脱碳转型。

2.3 核能的优势：环境、经济效益及供应安全

2.3.1 环保优势

核能发电的温室气体排放量极低。许多国际机构的研究成果显示，核能全生命周期碳排放强度是所有能源品种中最低者之一。IPCC评估报告基于中位数值的数据指出，核电每千瓦时仅产生12克二氧化碳，与风电的全生命周期碳排放强度相当，约为分布式光伏的1/4、气电的1/41、煤电的1/68。在法国，由于其电力结构中核能和可再生能源占比较高，核电全生命周期碳排放仅为每度电约4克二氧化碳。

核能的环保优势可与其他绿色能源相媲美。污染物、健康影响、生态毒性和非能源原材料足迹等指标显示，核电环境影响数值与其他低碳能源技术相似甚至更低。考虑到核燃料循环，核电产生的废物数量相对较少，废物可以得到安全有效封闭管理、完全可控，不会对公众和环境产生有害影响。

2.3.2 经济优势

大规模发展核能可降低向低碳能源系统过渡的经济成本，并在外部成本方面提供优势，如社会和环境成本。可再生能源和核能的组合使用可带来经济效益并减少二氧化碳排放。法国电网运营商（RTE）近期研究表明，如果电力结构中包含大量核电，则该系统经济成本将明显低于包含少量核电或不含核电的电力系统。基于 OECD/NEA 数据研究认为，在把全部系统成本都纳入考虑时，核能具有很强的竞争力。

延长核电机组的运行寿命对有核电国家的能源清洁低碳转型的贡献最大化至关重要。根据 IEA 的预测，延长轻水反应堆核电机组运行寿命所需的新增投资通常在 5 亿 ~ 11 亿美元 / 吉瓦，远低于新建一台百万千瓦级机组的投资。

中法两国都在采取行动降低新建核电机组的建设成本。影响核电工程造价的因素很多，包括学习效应以及标准化、系列化、数字化和模块化建造等。中国核电工程建设实践展现出卓越建设能力和工程造价管控能力，法国正在采取措施提高未来核电机组的成本效益。两国都已成功提升核能的经济效益，并将继续在这方面加强学习交流。

核能有效带动经济增长。国际货币基金组织（IMF）在 2021 年发布的一项研究显示，核电经济倍增效应是其他能源品种的 2 ~ 3 倍。发展核能可有效带动区域经济增长，创造大量高水平的就业岗位，并促进核能多用途利用的创新，而核能多用途利用是核能发展的重要趋势。

2.3.3 供应安全

核能保障电力的安全稳定供应。核能具有能量密度高、输出稳定等多重优势，对周期性、区域性或季节性因素不敏感，作为可调度的基荷电源，核能可以有效保障电力安全供应，支撑电网稳定运行。

一座百万千瓦核电机组正常换料需 20 ~ 25 吨金属铀 / 年的核燃料元件，相当于同等发电量所需煤炭重量的十万分之一。燃料成本在核电度电成本中占比很低，燃料价格波动对核电度电成本影响有限。此外，全球已探明大量铀资源，开发新的矿山能满足天然铀的供应需求。另外,与其他能源相比,核能对关键原材料的依赖较低,更加有利于供应链安全。

2.4 中法两国发展核能的关键议题及良好实践

为了实现核能的高质量、可持续发展,须采取的关键举措有:

2.4.1 建立完善的核安全法规监管体系

中法两国将确保安全作为核电建设运营的首要任务。经过长期探索和实践,中法两国都建立了适合国情且行之有效的核安全监管体系,不断完善核安全法规标准体系,形成了包含法律、行政法规、监管要求和技术标准等在内的成套制度体系。

中国国家核安全局(NNSA)对核设施的选址、建造、运行和退役进行全过程监管,并建立了安全许可制度。中国的核电企业不断加强核安全文化建设,以提升核电运行水平。30余年来,中国的核电机组未曾发生国际核事件分级标准(INES)2级或以上的核安全事件、事故。中国的核电机组在世界核电运营者协会(WANO)国际同行评估排名中总体居前列。

法国已经安全地部署了民用核能计划,没有发生过可能使该核能技术受到质疑的重大事故。法国核安全局(ASN)负责民用核设施的安全监管和辐射防护,该机构独立于运营商,有资格监控这些核设施。法电集团在每个核电厂不断强化安全文化建设,持续改进核电厂并整合运行经验反馈。核安全许可证持有者定期接受国际评估,例如接受IAEA的运行安全评审组(OSART)评估等。此外,核安全许可证持有者还定期接受WANO的同行评估。

2.4.2 提升核能的竞争力

中国通过持续改进,不断总结经验,提升核电经济性。研发三维模型设计与施工技术,实现设计施工一体化;优化核电设计,包括总体布置、模块化设计和燃料管理等方面;推进“数字核电”建设,逐步建成智慧运行、智慧维修、智慧技术支持、智慧供应链、智慧安保、智慧培训体系。

欧盟电力市场运行表明，即使短期批发市场确保了欧洲内部输电网络的最佳调度和最佳使用，也需要长期购电协议（PPAs）或差价合同（CFD）等新工具提供价格信号，以激励长期投资。

2.4.3 持续加强核能公众沟通工作

信息透明和公众沟通为提高核能社会接受度奠定了基础。中法两国均采取了较为全面的措施，通过立法、健全组织机构、普及核科学及开展公众沟通等方式，为公众参与核电工程项目决策提供了有效保障。中国的《中华人民共和国核安全法》和法国的《核透明与核安全法》是两国核安全领域的基本法律，这两部法律就核电相关的信息披露要求和鼓励公众参与等方面作出了法律规定。中国的NNSA、法国的地方信息委员会及国家公共辩论委员会为公众参与和沟通提供了重要渠道，包括政府信息公开、年度报告发布、公众听证会和公开辩论等。

中法两国政府，以及中核集团和法电集团等核电企业持续加强核能公众沟通领域的实践创新，结合新技术和新媒体发展，积极推进核能知识普及，不断提高公众参与度与知情度。

2.4.4 建立弹性供应链

核电发展需要强大的产业链供应链支撑。为了具备项目所需的技能，必须实施有效的人力资源管理战略。

中国已建成完整的核电产业体系，具备全面的核电工程设计、建设、设备制造和运行维护等方面的服务能力。中国拥有完整的核燃料循环产业链，包括天然铀、核燃料组件的生产供应、乏燃料后处理和废物处理处置等环节的技术、服务和制造能力。

法国核工业产业链包括约500家企业，形成了一套完整且自主的产业链，覆盖了产业链的所有环节。凭借累计超过2 100堆·年的运行经验，同时吸取来自全球的经验反馈，法国为全球近250座核电反应堆提供技术服务。此外，法国核工业还与负责实施法规、颁发认证及提供技能培训的伙伴机构深度合作，力求达到最高水平的工业绩效。

2.4.5 建设安全、经济、充足的铀资源供应保障体系与能力

中法两国都高度重视铀资源安全保障。持续提升铀资源供应安全性、经济性和多元化程度，不断提高各自的铀资源供应可靠性，支撑本国核能可持续发展。

中国持续加强铀资源勘查开发力度。持续加强技术创新，提高铀资源勘查和采冶水平；重视铀资源供应保障体系和能力建设，积极加强国内铀资源开发，充分利用全球铀资源，建立适度储备体系，不断增强铀资源供应的多元保障能力。

自 1960 年以来，法国成功地发展了从铀采冶到乏燃料后处理及资源回收的完整产业链。针对铀资源保障，法电集团旨在通过供应商多元化的方式，应对可能影响供应商生产的各种风险，与法国主要生产商如欧安诺公司（Orano）签订长期合同，这有助于与供应商建立互惠共赢的伙伴关系，这些生产商拥有、开发并运营自己的生产设施。另外，法国也注重建立铀资源储备，以应对各种风险。

2.4.6 实施核燃料闭式循环，实现放射性废物最小化

资源的可持续性和环境友好性是影响核能可持续发展的关键因素。中法两国认识到核燃料闭式循环对实现核能可持续发展非常重要。两国均实行乏燃料后处理与再循环国家政策，降低对铀资源的依赖，并尽可能实现放射性废物最小化。

中国坚持核燃料闭式循环，开展了后处理和再循环工艺技术及设备研发，建设并运行了动力堆乏燃料后处理中试厂，积极推进核电厂乏燃料后处理示范与商业发展。

法国共有 22 座压水堆使用铀钚混合氧化物（MOX）燃料。法国提出 2024 年恢复堆后铀浓缩使用计划，目标是在未来几年内将使用范围扩大到约 15 台核电机组。法国的经验表明，铀和钚的再循环可以使天然铀的总需求量减少 20% ~ 25%，放射性废物量减少 80%。Orano 具有 30 多年的动力堆乏燃料后处理厂运行经验，目前共处理了 4 万余吨核电厂乏燃料。

2.4.7 提升核电极端天气适应性

中国和法国已采取措施确保核能更好地应对极端气候灾害。中国加强能源基础设施运行保障，提高其耐受风暴潮、高温和冰冻等极端天气的能力。中国目前在建在运核电厂均为滨海厂址，易受到因气候变化使海平面上升的影响。中国采取措施增强核电厂应对气候变化的能力，抵御飓风、海啸等极端天气事件，并降低与冷源安全相关的风险。

法电集团基于长期工作经验反馈，启动了 ADAPT 项目，旨在通过预测气候变化的后果，确保核电厂的运行安全。针对新建核电机组，在设计和建造的过程中考虑极端天气的影响因素，提升核电厂适应气候变化能力。

2.4.8 核电的电网适配性

随着间歇性能源在能源结构中的份额越来越高，电网对灵活性高、可调度电源的需求也在增加。

中国以化石能源为主的能源结构正逐步转变，将充分利用核能，以实现稳定的低碳电力供应。中国积极采取提高核电电网适配性的举措，如核电厂与抽水蓄能电厂一体化运营，提高核电的电网适配能力；节假日期间，核电机组执行指令，实行降功率运行，满足电网运行要求。

法国的核电在其电力供应结构中占比高达 70%，包括新建核电机组在内，法国核电厂从设计上就预先考虑其灵活性。核电机群可以每天两次在 30 分钟内实现高达 20 吉瓦发电功率的增减。与其他灵活性低碳工具一样，灵活的核电可以在保持电力供应可用性和成本可承受性的同时，支撑波动性、间歇性可再生能源份额增长。

2.4.9 核能综合利用潜力巨大

当前，核能主要用于发电。未来，核能将扮演更重要的角色，除了在发电领域得到利用以外，还将具有其他多种用途，在供热和制冷、工业蒸汽、海水淡化和制氢等多领域的应用前景广阔。核能还将发掘更多的耦合应用潜力，如核能与钢铁、石化及其他高耗能、高碳排放行业的耦合发展，以助其脱碳。

2.5 科技创新引领核能发展新未来

坚持核能热堆—快堆—聚变堆“三步走”发展战略，这是核能可持续发展及创新发展的必由之路。

中法两国都进行了大型热堆电厂技术开发与大规模建设。中法两国还积极推进小型模块化反应堆和第四代反应堆技术的研发和应用，不断提高先进堆型机组的安全性、经济性和防核扩散。中法两国都积极开展可控核聚变技术研发，积极参加国际热核聚变实验堆（ITER）计划。

2.5.1 优化压水堆的研发、设计和工程建设管理，加强先进核燃料元件的研发

法国充分吸收了第一批 EPR 核电机组建设和运行的经验，并将其反馈到核电新型号 EPR2 和 EPR1200 的优化和改进中。中国正充分吸收“华龙一号”（HPR1000）的实践经验并持续改进，研发更安全、更经济、更先进的华龙后续型号。

中法两国注重借鉴现有成熟的核电工程技术和施工经验，通过优化反应堆设计，采用现代信息技术、数字化、增材制造、模块化和标准化施工，应用先进核燃料及创新融资方案等，最大限度缩短工期，提高核电机组的安全性和经济性。

在先进燃料元件方面，自日本福岛核事故以来，中国一直推进耐事故燃料（ATF）的研究和试验组件测试。中法两国均在推动 MOX 燃料和快中子反应堆先进燃料元件的研发。法国压水堆 MOX 燃料已成功实现规模化工业应用，充分验证了其安全性，减少了天然铀消耗。中国已掌握快中子堆 MOX 燃料元件的关键技术，正在推进堆内辐照考验，并积极推进金属燃料元件研发。

2.5.2 多用途模块化小型反应堆已成为核能技术创新的重要方向

小型模块化反应堆（SMRs）等先进反应堆正逐渐成为一些国家的重要技术选项，以及一些国家大型反应堆的补充。如果技术成熟度、多用途应用扩展和经济

性不断取得突破性进展，预计 2030 年后，SMRs 将在新建核电机组中占越来越大的份额。全球正在开发的各种微、小反应堆型号超过 80 种，涵盖了多种反应堆类型，包括水冷、气冷、液态金属冷却和熔盐冷却，以及其他潜在的技术和各类核燃料循环技术。

中国正在推进多种小型模块化反应堆项目。海南昌江多用途小型模块堆示范项目采用“玲龙一号”（ACP100）技术，由中核集团研发，电功率为 125 兆瓦，计划 2026 年建成投运，将成为首座商业小型模块化反应堆，实现核能多用途利用示范，如热电联产、制冷和海水淡化。此外，中国正在努力推进多种小型模块化反应堆的研发，海上浮动堆、核供热反应堆和低温供热堆等的研发均已取得重大进展。

法电集团在 2023 年年初确定了小堆发展战略，同步成立了专门开发小型模块化反应堆的专业化公司。小型堆 Nuward 的开发得益于相关战略合作伙伴的贡献，包括法国原子能和替代能源委员会（CEA）、法国阿托梅科技公司（TechnicAtome）、法国海军集团（NavalGroup）、法马通（Framatome）和比利时动力集团（Tractebel）等。该项目定位于 300 ~ 400 兆瓦功率的小堆市场，并支持发电以外的其他潜在用途，如制氢、区域供热、海水淡化、热电联产、二氧化碳捕获和处理等。法国还在开发其他小堆项目，包括第四代反应堆。

2.5.3 推动第四代反应堆的利用和发展

为了充分利用铀资源并确保核能的可持续发展，必须发展快中子反应堆和核燃料闭式循环。中法两国积极研发第四代核能系统，推动核能可持续发展，实现安全性提高、经济竞争力增强及核不扩散等目标。

中国建成了实验快堆（CEFR），正在推进钠冷快堆的示范与商用，大力推进一体化快堆核能系统的研发，目标是构建先进的核燃料闭式循环体系。中国建成了全球首座具有第四代核电技术特征的高温气冷堆（HTR-PM）示范工程及配套的核燃料供应体系，积极研发超高温气冷堆核电厂。在 CEA 的参与下，法国持续开展钠冷快堆关键技术研发，以确保拥有必要的技术能力，以备未来之需。

2.5.4 积极参与国际热核聚变实验堆计划，开展聚变科学技术与工程研究

聚变能是人类能源问题最终的解决方案之一，众多聚变技术正在加速突破。中法两国积极参与国际热核聚变实验堆（ITER）计划，承担了大量科研任务，在托卡马克装置研发、设计和建造方面取得了丰富的经验，并在本国开展了聚变科学与技术研究，以提高聚变反应堆的经济性并验证其工程化的可行性。

中国的聚变技术研发取得了重要突破。2023 年，中核集团所属的核工业西南物理研究院的“环流三号”托卡马克装置首次实现 100 万安培等离子体电流下的高约束模式运行。中国科学院等离子体物理研究所建造的世界上第一个非圆截面全超导托卡马克核聚变实验装置（EAST），实现了 403 秒的稳态高约束模式等离子体运行。

2.6 加强国际合作

2.6.1 推动在国际原子能机构（IAEA）等国际组织框架下多边合作

IAEA、OECD/NEA、国际热核聚变实验堆（ITER）组织和第四代核能系统国际论坛（GIF）等国际组织，以及 WANO 和世界核协会（WNA）等非政府国际组织，对于在全球范围内推动核电和核技术的安全、安保及和平利用发挥着至关重要的作用。

双边合作对核能和平利用起到关键作用。许多国家认识到双边合作在核能和平利用中的作用。法国与美国的合作促进了法国核电项目的标准化。中国大亚湾核电站开启了中法核能合作，中法合作建造的台山核电机组成为世界上首个投入运行的 EPR 项目。法电集团正在与中国广核集团有限公司合作，在英国欣克利角建造两台 EPR 核电机组。

各国均有发展核电的平等机会，但发展核电需建立一套完备的复杂基础设施体系，包括法律法规体系和人力资源系统，为核电厂的安全建设和运营提供有利条件。另外，建立一个完全自主的发展模式，对任何国家来说都是很不容易的事情。

核电传统国家拥有丰富的发展经验和坚实的工业基础，有义务为核电新兴国家提供必需的技术支持。考虑到核电工程投资大，技术出口国有义务为目标国，尤其是欠发达国家提供必要的融资支持。

国际组织提供核能国际合作平台，如 IAEA 的技术合作计划、协调研究项目和合作中心；同时，应努力推动诸如 IAEA 的 Atoms4NetZero 和核能协调与标准化倡议（NHSI）等。中核集团和法电集团积极参与核能协调与标准化倡议，推动小型模块化反应堆的国际标准制定，协调监管要求，促进小堆在世界范围内的安全可靠部署。

2.6.2 加强重大项目国际合作并支持新技术的发展

推动核能和可再生能源的研发。核能与可再生能源相结合，可以在实现脱碳和建设安全可靠电力系统方面发挥更大作用。各国应制定聚焦低碳增长的公共政策，包括加速开发如水电、风能、光伏和地热能等可再生能源，延长现有核电厂的寿命，启动新建核电项目。这些努力有助于实现气候目标，同时降低能源低碳转型的成本。

中法两国在核能领域进行了广泛而高效的合作。两国都是双边合作的受益者和推动者，并强烈支持国际合作和交流，以推进核能和平利用。推动小型模块化反应堆（SMRs）、第四代反应堆和聚变堆等先进核技术的研发。小堆在适应和减缓气候变化、确保能源安全方面发挥关键作用，但其及时和广泛部署仍是一个艰巨挑战。核聚变同样可以产生核能，已成为全球新兴的研究领域。尽管近年来核聚变取得了显著进展，但需要突破大型、复杂且昂贵的设备关键技术，以及反应堆物理和工程技术问题，加强聚变国际合作非常必要。

（该文选录中法蓝皮书第一、二部分）

“双碳”目标下推动我国核能综合利用的建议

课题首席专家　王炳华

摘　要:本文研究了“双碳”目标下我国开展核能综合利用的重要意义,总结了我国核能综合利用现状,从供暖、工业供汽、制氢、海水淡化和制冷等方面分析了核能综合利用的市场空间及技术路径,同时梳理了我国核能综合利用面临的主要问题与挑战,并研究提出了有关建议。

关键词:核能供暖;核能供汽;核能制氢;多用途利用

我国在“十四五”发展规划中已明确提出积极稳妥开展核能供热等综合利用,现已取得积极成效。为进一步推动我国核能综合利用发展,中国核能行业协会联合行业内外院士专家,对核能综合利用在“双碳”目标下的作用、市场空间、技术路径、面临的政策问题与挑战等进行了深入研究和分析,形成了如下观点和建议。

一、核能综合利用是助力我国实现“双碳”目标的重要手段,也是核能产业高质量发展的迫切需要

“双碳”目标下我国能源消费主体将由化石能源向非化石能源转变,各行各业

脱碳进程将进一步加速。2022 年我国一次能源消费总量约 54.1 亿吨标煤，非化石能源消费占比约 17.5%。根据中国核能行业协会与电力规划设计总院联合研究成果，预计到 2030、2035、2060 年，我国一次能源消费总量将分别达到 60.0 亿、61.0 亿、50.0 亿吨标煤（能源消费总量有望于 2035 年达到峰值），非化石能源消费占比将分别达到 25%、32.5%、80% 左右。能源行业低碳转型及工业部门、建筑业等脱碳的需要，为包括核能在内的低碳能源发展及开展综合利用提供了广阔的市场空间。

核能及其综合利用在能源系统低碳转型及工业、建筑等行业脱碳方面具有独特的优势，将在我国实现“双碳”目标过程中发挥重要作用。一是碳减排效益显著，核能在发电及开展供暖、供汽、制氢、制冷和海水淡化等综合利用过程中不排放二氧化碳，联合国政府间气候变化专门委员会（IPCC）的评估报告指出，核能是全生命周期碳排放最小的发电技术之一，每百万千瓦核电机组每年可等效减排二氧化碳 600 万吨以上，开展供热等综合利用后碳减排效益更加显著。**二是具有安全稳定的优势**，核能安全高效、基本不受自然条件约束，能够持续稳定提供高品质能量，核燃料能量密度大，易于较大规模长期储存，有助于保障国家能源安全。**三是为新型能源体系构建提供支撑**，在发电领域，核电适于承担电网的基本负荷及负荷跟踪，为风电、太阳能发电等新能源消纳提供支撑，同时还可以提高电力系统的转动惯量水平和阻尼能力，支撑电力系统安全稳定运行；在综合利用领域，核能供暖、供汽能源利用效率更高，可以大规模替代燃煤、燃气供热，实现与当前供热体系的有效衔接，同时通过开展制氢、制冷、海水淡化，核能还可以提供多元化低碳能源产品及服务，支撑其他行业的低碳转型。

从核能产业自身发展来看，核能综合利用也是推动核能产业高质量发展迫切需要。一是开展综合利用有利于提高核能利用效率，核能发电将核裂变过程释放出的大量热能转化为电能，效率约 37%，通过直接利用热能，实现能量的梯级利用，以海阳核电 900 兆瓦供暖为例，供暖季机组效率可以提升至 56% 左右。**二是推动核能产业多元化发展**，核能项目将从以往单一的供电向供暖、供汽、制氢、海水淡化和制冷等领域发展，核电企业将成为综合性能源及产品服务商，并助推新型商业模式涌现。**三是有利于促进核能技术发展**，以综合利用市场为牵引，有助于推动高温堆、多功能模块化小型堆等先进核能技术研发及关键技术攻关。**四是有利于提升核电的灵活性**，通过抽汽供热、储热、制氢和海水淡化等方式可以在一定尺度上提升核电的灵活性，减少核电的调峰压力。此外，通过综合利用就近开展核能供暖、供汽和供淡水等，有利于核电企业融入地方发展、造福社会民生，增强当地民众的获得感，提升公众对核能的支持度。

二、我国核能综合利用取得了积极进展，具备了更进一步发展及推广应用的条件

截至 2022 年年底，我国已开展了大型核电厂供暖、供汽示范，山东海阳核电厂、浙江秦山核电厂、辽宁红沿河核电厂已实现 559 万平方米核能供暖，其中海阳核电厂“暖核一号”供暖范围已覆盖海阳市全城区，取得了良好的社会效益，正在推进 900 兆瓦级（3 000 万平方米）跨区域核能供暖；江苏田湾核电站核能工业供汽改造正在有序推进；核电海水淡化为多个核电厂厂用水提供了保障，正在探索商业化核电海水淡化项目。海南昌江多用途模块式小堆示范工程已进入核岛安装阶段，在发电的同时还将为周边企业提供蒸汽及海水淡化服务；江苏、广东和贵州等多个省份正在规划和布局高温气冷堆、小型反应堆开展综合利用。

从技术储备来看，我国已成功研发了具有自主知识产权的高温气冷堆、“玲龙一号”、NHR200- Ⅱ 和 CAP200 等多种适用于开展核能综合利用的反应堆技术，并具备了相应的设计、建造及装备制造能力；在运多个核电机组已完成核能综合利用技术改造，形成了成熟的技术方案，为其他商用核电机组开展综合利用奠定了基础；在长距离供暖、供汽和水热同传等技术方面已取得新的突破，在常规电解制氢、反渗透海水淡化等方面不存在技术制约，可以满足核能综合利用发展的需要。

从安全性来看，高温气冷堆、多用途小堆等功率密度低、具有更高的安全裕度；现有大型压水堆综合利用改造及优化主要集中在常规岛系统，不会降低核电厂安全运行水平；核能综合利用技术成熟，热能传输以“传热不传质、多级物理隔离”

的方式实现，无放射性风险；我国首个核能供暖示范项目——海阳核电“暖核一号”已安全稳定运行 3 个采暖季，得到了当地公众的充分信任和广泛认可。

从经济性来看，核能供热在热源侧具有成本优势，根据当前已投运的海阳核电、秦山核电供热项目，并结合新建核电项目同步考虑核能供热进行成本测算，核电机组热电联产出厂热价约为 30 ~ 40 元 / 吉焦，较燃煤热电联产具有优势（2022 年入厂标煤单价约 950 元 / 吨，燃煤供热成本约为 60 元 / 吉焦）；考虑远距离输送成本，核电厂热电联产项目在新建 30 千米、90 千米长输管道后分别与燃煤、燃气热电联产供热相当。大型核电厂反渗透海水淡化成本约 5 ~ 6 元 / 吨，与商用海水淡化项目成本相当。如考虑未来的碳排放成本，并伴随技术的进步，核能综合利用的经济性有望进一步提升。

三、“双碳”目标下我国核能综合利用市场空间及路径分析

（一）核能供暖、供汽是核能综合利用最主要的途径，“双碳”目标下具有广阔的市场空间

核能供暖具有清洁低碳、安全可靠的特点，经济性得到初步验证，是当前不可多得且较为成熟的替代化石能源、满足大规模集中供暖需求的方式。截至 2021 年年底，我国北方地区供暖总面积 225 亿平方米（城镇约 154 亿平方米，农村约 71 亿平方米），其中燃煤供暖、天然气供暖、电取暖占比分别约 65%、21%、10%。为实现“碳达峰、碳中和”目标，预计 2025、2030、2060 年，需要替代的化石能源供暖规模初步匡算约 15 亿、40 亿、110 亿平方米。根据当前我国核电布局，利用北方地区已投运核电项目进行供暖，具备实现 1.6 亿平方米核能供暖能力；随着在建核电机组的建成投产，预计 2030 年将具备 3.2 亿平方米核能供暖能力。进一步结合核电厂周边城市实际情况及供暖替代的可行性分析，预计 2030 年我国核能供暖面积将达到 1.5 亿平方米左右；展望 2060 年，为实现“碳中和”目标，考虑到多用途小堆及内陆地区核电发展，我国核能供暖面积有望达到 15 亿平方米。

核能工业供汽是核能助力工业部门碳减排的重要举措，是核能开展综合利用的重要方向。通过小堆、压水堆和高温堆等不同堆型的组合，核能供应蒸汽参数范围可覆盖 0.35 ~ 12.5 兆帕、100 ~ 540 摄氏度，涵盖了高压、中压、低压和低低压等石化、煤化工、盐化工及普通加工制造业所需的各个蒸汽参数等级。2019—2021 年，我国工业蒸汽消费量稳定保持在 4.5 亿吉焦 / 年以上，现有工业蒸汽的需求量约 6.5 万吨 / 小时，按照规划，沿海规模较大的 20 多个化工园区未来工业用蒸汽需求总量将达到 13.5 万吨 / 小时。若以核能产生的蒸汽替代现有工业蒸汽需求量的 30% 测算，需要约 1 000 万千瓦装机的高温气冷堆与压水堆开展联合供热；以占有未来全部需求总量的 30% 测算，需要约 2 100 万千瓦装机的高温气冷堆与压水堆开展联合供热。

（二）核能制氢、海水淡化具有较广阔的市场空间，核能集中供冷具备技术可行性，但其进一步规模化发展取决于技术的进步与经济性的提升

我国清洁制氢市场空间巨大，核能制氢具有较大的潜力。根据中国氢能联盟的预测，预计 2030 年我国氢气的年需求量将达到 3 715 万吨；到 2060 年，我国氢气的年需求量将增至 1.3 亿吨左右。以水为原料，核能制氢的技术路线可分为核电制氢（效率不超过 30%）、核热制氢（效率超过 60%）和电热混合制氢（效率接近 60%）三种。其中核热制氢和电热混合制氢所需的高温工艺热，可与高温气冷堆热力参数契合，预期成本最低，但由于面临耐高温材料研发的挑战，目前技术成熟度较低。预计 2030 年，考虑 1.1 亿千瓦压水堆核电均具备制氢能力时（考虑反应堆额定功率 30% 用于制氢），可实现核能制氢年产量 330 万吨，能够满足我国约 1/10 的氢气需求；展望 2060 年，倘若核热制氢、电热混合制氢及高温气冷堆技术取得突破，可实现核能制氢年产量 900 万吨左右。

核能海水淡化可以在一定程度上增加城市供水量，保障水资源安全，在沿海省份具有较大的市场空间。截至 2021 年年底，全国现有海水淡化工程规模为 186 万吨 / 日，均分布在沿海 9 个省市水资源严重短缺的城市和海岛。国家发展改革委、

自然资源部联合编制的《海水淡化利用发展行动计划（2021—2025 年）》提出，2025 年全国海水淡化总规模将达到 290 万吨 / 日。根据在建和已规划核能海淡项目测算，预计 2025 年我国核能海水淡化规模将达到 21 万吨 / 日；到 2030 年，将达到 40 万吨 / 日。

核能制冷在区域集中供冷、冷库和数据中心等应用场景具有发展潜力。制冷业降耗减碳压力巨大，据统计，制冷相关设备电力消耗目前已经接近我国总发电量的 25%，超过我国能源总消耗量的 10%。利用核能转化的热能，经热网向城市的二级转热站提供热源，再通过溴化锂机组供冷，具备技术可行性，可以为大型园区、数据中心和冷库等大范围集中制冷场景提供低碳解决方案，减少制冷业电力消耗。

四、我国核能综合利用面临的主要问题与挑战

相关政策体系及法规标准有待建立和完善。在产业政策方面，核能综合利用在我国尚处于边试边行阶段，缺乏相关规划及配套政策；在法规标准方面，缺乏适用于高温气冷堆和小型反应堆的相关标准体系、导则和用户要求文件，导致项目选址、建设等工作程序，以及核安全要求和评审原则只能参考大型核电厂，难以贴近用户建设，严重增加了项目开发难度和成本；在相关交易体系方面，我国建立了碳排放权交易市场，制定了中国核证自愿减排量（CCER）的抵消机制，但未将核能纳入其中，核能综合利用的清洁低碳属性不能得到体现。

现有产业布局不能满足经济社会低碳转型发展的需要。我国核电布局不均衡，在运和在建核电机组全部分布在沿海地区，仅能为部分沿海县市提供供暖、供汽和海水淡化等服务，且存在远距离输送问题。小型反应堆具有安全灵活的特点，适宜于贴近城市用户及工业园区建造，但由于种种原因，贵州玉屏核能供热等贴近用户的小堆示范项目尚未落地，难以满足内陆地区低碳减排的需要。

核能综合利用的经济性受商业模式及相关技术的制约。对于大型反应堆，现有核电厂址距离中心城市较远，到达居民和工业用户需要大量的管网、换热站等基础设施投入，目前核电厂与地方政府就厂外管网的投资存在较大的分歧，尚未形成

成熟的、可复制推广的商业模式，核电厂供热等综合利用的经济性面临不确定性的挑战。对于小型反应堆和高温气冷堆，与石化等工业园区的耦合尚处于前期探索阶段，项目的经济性、市场竞争力等面临不确定性。此外，在综合利用相关配套技术方面，更适于核能特点的热法制氢、电热混合制氢、热法海水淡化、热膜法海水淡化技术，以及大规模储热、储氢和远距离输氢等技术有待进一步突破，距离商业化应用仍有较大差距。

五、关于推动我国核能综合利用的有关建议

“双碳”目标下，我国核能综合利用发展具备较广阔的市场空间，但因其尚处于产业发展初期，仍面临诸多问题和挑战，为此提出以下建议：

一是强化产业引导，做好相关规划衔接。建议国家有关政府部门研究出台核能综合利用产业指导政策，按照“政府主导、市场导向、企业主体、产业协同、社会参与、法规保障”的原则推动核能综合利用发展；地方政府部门将核能供暖、供汽等纳入地区能源发展规划，并统筹做好与城市发展规划的衔接工作。

二是尽快启动小型堆城市综合利用示范。建议尽快完善高温气冷堆、小堆的核安全法规、安全审评标准体系，研究制定适当的规划限制区、场外核应急标准；尽快启动小型堆城市综合利用工程示范，开展城市燃煤供热等替代。

三是加强政策支持，提升核能综合利用经济性。建议将核能供暖列入冬季清洁取暖支持改造项目、节能减碳项目，给予中央财政资金支持；承担民生供热的核电机组在供热季不参与电网调峰考核；研究通过多种渠道支持核能供热管网建设，包括推动核能供暖、供汽、制冷项目通过 CCER 进入碳市场，通过城市供热保障基金予以支持等。

四是创新商业模式，探索核能综合利用新的商业化路径。在能源转化、能源储运输配等非涉核环节引入社会资本，建立跨区域管网投资主体，理顺核能企业与管网运营企业关系，鼓励创造多方共赢的联合运营新模式，实现风险分摊和收益共享，提升各参与方的积极性。

王炳华，中国核能行业协会专家委员会特邀顾问，中国核能行业协会核能公众沟通委员会主任，中国核能行业协会信专委主任，国家电力投资集团有限公司原董事长。

课题组主要成员：王炳华、王凤学、李晓明、刘玮、伍浩、陈矛、张贤、陈长智、陈晨、喻新利、王毅、陈培培、张鹏、唐特、林正兴、付月明。

加快小堆发展　服务“双碳”目标

赵成昆[1]　赵永康[2]　李雪峰[1]
（1. 中国核能行业协会;2. 国家核安全局）

摘　要: 在能源安全和“双碳”目标两大国家战略中,核能的作用十分重要。核能因其碳排放低而被列为清洁能源。近年来小型核反应堆（小型堆）以其固有安全性高和应用范围广的特点而受到广泛重视,成为国际核能发展的一个热点。

小型堆有着广阔的应用前景,可以填补大型核电厂的市场空缺,满足非电力市场广泛需求,比如工业园区的供热、北方地区冬季供暖、老旧小火电厂的更新换代、海岛和偏远地区的供电、制氢及海水淡化等,有相当大的市场潜力和发展空间。

单个小型堆由于规模因子较小,经济性受到挑战,需要通过系统简化、标准化和规模化等方式提升其经济性。小型堆一次投资小、建造周期短,降低了融资的风险。

本文总结了中国核能行业协会历年的研究成果,对小型堆的特点、应用前景和我国在小型堆开发阶段存在的共性问题开展了讨论,提出了建议。

关键词:“双碳”目标;小型核反应堆;低碳能源体系;核能的非电力应用

一、“双碳”目标下的能源体系

《中华人民共和国气候变化第二次两年更新报告》显示,能源活动是我国温室气体的主要排放源,约占我国全部二氧化碳排放的86.8%。我国又是以煤炭为主的能源消耗大国，2022年全国能源消费总量54.1亿吨标准煤,煤炭消费量占能源消费总量的 56.2%。供热是最大的终端能源消费领域。国际能源署（IEA）数据显示，2018 年供热占全球终端能耗的 50%，占全球二氧化碳排放量的 40%。热力消费中，工业部门占比约 50%，建筑物房屋（主要用于空间采暖和热水供应，少量用于烹饪）占比约 46%。可以看出，实现“双碳”目标有两大战场，一是电力工业，二是除电力工业以外的热力和制造工业。

在电力工业，风能、太阳能是对电力行业减碳贡献最大的新能源，但由于能量密度低、时空分布不均衡和不稳定等特点，还不能作为基荷能源。要建立我国低碳能源体系，还需要包括核能在内的其他能源参与。核能碳排放少而被列为清洁能源，全产业链碳排放仅是煤电的 5% 左右。大型核电适合作为基荷能源，可大规模生产，且运行稳定，每年运行可达 7 000 h 以上，核能被认为是目前可以替代部分化石能源的一次能源。党的二十大报告中提出“积极安全有序发展核电”，截至 2023 年 7 月，我国共有 77 台核电机组，其中在运机组 55 台，在建机组 22 台。2022 年，我国核电发电量约占全国总发电量的 5%，核能在电力生产中的比例会快速增长，预计 2035 年核电总装机容量将达 1.5 亿千瓦，占全国总发电量的 10% 左右，和目前全球平均水平基本相当。

新开发的清洁能源除了满足电力生产需求外，还要满足其他制造业和热力的需求。

制造业是碳排放大户，在 31 个门类制造业中钢铁工业碳排放量最多，占排放总量的 15%，其次为石化，占 13%。制造业减碳措施以煤转电和节能提效为主，部分减排压力转移给了电力行业。制造业的能源需求除了电力以外，还有大量不同品质的蒸汽，目前以化石能源为主的自备热电厂是制造企业的主要蒸汽来源。开发适用热电厂的低碳能源是制造业减碳的关键，这给核能应用带来了新的市场。

我国供暖能源需求巨大。据清洁供热产业委员会不完全统计，截至 2022 年年底，我国北方地区供热总面积 238 亿平方米，约 56% 的热源以燃煤清洁利用为主，其次是天然气供暖，占比约 30%，每年消耗 2 亿～ 3 亿吨标准煤，虽然实现了燃煤的清洁高效利用，但不可避免会排放大量二氧化碳。

交通运输行业排放约占我国碳排放总量的 10%。国务院印发的《2030 年前碳达峰行动方案》提出加快形成绿色低碳运输方式。发展电动车取代燃油车是我国的技术路线，氢燃料电池也是颇具潜力的替代技术。在《绿色交通“十四五”发展规划》中提出鼓励开展氢燃料电池汽车试点应用。然而，产氢需要低碳、经济的一次能源。

为实现“双碳”目标，《中共中央　国务院关于完整准确全面贯彻新发展理念做好碳达峰碳中和工作的意见》（以下简称“《意见》”）和《2030 年前碳达峰行动方案》中提出一系列措施，包括严格控制新增煤电项目、统筹建立二氧化碳排放总量控制制度、有序淘汰煤电落后产能、坚持集中式与分布式并举、优先推动风能和太阳能就地就近开发利用、因地制宜开发水能，以及积极安全有序发展核电等。

政策约束和市场需求对新能源体系提出更高的要求，不但要清洁，还要多样、可靠、可持续、经济、安全、灵活，以满足各行业的需求。因此新的能源体系应该是各种能源形式结合、各种技术结合、集中与分布式结合。

扩大核能应用范围，发展核能非电力应用，是实现“双碳”目标的一项重要措施，而小型堆可以在扩大应用范围中扮演重要角色。联合国政府间气候变化专门委员会（IPCC）研究结果表明，要把全球升温目标控制在 1.5 ℃以内，到 2050 年，核电装机容量需要从 2020 年的 394 GW 增至 1 160 GW。要实现 1 160 GW 目标，可以通过保持现有核电厂（包括延寿）、新建大型三代堆，以及开发小型堆等措施。

相对于大型核电，小型反应堆除了具有其清洁属性外，还具备安全性高、建造周期短、一次投资少、可接近城市、适应性强和多用途等特点，能够提供不同的产品，比如热、电或热电联供，绿电制氢等，可以满足制造业的特殊需求，是制造业可选的替代清洁能源。同时与其他能源形式结合，能弥补其他能源形式的短板，在先进的清洁能源体系中发挥重要的作用。

二、小型反应堆的发展现状

小型堆被国际原子能机构（IAEA）定义为电功率不超过 300 MW 的先进反

应堆，可以实现模块化设计、制造。目前，全球已推出不同用途的 80 多种小型堆设计方案。其中，轻水型小型堆约占 1/3，它们由第二代或第三代核电技术演变而来，技术成熟度高，具备近期工业应用的条件。其他堆型如快堆、高温气冷堆和熔盐堆等总体上属于第四代堆，目前处于研发阶段，少数进入工程示范。

美国 NuScale 电力公司开发的模块化小型堆 VOYGR，其每个模块是一个独立的一体化自然循环小型压水堆，其电功率为 5 万千瓦，于 2023 年 1 月获得美国核管理委员会（NRC）的正式批准。为提高经济性，其电功率已提升到 7.7 万千瓦，首台六模块 VOYGR 电厂将在美国爱达荷国家实验室（INL）内建造，并计划于 2029 年投入使用，目前的主要使用目标是在原址替代老旧火电厂，由于是模块式设计和制造，可以方便地调整模块的数量，满足不同用户对功率的要求。

俄罗斯设计的“罗蒙诺索夫院士”号（Akademik Lomonosov）双模块 KLT-40S 浮动核电厂已于 2019 年 12 月并网，2020 年 5 月投入商运后，该核电厂可向楚科奇自治区提供可高达 70 MW 的电功率或 300 MW 的热能，也可每天生产 24 万立方米淡水，用于发电和供热的能量比例可以灵活调节，实现多用途利用，满足用户需求。

我国政府部门和工业企业在过去 10 多年一直致力于开发小型堆技术，中国核工业集团有限公司（以下简称“中核集团”）、中国广核集团有限公司（以下简称“中广核集团”）、国家电力投资集团有限公司、清华大学、中国船舶集团有限公司和中国科学院等单位面向不同应用领域和市场需求，积极开发近 20 种各具特色的小型堆技术。其中，华能山东石岛湾高温气冷堆示范工程（HTR-PM）已成功并网发电，两个机组设计装机容量 210 MW，是我国具有完全自主知识产权、世界首座具有第四代先进核能系统特征的球床模块式高温气冷堆；多用途模块化小型堆科技示范工程（ACP100）于 2021 年在海南昌江开工建设，装机容量 125 MW，是中核集团自主研发并具有自主知识产权的小型压水堆。这两个反应堆都是用来发电的示范项目。

中广核集团推进的贵州玉屏工业园区供热项目利用清华大学开发的 200 MW 压水型反应堆，为贵州大龙经济开发区提供工业蒸汽。如果建成，不但可以减轻工业园区的减排压力和运输压力，也为园区进一步发展提供了空间。国家电投集团有限公司正在研发 CAP150 和 CAP200 等小型堆型号，研发的微压供热堆 HAPPY200 已经基本完成概念设计。中广核集团和中核集团分别研发的小型移动式压水堆 ACPR50S 和 ACP100S，其主要目标是为海上资源开发提供电力和热源。

三、小型反应堆的特点

1. 安全性

小型反应堆包含的放射性总量小，且具有先进的安全设计理念，从本质上提高了小型堆的安全性。

小型堆非能动安全技术的应用，可以做到事故工况下，不需要动力和人的干预，就可以实现反应堆安全停堆和堆芯的冷却，消除了大规模放射性释放的可能性。

由于没有大规模放射性释放，厂外应急得到简化，甚至从技术上分析可以取消厂外应急，这不但消除了公众和地方政府对核的恐惧，还降低了建造和运行成本。

由于小型堆堆型核燃料装料少、安全水平高，在选址方面具有较大的适应性，使得其接近城市或工业园区供热成为可能。

2. 适用性

不同类型的小型堆可提供 200 ~ 800 ℃范围的蒸汽，满足工业对热力的需求。清华大学开发的 NHR200- Ⅱ单堆热功率 200 MW，具备提供 1.6 MPa、201 ℃饱和蒸汽的能力，单堆供汽能力 260 t/h，两个反应堆可以为一个大型化工园区提供足够的热源。目前已运行的高温气冷堆可以提供 500 ℃以上的高温蒸汽，未来的超高温堆可以提供 800 ℃以上的高温蒸汽，适用于制氢和其他工业用途。

小型堆的另一个特点是模块化设计，运行灵活，以美国 NuScale 反应堆为例，其设计可以有 12 个 NPM（NuScale Power Module），每个 NPM 是一个独立的电力或热力生产单元，可以快速提升或降低输出功率。这一快速功率调节特征可以弥补风能和太阳能发电的不稳定和随机性问题，也可以适应工厂生产对热或电力需求的波动。NuScale 模块每两年换一次料。换料采用交错在线换料（in-line refuel［9］）的形式，当一个模块换料时，不影响其他模块的正常运行，做到不停产换料。即使一个模块发生故障，也不会影响其他模块运行，提高了运行的可靠性。小型堆这一特征可以保证电力或热力的连续供应，特别适用于工业园区或小的电力网、热力网，故障、维修或换料不会中断动力供应。

3. 经济性

小型堆单机装机容量小，不能从单堆的规模因子中受益，因此需要通过简化系统，采用模块化设计、工厂预制、现场安装，以及设计标准化和建设批量化，以克服经济性问题。

四、小型反应堆的应用前景

小型堆的基本功能是供电或供热，或热电联供。由于规模因子小，小型堆不能代替大型核电厂作为大型电网的基荷。但其具有规模小、安全性高、适用性广和允许临近城市等特点，可以在许多领域发挥独特的作用，补充大型核电厂的短板。

1. 为石化工业园区提供清洁热能

石化行业需要大量的热能和电力，二氧化碳排放量占到全国排放量的 13%，其中的 1/3 来自化石燃料燃烧，如果实现核能替代，可以减少该行业 1/3 的碳排放，相当可观。

根据中国石油和化学工业联合会化工园区工作委员会所做的全国性调研统计，截至 2020 年年底，全国重点化工园区或以石油和化工为主导产业的工业园区共有 616 家。大部分园区内建有热电联产、热力厂和发电厂等能源基础设施。园区能源基础设施有三个特点：（1）以煤为原料的机组装机容量占比高达 87%；（2）小机组，尤其是单机 50 MW 以下机组数量占比达 62%，而小机组普遍能源效率较低；（3）能源基础设施的温室气体排放量平均占园区排放量的 75%。能源基础设施决定了园区的基础排放，也是园区节能降碳的关键节点。

一个大型园区热力需求在 100 ~ 500 t/h，1 ~ 2 个热功率为 200 MW 的小型堆机组可满足园区的需求。按 500 个园区计算,市场潜力在 500 ~ 1 000 个机组。

2. 老旧火电原址改造

《意见》中提出“有序淘汰煤电落后产能”。2019 年国家发展改革委、国家能源局出台了《关于深入推进供给侧结构性改革进一步淘汰煤电落后产能促进煤电行业优化升级的意见》,并对要淘汰关停的煤电机组作出说明。据有关部门规划，“十四五”期间改造规模不低于 3.5 亿千瓦。

淘汰煤电厂址可用来建设清洁能源设施。美国做过调查，80% 的火电厂厂址满足小型核反应堆的要求,还可能利用原有火电的一些设施,也无需新建输电网,可以较大幅度降低改造成本。美国一项研究发现,利用现有的火电厂址建核电厂,可节省投资 15% ~ 30%。我国目前尚未系统地开展过此项评估工作。

3. 城市供暖

2018 年我国北方城镇供暖能耗为 2.12 亿吨标煤、碳排放量约为 5.5 亿吨,约占总排放量的 5%。当前我国小容量燃煤锅炉在很多城市还是主导热源,小锅炉的热效率只有 55% ~ 60%,而一般燃煤锅炉效率可达到 70% 以上,因此淘汰小型燃煤锅炉将降低 10% ~ 15% 的能源消耗。热电联产供热效率较高,应是我国集中供热系统热源节能改造的主要方向。

利用核能为城市冬季供暖,可以减轻北方地区冬季供暖的环境压力,且在一定程度上已被公众接受。山东海阳核能供热项目实现了核能进入供暖领域零的突破。该项目抽取部分核电厂产生的蒸汽用来供热,供热面积 450 万平方米,每个采暖季减排二氧化碳 18 万吨，“零碳”供暖模式覆盖海阳全城区。利用大型核电厂供暖需要城市附近有核电厂,这限制了供暖的范围。而小型堆可以临近城市,解决了供暖距离问题。

核热电联产的综合能源利用率可达 80%,单个模块供热能力在 200 MW 左右的小型堆,可满足 400 万平方米用热需求。2020 年,全国城镇供热面积 148 亿平方米,如果选择部分条件成熟的城镇采用核能供暖,其市场规模将十分可观。

专门用于供暖的小型堆由于设计参数一般较低,且只有半年的供暖时间,利用率不高。因此，小型堆供暖需要与其他需求结合，提高反应堆的利用率。当前认为热电联供是最好的解决方案。

4. 制氢

氢能是具有发展潜力的二次能源，主要用于交通运输、工业、建筑及其他领域，同时还是钢铁、化工等传统产业的重要原料或还原剂。根据氢能行业有关研究报告，2018 年中国氢气产量约 2 100 万吨，预计 2030 年氢气需求将达到 3 500 万吨，2050 年接近 6 000 万吨，中国政府部门已于 2020 年出台有关文件，提出加快新能源发展，加快制氢加氢设施建设。

高温蒸汽电解（HTSE）是一项新兴技术，比传统的水电解效率高 40%。核能可以提供低碳的高温蒸汽，作为一次能源，是理想的制氢技术。以清华大学开发高温气冷堆为例，一台 60 万千瓦机组可满足 180 万吨钢产能对氢气、电力及部分氧气的能量需求，对应每年可减少能源消费约 100 万吨标准煤，减排约 300 万吨二氧化碳。

美国 NuScale 与 INL 的研究人员合作，研究使用 HTSE 工艺结合六模块 NuScale 工厂生产氢气的技术和经济可行性。研究表明，采用 50 MW 的六模块 NuScale 工厂，每天将生产大约 190 t 氢气和 1 500 t 氧气。在 HTSE 过程所需的质量流率（mass flow rates）下，将蒸汽出口温度从 300 ℃升高到 800 ℃仅需要 1.15 MW，或总功率输出的 2.4%。这将对交通运输减碳产生影响，一个 60 MW 的模块可以产生足够的氢气，为大约 70 000 辆燃料电池汽车提供动力。

5. 其他应用

（1）小型堆调峰能力强，可以很好地跟随电网变动。与风能、太阳能耦合，作为基荷运行又参加调峰，提高供电质量。但小型堆发电成本高于大型堆，因此大型堆更适合作为大型电网的基荷能源，而小型堆比较适合承担区域小电网的基荷与调峰。

（2）为偏远地区、岛屿或海洋资源开发提供稳定的电源，或为突发事件提供应急电源。与燃油发电比，从装置尺寸和便利性来讲，小型堆移动式电源没有优势，但小型堆的优势是可以实现长期、稳定的供电，几年内不需要补充燃料。

（3）海水淡化。我国是水资源严重短缺的国家，特别是北方沿海省市。发展海水淡化技术，开发利用海水资源，是解决我国水资源短缺问题的重要途径，是我国沿海经济社会可持续发展的重要保障。截至2020年年底，全国海水淡化工程规模为165万吨/日，海水淡化应用范围最广的领域为核电和电力与石化和化工。反渗透技术占总工程规模的65.32%。反渗透技术为海水淡化的主流技术，其能耗仅蒸馏法的1/40。在海岛或没有电网的地区，核电与反渗透技术结合，可同时满足电力和淡水的需求。

小型堆能否得到广泛的应用受多种因素的影响，最重要的是公众接受度，安全性、经济性、是否满足市场需求，以及国家宏观政策也是影响其应用的重要因素，比如碳排放指标、排放税、碳排放交易、能源政策和环境政策等。

五、小型堆发展共性问题

1. 邻避效应

小型堆的固有安全性在技术层面得到了广泛的认可，但由于大多小型堆靠近用户或城市周边，导致公众或地方政府还是难以接受核能，加上国内还没有可参考的案例，所以当前核能项目仍难以落地。

2. 经济性

由于小堆没有大型核电厂那样的规模因子，当前与其他主流清洁能源相比，经济性受到挑战。简化系统、标准化批量建设、缩短建造周期，以及优化安全审批和项目立项流程等措施都有望降低小型堆成本，但还缺少市场化小型堆项目的工程验证和小型堆的经济性评价。另外，如何合理评价小堆的经济性也有待进一步研究。

3. 小型堆安全标准不完善

小型堆本身的固有安全性和非能动安全设计大大提高了安全水平，但缺乏完善的小型堆安全标准，给设计、审评带来一定困难，特别是在安保和应急要求方面。小型堆从技术上可以优化甚至取消厂外应急，但没有相应的法规支持，监管部门很难认可。国际原子能机构最近发文，就当前大型压水堆核电厂的安全标准对非水冷堆和小型模块化堆的适用性进行评价，并提出删除、修改和增加部分条款的指导性意见，值得我们研究和参考。

4. 安全审批和立项程序

目前我国核电项目审查许可程序主要针对大型核电厂。由于先进的安全设计理念，小型堆的风险远小于大型核电，立项和安全审批等方面应采用更合理的方法和程序，以简化和缩短审批时间。

5. 技术选择问题

国内企业开发小型堆的积极性很高，开发的堆型很多，各自为战，每种技术路径的发展成熟度不同，对一些共性的问题缺少统筹解决的机制。开发过程基本没有用户的参与，提供的产品往往不符合用户的需求。我国现有小型堆设计大都是先设计反应堆，再找合适的用户，而不是在深入用户要求调研的基础上开展针对性设计，其结果往往都满足不了用户要求，造成损失。

六、建议

1. 提高公众接受度

受到三次世界核事故的影响，公众对大型核电厂安全风险的担忧仍未完全消除。虽然小堆的安全要求普遍比大堆高，但由于小堆靠近用户的特点，公众对安全势必额外关注。所以开展针对性的科普教育和宣传，提高公众对小堆的接受度，是小堆发展必须重视的问题。

2. 完善小型堆安全标准

通过相关政府部门和技术开发单位的共同努力，在现有大型核电厂标准基础上，通过分析比较，删除或修改不适用部分，增加部分小堆需求条款，尽快形成一套适合我国小型堆发展的法规标准体系。

3. 简化立项审批流程

我国核电项目核准及核安全许可管理这两条主线存在关联性且彼此影响。建议优化小型堆立项程序，推行标准化设计审查，将厂址、反应堆标准设计、项目审查分离。标准化设计要求考虑对潜在厂址的适应性。标准设计审查制度可以大大减少项目立项后的安全审查时间，减少后期项目建设的不确定性，缩短审查周期。

4. 开展用户需求研究

面对“双碳”目标下市场对能源需求的多样性，技术开发单位要深入开展细致的用户需求调查，针对用户要求设计适用性强的反应堆，扩大小型堆的适用范围。用户调查除目标用户需求外，还应包括监管要求、设备制造能力等。

5. 充分发挥国家的指导和协调作用

目前国内核能企业对开发先进核能技术具有很高积极性，但也存在重复开发现象。应充分发挥国家的指导和协调作用，统一规划，加强合作，避免低水平重复开发，节约成本，提高开发效率。

6. 推动示范项目落地

通过建造小型堆示范项目可以对安全性能、技术性能和商业价值进行全面评估，对推进小堆发展验证意义重大，可以让投资者看到前景，让用户得到实惠，让公众放心，是小型堆走向商用的关键一步。

加快推进小型堆开发的步伐，需要企业、用户和政府三方共同努力，推动技术提升、市场应用和政策的优化，为小型堆技术进步和健康发展创造良好的环境。政府的引导和强有力的支持是关键驱动力，特别是制定政策，完善安全标准和优化审查程序，充分发挥政府协调职能，避免企业间的重复开发，提高效率，以及在充分验证的基础上科学有序地推进小堆的产业化。

赵成昆，1966 年 1 月毕业于上海交通大学船舶核动力工程专业，1981—1983 年美国哥伦比亚大学访问学者。现任中国核能行业协会专家委员会常务副主任。曾任中国核动力设计研究院院长、国家核安全局局长和中国核能行业协会副理事长等职。

新形势下核电软件发展战略研究

叶奇蓁[1]　彭现科[2]　苏　罡[3]　李　静[2]
（1. 中国核工业集团有限公司；2. 中国工程科技创新战略研究院；
3. 中国核电工程有限公司）

摘　要：我国正处于从核大国向核强国迈进的关键阶段，在我国建设世界科技强国的进程中，核电发展面临着由“跟跑、并跑”到“领跑”的跨越发展机遇，必须实现高水平科技自立自强。核电软件是核电工程制造的大脑和神经，其发展水平直接决定工程制造的高度，是核工程设计的“皇冠”。促进和完善我国核电软件的自主研发和应用生态，不仅可以实现核电厂数字交付，从而保障全寿期安全高效运营，也决定我国先进核能自主创新的水平，更是支撑实施核电出口国家战略的必然要求。本文分析了发展我国自主核电软件的紧迫性、必要性、当前现状及存在问题，并提出了对策建议。

关键词：核电软件；自主创新；对策建议

我国正处于由核大国向核强国迈进的历史机遇期，核电迎来了更加广阔的发展空间。核电软件是核电工程设计的大脑，是核电发展的关键核心技术，也是典型的工业软件。我国工业软件发展起步晚，在早期广泛引进国外技术时，国外工业软件全面进入我国市场，并培养出广泛的用户基础，在此浪潮下，我国也从法国、美国和俄罗斯等核电强国逐步引进业已成熟、并在国际上有成功应用经验的核工业设计软件。近年我国核电软件研发实现突破性进展，从 2010 年起，中国核工业集团有限公司（以下简称“中核集团”）、中国广核集团有限公司（以下简称“中广核”)、国家电力投资集团有限公司(以下简称“国家电投”)三家集团研发了NESTOR®、NATENE®、COSINE®软件包。但受制于我国工业软件的基础,国产核电软件应用不足等问题依然存在,必须从体系上考虑进一步开展核电软件的研发和应用工作。

一、发展核电软件需要扎实的工业软件基础

软件定义制造,创新驱动发展。把握科技创新发展脉搏,在新一轮科技革命和产业变革深入发展之下,亟须加快工业软件自主创新步伐,筑工业之魂、强工业之躯,助力中国制造腾飞,锻造中国品牌力量,铸就大国发展引擎。

世界工业化历经三百余年,工业知识深厚积淀,工业软件得到深入发展。工业软件是一个国家工业化知识沉淀的总和,世界各国工业软件的进步伴行于制造业的强盛:美国航空航天和国防科技工业孕育了计算机辅助工程(CAE)软件发展的种子;法国汽车、核电和航空工业培育了计算机辅助设计(CAD)软件;加拿大积极推动制造行业优势向工业软件优势转换,配合制造产业链延伸;德国强大的机械制造激发了计算机辅助制造(CAM)领域的优势。

数学、物理、计算机、工程完整勾勒出工业软件技术图谱。起始于数学基础,工业软件首先需要扎实的数学基础,其中的多种计算数学理论和算法体现深厚数学基础;初炼于物理机理,工业技术的源头是对材料及其物理特性的开发与利用,工业软件用于解决结构、流体、热和电等物理场问题;精炼于计算机科学,工业软件的诞生和早期发展受到计算机与多媒体硬件进步的推动,并随软件技术、互联网、计算模式浪潮起伏;淬火于工程知识,工业软件与工业应用场景紧密结合,大量的制造经验被转换成算法、编码并固化入软件。

多样的行业,无尽的边疆。工业软件涉及的专业、行业众多,应用于制造、电力、石化和国防等行业,与各行业的工艺环节,如研发、生产、管理和协同等紧密相连。工业软件发展本质是来自工业制造的需要,它与装备工业密不可分,因此也是非常零散的,呈现出千姿百态。工业软件是集人类基础学科与工程知识之大成者,支撑了整个工业体系,想要快速发展工业软件并不容易,需要面对的不只是一两个软件的突破,而是对整个工业基础的耕耘。

中国科学技术协会2022年十大产业技术问题之一就是发展自主可控工业设计软件，发展自主可控工业软件任重道远：一是工业软件是多年工业化知识的结晶，从技术研发角度攻克工业软件难题绝非易事，当前我国软件自主研发还未有行业内全球领先者；二是在我国对软件知识价值的重视程度还不够，“重硬轻软”思维根深蒂固，对工业软件自主研发投入不足；三是在早期引进国外技术，以市场换技术的策略下，国外软件席卷国内市场，已成气候，当前若想更改用户使用习惯并非易事。

二、发展核电软件需要增强紧迫性

（一）核工业大国向强国迈进蓄势待发，核电软件发展进程需快马加鞭

核工业是高科技战略产业，是保障国家安全和促进经济社会发展的基石。经过六十多年砥砺奋进，我国已建立完整的核工业体系，是科学技术进步和社会经济发展的重要推动力量。我国核工业正处于由大变强的关键阶段，核电正在实现规模化发展。截至2023年年底，商运核电机组55台，在建核电机组26台，在运在建规模居世界第二位，为我国核电软件发展提供了紧迫需求和机遇。

核电软件是典型的工业软件，是核工业和制造业的知识结晶，是核电厂设计、制造、运行的大脑与神经，决定了核工业的发展高度。推进核电软件自主创新之路与完善核科技创新体系一脉相承。我国核工业正处于由大到强的关键阶段，软件更新升级需求不断增强，新理论、试验反哺核电软件迭代更新，支撑核电技术创新发展。筑牢核科技创新基石，完善核科技创新体系，需快马加鞭发展核电软件。

（二）美国及其部分盟友对我国科技发展限制打压，核电软件发展刻不容缓

国际局势错综复杂，以美国为首的西方国家力图对我国科技发展限制打压。

核工业作为战略性高科技产业首当其冲,受打压限制历历在目,警钟长鸣。2018年,《美国与中国民用核能合作政策框架》发布,意图限制美国核电技术设备材料向我国出口;2019年,中国广核集团有限公司及其关联公司共四家实体被美国商务部加入"实体清单";2020年,《重塑美国核能竞争优势》报告发布,中国被列为美国核能出口的主要竞争对手。

国际局势波谲云诡,我国科技发展受西方国家围追堵截之势短期内难以缓解,必须走自主创新之路,核电软件发展刻不容缓。

三、核电强国均高度重视核电软件发展

世界核电强国均已建立完整的核电软件体系。美国、法国已经建立了较为完整的核电软件体系并出口到众多国家,当前处于国际领先地位;俄罗斯在经历了切尔诺贝利核事故之后极大地提升了对软件的重视程度,也具备较为完整的核电软件体系,目前已经建立了经过监管部门认可的核安全分析软件体系,批复了200多款软件,其核电技术及软件也已出口到一些国家;韩国早期使用美国软件,自21世纪以来,在核能软件开发方面有了长足的进步,为了配合整套核电工程的出口,韩国开发了一整套的核电软件,部分软件的技术指标甚至超越美国软件,并于2009年获得阿联酋价值超过200亿美元的核电建设合同[①]。

主要核电国家通过经济合作与发展组织核能署(OECD/NEA)共享数据。OECD/NEA下属的数据银行的主要职能之一就是收集成员国所做的试验数据,建立验证矩阵并向其成员国共享。数据银行目前收集到用于程序验证矩阵建设的试验台架数超过30个,试验数目超过100个。法国、美国和日本等多数核电国家都通过与OECD/NEA数据银行的特别协议共享其收集到的试验数据。

软件研发有稳定的研发团队和固定经费来源。美法等国软件研发团队的成员较为稳定,团队成员不仅拥有专业的核知识背景,还拥有软件开发经验。在美国,由橡树岭重点实验室研发的软件,每年都有来自美国核管理委员会(NRC)

① 咨询研究报告《核电用软件及自主化总体情况》,生态环境部核与辐射安全中心,2023年1月.

和政府的经费支持；在法国，试验数据和运行数据反馈基础上，可以不断更新软件，这些软件的后续研发获得了核电厂和政府经费的支持，更新版本的软件也不断销售到世界其他核电国家并获得利润，同时也保障了软件研发队伍的相对稳定。

当前软件研发重点聚焦数值反应堆程序开发。在美法等传统核电强国，传统核能软件研发当前处于缓慢发展状态。在经历了20世纪大规模快速发展及应用后，当前美法仅对部分软件进行了优化升级、再度开发，新开发的软件目前大多还未实现工程应用，仍处于科学研究阶段。数值反应堆程序的开发与研究是当前核电强国的发展重点，以美国的轻水堆先进仿真联盟（CASL）和核能先进仿真与建模（NEAMS）项目，以及欧洲国家联合开发的核反应堆模拟平台NURESIM为代表，通过把过去孤立研究的问题组合起来，形成统一的研究平台，开展多物理、多尺度、多过程耦合研究。利用超算手段，进行高分辨率数值模拟，消除过去受计算方法、计算机速度及存储限制而引入的多种近似，进一步提高反应堆设计运行的经济性、安全性和可靠性。

四、我国核电软件已实现从无到有突破

一代技术、一代装置、一代制造、一代软件，软件定义制造。我国核动力技术发展建立在自主技术能力之上，自主设计、自主建造的秦山一期核电站实现了我国大陆核电零的突破；国产化商用核电站秦山二期代表了我国核电国产化的重大跨越，在“以我为主、中外合作”的方针下，引进了法国M310技术、加拿大重水堆、俄罗斯压水堆技术，同步引进了国外的核电软件；在“一步到位”发展国际三代水平的目标下，对美国AP1000、法国EPR三代机型进行了引进，也签署了软件技术转让合同；在走向自主创新，铸就大国重器征途中，拥有了“华龙一号”与“国和一号”自主三代堆型，并研发了自主三代核电软件包NESTOR®、NATENE®、COSINE®，实现自主核电软件“从无到有”的突破。

（一）源起早期积累，建立自主软件基础

我国核动力技术发展源起于核潜艇动力系统开发的技术积累，于四川省乐山市夹江县的909基地，镌刻着核工业人的奉献、勤劳与智慧。在早期积累之上，我国以应用自主软件起步。在核能技术发展早期阶段，为满足研究性反应堆及秦山核电厂的设计需求，源于设计计算核潜艇陆上模式堆期间的积累，曾自主编制了一批分析软件，但存在整体性、规模化程度不足，经验及试验数据匮乏的问题，还不能满足核电工程项目的应用需求。

（二）引进浪潮之下，国外软件同步引进

时至二十世纪八九十年代，在引进国外核电技术的同时，我国同步引进了国外软件，在大亚湾核电站建设工作的同时，我国开始从法国、美国和俄罗斯等核电发达国家逐步引进业已成熟、并在国际上有成功应用经验的核工业设计软件，结合工业界通用商业级软件的购买，从而形成支撑我国核电发展阶段的软件体系。这些软件帮助建立起我国的核电设计和开发体系，推动了我国核电设计人才队伍的建设，有效保障了我国核电的建设工作。

（三）砥砺前行不停步，国产核电软件实现突破

目前我国已成为三代核电建设的主力军，采用“华龙一号”技术建成的福清5号与6号机组已投入商运。在我国核电工程设计中使用的软件主要由工业通用设计软件与核电专用软件共同构成。核工业领域广泛应用的工业通用软件包括三维设计软件、计算流体力学软件、力学分析软件及工业支持类平台软件等；核电专用软件主要来源于国外引进与自主研发，我国代表性的国产核电软件包有NESTOR®、NATENE®、COSINE®。

1. 中核集团NESTOR®（隶首®）软件包开发与应用

由中国核动力研究设计院牵头，历经十余年集中研发，完成了核电软件研发体

系建设，形成了拥有自主知识产权的核电设计分析软件包 NESTOR®，覆盖了关键核心的专业领域，达到国际先进水平，是功能配套齐全的软件技术产品。

软件包适用于中核集团"华龙一号"等三代核电工程设计，覆盖物理、屏蔽、热工安全、燃料、力学、系统、运行支持七大专业，形成 120 余个专业软件，获得著作权百余项。软件自研发以来，已开展了大量验证和确认工作，软件运行稳定可靠、计算精度满足相关要求。同时，已在多个项目领域得到成熟应用，获得广泛的肯定。

2. 中广核 NATENE®（兰庭®）软件包开发与应用

中广核针对"华龙一号"自主研发了堆芯与燃料设计软件包——NATENE®，覆盖堆芯设计软件、热工安全软件、燃料设计软件及设计平台软件四大类，共计包含 40 余款反应堆与燃料设计核心软件，形成了一套完整的反应堆设计与安全分析自主软件体系，可应用于大型及小型压水堆研发、设计、运营。

软件包中的 11 款软件及采用这些软件设计的"华龙一号"，历时 5 年，于 2022 年 2 月通过英国通用设计审查（GDA），得到设计认可确认（DAC）和设计可接受性声明（SoDA）；该软件包中的 23 款软件及采用这些软件设计的"华龙一号"，历时 3 年，于 2020 年 10 月通过欧盟 EUR 审查。软件包中的三维堆芯在线监测软件 SOPHORA 已在中广核在运的 22 台 CPR1000 机组和中广核"华龙一号"首堆（防城港三号机组）实现了应用，有力保障了各核电厂的运营安全，显著提升了各核电厂的运营业绩。

3. 国家电投 COSINE®（和弦®）软件包开发与应用

依托国家科技重大专项，国家电投自主研发了我国拥有自主知识产权的核电关键设计与安全分析一体化软件包，包括核数据研制、热工水力设计、确定论事故分析、概率安全分析、堆芯物理设计、严重事故分析、燃料设计及辐射屏蔽设计八大类，共计 15 款软件，覆盖国际同类软件 80 余项功能。国家电投的所有自主软件能覆盖 AP1000 和"国和一号"核电厂的全部核电专业软件的设计需求。

COSINE® 软件包已应用于自主知识产权的全范围模拟机仿真平台及核应急一体化响应与指挥决策支持系统；开展了"国和一号"及"华龙一号"自主化堆型的示范应用，针对堆芯核设计、屏蔽源项分析、全失流事故、小破口事故和主蒸汽管道破裂事故等典型工况进行了示范应用评估;开展了山东海阳核电厂换料堆芯校算及堆芯换料方案优化等。

(四)确保核安全,开展核安全软件分析评价工作

核安全是国家安全的重要组成部分,是核电事业发展的生命线。按照国际惯例和国家法规,与核安全相关的设计分析软件在进行核电设计应用前需要经过国家核安全局许可。

我国核安全软件分析评价取得一定成绩。我国自主研发的软件中与核安全相关的设计分析软件正在陆续接受或通过了国家核安全局审评工作。我国于2017年起正式从国家层面开始软件确认工作,核安全局相继印发了《核动力厂安全分析用计算机软件开发与应用(试行)》导则,以及《核动力厂安全分析用计算机软件安全评价实施办法》,目前已有包括中国华能集团有限公司在内的四大核电集团的软件正在接受国家核安全局审评。

五、核电软件研发仍面临不少障碍

核行业业内高度重视软件创新,经过十余年积累,我国核电软件已取得显著成绩。各大核电集团、国家相关部委、核领域内研究学者一直在努力推进核电软件创新研发,其心可鉴,自主创新的精神已深入核工业人之心,未来定会取得更大成绩。但我国核电软件创新工作起步晚,知识经验的积累需要时间,在此基础上,核电软件发展仍然面临国家层面统筹不足、工业软件基础不实和软件工程应用行业认可度低等问题。

(一)核电软件研发国家层面统筹不足

核电软件研发数据缺少类似于OECD/NEA的国家层面的统筹平台。核电软件开发需要大量数据作为支撑来开展验证和确认工作,当前我国数据还较为分散,

针对各核电企业、科研院所和高等院校独立掌握的数据，还需进一步加强交流，鼓励共享。

我国核电软件的应用推广尚缺乏国拨资金的持续引导支持。对于核电软件体系的建立，国家不应该仅在开发阶段进行支持，还应在应用推广阶段通过国拨资金持续稳定引导，一方面，解决核电开发遗留的问题，如软件工程应用不足等，另一方面，还需在软件维护、软件性能水平提升等方面加强投入。

（二）实现核电软件跨越发展的基础不实，资源配置不足

工业软件较发达的国家都是完成了工业化进程的工业强国，相应的工业软件配套体系完善。我国具有完整的工业产业体系，具有全面的工业需求，但在工业软件方面存在较大缺口，工业软件产业基础能力薄弱。我国工业软件企业规模普遍较小、盈利能力不强、产品体系化程度不高，几乎没有接近世界一流水平、技术、规模的企业，在经济循环中发挥带头作用并畅通市场的大企、强企尤为缺乏。

核工业广泛使用的工业通用软件大多被国外垄断。工业通用软件如典型的三维设计软件、热工水力软件和力学分析软件等，在我国基础研究薄弱、积累不足，虽然国产工业软件已取得一定进步，但与国际先进水平相比仍然存在着明显差距。由于国外商业保护，我国要在短期内突破关键技术仍有一定难度，当前核电软件研发方面的政策保障、资金人才方面也存在明显不足。

（三）核电软件工程应用的行业认可度低、生态不完整

软件需要通过用户的持续广泛使用，才能够占领市场并在实践中持续完善。国外核电软件已在我国积累了大量的用户，有大量的使用经验，相关模型在使用中被不断拓展完善，得到了行业的普遍认可，国内企业与高校更倾向于使用国外成熟、稳定的核电软件。相比之下，国产核电软件尚未得到整个行业认可。核电软件相关用户对使用自主软件开展工程应用的意愿和决心需进一步提升。相关软件用户往往考虑到国外软件暂时还可用、对于自主软件应用需求暂时还不是非常紧迫，

以及担心对工程项目造成影响等,造成推动自主软件工程应用落地的意愿和决心不足。

六、促进核电软件发展的建议

在我国由核电大国向强国迈进的过程中,核科技创新要发挥重要作用,核电软件是重要抓手。核电软件发展并非一蹴而就,需要长时间的深耕。我国的核科技创新体系建设要全方位、多角度、多层次地推进,当前核电软件创新已取得一定成绩,为更进一步推进核科技创新能力建设,需要从国家投入、应用生态建设和工业软件发展等角度为核电软件发展提出建议。

(一)充分发挥国拨资金的引导作用,鼓励开展核电软件研发

充分发挥国拨资金的引导作用,鼓励支持开展核电软件研发工作。通过国家拨款专项经费支持科研机构、高校及企业开展核电软件研究项目,鼓励科学家和研究人员进行前瞻性、基础性和应用性研究,提升科研人员创新能力;通过国家经费支持引进核电软件专业人才,并为人才成长提供保障,不断优化核科技人才队伍建设;通过经费专项支持核电软件研发平台建设,优化核电软件研发环境,构建完备的核电软件研发能力体系;通过经费专项支持核电软件的维护升级,软件需要不断更新升级,软件后续的维护与研发一样重要,需要国家支持。

(二)构建核电软件健康应用生态,推进国产软件工程应用

核电软件的真正价值体现在应用于核电工程设计中,真正实现核电软件的自主化开发与应用需要推动软件自主化"最后一公里",即软件的工程应用,并在工程实践中持续提高软件性能,实现对国外核电软件的替代和超越。

通过制定优惠政策和激励措施,构建核电软件工程应用生态,进一步提升使用自主软件工程应用的意愿和决心。具体措施可以包括鼓励核电企业使用自主研发

软件开展背靠背验证实验；对积极推动自主软件落地应用的核电企业在上网电价、“软件首台套”、高新企业认定和税收等各方面予以配套措施；将自主软件工程应用纳入核电机组设备国产化率考核中；鼓励高校在基础研究中使用我国自主研发的核电软件，扩大软件用户群体。

（三）提升工业软件基础研究水平，推进软件体系化发展和产业化应用

建议鼓励国内科研院所、高等院校及集团公司等优势力量，突破高端工业软件核心技术，支持提升工业软件基础研究水平，推进自主工业软件体系化发展和产业化应用。

组织开展工业软件关键技术攻关，面向重点领域需求，聚焦重点产品和关键核心技术，建立技术攻关平台，采取“揭榜挂帅”、设立工业软件重大攻关项目等方式，突破关键技术短板，提升国产工业软件技术水平；鼓励使用正版软件、广泛培养软件用户群体，加强工业软件知识产权保护力度与意识，加大对盗版软件的治理力度；鼓励培养工业软件复合型人才，工业软件研发跨学科、跨领域，鼓励国内科研院所、高校和企业开展联合培养，把握研发端和需求端的特点与需求，共同培养一批高端工业软件人才。

叶奇蓁，著名核电专家，中国工程院院士，中国核能行业协会专家委员会主任。

打造中国核能行业协会特色新型智库建设新标杆

中国核能行业协会副理事长兼秘书长　张廷克

党的十八大以来，习近平总书记就加强中国特色新型智库建设作出系列重要指示，指引中国特色新型智库茁壮成长。2013 年 11 月，党的十八届三中全会明确提出，加强中国特色新型智库建设、建立健全决策咨询制度，**“中国特色新型智库”**概念首次出现在党中央重要文件中。2015 年 11 月，习近平总书记在主持中央深改组会议时强调，**要建设一批国家亟需、特色鲜明、制度创新、引领发展的高端智库，重点围绕国家重大战略需求开展前瞻性、针对性、储备性政策研究**。在 2016 年 5 月召开的哲学社会科学工作座谈会上，习近平总书记发表重要讲话指出，**“智库建设要把重点放在提高研究质量、推动内容创新上”**。习近平总书记关于中国特色新型智库建设的系列重要论述，在理论层面上明晰了中国特色新型智库的性质、定位和任务，在实践层面上明确了中国特色新型智库的战略布局和发展方向，是中国特色新型智库建设的根本遵循。

2015 年 1 月，中共中央办公厅、国务院办公厅印发了《关于加强中国特色新型智库建设的意见》（以下简称“《意见》”），对中国特色新型智库建设进行了全面部署。《意见》明确，中国特色新型智库是以**战略问题和公共政策**为主要研究对象，以服务党和政府科学民主依法决策为宗旨的非营利性研究咨询机构；形成**定位明晰、特色鲜明、规模适中、布局合理**的中国特色新型智库体系，重点建设一批具有较大影响力和国际知名度的高端智库，造就一支**坚持正确政治方向、德才兼备、富于**

创新精神的公共政策研究和决策咨询队伍，建立一套**治理完备、充满活力、监管有力**的智库管理体制和运行机制；明确**社会智库是中国特色新型智库的组成部分**，要规范和引导社会智库健康发展，确保社会智库遵守国家宪法法律法规，沿着正确方向健康发展，进一步规范咨询服务市场，完善社会智库产品供应机制，探索社会智库参与决策咨询服务的有效途径，营造有利于社会智库发展的良好环境。

新时代以来，中国特色新型智库建设持续深入，众多智库机构积极发挥**咨政建言、理论创新、舆论引导、社会服务和公共外交**等功能，为推动科学民主依法决策、推进国家治理体系和治理能力现代化、推动经济社会高质量发展、提升国家软实力提供了切实支撑，成为推动中国式现代化的重要力量。

为深入学习贯彻习近平中国特色新型智库建设重要指示精神，落实党和国家关于加强中国特色新型智库建设的部署和要求，进一步加强中国核能行业协会（以下简称“协会”）高端智库功能建设，充分发挥协会在核能行业治理体系中的重要作用，推动和引领我国核能事业安全高效可持续发展，结合《中国核能行业协会发展战略规划纲要（2024—2028）》要求，就加强协会智库功能建设提出意见如下。

一、协会智库建设状况、形势任务及问题挑战

（一）协会智库建设取得重要成绩

自 2007 年协会成立、特别是 2017 年第三届理事会换届以来，协会始终坚持以创建世界一流协会为引领，高度重视协会智库建设工作，智库研究咨询成果丰硕，智库功能有效发挥，协会成功入选国家发展改革委首批品牌协会成长计划“深研究，构建良好发展态势”重要成长方向的典型案例，协会智库功能发挥已成为体现协会在推动我国核能可持续发展重要引领力方面的品牌性重要服务业务。**一是**成立并依托协会重大问题联合研究协调委员会、智库工作委员会支持平台，建立协会重大课题联合研究工作机制，组织行业权威资深专家牵头开展行业重大共性问题联合研究工作，相继完成了《我国三代核电发展战略价值研究》等 30 余项重大课

题联合研究，形成《关于促进我国三代核电安全高效可持续发展的建议》等 15 项联合研究成果的核心报告先后报送党和国家领导人及政府部门供决策参考并得到高度重视。**二是**成立并依托协会相关分支机构支持平台，组织行业高端资深专家团队就行业相关领域共性问题或个性化需求开展大量专题研究咨询服务，相关专题研究咨询服务成果为行业发展、政府部门和会员单位等提供了得到各方高度认可的高端智力支持服务。**三是**组织研究编制并发布《中国核能发展报告》蓝皮书、《中国核能行业智库丛书》，以及《全国核电运行年度综合分析核心报告》《核电工程建设年度报告》《先进核能技术发展报告》《中国核技术应用产业发展报告》等综合性反映核能行业及相关专业领域发展状况的系列权威性年度研究报告，研究并定期发布“CNEA 国际天然铀价格预测指数”。**四是**成立并依托协会核能公众沟通委员会支持平台，面向各类社会公众所关注的核能发展共性敏感问题，加强社会舆论引导，打造核能公众沟通交流平台，开发核能云端博物馆，开展核能科普宣传，举办明星讲解员、公众沟通大使风采展示与评选，积极传播核能发展正能量，努力营造促进核能可持续发展的良好社会舆论生态。**五是**定期组织举办协会春季核能可持续发展（国际）论坛、夏季核能公众沟通大会、秋季核电建设质量（运行安全）大会、冬季核技术应用产业发展国际大会、核能智库沙龙，以及承办 IAEA 核电厂运行安全国际大会等多领域、多层次、国际化系列年度重要论坛会议等交流研讨活动，使其成为协会智库重要研究成果发布及研讨交流的重要平台。**六是**充分利用互联网及云计算等信息化技术，依托协会官方网站核心平台，开发形成智库研究、行业报告、会展专页和书籍刊物等专栏，以及核能云端博物馆、微信公众号、微信视频号和微博号等协会智库重要研究成果的数智化融媒体传播平台，开发形成资料库等协会智库研究成果管理信息系统。

（二）协会智库建设面临的形势任务

我国开启了全面建设中国式现代化国家的新征程，在“碳达峰、碳中和”目标背景下，我国核能事业进入安全高效可持续发展新时代，协会也开启了奋楫全面建设世界一流协会新征程，协会智库建设任重道远。**一是**核能已成为全球公认的应对气候变化、保障能源安全的重要战略选择，中国特色新型核能智库建设也迎来重要战略机遇期。**二是**核能产业是战略性高技术新质生产力，是全球大国间战略竞争的重要领域，社会公众对核能行业具有高度敏感性，有大量重大共性问题、专项共性问题、个性化问题需要持续性深入开展研究，为核能高质量发展提供决策支撑与咨询服务。**三是**中共中央办公厅、国务院办公厅印发了《关于加强中国特色新型智库建设的意见》，民政部印发了《关于社会智库健康发展的若干意见》，对中国特色新型智库建设及社会智库建设进行了全面部署，提出了新的更高要求。

（三）协会智库建设存在的主要问题与挑战

协会智库建设面临以下主要问题与挑战：**一是**协会智库功能在行业中的引领作用还有待巩固和加强，国际影响力及其话语权有待提升，协会智库功能发挥与国内外知名智库组织仍有较大差距；**二是**与权威性、专业性研究机构等智库单位相比，协会智库建设的资源配置能力有限，智库研究领军人才及研究人员缺乏，综合研究能力和水平有待提升；**三是**协会智库功能与行业内智库单位的差异化特色、发展路径及协同问题需要持续探索完善；**四是**当前协会内部智库功能发挥缺乏统筹，尚未形成高效协同体系，各业务部门和分支机构研究力量、成果及载体等尚未得到有效整合。

二、协会智库建设的总体要求及目标

（一）协会智库建设的总体要求

深入学习贯彻习近平新时代中国特色新型智库建设重要指示精神，以创建世界一流协会为引领，坚持“行业性、研究性、思想性、服务性、市场性”社会智库属性，坚持“问题导向、需求牵引，反映诉求、建言献策，研究咨询、公众沟通，理论创新、引领发展”智库功能定位，以“战略性、政策性、管理性，前瞻性、针对性、共享性、储备性”研究为重点，以“协会组织协调、首席专家负责，会员广泛参与、行业智库支持，强化内部协同、深化联合研究，加强课题管理、提高研究质量，增进行业共识、注重成果应用”为特色，围绕“重大问题研究、专题研究咨询、年度研究报告、核能公众沟通、交流研讨平台、传播与管理平台”六大重点方向，创建“性质明确、定位清晰、特色鲜明、布局合理、保障有力”的有显著特色的新型社会智库，将协会全面打造成为以引领我国核能可持续发展为重点方向、最具行业权威性的高端智库标志性品牌形象，为持续提升协会行业影响力、竞争软实力、治理话语权提供切实支撑，为我国核能安全高效可持续发展提供重要的高端智力支撑。

（二）协会智库建设的总体目标

到2030年前后，具有显著特色的协会智库建设总体达到全国性社会组织智库领先水平，在全国性核能智库中具有重要引领力，在全球性核能智库中具有一定影响力。主要预期指标包括：**一是**年度高水平重大问题联合研究课题数量常态化保持在10项以上，高质量结题5项以上，实现有行业发展重要引领力的成果应用3项以上，形成具有重要国际影响力的研究成果；**二是**专题研究咨询服务行业影响力显著提高，年度专题研究咨询课题数量常态化保持在20项以上，高质量结题15项以上，实现有重要专业领域发展引领力及管理贡献力的专题研究咨询成果应用与转化10项左右；**三是**《中国核能发展报告》获全国优秀蓝皮书奖，《中国核能行业智库丛书》行业权威性地位基本确立，具有行业重要影响力的年度专业性研究报告数量达到10项左右，“CNEA国际天然铀交易指数”初具影响力；**四是**核能公众沟通的舆论导向作用有效发挥，社会公众信任度与关注度显著提升，核能公众沟通服务品牌影响力全面形成；**五是**以“协会春季核能可持续发展（国际）论坛”为标志的具有重要行业品牌性影响力的年度综合性、专业性智库研究交流研讨平台数量达到10个左右；**六是**以协会官网为核心的智库研究成果数智化融媒体传播平台的行业权威性地位全面确立，协会智库建设管理数智化转型升级基本实现。

到2035年，协会智库在全国性社会组织智库领先地位更加巩固，在全国性核能智库具有权威性引领力，在全球性核能智库具有重要影响力。

三、协会智库建设的重点工作任务

（一）行业重大问题联合研究

精准聚焦行业战略性、政策性、前瞻性、创新性重大共性问题，坚持以课题研究成果的有效应用为导向，以突出联合研究为特色，以课题首席专家（或组长）负责制为核心，以智库委员会骨干成员单位支持为依托，深度开展行业调查、战略规划、政策法规和市场监测预警等研究，高标准规范化组织开展重大课题的征集立项、过程管理、研讨沙龙、会审验收、成果应用及后评价等工作，积极拓展重大课题联合研究合作新模式，定期开展课题滚动性深化研究，把重大课题联合研究打造成为协会智库研究标杆性品牌产品。每年新设重大课题数量保持 5 项以上，年度重大课题联合研究数量常态化保持在 10 项以上，年度结题 5 项以上，其中 3 项以上重要课题的核心成果报告上报党和国家领导人或政府主管部门供决策参考。

（二）行业专项课题研究咨询服务

充分发挥各分支机构业务支持平台作用及相应高端专家团队的智力资源优势，重点围绕相应业务领域专项共享性管理类问题、政府主管部门及成员单位个性化需求，有针对性地拓展专项课题研究咨询服务，注重专项课题研究咨询服务的价值创造及成果应用与转化（包括但不限于业务指引性文件、团体标准及业务转化，以及《中国核能行业智库丛书》等重要书籍出版等），实现专项课题研究咨询服务核心成果报告在《中国核能行业智库丛书》出版发行，不断提升专项课题研究咨询服务的品牌效应和核心能力。协会年度专题研究咨询课题数量常态化保持在 20 项以上。

（三）核能行业年度研究报告

依托协会分支机构专业支持平台，发挥行业相关专业数据统计及信息报送渠道优势，组织资深专家团队，开展行业相关数据与信息资源的年度汇总分析与深度加工等研究，科学研判核能行业及相关专业领域年度发展状况，总结良好实践与经验，分析存在问题与建议，预判发展趋势与挑战，巩固并逐步形成一批具有行业重要知名度和影响力的综合性及专业性年度研究报告及其核心成果。同时，以《中国核能行业智库丛书》为载体，组织开展行业软课题研究成果征集、评审及汇编出版；研究开发有重要影响力的天然铀价格指数体系等。**一是巩固提升《中国核能发展报告》蓝皮书行业综合性年度研究报告的权威性地位。**按照争创“优秀皮书奖”要求，突出蓝皮书的智库研究性特色，依托协会相关专业年度研究报告的核心成果、重大问题联合研究报告及相关重要专题研究报告等，持续优化完善蓝皮书编制规范，标准化、规范化、常态化做好蓝皮书编制工作，不断提高蓝皮书编制、出版与发行的质量、水平及时效，持续做好蓝皮书的征订、发布以及央视等主流媒体宣传报道工作。**二是确立《中国核能行业智库丛书》行业影响力。**充分发挥协会核能智库工作委员会支持平台作用，依托协会重大问题联合研究报告及专题研究咨询报告的核心成果，着力吸引行业内外相关智库研究机构、骨干会员单位及权威资深研究人员的优秀软课题研究成果，建立《中国核能行业智库丛书》相对固定与开放相结合的广泛的软课题研究成果来源渠道，高水平规范化开展智库丛书的征集、申报、评审与汇编，以及出版、征订与发行工作，尽快把《中国核能行业智库丛书》打造成为行业年度最具影响力的、汇聚行业软课题研究优秀成果的、行业知名的智库研究性品牌出版物。**三是巩固拓展专业性年度研究报告编制水平与布局。**依托协会相关分支机构（或专家委员会专业组）支持平台，在高水平高质量做好年度《全国核电运行年度报告》《核电工程建设年度报告》《先进核能技术发展报告》和《中国核技术应用产业发展报告》及其核心成果报告的编制、出版、发布与发行工作的同时，高水平着手组织开展《中国核能科技创新发展报告》《中国核能装备制造产业发展报告》《中国核燃料循环产业发展报告》《中国核能人力资源发展报告》和《中国核能国际合作发展报告》等专业或领域年度研究报告编制工作。**四是研究开发 CNEA 国际天然铀价格指数体系。**依托协会行业重大问题联合研究机制，在已经定期发布“CNEA 国际天然铀价格预测指数”的基础上，汇聚行业各方力量，充分利用国内外各种天然铀交易数据资源，研究开发并形成具有重要国际影响力的 CNEA 国际天然铀价格指数体系，在国际天然铀交易中逐步形成与中国核电大国地位相适应的话语权和影响力。

（四）核能公众沟通与科普宣传

充分发挥协会核能公众沟通委员会支持平台作用，依托行业骨干力量广泛参与和支持，建立专业化精干核能公众沟通研究及形象代言人团队，加强与国家主流媒体及社会媒体平台合作，深入开展核能公众沟通共性问题与方法学研究，加大核能发展正能量传播力度，及时有效应对涉核突发事件和舆情引导，开展涉核项目公众沟通支持活动，确立权威、科学、高效的公众沟通与舆情引导的主渠道地位，致力于营造和维护核能可持续发展的良好社会环境。**一是有针对性地开展核能公众沟通共性问题与方法论研究**。组织行业内外专家力量，紧紧围绕促进社会公众充分认识核能发展重要性、推动涉核项目企地融合发展、科学认知核安全、有效应对涉核突发事件和公众沟通方法学与标准等共性问题，深度开展超前性、储备性专题研究，建立有效开展核能公众沟通与科普宣传的知识库与教材库，为常态化开展核能公众沟通提供充分的高端智力成果支持。**二是着力开展形式多样的核能科普宣传品牌性活动**。培育和建立面向不同层面公众善于沟通的专业化精干公众沟通专家团队，有针对性地采取专题授课、互动讨论、观摩参观、研讨交流和云端访问等传播方式，常态化开展行之有效的核能科普宣传品牌性活动。**三是及时开展涉核突发事件应对与舆情引导**。依托公众沟通专家团队或相关领域权威专家，以及主流媒体或自媒体平台，发挥协会平台优势，联合行业力量，建立风险应对长效机制，及时开展风险研判，制定风险化解措施，加强舆情引导，有效防范和化解涉核事件与舆情的不良扩展。**四是积极开展涉核项目公众沟通支持活动**。面向涉核新项目前期开发等公众沟通个性化需求，依托核能公众沟通方法学研究、相关团体标准，以及公众沟通智库研究成果与资源，有针对性地开展涉核新项目公众沟通专项评估、沙盘推演、科普宣传和互动对话等品牌性支持服务。

（五）核能智库研究交流研讨品牌性平台

围绕促进我国核能安全高效可持续发展需要，面向行业综合性、专业性、层级性、时效性、国际性不同需求，积极发挥协会桥梁纽带作用和平台资源共享优势，有针对性地依托协会智库研究相关成果的发布与引领，行之有效地组织开展得到行业各方高度认可并广泛参与的系列性重要论坛会议等智库研讨交流活动，打造协会核能智库研究交流研讨品牌性平台。**一是协会年度春季核能可持续发展（国际）论坛**。论坛定位为协会年度行业开放性、品牌性高峰盛会，常态化围绕“新时代核能安全高效可持续发展”主题，邀请协会与政府主管部门领导或国际机构高管发表主旨报告、举办协会核能科技奖等颁奖典礼、发布中国核能发展报告蓝皮书等重要智库研究成果、开展系列主题和专题研究报告研讨与互动交流等，配套举办中国核电工业国际展览会等系列活动。**二是协会年度季节性重要交流大会**。协会年度夏季核能公众沟通大会定位为开放性核能公众沟通品牌性交流平台；秋季核电运行安全大会（双年）、核电建设质量大会（单年）定位为年度协会核电骨干会员企业内部高层品牌性交流研讨平台，大会常态化分别围绕“核电运行安全改进与绩效提升”“核电建设质量改进与绩效提升”主题；冬季核技术应用产业发展国际大会定位为面向国内外核技术应用行业的品牌性交流研讨平台，大会常态化围绕“核技术让生活更美好”主题，每两年举办一次。**三是协会年度重要专业性交流会议**。依托协会相关分支机构年度会议及相关智库研究成果，按计划定期接续举办协会年度核能团体标准周、信息化、核电运行、核电建设、核安全文化、核风险管理、先进核能技术和核技术应用等交流研讨活动。依托分支机构领域（专题）工作组平台，有针对性地规范化组织举办相关领域（专题）交流研讨活动。**四是核能国际与两岸交流研讨活动**。按计划定期组织主办或参加东亚核能论坛、海峡两岸交流研讨会，与相关国际或国家核能组织合作伙伴进行合作，行之有效地组织举办或参加相关国际合作交流研讨活动。**五是智库主题沙龙研讨活动**。依托智库工作委员会平台，围绕重大课题联合研究或相关智库研究课题进程需要，原则上按季度安排开展一次有针对性、轮办性、灵活有效的核能智库主题沙龙研讨活动。

（六）核能智库研究成果数智化共享与管理平台

依托数字协会建设信息共享中台、业务管理中台及基础数据底座总体布局功能，充分发挥协会官网的信息共享平台、核能云端博物馆的科普宣传与互动平台，以及微信公众号、微信视频号和微博号等融媒体平台作用，依托协会智库研究成果，有效支撑平台共享内容的丰富性及厚重性，全面实现协会智库建设管理数智化转型。**一是充分发挥协会官网在智库研究成果信息共享的核心平台作用。**实现协会智库研究成果在协会官网相关导航栏目、会展专页、智库研究、行业报告、书籍刊物，以及协会专业网站、微信公众号等新媒体平台的融合性共享与传播。**二是有效发挥“核能云端博物馆”的云端科普宣传与互动引导平台作用。**充分发挥“核能云端博物馆”的互联网传播与云技术处理优势，依托行业核能公众沟通的优质资源与协力推送，持续丰富“核科技馆”“核能馆”“核技术应用馆”“核安全馆”的传播内容与传播方式，有针对性地发挥好“互动馆”云端数智化互动导向功能，依托全行业力量，把“核能云端博物馆”打造成为社会公众广泛关注的核能科普宣传与舆情引导的数智化传播与互动平台。**三是全面智库建设管理的数智化转型。**建立行业统一的高端智库研究基础数据统计和信息采集机制，在研究开发核电运行综合信息管理平台基础上，建立功能完备的行业基础数据统计与信息采集的数据底座与数据分类汇总与加工利用信息系统，构建完善的支撑智库研究功能的结构化、数智化的行业产业数据库、知识库和政策库等，逐步实现协会智库建设管理的数智化转型。

四、协会智库建设的主要保障措施

（一）健全智库建设组织管理体系

一是建立协会智库建设年度专题会议制度。协会秘书处定期组织召开智库建设专题会议，统筹协同推动协会智库建设高质量发展。**二是重大课题研究组织管**

理。重大课题研究（包括蓝皮书、智库丛书等）除按照相应职责依托相关分支机构等组织管理外，课题立项、课题大纲、成果验收和核心报告等经协会专家委员会主任会议审查评估后，提交协会核准并推动成果应用与转化，其中核心报告应适时向协会常务理事会报告或提交审议。**三是专项课题研究咨询组织管理**。专项课题研究咨询（包括专业年度研究报告）除按照相应职责依托相关分支机构等组织管理外，课题立项、课题大纲、成果验收、核心报告经协会分支机构委员会主任会议审查评估后，提交协会秘书处核准并按程序推动成果应用与转化，其中核心报告应适时向相关分支机构委员会报告或提交审议。

（二）强化智库人才队伍建设

一是落实课题研究首席专家（或课题组长）负责制。课题研究首席专家（或课题组长）原则上应由协会专家委员会核心专家团队相应领域资深专家成员担任，秘书处课题研究责任部门按要求会同课题首席专家（或课题组长）组建课题研究工作组，在协会智库研究等活动过程中，动态吸引、调整、形成一支行业公认、结构合理、权威资深、综合能力较强的规模为 50 人左右的协会专家委员会核心专家团队，发挥智库研究代表性领军人才作用。**二是加强课题研究首席专家助理专门人才培养**。首席专家（或课题组长）助理（总协调员）1 ~ 2 人，由课题研究责任部门及课题支持单位相关负责人或综合能力较强的青年骨干人员担任，具体负责课题研究过程中的日常组织协调及保障性支持工作，在课题研究过程中注重培养并形成一支协会智库研究复合型专职骨干人才队伍，为协会高端智库建设提供可持续的人才支撑。

（三）深化协会智库建设管理与机制创新

一是加强智库建设管理创新。持续优化完善升版智库建设管理规范性文件，在为规范化开展重大课题研究、蓝皮书和智库丛书编制等提供遵循的同时，为专项课题研究咨询、专业年度研究报告编制等提供参照性依据。**二是加强智库建设激励机制创新**。建立协会高端智库建设研究成果应用与人才成长激励机制，按照智库研究成果的影响力和成果应用与转化程度，在年度绩效考核及人才使用中给予激励，给予课题首席专家等作出突出贡献的专家价值必要的体现。对作用发挥不显著、不主动、不积极的采取必要的约束性措施。

（四）加强协会高端智库品牌建设

一是强化协会高端智库研究品牌建设。以成功入选国家发展改革委品牌协会成长计划“深研究，构建良好发展态势”重点成长方向为契机，以高品质研究成果的有效应用与转化为导向，高水平常态化深度开展重大课题、专项课题、年度研究报告和公众沟通研究等，精心组织做好智库研究品牌宣传的策划与实施，不断巩固和提升协会高端智库研究的标杆性品牌及价值创造力。**二是加强协会高端智库研究成果交流与传播平台品牌建设。**以协会高端智库研究成果为支撑和引领，精心组织做好协会“年度春季核能可持续发展（国际）论坛”等系列协会智库研究成果交流研讨平台的策划与实施，精心做好协会官方网站等新媒体融合平台内容的智库研究成果的有效供应与数据资源价值的有效挖掘，着力提升协会高端智库研究成果交流与传播平台的品牌价值和影响力。**三是着力提升协会高端智库品牌国际影响力。**充分把握我国核能高质量发展战略机遇期，积极倡导构建核能安全发展命运共同体理念，依托协会高端智库研究成果和研究力量，加强与国际相关核能组织的合作与交流，主动参与或开展全球核能重大共性问题研究，积极组织或参与国际核能交流与对话，在国际平台发出中国声音，不断提升协会在全球核能治理中的话语权和影响力。

张廷克，中国核能行业协会第三届理事会副理事长，秘书长，法人代表。

积极安全有序发展核电 科学构建新型电力系统

史玉波　宋文洋　尹向勇　黄郭鑫
（中国能源研究会）

摘　要：核能特色明显，是实现“碳中和”、应对全球气候变化的重要低碳能源。要构建习近平总书记提出的“清洁低碳、安全充裕、经济高效、供需协同、灵活智能的新型电力系统”，需要充分发挥核能低碳特色、加大创新力度，主动适应和融入新型电力系统。

关键词：核能；能源战略；创新；新型电力系统

一、“碳中和”共识和能源安全保障话语体系下，核能成为重要低碳战略

《世界核能绩效报告》表明，与燃煤发电相比，在过去50年中，全球核能减少排放720亿吨二氧化碳。国际测算核电单位碳排放约12克CO_2当量／千瓦时。根据中国生态环境部环境规划院《中国产品全生命周期温室气体排放系数集（2022）》，核能是所有清洁能源中生命周期碳排放最低的一种，如表1所示，每千瓦时核电平均仅排放12.20（11.90 ～ 12.40）克CO_2当量。发展核能助力保障能源安全，核能能源密度高，可以使得建设核能的经济体摆脱传统化石能源生产地、运输渠道等国际地缘政治影响。因此主要国际机构报告认为，要实现“碳中和”，核

能不可或缺。

表 1　不同发电品种全生命周期碳排放

能源形式	CO_2 排放当量 / (g/kWh)
核电	12.20（11.90 ~ 12.40）
水电	13.57（3.50 ~ 47.30）
风电	27.48（12.51 ~ 51.55）
单晶硅光伏电站	76.25（18.43 ~ 87.30）
多晶硅光伏电站	92.83（13.30 ~ 92.83）
煤电	930（880 ~ 1 150）
天然气发电	390

核能作为一种安全高效、清洁低碳、可大规模利用的现代能源，可以很好地承担保障能源安全和促进低碳转型的双重使命，将在未来全球能源体系中扮演着重要角色。我国明确提出“积极安全有序发展核电”。未来，核能已成为建设新型电力系统的重要支撑，地位重要、作用突出。同时在供热、制氢、制冷和海水淡化等方面的综合利用价值也将逐步显现。

截至 2023 年年底，全球 32 个国家和地区在运核电反应堆 413 台，总装机容量为 37 151 万千瓦①。2023 年，全球核电发电量 2 686 TWh，法国、日本和中国分别增长 41、26、17 TWh。截至 2023 年年底，全球 18 个国家在建 57 台核电机组，总装机容量约 5 986.7 万千瓦。核能发电占全球电力供应的 9.1%，与 2022 年持平。2023 年，OECD 国家合计净发电量 10 635 359.5 GWh，其中核能、水电、新能源发电量 1 744 225.6、1 439 495.5、1 837 088.6 GWh，占比约 16.4%、13.53%、17.27%。其中 OECD 欧洲国家合计净发电量 3 340 302 GWh，其中核能、水电、新能源发电量 622 684.4、585 836.9、868 652.3 GWh，占比约 18.64%、17.54%、26.01%；美国合计净发电量 4 242 312.6 GWh，其中核能、水电、新能源发电量

① 2023 年起，国际原子能机构将暂时停堆运行的核电机组从运行机组中分开，进行单独统计，全球有 25 台核电机组暂时停堆运行。

775 228.4、252 260.3、600 586.2 GWh（389 074.9 GWh、太阳能 211 511.3 GWh），占比约 18.27%、5.95%、14.16%。核能是 OECD、OECD 欧洲和美国单一品种中第一大低碳电源，年度发电量大于水电；新能源（风光合计）发电量在 OECD 和 OECD 欧洲区域已经超越核能，在美国正在接近核能。

二、我国积极安全有序发展核电，加快能源供给侧革命

我国坚持“热堆—快堆—聚变堆”三步走战略，其中压水堆核电技术占据绝对主导地位，2023 年年底我国商运核电机组中除秦山三期 2 台从加拿大引进的重水堆核电机组和华能荣成 1 台高温气冷堆机组外，其余全部为压水堆机组。根据中国核能行业协会发布的 2023 年全国核电运行情况相关数据统计，截至 2023 年年底，我国运行核电机组共 55 台（不含中国台湾地区，以下口径相同），额定装机容量为 57 031.34 MW，位列全球第三，仅次于美国、法国。2023 年全国运行核电机组累计发电量为 4 333.71 亿千瓦时，仅次于美国，位列全球第二，发电量比 2022 年同期上升了 3.98%；累计上网电量为 4 067.09 亿千瓦时，比 2022 年同期上升了 4.05%。全国累计发电量为 89 092.0 亿千瓦时，其中核能发电占比为 4.86%，远低于 OECD（16.4%）、OECD 欧洲（18.62%）和美国（18.27%）核能发电占比。

我国核电在建规模继续位居全球首位，2023 年年末在建核电机组 26 台，在建及已核准机组 38 台。我国核电安全总体水平位居国际先进行列。国务院发布的《中国的核安全》白皮书指出，中国长期保持良好核安全记录，中国核电发展“安全高效”。我国从未发生国际核事件分级（INES）二级及以上的运行事件。2023 年，中国大陆地区核电厂有 33 台机组 WANO 综合指数获得满分（2022 年为 28 台），满分机组占比达 60%，高于美国、俄罗斯等大国。我国研发成功自主知识产权三代核电技术华龙系列和国和系列。“华龙一号”采用 177 组件堆芯，能动非能动相结合的先进安全系统，以成熟可靠的技术为基础，具备完善的严重事故预防与缓解措施，双层安全壳具有抗商用大飞机撞击能力，已在福清、防城港建成，出口巴基斯坦的“华龙一号”机组也已投运。在引进 AP1000 基础上自主开发的“国

和一号”——CAP1400，是我国16个国家科技重大专项之一，是我国三代核电自主化的标志性成果，示范工程正在按计划推进。

三、建设新型能源体系和新型电力系统，是我国实现“碳中和”目标的重要路径

2021年中共中央、国务院发布《关于完整准确全面贯彻新发展理念做好碳达峰碳中和工作的意见》《2030年前碳达峰行动方案》，覆盖能源“双碳”行动10项、节能降碳行动9项、工业达峰行动13项、交通低碳行动8项、循环经济降碳行动9项、低碳科技创新行动4项、碳汇巩固行动4项、全民低碳行动4项、地区“双碳”行动156项、“双碳”支持政策11项、城乡“双碳”行动11项，对我国未来如何做好“碳达峰、碳中和”工作指明了方向，明确了工作重点和保障措施。各有关部门制定分领域分行业实施方案和支撑保障方案，初步构建起“碳达峰、碳中和”“1+*N*”政策体系（如图1所示）。同时，逾20省（市、自治区）制定了本地区“碳达峰”实施方案。

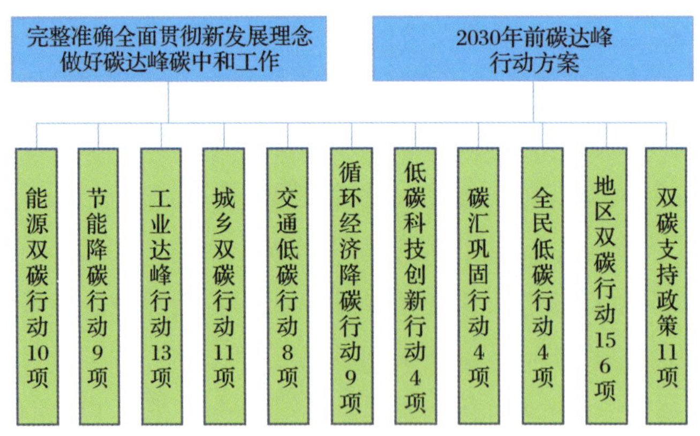

图1　1+*N*政策体系

中央财经委员会第九次会议提出，构建以新能源为主体的新型电力系统。国家“十四五”能源、科技规划进一步明确“构建新能源占比逐渐提高的新型电力

系统”及相应举措。构建新型电力系统涉及能源电力的生产、传输、消费各环节，将从根本上重塑整个系统，是一项长期复杂系统工程，需统筹谋划、科学部署、有序推进。在新能源安全可靠替代的基础上，有计划分步骤逐步降低传统能源比重。更好推动能源生产和消费革命，保障国家能源安全和绿色转型。

2023 年国家能源局发布《新型电力系统发展蓝皮书》，为总目标设定了时间表和路线图。蓝皮书全面阐述了新型电力系统是什么、为什么构建、建成什么样及怎么建等关键问题。以 2030 年、2045 年、2060 年为新型电力系统构建战略的重要时间节点，制定“三步走”发展路径，有计划、分步骤推进，并提出构建新型电力系统的总体架构和七大类重点任务，对 2030—2060 年新型电力系统发展清晰画像，为我国科学推进新型电力系统建设明确发展道路（如图 2 所示）。

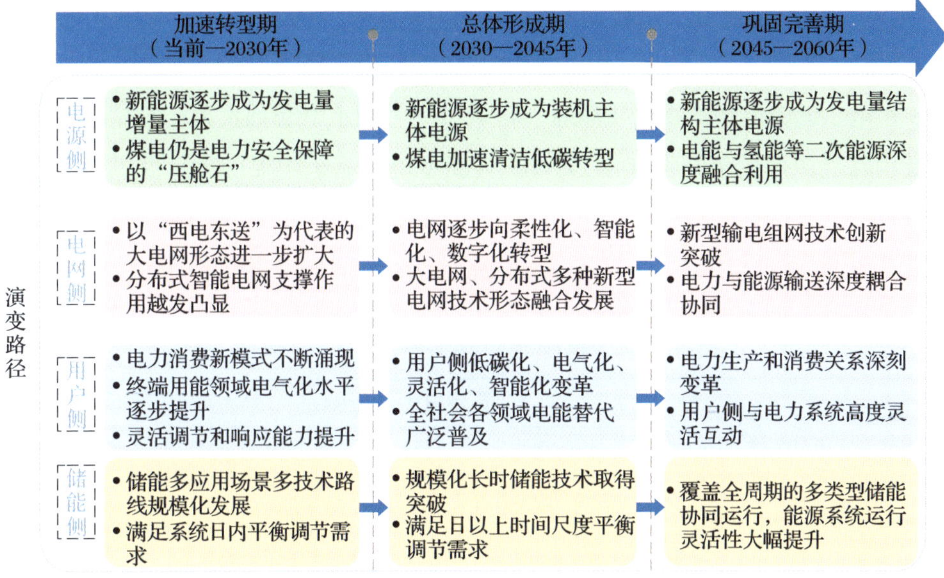

图 2　新型电力系统建设“三步走”发展路径

2023 年 7 月，习近平总书记主持召开中央全面深化改革委员会第二次会议时强调，要深化电力体制改革，加快构建清洁低碳、安全充裕、经济高效、供需协同、灵活智能的新型电力系统，更好推动能源生产和消费革命，保障国家能源安全。这为新型电力系统发展提供了根本遵循。

四、核电特点显著，但应创新发展、主动融入新型电力系统建设

与其他电源相比，核电具备能量密度高、稳定性强、土地占用最低、单位电量消耗低和接入系统成本低等突出特点，是一种经济的低碳转型电源。

不同低碳电源特点和需考虑的约束条件不同（如表 2 所示），在未来，低碳/零碳电力系统多元化电源组合不同：新能源将升级成为装机和电量的主力军，但需大量的灵活性资源支撑和送出消纳的安全稳定低碳电源支撑，也需要有具备转动惯量的电源支撑，还需要有相当的土地资源/战略性矿产资源支撑。煤电等化石能源发电是系统稳定器。达峰前火电仍是电力保供主力军，但发电占比将下降；在“碳达峰”过程中通过灵活性改造后，将逐步转型成为新能源规模化消纳的助推器；在“碳中和”过程中通过配套建设 CCUS 后，逐步转型成为重要地区的电力支撑。水电是低碳电力的重要贡献者。带调节能力的水电和抽水蓄能电站既可支撑区域内新能源规模化开发利用，又可成为新型电力系统主要的灵活性供给者。核电运行稳定、可靠、换料周期长，适于承担电网基本负荷，可大规模替代化石能源作为基荷电源，通过与风光水等清洁能源协同发展，共同构建新型电力系统。

表 2　不同电源与新型电力系统的适配性

	新型电力系统特点				
	清洁低碳	安全充裕	经济高效	供需协同	灵活智能
现有煤电	×（高碳排）	√（资源丰富）	√	√	√
现有气电	×	×	×	√	√
水电	√	×（丰枯季）	√	√	√
新能源	√	×（新能源资源丰富，但通道、相关矿产资源紧张）	×（新能源接入系统和调峰配套等成本高）	×（随机性、波动性大，但智能化进步较快，风电功率预测水平提高）	

续表

	新型电力系统特点				
	清洁低碳	安全充裕	经济高效	供需协同	灵活智能
生物质发电、地热等	√	√（资源丰富）	×（成本较高）	√	√
核电	√	×（厂址要求高，但厂址储备量比较充沛）	√	√	×（负荷响应能力有设计限制）
未来 CCUS 化石能源发电	√	×（贮存厂址要求高，主要在六大盆地）	×（成本较高）	×（有区域限制）	√

核电特点鲜明，是重点地区电网的坚强韧性低碳电源支撑，发展核电对优化能源整体布局、保障能源供应安全具有重要意义。

第一，在未来新型电力系统下核电将发挥其独特的保障作用。核电既是当前东部沿海地区内低碳转型的主要本地电源，有效助力煤电减量化发展，也是满足占比约 40% ~ 60% 的基础电力负荷需求的主力低碳电源之一。核电机组可以向系统提供转动惯量，以增加克服供给或需求的瞬间扰动而电网安全稳定运行的能力，在设计范围内，提供必要的负荷响应，以部分满足系统灵活性需求。

第二，合理配置核电是积极稳妥推进“碳达峰”、各区域接替实现“碳达峰、碳中和”的重要举措。各地区经济发展水平、能源资源禀赋和生产消费结构、生态环境条件差异比较大，全国统筹、交替推进降碳十分必要。核电布局应充分考虑这一应对气候变化差异性区域政策的需要。当前至 2030 年，我国在运核电主要布置在沿海经济发达省份。从碳排放角度看，沿海地区用能量、化石能源消费及碳排放总体排位靠前。山东、江苏等省份钢铁化工水泥等高碳排放工业发达，本地化发电装机以火电为主，碳排放排名依旧靠前。但海南、广东、福建和浙江等沿海省份，核电发电量占比较高，其碳排放排名显著低于其 GDP 和火电装机规模排名，核电等非化石能源为当地碳排放总量控制、经济社会发展和绿色低碳转型作出了重要贡献。

在2030年前这些经济发达省份要实现“碳达峰”，就需要推进核电建设、继续推动核电基荷运行，以减少化石能源消费和碳排放。

2030年我国实现总体“碳达峰”之后，各地将陆续进入碳排放总量下降阶段，电能量供应市场结构调整压力增大，碳减排压力相对较大的区域（如内陆省份和沿海省份内陆地区）将需要继续或启动投产核电机组。根据国网能源研究院有限公司相关研究，如果内陆2亿千瓦的核电厂址资源不能开发，将加大火电和新能源开发力度，预计2060年火电、新能源、新型储能装机需提高2 000万千瓦、8.4亿千瓦、3亿千瓦，提高整体电力供应成本1.5%。2030年后至2060年，新能源（尤其是三北地区新能源）将逐步接替煤电成为电能量市场的主力，前期用以支撑大规模新能源外送消纳的煤电也需要逐步减少市场规模，需要寻求能够保障系统安全稳定的低碳电源，如核电。考虑到湖北、湖南和江西等中部地区煤炭等一次能源资源禀赋低、新能源发展潜力有限、CCUS地质潜力比较差，且从外部引入电力的输电通道规划和建设非常困难，可能会是国内在兼顾能源低碳转型和能源安全保障方面难度最大的一个区域，因此系统具备核电发展的内生需求，启动建设内陆核电应予以充分考虑。

第三，坚守核安全生命线，坚持创新引领，以核能高质量发展助力新型电力系统建设。安全是核电发展的生命线，我国高度重视核安全，始终坚持“安全第一、质量第一”方针，建立了严格的核安全监管体系，按照全球最高安全要求建设新机组，按照最新安全标准改进已建机组，强化全链条全领域安全监管，全面筑牢安全质量根基，确保万无一失、绝无一失。对于未来，要继续坚持“积极安全有序发展核电”。坚持采用最先进的技术、最严格的标准，提升自主可控能力，持续提升技术水平，推动核电行业发展。要坚持底线思维、极限思维，做好资源保障。充分利用国内国际两种资源、两个市场，加大资源开发和储备力度，加强核电产业的国际合作，提升铀资源安全保障水平。要坚持“创新引领”，开展新型电力系统下核电技术及商业模式创新研究。按照“热堆—快堆—聚变堆”三步走战略，持续加大基础科研和应用创新。鼓励行业加大核能技术联合创新力度，在尽快补齐核电行业技术短板和基础科学研究短板、提升自主可控能力的同时，提升产业竞争力。研究风光水核储一体化清洁能源基地建设所需要的核能新技术，如提升核电厂负荷响应能力、空冷核电技术、核新耦合清洁能源大基地规划和调度运行方法。要加快推动关键技术、核心产品迭代升级和新技术智慧赋能，提高国家能源安全和保障能力，着眼长远培育发展战略性新兴能源产业，走好核能现代化之路，加快形成现代化能源体系。以核电积极安全高质量发展助力新型电力系统构建和能源高质量发展。

第一作者简介

史玉波，教授级高级工程师，现任中国能源研究会党委书记、理事长。长期从事能源电力研究管理工作，对能源电力法规和政策的研究制定、科技创新体系的建设等有着深厚的理论功底和丰富的实践经验。聚焦能源行业绿色低碳转型发展，积极推动能源转型升级以及国家能源政策的研究、制定和落地。

核能工程项目建设风险量化分析评估方法研究

汪　捷　辛　愿
（中国核电工程有限公司）

摘　要:本报告结合各核电工程在风险定量评估工作中的实践经验,全面梳理了项目风险分析方法及应用场景。此次研究覆盖核能工程建设全周期、EPCS全领域、四大控制全要素的风险分析方法,涵盖建设单位、总包单位、下游承包单位及供应商等;总结适用于核能工程项目的风险定性分析与定量分析方法,研究提出可与沙盘推演工具相结合的风险定性、定量评价工具,总结实施分析评价的流程。为提高核能工程建设风险防控意识和能力,引领行业建设风险量化分析与评估工作提供支持。

关键词:风险量化分析;风险管理;沙盘推演

核能工程投资大、质量要求高、施工周期长、核安全监管要求严、建造过程不确定因素多,因此风险管控在核能工程的建造管理中起到举足轻重的作用。风险分析是风险管控的关键,在风险定性分析的基础上对建造过程中的诸多不确定性进行更为科学的风险量化分析,并及早采取管控措施,是非常必要的。应用风险量化分析是提高风险管理水平的有效手段,也符合落实核能行业对提升核能工程项目风险管控能力的要求。

项目风险量化分析、评估方法在核能工程建设领域尚处于起步阶段,虽有一定的应用，但行业内缺乏统一的规范。研究并制定项目风险量化分析、评估方法是核能工程风险管控和应对的重要组成部分，对行业风险管理能力提升具有较强的指导意义。通过评估并综合分析风险的概率和影响，梳理风险级别，对项目风险进行定性分析，为后续量化分析或应对提供基础；对已识别风险按其对项目整体目标影响的权重进行定量分析，使得对项目的风险分析更为全面、科学。基于分析的结果，决策者可依据具有足够准确度的数据支撑，把注意力集中在关键性、全局性的重大决策，提高决策的正确性和可靠性，作出高质量的决策；执行者采取更有针对性的措施，促进项目目标的实现。

一、风险管理理论

1. 风险管理

根据 ISO31000《风险管理指南》，风险是影响目标的不确定的事件或条件，一旦这些事件或条件成为确定的，就会对项目目标造成积极或消极的影响。通常，在项目实施过程中常见的风险是负面事件，但风险也可以带来正面的结果。科学的风险分析既能识别可能的负面结果，也能识别可能带来的机遇。项目风险管理的目标在于提高风险正面结果的概率和（或）影响，降低风险负面结果的概率和（或）影响，从而提高项目成功的可能性。

项目工程建设风险，是指工程项目在项目前期准备、设计、采购、施工准备、施工、调试和竣工验收等阶段的实施过程中动态识别出的一种或多种不确定的事件或条件，该事件或条件一旦发生，将对项目预期目标造成积极或消极的影响。在对工程建设风险的不确定性及严重性等因素进行考察、预测、收集、分析的基础上，制定出包括风险识别、分析、应对、决策和控制等一系列系统而有效的管理方法，以最小代价、在最大限度上实现项目目标。

核工程项目风险管理的过程主要包括明确风险管理目标、规划风险管理、风险识别与分类、风险分析与评估、风险应对管理和动态监督六个过程。核工程项目风险管理过程（简图）详见图 1 所示。

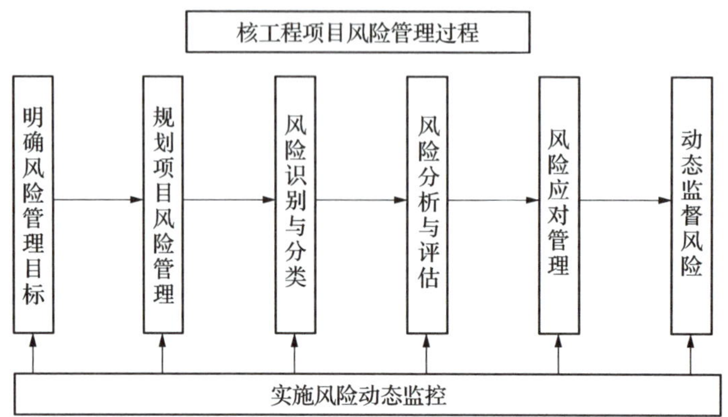

图 1　核工程项目风险管理过程（简图）

2. 风险分析的步骤和方法

风险分析的目的是了解风险性质及其特征，必要时包括风险等级。风险分析可为风险评价提供信息输入，也可为是否需要和如何应对风险，以及采取最适宜的策略和方法提供信息支撑。当面对不同类别和不同等级的风险需要作出抉择时，风险分析结果可为决策提供深刻见解。

风险分析主要按照三个步骤执行：风险源辨识、可能性分析、后果分析。

风险分析的方法包括定性分析及定量分析，具体采用哪种方法需要取决于分析的目标。定性风险分析作用在于评估风险的影响及发生概率，对风险进行优先级排序，确定需重点关注的风险项，并为定量风险分析及风险应对提供基础，常用方法有专家打分法等。定量风险分析是对概率及后果进行数学估算，有时还需考虑相关的不确定因素，有助于风险管理者采取更具针对性的对策和措施，常用方法有层次分析法、蒙特卡罗仿真分析等，已广泛应用于财务风险预警、投资决策中，还应用于空管安全管理、地震概率风险评估和核电系统安全分析等方向。

二、核能建造风险定性分析方法

1. 风险定性分析方法在核能建造领域的适用性分析

风险定性分析是评估已识别风险影响及其可能性的过程，是对给定变量（如风险发生概率）的主观判断，目的是利用已识别风险的发生概率、风险发生对项目目标的相应影响，以及其他因素，例如时间框架和项目费用、进度及质量等制约条件的承受度，对已识别风险的优先级进行评价。定性风险分析是一种为风险应对计划建立优先级的快捷、有效的方法，对风险进行排序，实施难度较小，多应用于风险日常管理、风险 TOP10 管理及沙盘推演，适用于核能工程进度、费用、质量和安全等领域。

2. 风险定性分析方法

风险定性分析的方法很多，包括头脑风暴法、德尔菲法（Delphi Method，又称专家调查法）、FMEA（失效模式与影响分析法）概率影响矩阵、矩阵分析法和风险紧迫性分析法等。

风险矩阵法是一种对危险发生的可能性（风险概率）和伤害的严重程度进行综合评估的方法，广泛适用于质量、安全、进度和费用等工程建设各领域。通过将风险概率和严重程度两个指标进行赋值相乘，形成每个风险的“概率—影响”分值，进行风险排序。如表 1 所示，中国核电工程有限公司将风险定性分为 5 级。

表 1　风险等级的判定规则

威胁（–）					概率（P）	机会（+）				
轻微 1	较轻 2	中等 3	较重 4	严重 5		严重 5	较重 4	中等 3	较轻 2	轻微 1
2	3	3	4	4	较大 5	4	4	3	3	2
2	2	3	3	4	大 4	4	3	3	2	2
2	2	3	3	3	中等 3	3	3	3	2	2
1	2	2	3	3	小 2	3	3	2	2	1
1	1	2	2	3	较小 1	3	2	2	1	1

3. 风险定性分析的典型应用场景——风险 TOP10 管理

风险 TOP10 分为领域风险 TOP10 和项目风险 TOP10 两个层级，领域风险 TOP10 是项目风险 TOP10 的基础和输入。

领域风险 TOP10，是指在设计、采购、施工、调试、商务、安全、质量和项目管理等领域识别和评估出的实施结果偏离领域预期目标，进而可能导致项目损失最大的 10 个风险。

项目风险 TOP10，是指在项目层级识别和评估出的实施结果偏离项目预期目标，从而可能导致项目损失最大的 10 个风险。

风险 TOP10 管理作为一种涵盖多领域多层级的风险管理方法，可以更好更全面地覆盖整个项目多维度的风险。TOP10 风险管理遵循风险管理体系化、问题导向、分级管理、逐级协调、责任到人、配套激励的原则，各领域、各部门、各分供商、各分包单位按照风险管理流程持续开展业务领域内的风险管理识别、分析、评价、排序、应对、监控的工作，筛选出各自的 TOP 清单。

三、核能风险量化分析方法

1. 风险量化分析方法在核能建造领域的适用性分析

《项目管理知识体系指南》（PMBOK 指南）中描述如下：实施定量风险分析是就已识别的单个项目风险和不确定性的其他来源对整体项目目标的影响进行定量分析的过程。本过程的主要作用是量化整体项目风险敞口，并提供各项风险的概率，为风险应对、目标制定提供决策的数据支撑。

在核电总承包项目风险管理中，项目费用超支和进度拖延的结果和概率是风险定量分析的重点。通过对进度和费用的风险量化分析，为项目基准制定、目标下达提供决策参考，提高决策的科学性和合理性。将模拟计算出的进度、成本风险敏感性因素排序作为项目风险控制的重点，有针对性地制定风险应对策略，尽量减少风险对工期和费用可能造成的损失，可以有效管控进度、提高经济效益，提升核能总承包项目市场竞争力。

2. 风险量化分析方法

开展定量风险分析有多种方法，如模糊综合评价法、层次分析法、神经网络法和蒙特卡罗分析法等，其中蒙特卡罗分析法更适用于核电建造项目管理中的定量风险分析。

蒙特卡罗模拟是以概率分布的形式构建模型，根据为随机值指定的不确定因素的数量和范围，进行成千上万次重新计算，生成可能结果值的分布，从而完成整个模拟。

模拟的结果,是向决策者提供采取（与不确定因素相关的）措施可能产生的一系列可能结果和概率,说明最大可能性、最保守决策的结果,以及折衷决策的所有可能后果,从而作出较好的决策。

3. 蒙特卡罗概率分析流程

蒙特卡罗分析法作为一种仿真技术,本质是一种数值计算方法,利用计算机计算能力随机试验。处理方法为构造概率模型,然后对模型进行抽样试验,利用统计分析方法处理试验结果。分析步骤如图 2 所示。

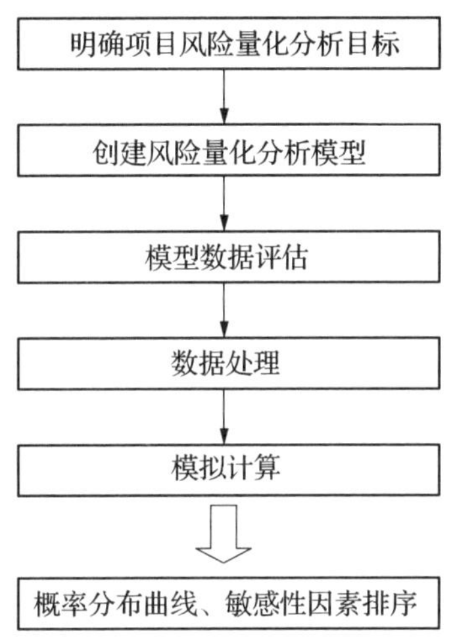

图 2　蒙特卡罗分析步骤

（1）明确项目风险量化分析的对象

项目不同相关方的关注点不同,同一参与方在项目不同执行阶段的关注点也不尽相同,因此在开展风险定量分析前,一定要先明确分析对象。在核能建造进度管理领域,风险定量分析目标可以是项目前期准备阶段对开工 FCD 时间或总工期的实现概率分析,为确定项目总工期目标、进度管理方案（预留风险工期）、合同谈判进度部分提供数据支持。也可以是项目开工后有针对性地分析项目某个节点按计划完成的可能性,例如评估穹顶吊装、冷试开始等关键里程碑点的完成时间,以及某核电子项工期分析等,为项目进度计划调整或者项目某个标段合同谈判提供技术支持。

在成本管理领域，风险定量分析的目标通常是对项目最终完工成本的评估。

（2）创建风险量化分析模型

1）了解项目背景和当前进展情况，明确分析范围

2）收集信息，确定纳入风险量化分析的风险源

通过对风险的识别与定性分析，初步判明风险的严重程度。对于进度风险分析，通常重点考虑部分文函政府审批进度、设计进度和重大设备供货进度延误等风险。费用风险的类型包括不确定因素和风险事件两类。在进行成本测算评估时需重点考虑建安工程人工材料涨价风险、重大设计变更等风险因素。

3）合理假设

为了减少模型的复杂度，使模型更容易计算，风险量化模型通常是根据所作的假设，基于项目进度计划、费用计划，考虑重要风险源及其对项目的影响，针对定量分析对象构建的简化模型。

4）建立带逻辑关系的作业活动，搭建进度风险模型

a. 列出进度风险模型中的作业条目

核电二级及以下进度计划作业条目以万为单位计，如果基于数量如此庞大的计划进行风险量化分析，数据处理工作量和进行 10 000 次仿真模拟计算工作量太大，耗时耗力。对于以评估项目总工期为目标的量化分析，仿真计算时绝大部分作业进度对进度目标的影响很小，却占了数据收集和处理 80% 的工作量。因此进度风险模型应是进度计划的简化版，同时应对主要风险事项相关的作业进行适当的细化。针对风险量化的目标，选取颗粒度合适的作业，建立进度风险模型。

b. 确定作业之间的逻辑关系

作业之间的逻辑关系，表示两作业之间的依赖关系，确定时间先后顺序。在进度计划编制时通常有四种逻辑关系：完成到开始（FS）、完成到完成（FF）、开始到开始（SS）、开始到完成（SF）。在网络图里不能出现循环线路。但项目实际执行情况中作业活动是存在反馈、循环的可能性的，以工程设计反复迭代频繁发生，设备研发工作也存在循环的可能，可能是带反馈的回路，也可能是带概率分支的逻辑关系，如图 3 和图 4 所示。

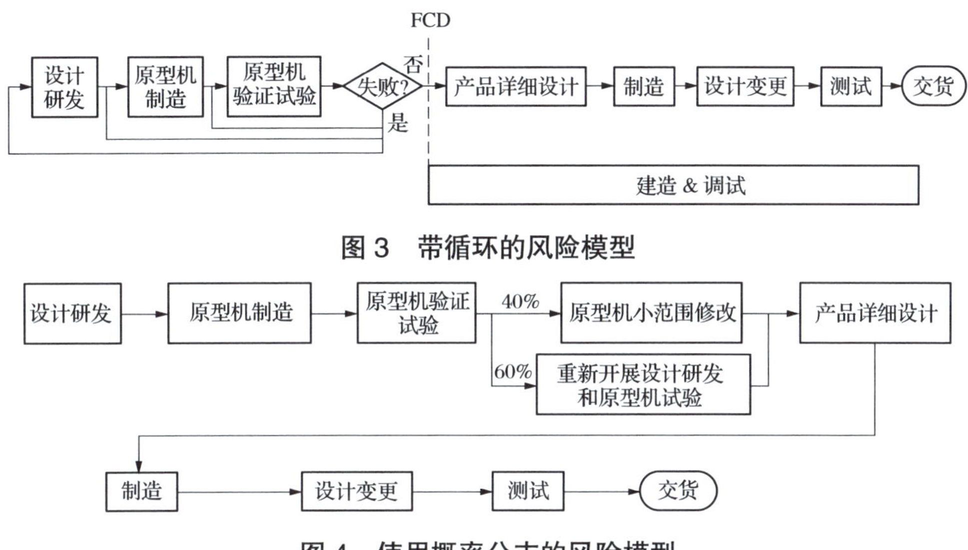

图 3 带循环的风险模型

图 4 使用概率分支的风险模型

5）划分测算范围，确定费用测算结构，搭建费用风险量化模型

以项目 WBS 作为总成本测算的基本结构，由设计、采购、施工、调试、项目管理相关责任方分别测算各领域工作内容对应费用，费用归集至少到 WBS 控制账户层级。测算数据应充分考虑风险因素，对控制账户层级每项费用进行不确定因素的风险评估，采用三点估算法评估费用最小值、最可能值、最大值，对潜在的风险事件及其影响进行充分考虑，给出风险事件发生的概率及其影响费用，确定成本测算样表如表 2 所示。

表 2 成本测算样表

<table>
<tr><th rowspan="3">层次</th><th rowspan="3">WBS 元素</th><th rowspan="3">名称</th><th rowspan="3">控制账户标识</th><th rowspan="3">控制账户责任主体</th><th colspan="3">不确定因素影响金额</th><th colspan="5">风险事件</th></tr>
<tr><th rowspan="2">最大值</th><th rowspan="2">最可能值</th><th rowspan="2">最小值</th><th rowspan="2">风险事件描述</th><th rowspan="2">发生概率</th><th colspan="3">影响金额</th></tr>
<tr><th>最大值</th><th>最可能值</th><th>最小值</th></tr>
<tr><td></td><td></td><td></td><td></td><td></td><td></td><td></td><td></td><td></td><td></td><td></td><td></td><td></td></tr>
</table>

6）设置每条数据的不确定性概率分布

根据对核电工期历史数据的分析，工期不确定性大多服从三角分布、β 分布，因此最常用到的概率分布方式就是三角分布和 β 分布。设置三角分布曲线需要最乐观、最可能、最悲观工期三个值，β 分布也使用与三角分布相同的三个参数，形状类似三角形。

每项作业的最乐观工期、最可能工期、最悲观工期三个参数通常从已建项目历史数据库中选取，或采用德尔菲法获取。每项作业的专家评估数据表如表 3 所示。

表 3　专家评估数据表

序号	专家姓名	待评估作业	最可能工期	最乐观工期	最悲观工期	简要说明
1	专家 1	作业 1	28	22	31	
2	专家 1	作业 2	18	15	21	
……						
1	专家 2	作业 1	26	25	28	
2	专家 2	作业 2	33	30	38	
……						
1	专家 3	作业 1	23	22	25	
2	专家 3	作业 2	29	27	31	
……						

利用支持蒙特卡罗分析法的软件，输入风险量化模型并设置模拟运行次数后，即可开始蒙特卡罗仿真模拟，根据每项作业的概率分布函数任意抽样选取随机数，经过多次叠加，输出总工期模拟结果。

（3）风险量化分析结果的解读

通过蒙特卡罗模拟计算，可以获得分析对象的概率分布曲线和敏感性因素分布图。对概率分布曲线进行解读，可以了解以下信息：

1）量化分析对象实现的可能性

通过蒙特卡罗模拟计算，可以获得目标工期及各里程碑节点的实现概率、项目总成本目标及各领域成本目标实现的概率。

2）根据风险容忍度，选取工期目标或预备费取值

风险容忍度也叫风险忍耐度，是指在企业目标实现过程中对差异的可接受程度，在风险偏好的基础上设定的对相关目标实现过程中所出现差异的可容忍限度。根据概率分布曲线，可以获得不同概率下的总工期或总成本金额。各项目结合各自风险容忍度，可以选取指定概率下的总工期作为项目目标。

3）通过敏感性分析，获得项目风险优先级排序

敏感性分析有助于确定哪些风险对项目总工期具有最大的潜在影响。对模型进行多次仿真计算，可以生成总工期敏感性分布图。

4. 风险定量分析的典型应用案例——某项目总工期分析

某项目作为“华龙一号”堆型的首堆，缺少实际建设的经验数据，同时首堆建设过程中设计、采购、设备制造、建造施工和调试等过程中都存在诸多不确定性因素。基于以总工期为目标的风险定性分析，选取重大风险事项列入进度风险模型，并通过专家给出的工期数据搭建进度风险模型。使用蒙特卡罗分析法分析得出项目总工期概率分布图如图 5 所示。

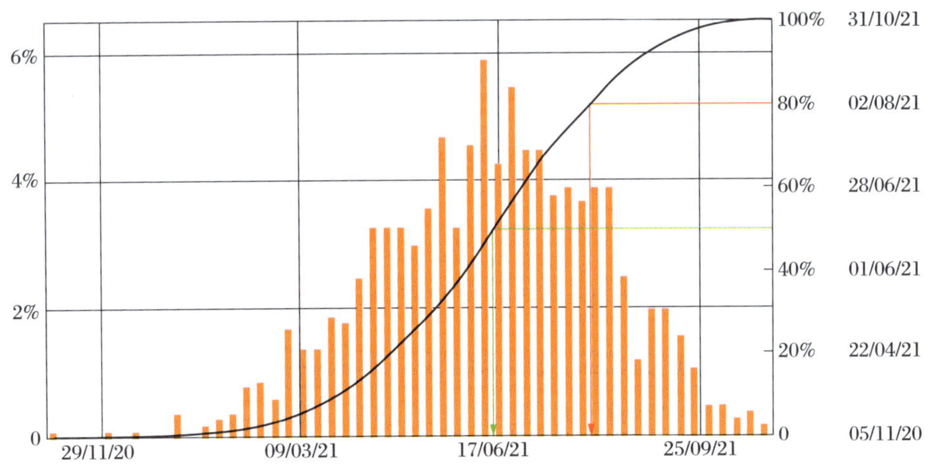

图 5　某项目总工期概率分布图

如图 5 所示，横坐标为完工时间的分布，纵坐标为累计概率。某项目 69 个月总工期的实现概率仅为 2.67%，总工期实现概率 80% 对应为 74.4 个月。基于此图，确定该项目 EPC 总承包合同工期为 62+10+6=78 个月，其中基准工期 62 个月，风险工期 10 个月，宽限期 6 个月。

四、定性与定量结合分析——沙盘推演

1. 沙盘推演的目的和作用

沙盘推演多用于项目加强风险前置化管理和项目重大风险准确识别，通过沙盘推演模拟项目建设过程关键领域的实施细节，深度结合项目本身的特点、难点，预见性地将保障资源投入在风险易发环节，将问题解决在发展初期。通过沙盘推演补充完善项目重大风险清单，提高项目风险管理水平，对系统推动项目高质量精细化管理具有重要意义。

2. 沙盘推演的主要方式

沙盘推演应系统性地梳理对项目关键阶段、关键领域、关键环节与关键工序有重大影响的事件模型，评估各参建方是否对项目实施可能存在的各类风险有充分的识别、分析和应对准备，促进项目各参建方加强风险预警和研判，提高处理和应对突发问题的能力，有针对性地制订风险应对方案，推动项目顺利实施。

沙盘推演主要采用定量分析与定性分析结合的方法，定量风险分析可考虑作为定性风险分析的补充手段。开展沙盘推演的主要方式为访谈沟通、文件查阅、情景模拟、压力测试及模拟演练。

3. 沙盘推演应用的典型案例——某核电项目总工期沙盘推演

某核电项目以 FCD 时间为 2019 年 9 月 30 日，建设总工期为 60 个月为基础进行沙盘推演。

（1）结合定性分析成果，建立总工期进度风险模型。

结合定性分析方法识别影响总工期进度的主要风险，提出应对措施、风险的边界条件、影响范围及影响程度，如表 4 所示。

表 4　主要风险、措施及影响

主要风险	应对措施	影响程度
海域可用时间较晚，影响项目总工期	1）优化泵房建安施工逻辑，减少墙体与蜗壳施工干扰； 2）分析泵房进水工期一旦拖延采取的临时措施； 3）加强与各部门的沟通，避免影响海运设备进场	海域可用影响总工期 4.5 个月
应急柴油发电机组合同签订滞后影响总工期	1）优化设备制造进度计划； 2）加强经验反馈，优化柴油机安装方案……	残余风险为 3 ～ 4 个月
DCS 合同签订滞后影响项目总工期	1）采用有经验的设计、采购团队，建立高效提资管理机制； 2）制订专项采购计划，完善采购机制，提升效率； 3）加强组织机构和协调机制……	残余风险为 11 ～ 14 个月
……	……	

以项目建安关键路径为主，增加对总工期影响最大的风险项，搭建进度风险模型如图 6 所示。

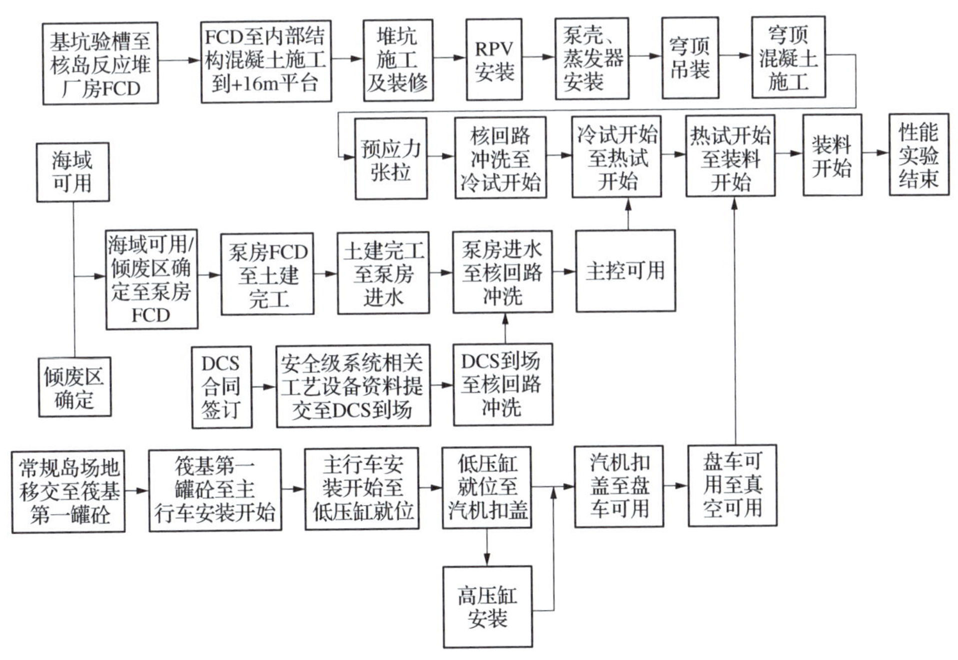

图 6　进度风险模型

（2）DCS 供货量化风险分析

针对 DCS 供货这一重大风险，通过风险矩阵评估和风险量化分析相结合，开展更为详细的风险量化分析。组织中国核工业集团有限公司、中国核能电力股份有限公司等单位的 73 位专家，采用专家调查法、头脑风暴法，通过风险矩阵评估分析法，得出了十一项重要风险及其对工期影响的风险数据，如表 5 所示。

表 5　DCS 风险评估

序号	风险发生阶段	风险描述	发生概率	影响程度	风险等级	排序
1	采购集成阶段	机柜未定性导致进度延误	5	5	4	1
2	全周期	平台首次应用风险	5	5	4	2
3	测试验收阶段	设计固化风险	5	3	3	4
4	……					

（3）蒙特卡罗仿真计算

将专家评估得出的 DCS 风险工期、风险模型中其他作业的三点风险数据（最可能工期、最悲观工期、最乐观工期）加载到项目总工期风险模型中，通过 PRA 软件模拟仿真生成总工期概率分布曲线和敏感性分析图，如图 7 和图 8 所示。

从图 7 可知，项目 60 个月总工期的实现概率为 13%，63 个月总工期的实现概率为 50%，66 个月总工期的实现概率为 80%。

从图 8 可知，该项目对总工期影响最大的因素为 DCS 合同签订，其次是海域确权及倾废区确定、泵房施工和应急柴油发电机供货等因素，应将这些风险项作为项目总工期控制的重点。专家组根据推演情况给出沙盘推演报告，建议该项目的基础工期为 60 个月，并在此基础上设置 6 ~ 8 个月风险工期。

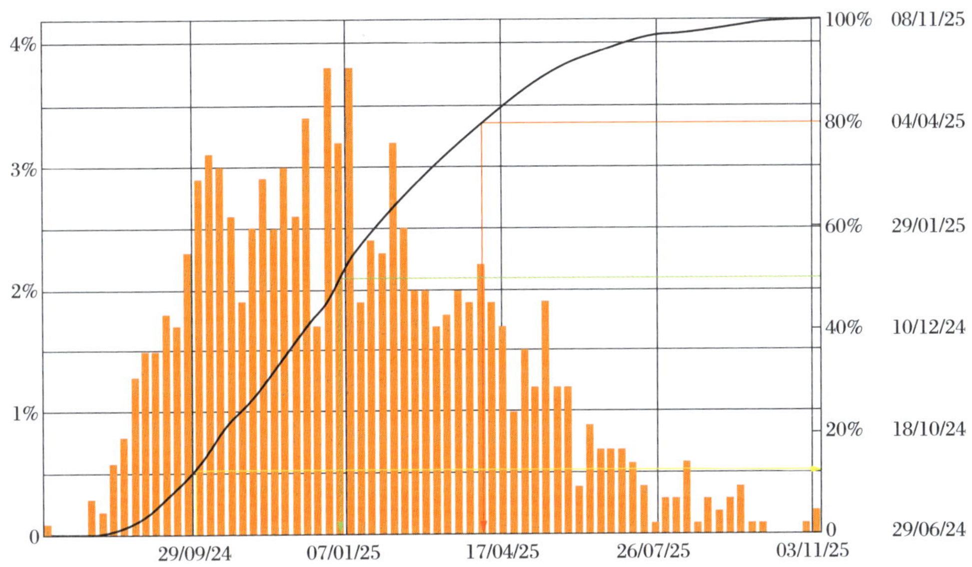

图 7　项目总工期概率分布图

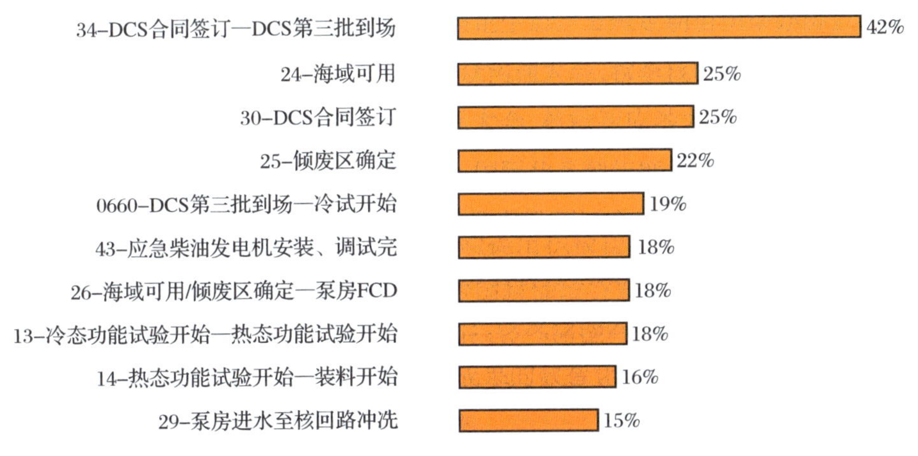

图 8　敏感性因素图

五、风险监控与预警

项目风险监控是指在整个项目风险管理过程中，根据风险管理的计划和项目、项目风险和项目环境的发展变化情况而开展的各种监督和控制活动。工程项目实施过程中，风险事件不断变化，可能会有新的风险事件出现，也可能会有预期的风险事件消失，因此要在整个项目期间开展持续的风险监督工作。

项目风险预警指标通常按照涉及领域进行分类，根据风险因素制定解决方向，逐级细化分解。设计领域包含设计进度风险、设计变更风险等；采购领域包含采购进度、费用、商务、质量、技术管理和研发制造风险等；施工领域包含施工进度、费用、安全和质量风险等；调试领域包含调试进度、安全、质量和技术风险等；商务合同领域包含建安合同、合同付款风险等。

根据指标规则，可针对各领域风险设定阈值的初始状态、正常区间、关注区间和报警区间等基本信息，达到触发监控的目的。

六、结论与展望

定性风险分析通常是“凭感觉”“凭经验”评估的一种情况，并且可以通过一些描述确定其特点；而定量风险分析是对概率及后果进行数学估算，使得对项目的风险分析更为全面、科学，有助于风险管理者采取更具针对性的对策和措施。

国内核电已有多个项目使用风险量化分析方法辅助项目风险管理工作，效果良好。“华龙一号”示范工程利用风险量化分析方法开展总工期分析，识别出多项关键风险敏感因素，作为项目重点管控对象。某项目在集团公司、核建单位大力配合下，克服首堆影响及其他重重困难，最终实现了与最初评估概率 2.67% 相符的 68.7 个月总工期，创造了首堆最短工期纪录。而 2 号机组 72.8 个月总工期与置信度为 65% 的工期吻合，也再次对评估分析的准确度进行了验证。

基于上述研究成果，形成《核能工程项目建设风险定性分析指标及量化分析评估方法研究》报告，以及对应用目标的建议，并在行业内推广应用。

为使风险量化分析结果更有效，需要更为完善的经验数据库和专家知识库作为数据支撑，为此，建议建立核能行业各领域专家库，为沙盘推演、风险量化分析等提供强有力的技术支持，为领导决策提供准确性、时效性更高的数据支撑。

第一作者简介

汪捷，高级工程师，长期从事核电项目进度管理，2023年被评为中国核电工程有限公司首批“卓越工程师”。近年来，先后负责《风险量化方法在核电项目建设进度管理领域的研究应用》《大宗材料全过程管理优化研究》等多个中核工程科研课题；执笔编制中国核能行业协会组织的《核能工程项目建设风险量化分析评估方法研究》课题报告；参与编制IAEA《Integrated Life Cycle Risk Management for New Nuclear》。

核电厂首循环零非停的运行管理优化之路

李连海　张祥贵　武文奇　董　坤
（江苏核电有限公司）

摘　要:在全球能源结构调整和低碳经济发展背景下,核电作为一种清洁、高效的能源方式,其安全稳定运行显得尤为重要。本文旨在探讨如何通过运行管理优化和文化建设,实现核电厂首次燃料循环期间零次停机。文章的核心在于分析和提出实现核电厂首循环零非停的关键影响因素及相应的管理优化措施。本文指出生产管理体系、设备故障、人因失误和首循环特殊风险是影响首循环零非停的核心因素。围绕这些因素,提出了设备分级管理、建立高标准的运行队伍和风险分级管控等一系列优化管理措施。

关键词:低碳经济;核电;燃料首循环;零非停

前言

面临全球气候变化挑战,低碳经济发展已成为全球共识,这促进了能源结构进行根本性的调整。核能作为一种低碳能源,在全球范围内其绿色属性的认可度逐渐提高,同时,核能在减少温室气体排放、提升能源供应安全性和稳定性方面也发挥着关键作用。在此基础上，随着技术进步和安全管理的持续优化，核电厂的运行效率和安全性得到显著提升，使其成为多国能源战略的重要组成部分。

基于核能在当前能源体系的重要地位，某核电厂5号机组建设总工期56.3个月，从装料开始至投入商运工期61天。6号机组以调试工期49.25天创造了百万千瓦级核电机组装料至商运的世界最短纪录，两台机组首循环实现了零非停。本文旨在深入探讨实现核电厂首循环零非停的关键影响因素，并提出针对性的运行管理优化措施。首先，本文分析了生产管理体系不完善、设备故障、人因失误和首循环特殊风险对首循环零非停的影响。随后，围绕这些因素，本文提出了一系列管理优化措施，特别是强调了构建以安全为核心的企业文化在实现稳态运行中的核心地位，认为只有通过文化建设和管理创新，才能从根本上提升员工的安全意识和质量意识，确保核电厂运行的高效和安全。

1 燃料首循环期间零非停的关键影响因素

在核能领域，实现首次燃料循环期间的零非停是确保核电厂运行安全、提高效率和可靠性的重要目标。此目标的实现依赖于对设备故障导致非停、人因失误导致非停、首循环特殊风险非停、生产管理体系的严格控制和管理，具体如图1所示。

首先，完善的生产管理体系是确保零非停运行的基石。一套全面的生产指标系统能够提供运行状态的即时反馈，为决策提供依据。然而，生产管理系统的不完善，如缺乏有效的指标监控和反馈机制，可能导致运行问题的延迟识别和处理，增加故障风险。高效的消缺管理流程是维持设备性能和防止故障发展的关键。同时，生产管理系统若缺乏有效的值班和应急响应机制，则可能在紧急情况下找不到合适的处理人员，延误问题解决，威胁到核电厂的安全稳定运行。

其次，在核电厂首次燃料循环期间，设备故障导致的非计划性停机主要可能受到设计阶段审查不足、设备制造和安装质量控制不严、重大设备保养忽视、分类分级消缺的不充分实施，以及调试项目覆盖不全面和业主提前介入不足等关键因素的影响。初期设计审查的不充分埋下了后续调试和运行的隐患。在设备制造和安装过程中，对质量控制的忽视直接影响到核电厂的运行状况，缺乏对设备性能和结构的深入了解加大了运行风险。此外，关键设备在安装和调试阶段如果未进行适当保养，将导致性能降级，增加故障风险，特别是在堆芯装载核燃料组件后的深度介入不足，可能导致对机组运行特性和潜在缺陷的理解不足，进而影响对潜在问题的及时响应和有效管理。这些因素相互关联，共同构成了影响核电厂首循环零非停目标实现的复杂挑战。

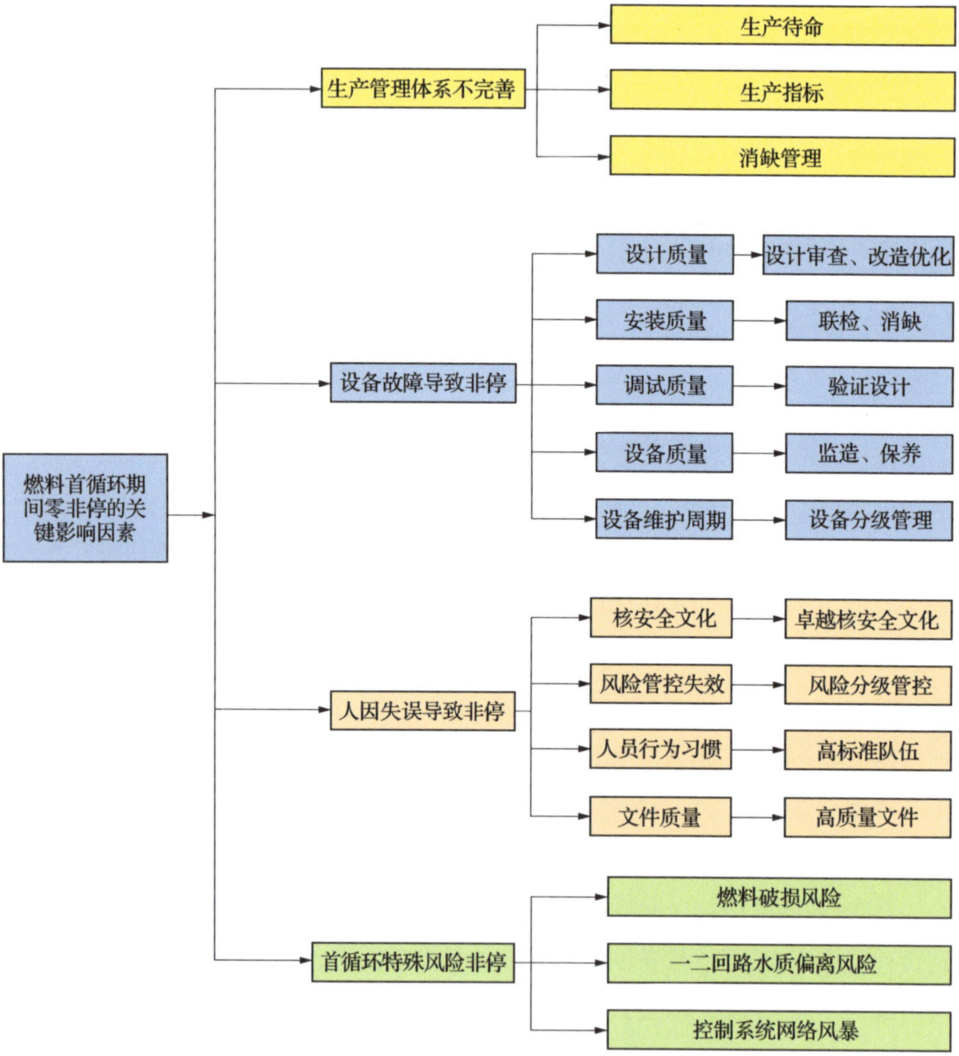

- 燃料首循环期间零非停的关键影响因素
  - 生产管理体系不完善
    - 生产待命
    - 生产指标
    - 消缺管理
  - 设备故障导致非停
    - 设计质量 → 设计审查、改造优化
    - 安装质量 → 联检、消缺
    - 调试质量 → 验证设计
    - 设备质量 → 监造、保养
    - 设备维护周期 → 设备分级管理
  - 人因失误导致非停
    - 核安全文化 → 卓越核安全文化
    - 风险管控失效 → 风险分级管控
    - 人员行为习惯 → 高标准队伍
    - 文件质量 → 高质量文件
  - 首循环特殊风险非停
    - 燃料破损风险
    - 一二回路水质偏离风险
    - 控制系统网络风暴

图 1 燃料首循环期间零非停的关键影响因素

再次,人因失误在避免核电厂非计划停机中占据着核心位置,其中,构建和维护坚实的核安全文化是防止操作失误的关键。这要求通过全方位的教育培训及日常细致管理不断深化和强化核安全文化。同时,为了适应不断变化的运行环境,风险管理体系的设计和执行必须具备足够的灵活性和即时响应能力。例如,将新的操作条件或工艺流程变更纳入运行策略,可提高风险评估的准确性和有效性。进一步地,员工的行为习惯需要在持续监督和积极激励的环境中培养,形成有益于安全生产的正面反馈机制。至关重要的是,高质量运行文件对于指导安全操作不可或缺。这些文件不仅需要精确无误,还要保持最新状态,以确保操作人员能够正确执行每一项操作。

最后,面对首次燃料循环期间的独特风险,尤其需要关注燃料完整性损伤、冷却系统水质的偏离及控制系统的稳定性这三个关键领域。确保燃料的完整性是预防放射性物质泄漏最重要的措施。此外,对冷却系统水质进行精确地监控,对维持核反应过程的稳定至关重要。同时,对仪控系统潜在的网络风暴进行有效的预防和及时干预,可以避免控制系统可能出现的失效的情况。

2 燃料首循环期间零非停的管理优化措施

2.1 生产管理体系不完善

2.1.1 生产待命和运行决策体系

为应对第一燃料循环期间设备故障的不确定性,确保机组安全稳定运行,新机组需建立有效的生产待命与运行决策体系。该体系要求生产值班和待命人员具备随时提供支持和作出决策的能力,维持 24 小时响应能力,涉及总经理部领导、生产部门负责人等,确保工作的及时协调。运行决策体系须能科学处理影响机组安全的关键缺陷,通过持续跟踪和整改措施,保持缺陷在受控状态,确保问题得到根本解决。

2.1.2 建立生产运行指标和评价体系

为加强核电厂的安全运行和生产管理，建议设立生产运行指标委员会，负责制定和执行一整套生产运行指标体系、评估方法和管理策略。这套体系旨在实现安全生产责任、提高安全管理水平和加强生产风险控制。为此，将生产运行指标分为约束性指标、结果型指标和过程型指标三类，共计 101 项。约束性指标覆盖核安全等 16 个方面，采用一票否决制。结果型指标基于 WANO 性能指标，关注能力因子等 11 项关键性能。过程型指标则进一步细化，涵盖安全质量等五大领域，共 74 项，用以日常监控和评估。

2.1.3 加强第一循环设备的消缺管理

整合计划部门、维修部门、运行部门的优势资源，以“十大技术问题”“十大缺陷”为平台，以安全稳定运行基础性工作为核心，推进“十大缺陷”“十大技术问题”的纠正措施落实，解决关键技术问题，提高运行可靠性，提升本质安全，对管理、流程等层面的问题组织制定相关的措施，补齐短板，建立长效机制，减少和避免类似问题重复发生，优化资源配置、提高消缺效率、实现精益管理。确保日常消缺，保证消缺率≥ 96%，保证系统、设备的安全稳定运行。同时，创建设备缺陷“病历库”，以提高对历史缺陷的认识和维修维护的有效性。

2.2 设备故障导致非停的优化管理措施

2.2.1 设计阶段审查

在新机组的设计初期，强化设计审查过程是至关重要的。这不仅涉及在最早阶段就识别并减少潜在的设计缺陷，还包括对原始设计方案与电厂特定需求的适配性进行细致分析，确保所提供的设计方案能够满足后续调试与运行的需求。为了实现这一目标，电厂应该借鉴类似机组电厂已有成熟的设计审查经验，并构建一个经验反馈系统，专门用于识别潜在的设计缺陷，如对重要仪表故障的影响进行分析，以及单一测点仪表的故障分析等。特别是在设计审查阶段，应当特别注意对仪控系统设计的审核,重点是安全仪控系统和非安全仪控系统的控制逻辑,以确保电厂设计的全面性和可靠性。

2.2.2 设备制造和安装质量控制

新建电厂的设备制造和安装质量是确保电厂及其系统和设备运行状态的关键因素,因此,对设备的制造和安装过程中的质量控制必须予以高度重视。为了达到这一标准,生产准备部门、调试部门及运行部门必须全程参与到设备采购、监制及出厂验收过程中,这不仅能保障设备制造的质量,同时也能让相关部门提前熟悉设备的性能、参数和结构。当系统和设备进入移交接产阶段时,运行人员的提前介入变得尤为重要,他们应参与联合检查和缺陷验证等关键环节,确保设备在正式运行前的所有潜在问题都能得到妥善处理。

2.2.3 安装和调试阶段重大设备的保养

在新建电厂的系统及设备安装与调试过程中,对关键设备进行适当的保养工作经常被忽视。不恰当的保养或保养不足会直接影响重要设备的性能,进而在机组启动运行后可能导致设备发生严重故障,从而引起机组意外停堆或停机。为避免此类问题,维护部门应制订专门的设备保养计划,并通过与业界其他机组的比对,实施最有效的保养策略,确保所有系统和设备能够以最优性能运行。

2.2.4 设备质量控制

在确定新建机组的调试项目时,除了遵守监管部门的规定项目外,还需对所有设计工况进行全面验证,以确保系统设计的合理性及设备性能满足设计标准。这一步骤旨在确保在机组正式商业运行前,所有在调试阶段识别出的系统设计和设备性能相关问题都能得到彻底的解决,从而避免未来运行中的潜在问题。

2.2.5 设备维护周期

在核电厂的日常运营中,系统设备的可靠性直接关系到电厂的安全、稳定及经济效益。因此，提升设备可靠性是核电厂运营管理的首要前提。实现这一目标的策略包括定期维护与检修、更新改造陈旧或技术落后的设备、实时监控和预测性维护，以及建立全面的设备管理体系。为进一步提升设备的运行稳定性、可靠性、经济性，建议开展设备分级和可靠性提升管理。通过采取设备分级管理，可以优化资源分配和使用。这包括基于电厂的工程改造实践、内外部经验反馈等进行设备分级，识别关键敏感设备，并根据设备工作环境和频度进行合适的维护、保养。同时，全面开展系统和设备性能监测，通过检查和分析设备状态的各种参数，及时发现并处理潜在的设备隐患，以提高设备性能。

2.3 人因失误导致非停的优化管理措施

2.3.1 培育商运机组安全文化

核环境中的安全文化可以被定义为“组织和个人的特征和态度的集合，这些特征和态度表明，核电厂安全问题作为压倒一切的优先事项，因其重要性而受到应有的重视”。此外，组织文化与安全管理之间的相互关系突出了建立和发展安全管理的广泛框架，以及安全管理对组织文化的影响，例如通过提供资源和干预可能在安全方面产生负面影响的发展。核电厂面临的独特需求和高风险环境凸显了探索人为因素、安全文化、组织绩效和个人绩效之间关系的重要性。核安全文化的建设要求不仅是组织层面的努力，更需要个体的积极参与和贡献。基于此，制定了“精品党建”以此凝聚共识，追求“操作零人因、隔离零失误、行为零违章，执行零偏差”的目标。具体来说，切实做到运行操作失误率0%，隔离操作失效率0%，安全红黄线违反率0%。通过定期开展标准化巡检和精细化巡盘，对机组安全生产的重点环节进行定期“回头看”，确保了机组的安全稳定运行。

在核电项目的前期阶段，培育适应该阶段的安全文化尤为关键。为此，采纳了“三前一高”法则——提前介入以确保工作安排井然有序，提前准备让运行操作清晰可控，提前识别风险以将其扼杀在萌芽状态，以及高质量完成任务，保证每一次运行操作都一次到位。这一法则的实施，不仅是对安全文化的深化，也是对每位员工责任心和专业能力的全面提升。同时,要进行内外部经验的学习和吸收,坚持“721”法则(七分准备、二分执行、一分反馈),促进员工间的知识共享,以及培育运行人员追求“四零”目标和塑造优秀的运行团队文化。具体机组安全文化建设结构图如图 2 所示。

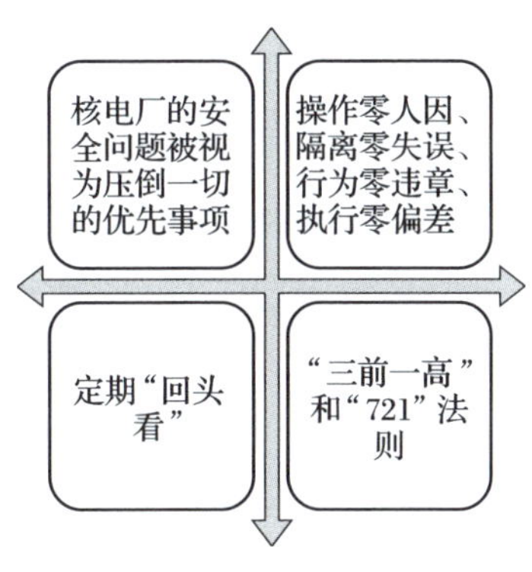

图 2　核安全文化建设

2.3.2 全面开展风险分级管控

在当前的核电厂运行管理体系中,可能存在的问题主要包括信息孤岛、繁琐的管理流程及迟缓的反应速度,这些不仅影响核电厂运行的效率,更可能危及核电厂的安全稳定运行。为解决这些存在的隐患,促进跨部门信息流通、简化流程、优化组织结构成为必要。通过精简管理环节和层级,加快决策执行速度,提高组织反应灵活性,根据变化不断优化调整管理流程和策略。此外,生产计划部门应在工作计划发布时对高、中风险工作给予提示,制定相应的风险管控制度。针对高、中风险作业由管理人员全程监督,确保技术措施落实,关键的一环是引入 3A 管理制度(Administration 管理, Accountability 责任, Advancement 提高),具体如图 3 所示,通过让 3A 管理制度全面覆盖生产相关所有厂房及系统设备,依据标准化巡检发现隐患和缺陷,分析系统运行状态,找出异常趋势,从而消除风险和隐患于无形之中。

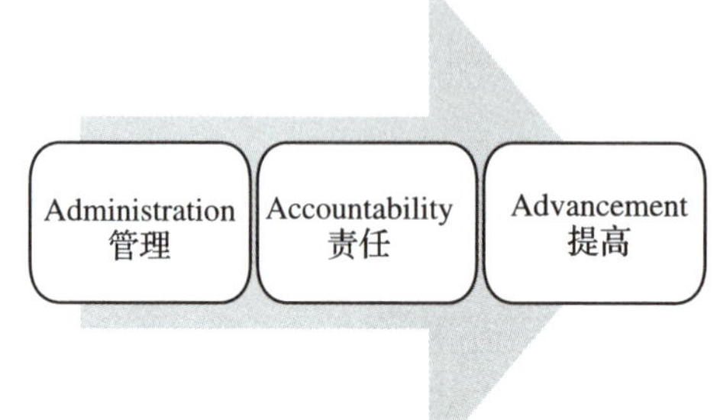

图 3　3A 管理制度

2.3.3 建立高标准的运行队伍

在核电厂的日常运行与管理中，运行人员扮演着至关重要的角色，他们的技能和心态直接关系到电厂的安全、效率及经济效益。运行队伍培养的关键影响因素如图 4 所示，将人才培训与培养作为实现“安全高地”目标的核心策略，这不仅体现在技术层面的创新和提升，更体现在对人才的重视和投资。坚持“七分准备、二分执行、一分反馈”的工作原则，运行部门不仅将其应用于日常的运行管理，也深入到人才培养和创新活动之中，确保每一位员工在安全和创新的环境中成长。同时，建立学习型组织，促进员工间的学习交流，并通过“师带徒”方式和专门的人才选拔制度，快速打造一支能保障机组安全稳定运行的队伍，构建了强劲的支撑，促进了人才队伍和创新成果的蜕变。

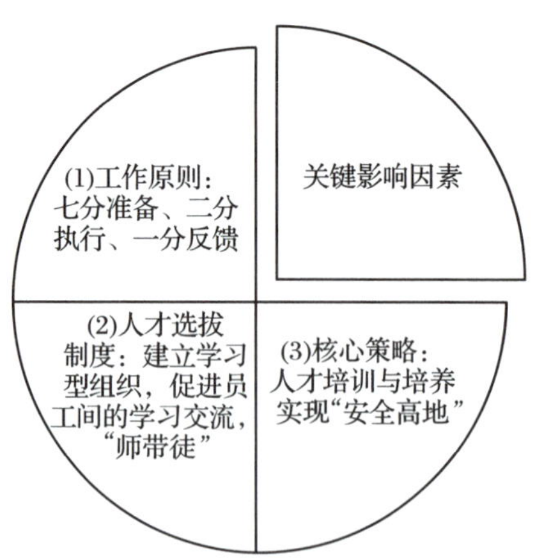

图 4　运行队伍培养的关键影响因素

2.3.4 建立高质量的文件体系

在核电厂运行管理中,高质量的运行文件体系扮演着至关重要的角色,它直接关系到机组的安全与稳定。电厂需确保运行文件的全面性与准确性,以避免文件问题导致的操作偏差或安全事故。为此,建立了一套全面的运行文件质量保障流程,包括文件的编写、校核、验证至审批。电厂还提供统一的文件模板,并采用桌面验证、现场验证和模拟机验证等多种手段确保文件的准确性。此外,针对第一燃料循环运行期间频繁的文件升版问题,电厂采取了严格的管理措施,确保所有运行文件的及时更新,以匹配机组的实际运行状态。此外,核电厂还实行了运行文件终身负责制,将文件编制、升版、校对的责任固定到具体的运行值或科室及个人,以提高文件管理的连续性和稳定性,保障了核电厂在面对新技术挑战时的安全稳定运行。

2.4 首循环特殊风险非停

2.4.1 燃料组件破损时的放射性控制

在首次燃料循环期间,燃料组件的密封性损失可能引发一系列问题,如一回路冷却剂放射性增高、气体净化系统超载运行、废水处理系统达不到要求,进而可能触发运行事件。为此,需加强一回路放射性水平监控,异常时调整净化系统流量,确保堆芯放射性水平监控;监视一回路气体净化系统,特别是干燥器的疏水功能,确保运作效率;反应堆功率调节应保守,符合技术规范;持续确保废水处理系统能有效处理冷却剂。

2.4.2 一、二回路水质的精细化控制

在首次燃料循环期间,调试阶段未能彻底净化的有害杂质及设备的不稳定性可能导致一、二回路水质偏离正常值,进而可能引发机组功率降低或意外停机。为应对这些挑战,应加强一、二回路水质的监测,保持净化系统以大流量运行并持续清除杂质;调整化学试剂的投加量以优化设备运行环境;确保足够的净化树脂供

应，预防树脂失效。待水质稳定后，适当调整净化树脂流量以提升运行经济性。

2.4.3 仪控系统网络风暴的提前干预

第一燃料循环运行的过程中，仪控设备的硬件可能会由于在调试阶段恶劣的工作环境及软件的兼容性问题，导致出现仪控系统的网络风暴，使机组出现较大的偏离和瞬态，对机组的伤害很大。新建机组应该收集相同或相似机组近年发生的DCS 网络交换机网络风暴缺陷，并分析事件发生原因，并提出短期及长期优化建议，组织专家就交换机网络风暴问题开展讨论，从设计、运维等角度作出提前干预。

3 结语

核电厂首循环零非停的实现是一个系统工程，涉及技术、管理和文化等多个方面的综合提升。本文通过深入分析影响首循环零非停的关键因素，提出了一系列切实可行的管理优化措施。这些措施不仅包括对设备分级管理、建立高标准的运行队伍，还包括风险分级管控等方法。实践证明，这些措施的实施可以有效提升核电厂的运行效率和安全性，实现首循环零非停的目标。特别是核安全文化的建设，不仅需要从顶层设计和政策支持入手，更需要从员工的日常操作和行为习惯入手，通过持续的教育培训、经验分享与反馈，构建起坚固的核安全防御体系。

第一作者简介

李连海，研究员级高级工程师，现任中国核电首席专家、江苏核电副总经理。长期从事机组运行管理工作，具有VVER 机组和 M310 机组双机型高级操纵员执照，带领团队取得田湾核电站 5、6 号机组首循环“零非停”的良好运行纪录并刷新同类机型首次大修最短工期纪录。曾获全国电力职工技术成果奖、全国青年岗位能手、中核集团青年岗位能手、中核集团科学技术奖、江苏省知识型职工标兵、江苏省劳动模范、连云港市劳动模范和连云港市文明职工等奖项和荣誉称号。

核技术应用与同位素分离技术发展方向分析

雷增光
（中国核工业集团有限公司）

摘　要：核技术在人类生产与生活中获得广泛应用，在人类社会进步过程中发挥重要作用。本文系统性介绍了我国核技术应用的产业领域、产业概况及国内技术现状，给出了核技术的典型应用场景及技术发展趋势，最后重点对同位素分离技术的发展机遇与方向进行了讨论。本文对于我国核技术发展与应用具有指导意义。

关键词：核技术；应用；同位素分离；发展趋势

1 引言

核技术是以核物理、辐射物理、放射化学、辐射化学，以及核辐射与物质的相互作用为基础，以加速器、反应堆、核辐射探测器及核电子学等为支撑技术的现代科学技术。广义的核技术通常指研究和应用与“核”有关的技术。

在人类利用核能过程中，已经发现核能释放有三种典型的方式，这三种方式分别为裂变释放能、聚变释放能和衰变释放能。其中，不同方式分别对应着不同的能量应用形式。裂变能有两种典型的应用形式：一种是不可控能量释放，例如原子弹等；另一种是可控能量释放，例如核反应堆等。聚变能也有两种典型的应用形式：一种是不可控能量释放，例如氢弹等；另一种是可控能量释放，例如核聚变反应堆等。衰变能或衰变现象的能量释放形式应用则更为广泛，其中包括放射性同位素示踪、辐射加工、辐射成像和同位素热源电源等。同位素与辐射技术应用领域包括工业领域、农业领域、医学领域、环保领域、公共安全领域、考古领域和科研领域等。

2 核技术应用产业概况

2.1 概述

近年来，核技术在工业、医疗和材料等领域的应用获得长远发展。在工业领域，典型的应用主要包括放射性同位素工业示踪、工业无损检测、同位素仪器仪表、射线实时成像检测和同位素电池等。在高分子材料领域，人们通过辐射交联、聚合、接枝作用改善材料性能，这项技术多用于线缆、热缩材料和发泡材料等，多采用电子加速器技术实现。在医疗领域，核技术主要用于医疗器械的辐照消毒灭菌等，辐照技术是优异的医疗器械灭菌方式，该领域的应用以每年平均 8% 的速度增长，以提供第三方辐照服务为主，多采用 γ 装置。下面分几个方面具体介绍。

2.2 工业领域典型技术应用

（1）油田井间示踪技术

将放射性物质作为示踪剂注入油田井中，可以通过探测示踪剂获取油田井中流体的流动规律，包括流动方向及速度等分布情况，并可借助该技术较为准确地刻画油储量情况。

（2）油气管道检漏技术

在油气管道流体中加入示踪剂，通过探测示踪剂信号，判断油气管道的泄漏情况，并能够对泄漏点的位置作出准确判断。

(3) 同位素仪器仪表技术

利用射线与物质相互作用发生吸收、散射或将被测物电离或激发等,研制开发了各种各样的核仪器仪表。典型的核仪器仪表有强度测量型仪表,包括料位计、密度计、核子秤、水分计和厚度计等;能谱型仪表,包括探矿仪、核测井仪、中子活化分析仪和 X 射线荧光分析仪;电离型仪表,包括火焰报警器、静电消除器、电离真空计和放射性避雷针等。

(4) 射线实时成像技术

这项技术通过对被测物件的移动扫描,透射的射线到高能阵列检测器并通过图像重建技术,实现实时成像,用于航空行李、货包或海关集装箱检测。我国具有自主知识产权的大型集装箱检测系列产品, 2002 年起就开始在海关推广使用并出口到国外。目前,我国在集装箱检测、工业 CT、行李和包裹、人体检查等方面技术处于国际领先水平,在 140 多个国家和地区使用,占有全球四分之一市场。

(5) 同位素电池技术

同位素电池具有寿命长、环境依赖性低和工作稳定可靠等优点。半导体热电同位素电池主要由热源和半导体热电转换器件两部分组成,其典型结构如图 1 所示。热源是决定电池的性能、结构特点和生产成本的关键。这种电池已在航天领域获得应用。

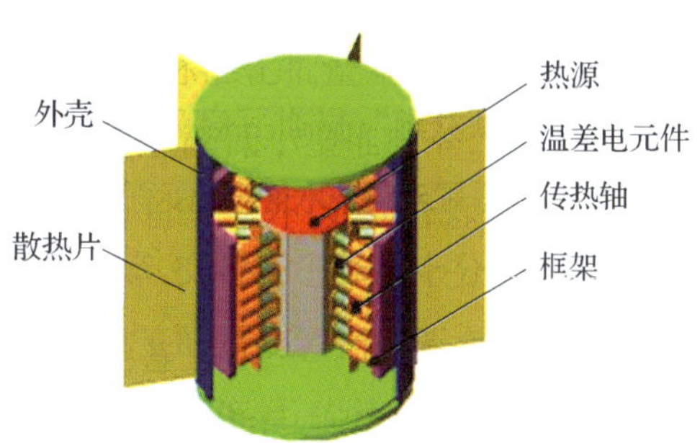

图 1　典型的同位素电源结构示意图

(6) 典型的工业用放射源 ^{60}Co

^{60}Co 是最常用的工业用放射源。目前,全球总装源量超过 4 亿居里,年需求量

约 5 500 万居里，其中美国占比约 50%，欧洲占比约 20%，中国占比约 15%，日本和印度占比之和约为 10%。医疗用品、食品等辐照需求不断增加，钴源需求量也会增加。随着加拿大及俄罗斯等相关反应堆的关停，未来 3 ~ 5 年全球钴源供应将日趋紧张。

（7）辐射技术在高分子材料领域的应用

在高分子材料领域，核辐射技术获得广泛应用。目前，采用该技术生产的材料包括电线电缆、热缩材料、预硫化轮胎橡胶、发泡材料、聚烯烃材料、生物医用材料、离子交换膜、电池隔膜和吸水树脂等。

（8）核技术在环境治理领域的应用

核技术在环境治理领域的主要应用包括环境污染分析、生活与工业废水处理、火电厂烟气脱硫脱硝、垃圾处理厂二噁英处理和菌渣处理等。

2.3 医疗健康领域典型应用

（1）放射性同位素的医学应用（核医学）

放射性同位素在医学领域得到广泛应用，包括功能检测、显像诊断、核素治疗三个方面。其中，典型的功能检测应用包括 $^{13/14}C$– 尿素呼气试验及放免分析等；典型的成像诊断应用包括 γ 照相机、SPECT 及 PET 成像等；而典型的核素治疗包括采用 ^{125}I、^{131}I 和 ^{89}Sr 等核素进行放射性治疗。

SPECT 显像诊断技术已越来越多地被用于医疗领域，该技术可用于神经系统、心血管系统、泌尿系统、呼吸系统、消化系统、骨骼系统、内分泌系统、淋巴系统、炎症及肿瘤的成像诊断。

心肌灌注显像技术主要被用于冠状动脉疾病（心肌缺血、心肌梗塞）诊断与鉴别诊断，指导治疗并有助于了解溶栓治疗后的效果。其原理主要是采用门电路控制显像软件，测定全心和局部射血分数，评估局部室壁运动，全面地了解心脏功能。典型的心肌灌注显像如图 2 所示。

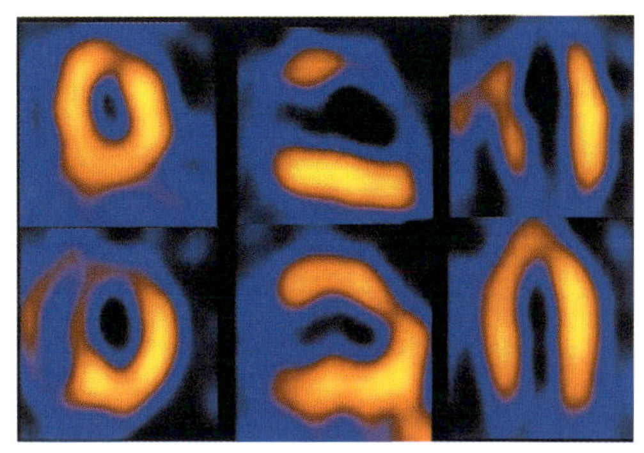

图 2 典型的心肌灌注显像

骨显像技术主要用于显示骨骼形态和代谢状况，较早反映骨骼的病理变化。借助该技术可诊断骨肿瘤、骨髓炎、应力性骨折；同时，可诊断其他肿瘤（前列腺癌、乳腺癌）的早期骨转移癌。

在阿尔茨海默氏症显像诊断方面，放射性核素标记靶向 Aβ - 淀粉样斑块及 Tau 蛋白的显像剂，用于阿尔茨海默氏症 (AD) 的 PET 显像及早期诊断。脑部成像实例如图 3 所示。

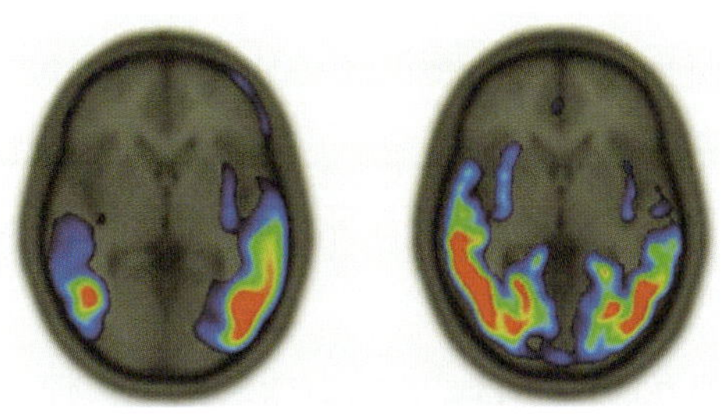

图 3 脑部成像实例

（2）射线装置的医学应用（放射医学）

常用的放射诊断技术包括 X 射线、CT 和 NMR 等；常用的放射治疗技术包括 X 射线治疗机、质子重离子治疗机和 ^{60}Co 治疗机等。其中**放疗设备**被誉为癌症治疗的革命，以前多采用钴源，目前直线加速器应用越来越多；伽马刀技术在全球 54 个国家使用，每年新增 80 000 名病人，采用高比活度 ^{60}Co 源进行伽马刀治疗；血液辐照仪具有自屏蔽作用，一般使用 ^{137}Cs 放射源，近年来也开始逐渐被非辐射方式替代。

（3）核素治疗

放射性核素可用于对多种疾病的治疗，例如 ^{131}I–NaI 治疗甲亢及甲状腺癌，^{89}Sr、^{223}Ra 治疗骨转移癌，^{125}I 可用于籽源植入治疗。

（4）放射免疫治疗

在免疫治疗方面，放射性核素也得到广泛应用，例如 ^{90}Y 用于治疗淋巴瘤，^{131}I 用于治疗肝癌，^{177}Lu 用于治疗神经内分泌瘤，^{177}Lu/^{225}Ac 用于治疗前列腺癌。

（5）核技术在抗击新冠肺炎疫情中的应用

在抗击新冠肺炎疫情过程中，核辐照灭菌技术得到应用。采用该项技术后，防护服灭菌周期从 14 天减少到 1 天，大大缩短灭菌生产周期，缓解防护服供需矛盾。据统计，截至 2020 年 6 月，通过辐射技术进行灭菌的医用一次性防护服已超过 1 100 万套。

2.4 农业和食品应用

自 20 世纪 80 年代，国家科委连续 15 年组织开展了全国性的辐照食品安全性研究的攻关任务。我国辐照食品的研究进入世界先进行列，同时产业化开发也取得了巨大进步，辐照食品无论从种类还是从数量上都位居世界前列。据统计，2017 年，我国辐照食品已达 50 万吨。

辐照技术主要应用方向包括辐射育种、食品灭菌保鲜、环境友好的生物控制、检验检疫、农药及化肥效力示踪研究。

其中，在辐照育种方面，人们利用 γ 射线处理植物种子或其他器官（组织），诱导其本身的遗传物质发生变异，从而选择有益基因突变，获得有价值的新突变体，培育优良品种。该种技术具有打破不良基因连锁、创新基因性状、增加变异频率、缩短育种周期和提升育种效果等技术优势，用于小麦、水稻和棉花等农作物。在农产品辐照保鲜与储藏方面，人们利用 γ 射线、X 射线或电子束等电离辐射处理农产品，以达到抑制发芽、延缓成熟、杀虫、灭菌消毒或降解有毒物质等保鲜储藏效果，从而保持农产品营养品质及风味，延长货架期，提高农产品的食用安全性。在昆虫辐照领域，人们利用一定剂量的射线辐照昆虫，在保持其交配及生存能力的条件下，杀伤其生殖系统，使其丧失繁殖能力，然后释放到自然环境中，使其与野生昆虫交配后不能产生后代，以降低虫口密度，达到防治害虫的目的。

2.5 考古领域

核技术在考古领域的最主要应用包括采用 ^{14}C 含量测量进行考古年代测定，采用核探测技术进行微量元素的定性、定量测定及产地探索等。

3 国内核技术发展现状和趋势

3.1 同位素与辐照产业的发展现状

我国同位素与辐照产业经历了三个发展阶段：20 世纪 50 年代起，我国进入技术起步研究阶段；20 世纪 70 年代后，逐渐进入应用领域；20 世纪 90 年代末期，该技术的产业应用正式步入正轨。

目前，我国核技术应用产值占国民经济生产总值 0.4% 左右，与发达国家还有一定差距。我国核技术应用产业市场规模如图 4 所示，产值年均增长率均超过 20%。2020 年，产值达到了 5 000 亿元。据业内专家推算，我国核技术应用产值有望在 2025 年突破万亿规模。

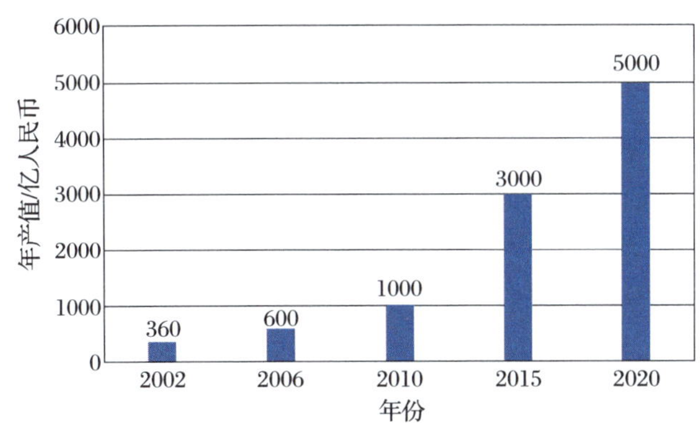

图 4　我国核技术应用产业市场规模

不同产业领域核技术市场份额占比如图 5 所示。

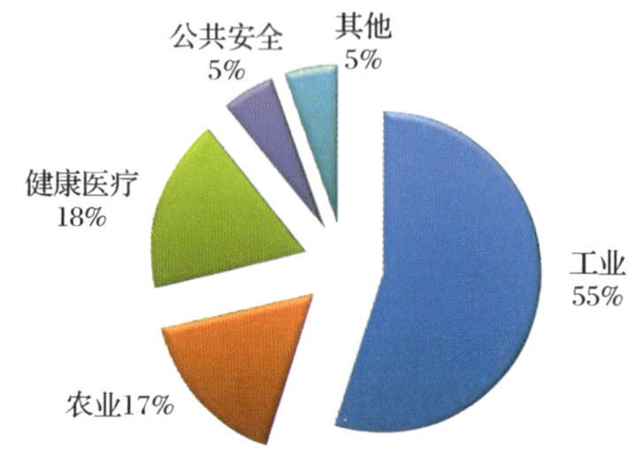

图 5　不同产业领域核技术市场份额占比

3.2 国内堆照同位素生产

我国现有的研究反应堆采用了联动、协调的配合模式，周期性开堆生产。计划利用秦山的 CANDU 堆、厂址及配套设施资源，打造秦山同位素生产基地，生产 ^{14}C、^{89}Sr、^{131}I 和 ^{177}Lu 等同位素。另外，我国正在新建同位素生产专用反应堆。其中，溶液型反应堆采用硝酸铀酰燃料，液相提取 ^{99}Mo、^{131}I 和 ^{89}Sr 等有用核素。泳池型反应堆、专用同位素生产线也逐渐投入放射性同位素生产中。

3.3 加速器同位素生产供应情况

世界上有超过 650 台能量达到 30 MeV 或更高（50~100 MeV）的加速器，而 PET 用加速器有 3 000 余台（能量为 15 MeV 左右）用于规模化医用同位素生产。国内加速器同位素生产情况如表 1 所示，目前国内约有 150 台回旋加速器，可生产供应 ^{18}F、^{64}Cu 和 ^{123}I 等加速器同位素，满足临床及科研使用要求。

表 1　国内加速器同位素生产情况

设备	数量 / 台	所属单位	产品类型	运行状态
C−30 MeV	2	原子高科	^{201}Tl、^{67}Ga、^{111}In、^{64}Cu、^{123}I、^{18}F	改造中

续表

设备	数量 / 台	所属单位	产品类型	运行状态
100 MeV 质子回旋加速器	1	原子能院	—	建设中
10 ～ 18 MeV 回旋加速器	>20	高科、安迪科等	^{18}F	运行中
CS30 回旋加速器	1	四川大学	^{18}F、^{11}C 等短半衰期核素	—
10 ～ 18 MeV 加速器	>110	医疗机构	^{18}F、^{11}C 等短半衰期核素	运行中

在医用加速器领域，我国 200 多家医院共配置 308 套伽马刀，2014 年销售伽马刀 35 套，2015 年销售 8 套。目前伽马刀市场需求为每年 30 套，伽马刀用 ^{60}Co 源（高比活度）供应还存在严重不足的情况。

3.4 同位素与辐照产业发展机遇

随着国民经济发展和人民生活水平提高，同位素与辐照产业迎来前所未有的发展机遇期。在核医学领域，医用放射性同位素、放射性药物开发与应用日益迫切；在放射医学领域，医用放射源、放射治疗的需求量也越来越大。在这种大背景下，国家制定了一系列推动同位素与辐照产业发展的政策和战略，例如健康中国 2030、中国制造 2025、“大智移云”行动计划等。在高端医疗装备方面，PET-CT/MR、伽马刀、Tomo-therapy、质子 + 重粒子治疗系统研发与应用备受重视。

近年来，“美丽中国”“平安中国”的美好愿景越来越深入人心，我国正加快推出核医学整体服务方案，在环境保护、辐照灭菌和公共安全等方面也在不断加强核技术的应用。同时，“一带一路”倡议沿线国家的市场开拓和应用也迎来前所未有的发展机会。

目前，我国医用同位素供应现状并不乐观。反应堆生产同位素主要依赖进口，加速器生产同位素与稳定同位素品种少。为加快推进医用同位素的发展，国家原子能机构联合八部委制定并发布《医用同位素中长期发展规划（2021—2035 年）》，这是我国首个同位素技术在医疗卫生应用领域发展的纲领性文件，医用同位素自主化供给已经上升为国家战略层面，预期发展前景广阔。

3.5 核技术应用产业的发展趋势

我国核技术应用产业领域的主要发展趋势如下：

（1）我国还没有放射性同位素的专用生产反应堆，需要用反应堆生产的同位素几乎都依赖进口，加紧布局相关的反应堆建设是我国该领域的重要发展举措。

（2）目前我国辐照加工用的加速器主要都来自国外，该类加速器的国产化研发与应用已成为必然趋势。

（3）我国放射性药物的种类需求会越来越多，而且会不断朝着诊断和治疗一体化方向发展。

（4）随着生活水平提高，PET/CT、重离子治疗技术将会广泛应用，我国相关的技术发展水平会不断提高。据统计，每百万人 PET/CT 应用数量：美国为 5、日本为 3.6、中国为 0.2。每百万人核医学检查数量：美国为 695、欧盟为 240、日本为 111、世界平均为 64、中国仅为 19。

另外，我国射线消毒灭菌的应用比例也会越来越高。

4 同位素分离技术及其发展方向

4.1 典型的同位素分离方法

同位素分离是获取有用同位素的重要方法，从世界范围内看，同位素分离方法主要可以分为大四类：第一类，直接利用同位素质量差别，如电磁分离、喷嘴法分离和离心法分离等技术；第二类，利用平衡分子传递性质的差别，如扩散、热扩散、离子迁移和分子蒸馏；第三类，利用热力学性质上的差别（化学平衡和相平衡），如精馏、化学交换、萃取、吸收、吸附、离子交换和结晶；第四类，利用同位素化学反应动力学性质上的差别，如电解、光化学分离和激光分离方法等。一般认为，前两类适用于重元素分离，后两类对轻元素的同位素分离比较有效。

在上述各种方法中，电磁法、扩散法、离心法和激光法是曾经或正在被用来进行同位素分离的最典型的方法。

电磁法的基本原理是采用高电压将原子电离成离子，通过电场为离子加速，利用不同质量的离子在磁场中偏转轨道的差别来实现对同位素的分离。该方法的优势在于适用性强，对于不同质量的轻、重同位素，从理论上讲，都可以用电磁法实现分离；但其缺点也很明显，同位素产量低、分离技术经济性差。正是由于经济性差，电磁法并不是工业化生产同位素的方法。

扩散法是 20 世纪中后期应用较多的适合进行工业化生产同位素的方法，其主要原理是处于分子流状态的不同质量的气体分子透过扩散膜的概率存在差异，轻同位素形成的分子更容易透过扩散膜，从而产生分离效应。其相比电磁分离法能耗水平大幅降低，一度成为部分国家进行同位素分离的主流方法之一。但是由于扩散法涉及的生产设备占地面积较大，比能耗相比离心法等先进的分离方法还是偏高，所以逐渐淡出历史舞台。

离心法是相对先进的分离方法，其主要原理是利用高速旋转的气体中不同分子质量的气体分子的分布规律差异来产生分离效益。相比电磁法和扩散法，其能耗水平大幅下降，成为世界范围内进行同位素分离的最主要方法。

激光法相比于上述几种分离方法均能显示出先进性，其原理是利用导致不同质量的分子和原子激发或电离的激光波长不同，而选择不同波长的激光对特定成分的分子和原子进行激发、电离，再利用电场将被电离的同位素成分提取出来。这种方法具有分离系数高、比能耗低等优势，但由于技术难度相对较大，在全球范围内还没有实现大规模工业化应用的案例报道。

4.2 我国同位素分离技术发展趋势分析

结合核技术应用与同位素应用情况分析，我国同位素分离领域发展趋势如下：

（1）同位素应用的发展为同位素分离产业发展提供了机遇期。

（2）同位素分离产业的发展前提是分离成本要在目标提取物的成本承受范围

内，该成本与分离方法的技术成熟度和产业发展规模息息相关。

（3）创造条件开展放射性同位素提取技术研究，从核电厂乏燃料中提取市场需求的同位素是同位素技术的重要发展方向之一。

（4）采用多种技术路线融合的同位素分离技术研究对于我国核技术应用与同位素技术发展具有重要意义。

5 结束语

核技术在工业、医疗、农业和环境治理等领域获得广泛应用，我国核技术开发与应用，尤其是同位素技术研发与应用，已进入前所未有的发展机遇期。加快放射性同位素生产装置建设、放射性药物研发、先进核医疗装备研发，以及先进同位素分离与获取技术研究，将有力推动我国核技术的发展。

作者简介

雷增光，曾任中国核工业集团有限公司总工程师。长期从事核燃料循环与材料技术研究和工程应用。在我国核燃料技术突破、机型研制、工程应用中作出突出贡献，获国家科技进步二等奖3项，获“国防杰出人才奖”和“何梁何利科技进步奖”。

加快完善我国涉核领域法规体系

郑玉辉　陈　荣
（中国核能行业协会）

摘　要：2014 年 4 月 25 日，习近平总书记对“完善涉核领域法规体系”作出重要批示。十年来，我国完善涉核领域法规体系取得重要进展，但与总书记的要求相比，与核事业的战略定位和快速发展相比，依然任重道远。本报告分析了我国涉核领域法规体系基本框架、发展现状和存在的问题，论述了加快完善涉核领域法规体系的重要性，提出了加快完善涉核领域法规体系的建议。

关键词：完善；涉核领域；法规体系；建议

2014 年 4 月 25 日，习近平总书记在工业和信息化部呈报的情况报告上批示：“完善涉核领域法规体系十分重要，务必高度重视，加强顶层设计，搞好军民融合，确保核事业安全有序发展。”十年来，在习近平法治思想指引下，以《中华人民共和国核安全法》颁布施行、原子能法草案提交全国人大常委会审议为标志，完善涉核领域法规体系取得了重要进展。但与习近平总书记批示的要求相比，与我国核事业的战略定位和快速发展的形势相比，完善涉核领域法规体系的工作依然任重道远。

1　我国涉核领域法规体系基本框架

根据《中华人民共和国立法法》，依照法定的权限和程序，我国建立并实施了一套由国家法律、行政法规、部门规章、管理导则及参考性文件构成的涉核领域法规体系框架。

目前，我国专门调整核领域的法律有2部:《中华人民共和国放射性污染防治法》《中华人民共和国核安全法》。除了专门调整核领域的法律，还有一些与核相关的法律，例如:《中华人民共和国民法典》《中华人民共和国国家安全法》《中华人民共和国反恐怖主义法》《中华人民共和国矿产资源法》《中华人民共和国环境保护法》《中华人民共和国环境影响评价法》《中华人民共和国出口管制法》《中华人民共和国安全生产法》《中华人民共和国道路交通安全法》《中华人民共和国突发事件应对法》《中华人民共和国防震减灾法》和《中华人民共和国职业病防治法》等。

专门调整核领域的行政法规有10部:《中华人民共和国民用核设施安全监督管理条例》《中华人民共和国核材料管制条例》《核电厂核事故应急管理条例》《中华人民共和国核出口管制条例》《中华人民共和国核两用品及相关技术出口管制条例》《放射性同位素与射线装置安全和防护条例》《放射性药品管理办法》《民用核安全设备监督管理条例》《放射性物品运输安全监督管理条例》《放射性废物安全管理条例》。还有一些调整核领域的法规性文件，虽然不是行政法规，但具有行政法规性质，例如:《国务院关于核事故损害赔偿责任问题的批复》《国家核应急预案》和《国务院关于严格执行我国核出口政策有关问题的通知》等。除了专门调整核领域的行政法规和法规性文件，还有一些与核相关的行政法规，例如:《中华人民共和国矿产资源法实施细则》《防治海岸工程建设项目污染损害海洋管理条例》《地震安全性评价管理条例》《中华人民共和国药品管理法实施条例》和《国家突发环境事件应急预案》等。

部门规章是指国务院有关部委，包括国务院授权的国务院直属机构依法制定的有关核的规范性文件。我国核工业主管部门国家国防科技工业局（国家原子能机构）、核电主管部门国家能源局、核安全监管部门国家核安全局及其他有关部门发布了100余项与核相关的部门规章，以及1 000余项与核相关的管理导则和参考性文件。此外，31个省、自治区、直辖市制定涉核地方性法规文件200余个。这些文件均为核法规体系中不可或缺的组成部分。

我国已批准加入《国际原子能机构规约》《及早通报核事故公约》《核事故或辐射紧急情况援助公约》《核安全公约》《乏燃料管理安全和放射性废料管理安全联合公约》《核材料和核设施实物保护公约》《制止核恐怖行为国际公约》《不扩散核武器条约》8 项核领域的国际公约 / 条约，它们也是我国核法规体系的重要组成部分。

2 我国涉核领域法规体系现状分析

我国核事业起步于 1955 年。近 70 年来，在党中央、国务院的坚强领导下，几代核工业人艰苦创业、开拓创新，推动我国核工业从无到有、从小到大，取得了世人瞩目的成就，为国家安全和经济建设作出了突出贡献。当前，在“双碳”目标背景下，我国核事业快速发展，正处在重要的战略机遇期。截至 2023 年 12 月，我国商运核电机组 55 台，装机容量 5 703 万千瓦，位居世界第三；在建核电机组 26 台，装机容量 3 030 万千瓦，位居全球首位。以“华龙一号”研发成功和规模化建设、“国核一号”研发成功和开工建设为标志，全面实现了由二代向三代的技术跨越。高温气冷堆、快堆和小型模块化反应堆等先进反应堆创新发展及核聚变研发实现新的突破。建立了与核电发展相配套的完整的核燃料循环体系，在天然铀供应方面，形成了国内生产、海外生产、国际贸易、战略储备并举的天然铀保障体系，为核电产业发展提供了有力的资源保障；在核燃料加工方面，铀纯化转化、铀浓缩和核燃料元件制造等环节技术水平和生产能力持续提升，跻身世界第一阵营；在核燃料循环后段，我国按照“热堆—快堆—聚变堆”核能“三步走”发展战略，正在实施乏燃料后处理科研专项，自主设计、建设的乏燃料后处理厂已开工建设。核电“走出去”上升为国家战略，我国出口海外核电机组达到 7 台，装机 480 万千瓦。与此同时，核技术应用产业发展方兴未艾，放射性同位素及射线装置在工业、农业、医疗、环保和安保等领域得到广泛应用。在实现中国式现代化的征程中，我国正在由核大国向核强国迈进。

为了规范和促进我国核事业的发展，早在 20 世纪 60 年代，国务院就批准发布了《放射性工作卫生防护暂行规定》，对放射性同位素工作中可能出现的放射性防护问题作出了规定。改革开放后，为了适应核电发展的需要，1986 年国务院颁发了专门调整民用核设施的行政法规《中华人民共和国民用核设施安全监督管理条例》。30 多年来，在党中央、国务院的领导下，坚持依法治国的基本方略，认真借鉴国外的立法经验，不断加强涉核领域的法制建设，涉核领域法规体系已初步形成。目前，我国涉核领域法规体系对核设施的选址、设计、制造、建设、运行和退役等各类活动，铀资源的勘查采冶、铀纯化转化、铀浓缩、核燃料组件制造、乏燃料后处理和放射性废物处理处置等各个环节，以及核技术在工业、农业、医疗、环保和安保等各领域的应用都进行了规范，基本涵盖了核能和核技术利用的各个领域，满足了我国核事业发展的基本需要，为我国核事业的安全有序发展提供了重要保障。但总体看，与习近平总书记关于完善涉核领域法规体系的批示要求相比，与核事业的战略定位和快速发展相比，与国外核发达国家的立法实践相比，还不尽完善。主要表现在：

一是缺少顶层法律。原子能法具有基础性、综合性、统领性特点，是核领域的顶层法律。美国于 1946 年制定了原子能法（1954 年作了修订），世界大多数核发达国家和地区，包括中国台湾地区都在核电发展之初制定了原子能法。我国原子能法的制定工作起步于 20 世纪 80 年代，但直至 2024 年 1 月才经国务院常务会议讨论，提交全国人大常委会审议。目前，我国核事业快速发展，迫切需要加快原子能法的立法进程，明确核事业的战略地位，规范核事业的研究、开发和利用，体现国家意志，明确核事业的发展方针、基本政策和基本制度，促进核事业健康、可持续发展。

二是促进核事业高质量发展的法律法规供给不足。在我国已形成的涉核领域法规体系中，主要集中在核安全、核安保、核保障和核应急等方面，引领和促进核科技创新和产业发展的法律法规供给不足。习近平主席在海牙核安全峰会的讲话中特别强调，“我们要秉持为发展求安全、以安全促发展的理念，让发展和安全两个目标有机融合”。当前我国核事业发展面临新的形势和新的挑战，迫切需要加快完善涉核领域法规体系，贯彻新发展理念、构建新发展格局、促进核事业高质量发展。

三是存在一些立法空白和短板。经过 30 多年发展，我国已成为世界核能利用、核技术应用大国，但仍有一些薄弱环节和发展短板，需要通过立法为核事业的发展提供制度保障。例如,为保护核事故受害人合法权益,促进核工业健康发展,规范核事故损害赔偿行为,需要制定核损害赔偿法;为适应核电积极安全有序发展的需要,规范对核电建设和运营的管理,需要制定核电管理条例;为促进资源循环利用,减少高放废物产生量,规范乏燃料管理,需要制定乏燃料管理条例;为规范和加强我国核安保工作,保障核材料、核设施、其他放射性物质及相关设施,以及相关活动的安全,需要制定核安保条例;为适应第四代核能系统、小型模块化反应堆和核聚变等技术的发展,需要完善相关法规标准。

四是部分法律法规需要进行修订和更新。伴随着我国核事业的发展,《中华人民共和国核安全法》的颁布,以及放管服改革的深入,我国核事业发展和核法制建设面临许多新的情况、新的变化。例如,有的法律法规颁布于20世纪80年代,至今已近40年,有的法律法规与已颁布的《中华人民共和国核安全法》存在明显冲突,需要根据新的变化、新的要求进行修订和更新。

五是涉外法制建设需要进一步加强。习近平总书记在核安全峰会上的讲话,以及在十九届中央政治局第三十五次集体学习中提出的“积极参与制定海洋、极地、网络、外空、核安全、反腐败、气候变化等新兴领域治理规则,推动改革全球治理体系中不公正不合理的安排”,对加强国际核安全合作,推进全球核安全治理,打造核安全命运共同体,提出了新的要求。对照习近平总书记的要求,我国核领域国际合作法制保障体系建设还不够完善。例如:核责任是国际核法律体系四个支柱之一,我国已是世界核电大国,但一直未加入关于核损害赔偿的国际公约;为促进我国核电“走出去”,增强我国在全球核不扩散、核安全治理体系中的话语权,需要进一步发展和完善现有核法规体系,为构建核安全命运共同体提供制度保障。

3 加快完善我国涉核领域法规体系的重要性

习近平总书记强调,“完善涉核领域法规体系十分重要,务必高度重视”。当前,我国已开启全面建设社会主义现代化国家、向第二个百年奋斗目标进军的新征程,在我国由核大国向核强国迈进的进程中,既面临新的机遇,也面临新的挑战。

加快完善涉核领域法规体系，既是依法治国、依法行政的客观要求，也是全面落实新发展理念，构建新发展格局，促进核事业高质量发展，实现建设核强国战略目标的需要。

3.1 为实现核强国战略提供制度保障

党的十八大以来，以习近平同志为核心的党中央坚持把依法治国作为党领导人民治理国家的基本方略、把法治作为治国理政的基本方式，不断把法治中国建设推向前进。在党的二十大报告中，习近平总书记要求："加强重点领域、新兴领域、涉外领域立法，统筹推进国内法治和涉外法治，以良法促进发展、保障善治。""核工业是高科技战略产业，是国家安全重要基石"，在国家安全和社会主义现代化建设中肩负重要使命，必须按照依法治国、依法执政、依法行政的要求，加快形成完备的法律规范体系，为促进核事业积极安全有序发展，为实现核强国战略目标提供制度保障。

3.2 助力实现"碳达峰、碳中和"目标

积极稳妥推进实现"碳达峰、碳中和"是国家战略，是实现中国式现代化的必然要求。核电是清洁低碳、安全高效能源，是目前唯一可以大规模替代化石能源的稳定低碳基荷能源，在实现"碳达峰、碳中和"目标中发挥着重要作用。"十四五"开局之年，党中央、国务院提出积极安全有序发展核电的方针。2023 年习近平总书记进一步要求"加快发展风电、光电、核能等清洁能源，建设风光火核储一体化能源基地"，为核电发展指明了方向。加快完善涉核领域法规体系，是落实党中央、国务院决策部署，加快核电发展，助力实现"碳达峰、碳中和"目标的需要。

3.3 促进提升核科技高水平自立自强能力

核能是战略性高技术产业，是新一轮能源技术革命和产业革命制高点。与核电强国相比，我国在核科技创新方面存在着基础研发能力不足、关键技术存在瓶

颈、高端制造存在短板和法规标准体系建设滞后等问题。习近平总书记在核工业创建 60 周年之际作出重要批示，要求核工业“要坚持安全发展、创新发展，坚持和平利用核能，全面提升核工业的核心竞争力，续写我国核工业新的辉煌篇章”。面对百年未有之大变局，加快完善涉核领域法规体系，是落实习近平总书记重要批示，促进新质生产力发展，进一步提升核科技高水平自立自强能力的必然要求。

3.4 保障核能产业链供应链韧性和安全

核能的发展需要强大的核工业基础。经过近 70 年的发展，我国已经形成了从铀矿地质勘查、铀采冶、铀纯化转化、铀浓缩、核燃料元件制造，到乏燃料后处理、放射性废物处理处置完整的核燃料循环体系，为核电发展和核电“走出去”提供了有力支撑。但随着核电规模化发展，我国天然铀供应、乏燃料管理面临新的挑战。加快完善涉核领域法规体系，是实现核燃料循环与核电产业协调发展，保障核能产业链供应链韧性和安全的需要。

3.5 促进核技术应用产业高质量发展

核技术应用是核工业的“轻工业”，广泛应用于国民经济和社会发展相关领域。党的十八大以来，核技术应用产业加快发展，经济规模持续扩大，在工业、农业、医疗、环保和安保等领域的应用不断拓展，2022 年产值近 7 000 亿元，成为健康中国、美丽中国、平安中国建设的重要助力。展望未来，我国核技术应用发展空间广阔，在实现中国式现代化的新征程中必将发挥更大的作用。但面临新形势新要求，我国核技术应用产业高质量发展也面临诸多新问题新挑战。加快完善涉核领域法规体系，是推进核技术应用产业高质量发展，在健康中国、美丽中国、平安中国建设中发挥更大作用的需要。

3.6 加强国际合作、推进全球核安全治理

习近平主席在海牙核安全峰会的讲话中首次阐明了“理性、协调、并进”的中

国核安全观,提出了“四个并重”的主张。并且特别提出:“没有规矩,不成方圆。各国要切实履行核安全国际法律文书规定的义务,全面执行联合国安理会有关决议,巩固和发展现有核安全法律框架,为国际核安全努力提供制度保障和普遍遵循的指导原则。”在华盛顿核安全峰会上,习近平主席进一步提出,“在尊重各国主权的前提下,所有国家都要参与到核安全事务中来,以开放包容的精神,努力打造核安全命运共同体。”加快完善涉核领域法规体系,对落实习近平主席讲话精神,加强国际核安全合作,推进全球核安全治理,打造核安全命运共同体,具有重要意义。

4 加快完善我国涉核领域法规体系的建议

为进一步落实好习近平总书记重要批示,加快完善涉核领域法规体系,提出以下建议:

4.1 加强顶层设计,做好系统谋划、统筹协调

完善涉核领域法规体系是一项系统工程,涉及国家立法机构和国务院核工业主管部门、核电主管部门、核安全监管部门及其他有关部门。为加快完善涉核领域法规体系,必须按照习近平总书记关于“加强顶层设计”的要求,加强领导,系统谋划,统筹协调,健全工作制度和工作机制,形成大力协同的工作格局,有计划、分步骤实施,合力推进加快完善涉核领域法规体系工作。

4.2 尽快出台原子能法,统领涉核领域法规体系

原子能法是核领域的顶层法,在涉核法规体系中具有统领作用。完善涉核领域法规体系,首先要尽快出台原子能法。建立健全以原子能法为核心,相关法律相互配合,行政法规、部门规章有效支撑,管理导则、技术标准相补充的科学完善、统一权威的核法律体系,为新时代核事业积极安全有序发展提供坚实法制保障。

4.3 发挥政策引导作用，促进核事业高质量发展

我国核事业正进入发展的快车道，但发展进程中也面临许多新的挑战。迫切需要通过进一步完善涉核领域法规体系，发挥政策引导作用，**“以良法促进发展、保障善治”**，提升核科技高水平自立自强能力，促进核电、核燃料循环、核技术应用产业高质量发展，支持核电“走出去”，支持铀资源海外开发，保障核产业链供应链韧性和安全。

4.4 补短板强弱项，加强重点领域、新兴领域立法

坚持问题导向、需求导向，按照加强重点领域、新兴领域立法的要求，补短板强弱项，加快核损害赔偿法、能源法、核电管理条例、乏燃料管理条例和核安保条例等立法进程。加强核设施退役、核电厂延寿、放射性废物处置和数字化转型等立法工作。加强第四代核能系统、模块化小型反应堆和核聚变等创新发展的安全、安保和监管要求等法规标准的制定工作。

4.5 与时俱进，对部分法律法规进行适应性修订

伴随着我国核事业的发展，与时俱进，对不适应现实需要的法律法规进行修订，是加快完善涉核领域法规体系的重要内容。例如：《中华人民共和国放射性污染防治法》《中华人民共和国民用核设施安全监督管理条例》《中华人民共和国核材料管制条例》和《核电厂核事故应急管理条例》等适应性修订都势在必行。

4.6 统筹国内法制与国外法制，加强涉外法制建设

认真贯彻习近平总书记在二十届中央政治局第十次集体学习时的重要讲话，加强涉外法制建设，完善相关核法律法规涉外条款，促进核领域高水平对外开放；加强对加入核损害赔偿国际公约的研究和论证，适时加入核损害赔偿国际公约；促进国际良法善治，积极参与全球核治理体系改革和建设，为完善核领域国际规则体

系贡献更多中国智慧，助力构建核安全命运共同体，更好维护国家主权、安全、发展利益。

第一作者简介

郑玉辉，研究员级高级工程师，中国核能行业协会专家委员会委员、中国核学会核法律分会顾问。曾任核工业部教育司司长、中国核工业经济研究中心主任。近年来，先后在《原子能法立法研究》《核事故损害赔偿法律问题研究》《完善我国核法律体系研究》等课题研究中担任课题组组长。

核电工程总承包疑难法律问题浅析及政策建议

张建来
（阳光时代律师事务所）

摘　要：受2011年福岛核事故影响，我国核电项目建设经历了漫长的停滞期。近年来随着国家“双碳”目标的推进，为兼顾能源自主供给与低碳转型，核电项目建设逐渐回到正常轨道。2022—2023年，国务院先后核准了共计20台核电机组，厂址分布在辽宁、山东、浙江、福建和广东等沿海省份。

近年来，工程总承包（EPC）模式在国内发展迅猛，逐渐成为主流工程建设模式，而核电领域是最早采取工程总承包模式的行业之一，从最早期的技术引进、设备进口，到核岛工程总承包，再到全厂工程总承包模式，核电工程总承包模式也在不断发展和完善。不同于其他房屋建筑、市政及一般工业项目的建设，核电工程总承包有其独有的行业特征，由此面临的法律问题亦有所不同。核电工程总承包在发展中面临的法律问题，需要从立法及政策上不断予以改善。

关键词：核电工程总承包；疑难法律问题；政策建议

一、核电工程总承包法律环境概述

首先，核电工程兼具一般工程建设、电力能源及核工业相关行业属性，面临的法律环境更为复杂。核电工程总承包（注：为避免歧义，本文所述工程总承包均指EPC模式）项目在合同签订及履约管理过程中，主要涉及的法律法规包括《中华人民共和国民法典》合同篇第二分篇建设工程合同章、《中华人民共和国建筑法》《中华人民共和国招标投标法》《中华人民共和国安全生产法》《建设工程安全生产管理条例》和《建设工程质量管理条例》等一般性工程建设相关法律法规；同时，核电项目作为电力能源工程，涉及的法规还包括《中华人民共和国电力法》《电力建设工程质量监督管理暂行规定》和《电力建设工程施工安全监督管理办法》等能源相关法律规范；更为重要的是，核电工程项目建设需遵守《中华人民共和国核安全法》《民用核安全设备监督管理条例》及国家核安全局发布的相关规范性文件。在处理核电工程总承包相关法律问题时，需要对上述法律体系有着系统性、整体性认知，在进行法律分析时，要有全局观，避免一叶障目，在全面了解法律政策的基础上，进一步处理好不同法律政策之间的冲突和适用问题。

其次，我国工程建设相关法律政策具有较强的行业属性，很多法律政策并不适用于核电领域。比如《中华人民共和国建筑法》并非所有的内容均适用于核电工程项目建设，其中的第二条规定："本法所称建筑活动，是指各类房屋建筑及其附属设施的建造和与其配套的线路、管道、设备的安装活动。"第八十一条规定："本法关于施工许可、建筑施工企业资质审查和建筑工程发包、承包、禁止转包，以及建筑工程监理、建筑工程安全和质量管理的规定，适用于其他专业建筑工程的建筑活动，具体办法由国务院规定。"住房和城乡建设部及国家发展改革委于2019年发布的《房屋建筑和市政基础设施项目工程总承包管理办法》适用范围仅限于房屋建筑与市政基础设施项目，与核电工程总承包无关。《电力建设工程质量监督管理暂行规定》《电力建设工程施工安全监督管理办法》等法规均明确规定不适用于核岛工程。

再次，在法律法规效力层级的分析上，需要结合核电项目的特性进行综合衡

量。在一般性工程合同法律问题处理过程中，往往需要严格区分相关法律法规的效力层级，判断相关法律条款属于倡导性规定还是强制性或禁止性规定、属于管理性规定还是效力性规定，在合同效力判断上，通常以“是否违反法律、行政法规的强制性效力”作为判断合同效力的依据。但在处理核电工程相关合同时，通常不能仅仅以效力层级作为判断依据，基于对于核电安全的考虑，合同各方对于国家核安全局、能源局等监管部门发布的各类与核安全相关的规范性文件、行业标准均应严格遵守，一旦合同约定违反相关规定，即便不属于法律、行政法规，均可能影响合同效力，或是带来其他严重的法律后果。

最后，核电工程总承包相关法律政策并不健全，实务中对一些法律问题往往存在不同的理解。在我国，工程总承包立法严重滞后于行业的发展，《中华人民共和国建筑法》《中华人民共和国招标投标法》《建设工程安全生产管理条例》《保障农民工工资支付条例》等法律法规及相关司法解释，均以传统平行发包模式为基础，未充分考虑工程总承包模式。工程总承包立法不完善的问题在核电领域同样存在，加之核电行业属性，有关问题更加突出，比如资质认定、招标采购、分包管理和安全责任等均存在不同程度的法律争议或理解偏差。

二、核电工程总承包资质问题解析

工程总承包资质问题一直是困扰行业发展的首要问题，我国目前没有设立专门的工程总承包企业资质，导致在实务中存在不同的理解，有关政策规定也较为混乱，“双资质”“单资质”及无需资质三种不同观点在实务中均有存在，当然整体而言，除房屋建筑与市政工程以外，单资质仍然是主流观点。

在核电工程领域，“单资质”企业可以承接工程总承包项目并无争议。但在全厂工程总承包模式下，由于工程承包范围非常广泛，包括核岛、常规岛及辅助系统工程（BOP），甚至包含厂外配套设施工程等，如何认定工程总承包单位的资质范围和等级，往往存在一定的难度。比如，仅具备核岛或常规岛设计或施工总承包资质的企业是否可以承接全厂工程总承包业务？根据现行的资质管理规定，核岛和常规岛的设计资质和施工资质分属不同类别,资质等级也有所不同。以设计资质为例,可以承担核岛和常规岛设计的资质类别如表 1 所示。

表 1　可承担核岛和常规岛设计的资质类别

资质类别	资质级别及设计范围
工程设计综合资质	1. 仅设甲级，涵盖全部 21 个行业的设计资质; 2. 承担各行业建设工程项目的设计业务，其规模不受限制; **3. 可承担核电站全厂工程设计**
工程设计核工业行业资质	1. 设甲级和乙级，涵盖核工业行业的全部 5 个专业资质; 2. 承担本行业建设工程项目主体工程及其配套工程的设计业务; **3. 可承担核岛（反应堆）工程设计**
工程设计电力行业资质	1. 设甲级和乙级，涵盖核工业行业的全部 6 个专业资质; 2. 承担本行业建设工程项目主体工程及其配套工程的设计业务; **3. 可承担与规模相适应的核电常规岛工程设计**
反应堆工程设计（含核电站反应堆工程）专业设计资质	1. 设甲级和乙级; 2. 承担本专业建设工程项目主体工程及其配套工程的设计业务; 3. 可承担与规模适应的核电反应堆工程设计
火力发电（含核电站常规岛设计）专业设计资质	1. 设甲级和乙级; 2. 承担本专业建设工程项目主体工程及其配套工程的设计业务; **3. 可承担与规模适应的核电常规岛工程设计**

对此,实务中存在不同的理解,一种观点认为,核电全厂工程总承包包含了核岛和常规岛两大部分,国家对该两大部分的工程设置了不同的资质要求,总承包单位应当同时具备核岛和常规岛的设计资质;另一种观点认为,国家并没有专门的工程总承包资质要求,要求总承包单位同时具备常规岛和核岛设计资质依据不足,具备其中之一即可。笔者认为,两种观点均有一定的依据,但在实务中,对于资质问题,尤其是核电工程的资质问题,在法律政策不明确的情况下,从严理解更为妥当。

此外,进一步而言,在全厂工程总承包范围包括进场道路、引水工程和码头等场外工程时,仅具备核电相关设计和施工总承包资质的企业,是否可以承接核电全厂工程总承包项目呢？该问题实质上与上述问题的分析结论基本是一致的，但需注意的是，如果相关工程被认定为常规岛附属设施，并非独立的工程项目，则无需要求总承包单位取得其他行业资质。

最后，除了上述问题以外，核电工程总承包资质，还需要符合《民用核安全设备监督管理条例》《民用核安全设备设计制造安装和无损检验监督管理规定》和《关于进一步加强商用核电厂建造阶段核安全管理的通知》等国家核安全局相关文件要求，取得相应的许可，包括企业资质和人员资格等。

三、核电工程总承包招标采购问题解析

《中华人民共和国招标投标法》规定，涉及国家安全、国家秘密等不适宜进行招标的项目，按照国家有关规定可以不进行招标。核电工程与国家安全、国家秘密高度相关，在选择工程总承包单位时，往往无需进行招标。但以下招标投标相关问题仍需关注：

其一，并非核电厂建设过程中的所有工程采购均无需招标。比如上文提到的进场道路、引水工程和码头等场外工程，如果作为独立的工程项目进行发包，与国家安全、国家秘密并无关联，属于法定必须招标范围及达到国家规定规模标准的，仍然应当依法招标。当然，如果已经将其纳入到整体的核电工程总承包范围，在项目核准时的相关采购方案已经获得审批，可以直接委托给工程总承包单位，无需单独招标。

其二，工程总承包单位进行分包采购时是否需要进行招标呢？《中华人民共和国招标投标法实施条例》规定“以暂估价形式包括在总承包范围内的工程、货物、服务属于依法必须进行招标的项目范围且达到国家规定规模标准的，应当依法进行招标”。据此，核电工程总承包单位进行工程分包或采购时，如果采购项目在工程总承包合同中不属于暂估价的，则无需招标，可以采取直接委托或其他竞价方式；如果属于暂估价项目，且与国家安全、国家秘密无关的，属于法定必须招标范围及达到国家规定规模标准的，原则上应当依法进行招标。比如上文提到的进场道

路工程或引水工程，如果在工程总承包中的计价模式为暂估价，总承包单位进行分包时，应当依法招标。

其三，在开展核电工程进口设备采购时，还需要遵守《机电产品国际招标投标实施办法》的相关规定。

四、核电工程总承包分包管理问题解析

工程总承包模式下的工程分包法律问题，一直都是困扰行业发展的最为棘手的难题，也是司法实务中最容易出现争议的问题。对核电项目来说，由于工程承包范围更加繁杂，工程分包问题更为复杂。具体而言主要包括以下几点：

其一，核电工程总承包单位是否可以将全部设计或施工进行分包？《中华人民共和国建筑法》规定“施工总承包的，建筑工程主体结构的施工必须由总承包单位自行完成”，《中华人民共和国民法典》规定“建设工程主体结构的施工必须由承包人自行完成”。基于上述法律规定，实务中长期存在一种误区，认为在工程总承包模式下，总承包单位不得将“主体性、关键性”工程进行分包。事实上，《中华人民共和国建筑法》《中华人民共和国民法典》的上述规定仅限于施工总承包的分包，并没有禁止工程总承包模式的主体性工程分包。2016 年住房城乡建设部出台的《关于进一步推进工程总承包发展的若干意见》，在政策上对此问题作出更加清晰的规定，明确提出“工程总承包企业可以在其资质证书许可的工程项目范围内自行实施设计和施工，也可以根据合同约定或者经建设单位同意，直接将工程项目的设计或施工业务择优分包给具有相应资质的企业。仅具有设计资质的企业承接工程总承包项目时，应当将工程总承包项目中的施工业务依法分包给具有相应施工资质的企业。仅具有施工资质的企业承接工程总承包项目时，应当将工程总承包项目中的设计业务依法分包给具有相应设计资质的企业”。

但在工程总承包模式下，总承包单位进行分包时，仍有一些存在争议的法律问题，比如，设计单位作为总承包单位时，除了可以将施工全部对外分包，是否可以将主体工程的设计工作对外分包？施工企业作为总承包单位，是否可以将施工主体

工程（甚或全部施工）对外分包？具备设计及施工“双资质”的总承包单位，是否可以将设计或施工整体对外分包？上述问题，在现行的法律体系下，均无法给出明确的结论，实务中均存在不同的理解。

此外，在核电全厂工程总承包实施过程中，“小 EPC”分包问题较为突出。所谓“小 EPC”是指工程总承包单位将其承包范围内的部分工程的设计、施工及设备采购整体分包给具有资质的分包单位，比如将全厂核电总承包项目中的码头工程设计、施工及采购分包给一家分包单位承担，甚至在一些项目中，总承包单位将常规岛的设计、施工及采购分包给一家单位。笔者理解，从现行法律规定来看，并未对“小 EPC”分包形式做出禁止性的规定，此种分包模式具有法律上的可行性，并且从实务角度来看，在核电全厂工程总承包模式下，具有合理性和必要性。

其二，如何认定核电工程施工中的“主体结构”？上文提到，施工总承包的，建筑工程主体结构的施工必须由总承包单位自行完成，不得进行专业分包。在核电工程总承包项目实施过程中，总承包单位将施工部分工作分包给施工总承包单位，施工总承包单位往往需要再次进行专业分包，在施工分包时，工程主体结构不得分包。对于何谓工程“主体结构”，一直是执法和司法实践中的难点痛点问题，相较于房屋建筑、市政工程、一般性工业项目的主体结构相对容易界定，相关司法案例也较多，而由于核电项目建设复杂，相关工艺和技术处于不断发展过程中，何为主体结构，更加难以判断，并且在不同的工程发包承包模式下，认定标准可能亦不相同。比如，在全厂工程总承包模式下，如果核岛、常规岛及辅助系统工程（BOP）的施工作业由一家施工总承包单位承担，辅助系统工程（BOP）、常规岛是否可以被认定为非主体结构呢？通常仅从法律角度难以给出准确的答案，需要结合行业管理规范、技术性规范进行综合判断。

2020 年 12 月，国家能源局、生态环境部下发《关于加强核电工程建设质量管理的通知》，对于核电工程的施工分包特别作出规定：“建设单位和总包单位要按照《中华人民共和国建筑法》《民用核安全设备监督管理条例》等有关要求，严格控制施工单位的分包活动，制定不允许分包物项和服务清单。”建设单位和总包单位在通过合同或有关工程管理制度的方式拟定不允许施工分包项目清单时，要特别关注哪些属于工程主体结构，将其纳入到清单之中。

其三，如何防范“再分包”法律风险？在核电全厂工程总承包中，由于总承包单位的工作范围广泛，施工分包层级往往较多，由此带来的“再分包”问题通常难以避免，而根据《中华人民共和国建筑法》及相关法律规定，“再分包”属于违法分包的一种形式。对此，笔者认为，在核电工程总承包项目中，不应简单理解“再分包”问题，施工总承包单位对其从工程总承包承接的施工总承包业务进行专业分包，不宜认定为违法分包。在实务中，可以更多采取联合体、劳务分包和项目委托管理等模式，减少施工分包层级，防范再分包法律风险。

五、核电工程总承包安全管理责任问题解析

在工程项目建设中，安全管理责任一直都是参建单位关注的重中之重，核电项目建设更是如此，安全问题是核电项目发展的生命线。在工程总承包模式下，建设单位、总承包单位、施工单位、监理单位的安全管理责任应当如何划分，一直都是难点法律问题。《建设工程安全生产管理条例》在规定工程项目参建单位的安全管理责任时，均以平行发包模式为基础，分别就建设单位、施工总承包单位、勘察设计单位和监理单位等各自应当承担的法律责任，作出了规定，但完全没有规定工程总承包单位的安全管理责任。实务中，有关监管部门往往将工程总承包单位的安全管理责任与施工总承包单位的安全管理责任混同，但实质上两者存在根本性的区别。笔者在处理 11·24 丰城电厂特大事故和阳江“7·2”“福景 001”沉船事故中，深刻感受到工程总承包单位安全管理责任认定方面存在的问题。

核电工程总承包项目中，除了上述问题以外，还有其独特的行业监管要求。《中华人民共和国核安全法》规定：“核设施营运单位对核安全负全面责任。为核设施营运单位提供设备、工程以及服务等的单位，应当负相应责任。”全面责任是指核设施营运单位对核设施和核活动整个寿期内的核安全，包括其本身所从事活动的核安全，以及其委托其他主体从事的核安全相关活动，负有首要责任，该责任一般不得转移第三方。一旦发生有损核安全的后果，核设施营运单位应当承担相

应的法律责任。核设施营运单位所承担的全面的核安全责任，与其供货商和承包商所承担的相应责任，共同构成了核工业全产业链条活动主体参与者的责任体系。责任体系的实质在于，前者的全面核安全责任不因后者的参与而在任何情况下有所减轻，后者的相应责任也不为前者的全面责任所替代；在发生核事故时，后者不承担核损害赔偿的责任。

基于上述规定，在核电项目工程总承包模式下，对于建设单位与总承包单位的工程安全管理责任，往往存在一定的误区，即认为核电项目建设阶段的工程安全管理责任完全由建设单位承担，一旦发生工程安全事故，建设单位应当承担首要责任。这是对核安全责任的理解偏差，《中华人民共和国核安全法》中的“核事故”是指“核设施内的核燃料、放射性产物、放射性废物或者运入运出核设施的核材料所发生的放射性、毒害性、爆炸性或者其他危害性事故，或者一系列事故”，相应地，核安全责任并非指与核电建设及运营相关的所有安全管理责任，而是与核设施、核材料相关的放射性、毒害性相关的安全责任。具体而言，在核电工程建设过程中，如果发生一般性的工程安全事故，并不涉及核设施、核材料产生放射性、毒害性相关事故，有关安全法律责任并不应当全部由建设单位承担，即，对于非核安全相关的管理责任，工程设计、施工和监理等单位仍然应当依法承担各自的法定职责。

《电力建设工程施工安全监督管理办法》（注：该办法不适用核岛工程）亦有规定：“建设工程实行工程总承包的，总承包单位应当按照合同约定，履行建设单位对工程的安全生产责任；建设单位应当监督工程总承包单位履行对工程的安全生产责任。”据此，建设单位可以通过合理的合同条款约定，将工程建设过程中的非核安全相关的工程安全管理责任部分转移给总承包单位、监理单位及其他参建单位。

六、政策建议

近年来，随着国家核电项目建设的复苏，核电工程总承包也必将迎来大发展时期，但与之相对应的相关法律政策及管理规范仍然存在先天不足，未能及时进行更新和完善。建议国家有关部门对此高度重视，在大力发展核电项目建设过程中，高度重视核电工程总承包管理的合法合规性问题，完善核电工程总承包有关法律政策体系。具体而言，在全面梳理现行核电工程建设相关法律法规及规范性文件的基础上，从以下两个角度完善相关法律政策：

其一，建议出台核电工程总承包管理办法。由于国家现行《中华人民共和国建筑法》《中华人民共和国民法典》等基本法律对于工程总承包模式涉及较少，工程管理相关法规更多基于平行发包模式设计有关制度体系，导致工程总承包模式下的法律适用问题较为混乱。近年来，在大力发展工程总承包的形势下，一些行业主管部门或地方出台了规范工程总承包管理的规范性文件，比如《房屋建筑和市政基础设施项目工程总承包管理办法》《运输机场专业工程总承包管理办法（试行）》《公路工程设计施工总承包管理办法》和《铁路建设项目工程总承包办法》等。上述有关文件具有较强的行业属性，对于解决本行业工程总承包发展中存在的问题可以起到一定作用，而核电工程的行业属性更加突出，如果能针对核电工程出台有关管理办法，可以更好引导核电项目工程总承包规范化发展。

其二，建议发布核电工程总承包管理规范。在法律政策不健全的情况下，相关管理规范往往能够更好地发挥作用，而且可以通过先出台有关行业规范，执行过程中总结经验，为后续的进一步立法打好基础。住房和城乡建设部于 2017 年 5 月发布了《建设项目工程总承包管理规范》，《数据中心项目工程总承包管理标准》也在起草编制中，对于核电工程总承包，也可以通过发布国家标准或行业团体标准的方式来规范行业发展。

作者简介

张建来，阳光时代律师事务所高级合伙人，项目建设与工程业务部负责人，广州办公室执行主任。专注于大型能源与环境项目建设法律服务，对于核电项目建设阶段各类疑难法律问题具有深入的研究，特别擅长处理核电项目建设用地及工程总承包相关问题。服务的主要核电项目包括山东海阳核电、广东廉江核电和福建漳州核电等。

核电配套新型储能建设面临的问题与挑战及对策建议

苟　峰[1]　汪永平[2]　田　铮[2]　张　萌[2]
（1. 中国核电发展中心；2. 中核工程咨询有限公司）

摘　要：本文结合新型电力系统下核电配储需求分析，研究分析了核电配套新型储能建设面临的问题与挑战，重点针对核电在电力系统中的特性及所承担的角色，聚焦电源侧应用场景，主要从技术发展、经济收益和社会影响等方面，深入探索核储协调发展路径，并从政策支持、业务布局、技术方案和商业模式等维度提出相应的策略建议，为核电配套储能协调发展提供参考。

关键词：新型储能；储能电源侧应用；核电配套新型储能；核储协调发展

为实现“碳达峰、碳中和”“3060”目标，我国新能源将持续快速发展。随着强随机性、波动性的新能源大规模并网等，电力系统在安全可靠、灵活高效等方面将面临一系列新的挑战。

核电是目前出力稳定且经济性较好的清洁能源之一，更适宜承担基荷运行。新形势下，核电与新型储能开发应用均稳步加快，而随着核电规模的进一步提升，结合核电特点及其发展实际，统筹核电与新型储能的开发利用、增强核能系统的可调节性，更好地服务新型电力系统建设，对推动能源供给革命具有重要意义。

一、新型电力系统下核电配储需求分析

核电配套新型储能，可提升核能的可调节性及空间位置灵活性，以促进灵活性核能成为我国能源电力系统灵活性发展的必要选项之一，促进碳价值再分配更好地向核电及新型储能倾斜。

核电安全运行的要求。目前，我国核电厂配置储能，主要作为备用电源，保障安全，体现在增强核电的稳定运行及增加备用电源方面。而备用系统所需的电力，将随反应堆规模、效率、设计、乏燃料和废物管理系统的不同而变化。为满足核电厂安全运行的要求，解决核电厂柴油机带载启动的热备污染等问题，我国“华龙一号”、CAP1400 等开展了核级蓄电池自主化研制，并取得积极进展，也为减缓核电机组非计划停堆影响等作出一定贡献。

能源供给革命的要求。我国已明确积极安全有序发展核电，三代核电技术已进入批量化建设新阶段，沿海局部地区核电比例逐步增加。我国《“十四五”现代能源体系规划》明确“优化电源侧多能互补调度运行方式，充分挖掘电源调峰潜力”，《“十四五”新型储能发展实施方案》明确，到 2025 年，“火电与核电机组抽汽蓄能等依托常规电源的新型储能技术、百兆瓦级压缩空气储能技术实现工程化应用”，2024 年 2 月发布的《关于加强电网调峰储能和智能化调度能力建设的指导意见》等文件也明确“探索核电调峰”等要求，核电将在保障“碳达峰、碳中和”方面发挥更加重要的作用。

当前，我国部分省级区域电网核电机组占比不断提高，但核电仅作为费用分摊者，不利于调动其参与调峰的主动性及相关技术、标准的发展，不利于能源供给改革及绿色低碳转型。目前，我国核电厂机组由于单机容量较大，发生单机事故停运会造成电网频率波动超出考核范围，而在低负荷时可能被要求降功率运行等。在核电规模占比逐渐提升的情况下，核电如果仍然要坚持基荷运行，将有可能影响未来核电选址及规模发展。为解决核电厂满功率发电问题，通过核储联合开发项目与核电厂绑定或是独立运行来提升核电与新能源协同发展能力十分必要。

促进电力市场改革的需要。现阶段，我国大部分核电机组以基荷运行，不参与

电网的调峰等。国际上,英国等核电占比较高的国家曾因核电机组灵活性不足而难以实现价格响应,造成电力辅助服务成本飙升。要解决此类问题,需要立足先进核电机组优越的动态性能,统筹考虑核电参与电力系统灵活调节等问题。随着可再生能源发电在电力系统的比例不断提高,核电占比较高的地区核电机组面临着比较迫切的灵活运行需求。

电源结构优化及调峰能力提升是提高能源、电力的生产和利用效率的要求。从欧美部分高比例清洁能源电力系统来看,丹麦调峰电源比重很大,充足的调峰能力为其风电调峰、消纳提供了坚强的保证;西班牙燃油燃气及抽水蓄能等灵活调节电源比例高达 34%,是风电的 1.7 倍;美国灵活调节电源比例达到 47%,是风电的 13 倍。而目前我国抽水蓄能、天然气发电等灵活调节电源装机占总装机比重仅为 6%,“三北”地区仅为 4%,远低于发达国家 30% ~ 40% 的平均水平。随着新能源快速发展,我国灵活性资源需求缺口逐步增大。当前,随着电力市场改革深入推进,一些核电机组已经实施深度有偿调峰,而核电灵活性成本也呈现快速增长趋势,核电运营面临着提高服务质量和提升竞争力的需求。

适应电力市场交易的需求。当前,电力市场建设稳步有序推进,市场化交易电量比重进一步提升,市场在优化资源配置中作用明显增强。一方面,多层次电力市场体系更加健全,市场化交易电量持续增加, 2023 年我国全年市场化交易电量达 5.67 万亿千瓦时,同比增长 8%,占全社会用电量的 61.3%。而另一方面, 2023 年《关于进一步加快电力现货市场建设工作的通知》提到,要加快放开各类电源参与电力现货市场。然而,从欧美的电力市场运行情况来看,核电在现货市场中往往处于竞争劣势。核电能否满足电力系统的调节要求及根据价格信号进行适应性运行,会进一步影响核电发展。

二、核电配储面临的主要问题与挑战

当前,在新型电力系统构建阶段,我国不少核电企业开展了核电配储方案的可行性论证工作,但方案尚未具体实施,仍面临着政策、安全、技术和经济等方面的诸多问题。

政策和市场规则尚不明确。目前国家及一些地方的电力市场交易政策明确提出了在电厂计量出口内建设的电储能设施，作为电厂储能放电设备改善机组调频调峰等发电性能，可与机组联合参与调频调峰，或作为独立主体参与调峰辅助服务市场交易，但政策真正实现落地见效有待时日。主要由于政策的不确定性，开展核电厂配置储能的商业模式及经济效益分析比较困难，核电配储可能面临资产闲置等风险，电源方主动投资配套电储能设施的动力不强。

安全风险是首要解决的问题。要实现核电配储的良性健康发展，安全性是第一要务。储能安全是一项系统工程，目前仍需要加强储能系统的安全技术攻关。从储能全生命周期来看，实现核电配储的安全，既需要加强硬件设计、预警系统开发和热失控预警技术等方面的创新，从系统及技术产品层面实现本质安全，也需要监管机构进一步完善规则、标准，建立健全覆盖储能全生命周期更加严格的安全监管体系，防患于未然。

技术问题的解决任重道远。现阶段核电与新型储能协调发展中存在的主要关键技术问题有以下三点：一是储能分类中选取各类新型储能技术与核电耦合协调发展的解决方案涉及领域较广，对不同核电厂及市场环境条件需要深入研究，并分别进行评估，要解决与核电配套储能技术能量密度不足、循环寿命短等问题，但目前相关工作基础薄弱；二是需要结合反应堆及厂址特性及法规标准要求，分析研究适用于核电的储能技术，开展核储一体化系统灵活高效变负荷运行模式、策略等的研究工作；三是需要建立健全相关标准化体系，遵循标准，建立接受公开监督的渠道等。

三、核电配套储能协调发展策略建议

基于各类储能技术的优劣势比较分析，以及与核电协调发展的技术模式分析、商业运营及盈利模式等场景应用分析，针对核电在电力系统中的特性及所承担的角色，聚焦电源侧应用场景，本研究从政策支持、业务布局、技术方案和商业模式等维度提出相应的策略建议，为核电配套储能协调发展提供参考。

（一）相关配套政策支持建议

在当前电力市场运行规则下，需加强核电配套储能参与电力市场交易、并网运行管理及辅助服务市场、现货市场竞争模式下的电源侧配套储能政策扶持，建议从以下四个方面考虑：

1. 制定和实施有利于核电并网运行的管理政策

建议核电及接入核电厂内的储能设施，其装机规模按照“核电 + 储能”的总功率进行核定，并按电源类型纳入市场调度运行。可考虑按期预先给予核电企业负荷曲线，以便确立核电运行模式及配储技术方案等，鼓励核电配储一体化替代原有核电机组出力，响应电力调度指令，获得灵活性补偿。

2. 完善电源侧储能相关价格机制

建议通过积极发挥包括核电配储等在内的储能调峰作用，完善相关价格形成机制，支持包括核电配储等在内的具备调峰能力的大型电源建设，并通过其适当调节整体的运行功率，在满足调度运行规则的情况下减免相应的调峰辅助服务费用分摊，并鼓励电源侧冗余配置的储能设施进入市场参与辅助服务。

3. 积极拓展核电配储能发展空间

允许核电配储参与各细分市场并进行收益叠加，使核电配储能够在各类市场中进行灵活交易。建议结合地方实际考虑将应用场景拓展至用户侧，在更大范围内、多方式拓展核电配储能发展，促进核能推动国家及地方能源系统的清洁转型，以及更好地参与地方经济振兴及新农村建设等。

4. 完善储能减碳价值疏导机制

建议加快推动核电配储在不同应用场景中的减碳价值核定方法与标准，允许核电配储减碳价值在碳市场中进行交易。

（二）核储协调发展业务布局建议

考虑到核电厂群堆建设规模较大，要依据电源侧储能布局主要场景，统筹核储协调发展业务布局。

1. 试点先行，稳步推进

建议通过储能分类，加强对各种新型储能类型技术特点，以及其在新型电力系统领域的技术成熟度等的分析梳理，结合国内外核储建设运行经验及核电参与电源系统优化配置要求，从系统操作、系统调试、技术演示、技术开发和可行性验证等多个层级，开展评估分析。建议在浙江、江苏、福建和辽宁等地区探索开展核储一体化建设试点，并坚持试点先行、示范引领，营造分工协作、优势互补、高效运转的核电配储产业生态。

近中期主要开展试点示范项目，重点推动应用于不同时间尺度场景的核电配储技术研发和应用，为后续核储一体化项目提前做好准备。中长远看，要考虑新型电力系统下核电与储能的阶段发展特点，结合欧美国家建设灵活性核能的相关实践情况等，重点规划推进核电配储产业上下游的联动工作。

2. 跟踪储能技术路线，做好前期工作

我国新型储能技术发展迅速，要加强相关产品研发制造、标准制定及市场应用推广等方面的情况调研，建立健全新型储能项目库、全过程工程咨询等，加快示范与部署。

要密切跟踪储能的技术路线、造价水平和政策导向等，开展分层级成熟度评估工作等，强化储能技术的成熟度，以及推进其与核能的兼容性等的分析，开展采取包括辅助服务、容量市场和电力现货市场收入等在内的多种收益叠加分析方法比较，待可选择的储能技术及相关组合方式的综合成本下降到投资收益临界点再开展储能项目详细设计及建设。目前，核电相关企业要积极做好储能设施建设布局与核电厂址总平面布置相结合，做好规划接口预留等工作。同时，积极争取将核储一体化装机规模认定为核电 + 储能的总装机规模等。

3. 加强企业合作，创新合作模式

坚持创新管理，立足相关中央企业产业基础和优势特色，构建重点突出、协同联动的产业链相关企业管理模式，聚焦核电配储关键核心技术合力攻坚。重点选择好储能企业及其储能项目与核电业主作为联合体参与电力市场交易的合作形式，积极探索和实施共享储能的运行组织模式，争取推动核储一体化运营相关政策

的落实，共同推进核电配储项目落地。

（三）核储能协调发展匹配原则建议

核储能协调发展可考虑以下匹配原则：

1. 储能系统灵活性。核电储能系统容量应因地制宜，原则上根据电网负荷的波动性和储能需求来确定，以确保储能系统能够满足电网的需求，并且具备一定的备用容量。

2. 储能系统技术成熟度。储能技术选择根据储能系统的应用场景和需求选择合适的储能技术或混合储能方式。

3. 核储能源系统的响应速度。核储耦合系统要充分考虑储能系统的响应速度，要能满足电网负荷的快速变化，满足电力系统的调节要求及根据价格信号进行适应性运行。

4. 储能系统的安全稳定性。核储耦合系统要重点考虑储能的寿命和安全可靠性，以确保系统能够长期稳定运行且具有较高安全性。

5. 核电配储综合经济性。在核电配置储能系统时，需要考虑核电与储能耦合下的综合投资成本、运维成本和储能效率等因素，因地制宜，积极探索按期预先确定核电负荷曲线等，以便核电企业可尽早确立核电运行模式及配储技术方案，明确核电运行及商业模式等，尽量明确核电经济收益预期，调动相关企业积极性。

（四）核储协调发展商业模式建议

开展核储一体化示范项目，核电厂由配套的储能参与调峰，可以在调度运行满足要求的情况下满功率运行。丰富其商业模式，主要包括核电增发电量、减免辅助服务分摊费用、减少核电三废处理及运维费、储能发电收益、参与辅助服务市场收益，未来预期还可获得协助参与中长期电力市场交易、协助用能用户参与碳市场从而获得减碳收益等，具体从以下四个方面考虑：

1. 联合参与中长期市场，保障合同交易

结合国际电力市场建设情况看，核电机组自身调节能力不佳，且从充分利用核能的角度，宜保持稳定满负荷运行。核储一体化要通过充分发挥储能灵活出力的特性，在核能得以充分发挥作用的情形下，协助其提前获得可变出力曲线，提升响应能力。

2. 联合参与现货市场，赚取超额收益

参与现货市场对机组灵活性要求较高，必须要在确保核电机组安全稳定运行的情况下，促进核电配套储能参与现货市场，并持续提升其竞争力。建议适时细化相关政策，明确核电配储参与现货市场的实施路线、准入条件和操作细则等，以避免投资冲动造成项目亏损或者抬升整个电力系统的成本。

3. 合力提升参与辅助服务市场的能力

近年来，新能源渗透率的提高，已导致传统电源停机备用状态的出现频率增大，负荷要在日内宽幅调整。因此，有必要推动电力辅助服务市场更好体现核电配储等灵活调节性资源的市场价值，建立健全调频、备用等辅助服务市场，推动源网荷储一体化建设和多能互补协调运营。探索引入核电配套压缩空气 + 电化学储能等的优化配置，形成和加强其爬坡辅助服务能力等，并合理分摊费用。

4. 联合参与未来碳市场建设

建议基于核电（包括压水堆、快堆等）配套压缩空气 + 电化学储能等的优化配置，探索通过中国核证自愿减排量（CCER）市场，积极将核电配储纳入全国温室气体自愿减排交易市场，加快全国碳价值再分配更好地向核电及新型储能倾斜。

（五）核储协调发展路径探索建议

建议结合国内外核电配储运行实践及技术发展趋势分析情况，进一步考虑并完善核储协调发展业务布局等，重点从技术发展、经济收益和社会影响等方面，深入探索核储协调发展路径。积极探索核储协调发展的“创新、示范、产业生态构建”三管齐下发展路径。同时，加强对核电厂自身条件及相关储能技术边界条件限定研究，明确科研攻关及工程示范项目等。

1. 核储协调发展路径的探索重点及基本思路

在技术发展方面，**一是**可结合核电厂用地及安全使用范围，选取储能技术开展科研项目，重点关注已开发应用的先进储能设备及其运行方式，通过分析示范项目的建设情况、工程造价范围、运行反馈及当前商业模式等内容，并开展综合评价、经济性测算模型研究开发等，以促进储能技术存在的能量密度低、安全性差、寿命短和运行费用高等关键问题的解决；**二是**可结合核电厂用地及安全使用范围、终端需求及场景布置，开展工程示范，总体要侧重核电配储中储能的实际并网时长、利用效率、安全性能的监测考核，统筹考虑到核电配储项目的实际出力能力（核电机组 + 储能共同出力）及效果等，考虑储能实际运行参数、运行指标和响应能力等作为配置评审、实际应用开发等重要因素，选择适合的合作方式，开展相关储能技术的联合开发，实现核电与相关储能、新能源技术的耦合等；**三是**有针对性地开展核储一体化技术研发。在确保安全及经济效益最大化的前提下实现灵活性提升，积极开展核—电—热耦合的核反应特性、电力特性、热力学特性与控制等方面建模与仿真，实现核—电—热多场景耦合的协同控制、协同运维和协同应急响应等，规划科研及产业化布局。

在经济收益方面，进一步加强核储协调发展可获得多方面收益分析研究。**一是**通过配置一定容量的储能电站开展联调，以及结合地方实际，如东北红沿河核电厂等的实际情况，培育核能耦合地方产业高质量发展的新质生产力，重点结合地方基础设施建设、电网需求和行政管理许可等诸多因素，因地制宜提出核电与东北地方（农村）产业耦合的新思路，以促进地方合理规划引导核电辅助服务费用分摊等；**二是**配置一定量储能，通过配套储能移峰填谷，将核电原无法发出的电量、热能转为系统可用的电量等加以利用；**三是**关注在增加备用电源等方面的成本与收益。

在社会影响方面，重点分析核储协调运行具备的显著社会效益及环境效益。**一是**核电配置储能后，能结合具体实践及应用场景分析机组深度调峰等，以及可改善的电力系统中火电机组运行煤耗，间接减少的煤炭消耗及碳排放等情况；**二是**研究配置大容量、长时储能后，核电机组调试或故障期间，通过储能投入来缓解对电网的冲击、扰动；**三是**结合具体实际，积极发挥核电配置储能在电力系统故障时提供的应急启动支撑等作用。

2. 加强核电厂配置储能自身条件分析

按照当前已建成投运核电厂的规划情况，因厂区建设未预留建设储能设施等可用地块，难以支持全部核电机组配置储能。因此，考虑到在厂区外部建设的储能在联营模式上仍不明晰，经济性有待商榷，建议待其后续商业模式进一步拓展与明确，再结合新的商业模式与规则，酌情考虑厂区外储能电站的联营模式。为此，建议加强新项目的相关统筹规划，同时引导油气、电力与核能行业等的大合作，共同推进咸水层压缩空气储能选址及其开发利用。

3. 开展科研攻关及工程示范的建议

一是依据国际核电配储的技术成熟度等级划分及定义等，考虑产业链发展情况，分层级加强对储能相关技术应用系统成熟度的评估工作，从技术、经济效益和社会影响力等方面分析应用前景，建立健全新型储能项目库、全过程工程咨询等，同时可聚焦选配储能技术，开展新型储能前瞻性应用研究。同时，建议通过制订核电配储科技发展规划等，切实发挥政策引导作用，调动核电、储能等相关企业积极性、创造性，不断完善核电配套储能在并网调度规则、产品检测认证等方面的标准、规范等。

二是开展储能信息化技术攻关，提高核储一体化安全预警及自动防控等信息化技术水平。针对核储配置后的储能电站 BMS、EMS 系统、PCS（双向变流器）、储能电池智能传感技术、储能站智能管理和统一运维平台及集群智能协同控制系统研究与建设开展科研攻关。同时，积极开发培育核电配套储能电站运营 / 优化商、第三方交易策略优化商及相关运营的交易平台等。

三是加强核电配储系统在集成与电站整体级调控方面的技术研发与攻关。包括挖掘配套储能系统的主动支撑能力、通过配套的混合储能级联技术提升储能系统的潜力及对系统安全性的影响等，构建新型电力系统所需的储能提供主动支撑、惯性响应和电压无功调节方面能力，研究开发配备核电特有的 AGC、AVC 和快速励磁系统等，并通过使用先进的监控、控制和优化算法，更有效地管理和调度能量流动，形成一揽子系统集成及核电配储整体级调控策略，以有效应对煤电机组有序减少带来的转动惯量下降和频率、电压支撑能力减弱等安全风险。

四是加快推动混合储能技术研发及示范应用。开展多元化核电配储项目及相关技术试验示范，加强统筹耦合反应堆侧、汽机侧及核电厂整体能源供应侧，实现联合调峰能力提升等的可行性研究，以及通过对混合储能技术提升储能系统的潜力及其对系统总体安全性影响进行分析，开展混合储能系统的设计、安装和运行等相关标准研究，推动混合储能系统在核电配储中的应用。

五是开展核储协调发展下的核电机组灵活性的提升工作。核电灵活性提升是一个复杂的系统工程。虽然实践表明福清核电机组各项调峰活动总体安全，但对核电多个系统和设备都会产生影响，压水堆主要系统包括反应堆冷却剂系统、化学和容积控制系统、反应堆硼和水补给系统、硼回收系统、废液处理系统及棒控系统等，要进一步改进优化这些系统和设备。

六是为适应核电多用途发展需求，建议依据核能多元化低碳能源产品及服务要求及测算方法，加强开展相关技术创新，助力碳减排。包括更灵活精准的堆芯控制系统、核—电—热耦合用能采集与分配系统、更灵敏的监测与控制设备、适应灵活用能变化的关键设备与部件等。此外，核—电—热耦合的核反应特性、电力特性、热力学特性与控制需要通过建模与仿真，实现核—电—热多场景耦合的协同控制、协同运维和协同应急响应等。

第一作者简介

苟峰，中国核电发展中心副主任，长期从事核电管理工作，曾在核电发展规划、核电国产化政策、核电标准建设和核电安全管理等领域主持、参与过多个重要课题研究。

主要执笔人：中国核电发展中心苟峰。课题其他参与人：中核工程咨询有限公司汪永平、田铮、张萌。此外，参加本研究工作的主要单位和个人：中核咨询（赵一兵、欧阳钦、蒙延泰、张际斌、陈洪涛、方涛、刘昊哲等）；中国核电（罗杨、曾斌、阮鑫等）；中核工程（范黎、齐索妮等）；中核八所（战仕全、苏明星、沈伟、陆伟国等）；核动力院（赵海江、昝元锋、赵二雷、唐吴宇等）；原子能院（周培德、阿热爱·努尔兰等）；中核基金（戴瑜铭、张凯等）；中国电力工程顾问集团有限公司（李伟、郑永恒、周祺雯、赵立东等）；中能建（陈北嶺等）；三峡科技有限责任公司（吴瑞鹏、谢伟、张宝平、贾宏晶等）；中国兵器亚大集团（郭小宝、吴源、赵峰等）；宁德时代（刘毅、黄康桥、周灵刚、吉盼龙等）；恩时能源（刘苏林等）；南京工业大学（潘旭海、汪志雷等）；尚中咨询（姚景涛等）；深圳海雷（陈京才等）。

金融支持核工业企业科技创新的政策分析及有关建议

高　青　王恺祺　闫丽蓉
（中核战略规划研究总院）

摘　要：当前，国际形势复杂多变，科技创新已成为大国博弈的主战场。核工业是高科技战略产业，加快推进核科技创新对全面建设社会主义现代化国家、全面推进中华民族伟大复兴意义重大。随着我国对科技创新的高度重视，相关科技政策不断出台，金融与科技的有机融合将成为加速科技创新的重要引擎。本文从金融资源如何支撑核工业企业科技创新角度出发，解读近期出台的相关政策并提出对策建议，以期为核工业企业利用金融政策加快科技创新提供决策支持，助推培育和发展新质生产力，实现核工业强国建设。

关键词：科技创新；金融支撑；政策解读

一、引言

2022年10月25日，科技部印发《“十四五”技术要素市场专项规划》（以下简称“《规划》”），明确提出健全科技成果产权制度、强化高质量科技成果供给、建设高标准技术要素市场、提升技术要素市场专业化服务效能、促进技术要素与其他要素融合、加快技术要素跨境流动六大重点任务，对于加快技术要素市场发展具有重要意义。2022 年 11 月 11 日，中国证监会、国务院国资委联合发布《关于支持中央企业发行科技创新公司债券的通知》（以下简称“《通知 1》”），提出进一步健全资本市场服务科技创新的支持机制，发挥中央企业科技创新的引领示范作用，引导各类金融资源加快向科技创新领域聚集。2024 年 1 月 12 日，国家金融监督管理总局发布《关于加强科技型企业全生命周期金融服务的通知》（以下简称“《通知 2》”），提出把更多金融资源用于促进科技创新，不断提升金融支持科技型企业质效，推动创新链产业链资金链人才链深度融合，促进“科技—产业—金融”良性循环。本文从金融资源如何支撑科技创新的视角出发，解读近期出台的新政策，并结合核工业企业特点提出相关对策建议，对于我国核工业加快创新发展、培育和发展新质生产力具有重要意义。

二、相关政策解读

以金融资源支撑科技创新为出发点，对《规划》《通知 1》《通知 2》中相关政策内容进行归纳、总结，提炼出四个方面的重点内容，包括鼓励符合条件的企业发行科技创新公司债券、加强科技型企业全生命周期金融服务、拓展科技成果资本化方式和渠道、优化金融服务科技创新的体制机制。具体内容见表 1。

表 1　政策重点内容一览表

文件名称	重点内容	具体内容
《关于支持中央企业发行科技创新公司债券的通知》证监发〔2022〕80 号	鼓励符合条件的企业发行科技创新公司债券	鼓励中央企业发行中长期科技创新公司债券，增强融资工具与科技创新活动的适配性
		鼓励央企子公司发行科技创新公司债券
		可探索利用资产担保、无形资产质押或者由中央企业集团提供外部增信等方式发行科技创新债券
		支持中央企业积极发挥产业链“核心”企业作用，借助科技创新公司债券等融资工具汇聚资金，通过权益出资、供应链金融等方式，支持上下游符合国家战略、有技术优势、有发展潜力的中小企业创新发展

续表

文件名称	重点内容	具体内容
《关于支持中央企业发行科技创新公司债券的通知》证监发〔2022〕80 号	加大对成长期、成熟期科技企业的投入	重点支持新型基础设施项目发行 REITs，鼓励回收资金用于科技创新领域投资，拓宽增量资金来源，完善科技创新融资支持
		加大中央企业科技创新考核支持力度，引导中央企业加大对基础研究和应用基础研究的投入
《“十四五”技术要素市场专项规划》	加大初创期科技企业的投入	引导投资机构投早、投小，加强对种子期、初创期科技企业的支持。探索“投资 + 孵化”模式，鼓励创新创业载体设立天使投资基金
		支持企业更多承担科研任务，激励企业加大研发投入，提高科技创新绩效
	拓展科技成果资本化方式和渠道	促进技术要素与资本要素融合，鼓励科技金融产品创新，通过采用知识价值信用贷款、预期收益质押、知识产权证券化、科技保险等方式，推动科技成果资本化
		支持中国技术交易所、上海技术交易所、深圳证券交易所建设国家知识产权和科技成果产权交易机构，在全国该范围内开展知识产权转让、许可等运营服务，鼓励各类科技成果特别是财政资金资助形成的科技成果进场交易
	优化金融服务科技创新的体制机制	支持金融机构设立专业化科技金融分支机构，丰富投贷联动等融资服务模式，加大对成果转化和创新创业人才的金融支持力度。鼓励知识产权服务机构等拓展技术转移功能，提升技术转移服务能力
		探索构建项目、平台、人才、资金等全要素一体化配置的创新服务体系。支持企业更多承担科研任务，提高科技创新绩效。优化项目管理制度，强化需求牵引、目标引领、成果导向
《关于加强科技型企业全生命周期金融服务的通知》金发〔2024〕2 号	加强科技型企业全生命周期金融服务	在防控风险的基础上加大初创期科技型企业信用贷款投放力度，努力提升科技型企业“首贷率”。规范银行与外部投资机构合作，积极探索“贷款 + 外部直投”等业务模式
		丰富成长期科技型企业融资模式。鼓励拓宽抵质押担保范围，加快发展知识产权质押融资，规范发展供应链金融。支持保险机构开发科技成果转化费用损失保险等险种，优化“三首”保险运行机制
		提升成熟期科技型企业金融服务适配性。鼓励通过并购贷款支持企业市场化兼并重组。支持保险机构通过共保体、大型商业保险和统括保单等形式，提供综合性保险解决方案

续表

文件名称	重点内容	具体内容
《关于加强科技型企业全生命周期金融服务的通知》金发〔2024〕2号	拓展科技成果资本化方式和渠道	成长期科技型企业可拓宽抵质押担保范围，加快发展知识产权质押融资，探索基于技术交易合同的融资服务模式
	优化金融服务科技创新的体制机制	做实专门机构，鼓励银行保险机构在科技资源集聚的地区，规范建设科技金融专业或特色分支机构，专注做好科技型企业金融服务

三、核工业企业金融支持科技创新存在的不足

核工业是高科技战略产业，产业链链条长，上下游企业间关联紧密，且涉及广泛的学科领域，集成大量高端技术。在科技创新发展过程中，金融支持科技创新仍存在以下不足：

一是产业链、创新链、金融链有待深度融合。产业链与创新链缺乏有效衔接和互动，科研创新成果难以迅速转化为实际生产力。同时创新链与金融链有待深度融合，由于外部金融机构对核工业了解不足，难以提供针对性的金融服务，导致资金难以有效流入科技创新领域。二是科技创新活动早期研究投入不足。核工业企业早期研究阶段往往需要大量长期资金投入，但由于风险高、回报周期长，难以获得足够的资金支持。三是基础研究资金投入不足。核工业企业在科技创新中，更注重应用研究和产品开发，对基础研究的投入比例较低，导致科技创新的源头不足。同时，基础研究资金来源主要依赖于政府投入，但政府投入有限，难以满足日益增长的基础研究需求。四是科技成果资本化方式有限。核工业企业在科技成果资本化过程中，缺乏创新性的资本化方式，如知识产权证券化、科技保险等，限制了科技成果的融资能力。

四、核工业企业金融支持科技创新的对策建议

（一）发挥子企业科技创新的引领支撑作用

高科技企业通常整体研发周期较长，短时间内很难看到效益。从融资手段来看，股权融资一般会对公司的股本总额、成立年限、盈利能力有较高要求，债券融资相关要求更低（仅对资产有要求，对盈利能力要求也较低，最近三年平均可分配利润足以支付公司债券一年的利息即可），发行难度相对较小，更加匹配一些高科技企业。

核工业企业可以对子企业的科技创新活动研发周期、研发难度、融资需求和融资周期等因素进行梳理分类，进而匹配更加精准的融资工具，降低债务风险。对于因科技创新活动有债券发行需求的子企业，可适当放宽融资担保额度（如单户子企业融资担保额不得超过本企业净资产的 50%），提供融资类担保。

（二）推动核电产业链创新链深度融合

从产业链整体角度考虑，核工业企业业务规模庞大，主体业务几乎涉及全部核电产业链环节，具备成为核电产业链“链长”的条件基础。同时核电产业链链条长、上下游关联密切，涉及学科广、高端技术多。加大协同创新、依托创新链促进产业链升级，有利于更好实现核电产业创新发展。

核工业企业应梳理核电产业链的各个环节及主要供应商，找准产业链各环节中的堵点、难点、断点、卡点。对于更适合由高科技民营企业研发的“关键技术”或解决的“痛点问题”，当获得融资之后，可通过股权投资、供应链金融，将资金转移到这部分民营企业身上，加强此类企业的科技创新研发能力，进一步形成合力突破瓶颈，提升核电产业链基础能力，推动产业链创新链深度融合。

（三）引导内部资金投入科技创新活动早期

在科技创新资本投入方面，根据最新政策要求，核工业企业应鼓励内部投资机

构投科、投小、投早、投长，为早期科技企业股权融资提供长期资本。同时，对科研创新活动的不同阶段采取差异化的金融支持方式，例如设立天使投资基金、风险投资基金、科创基金和产业投资基金等，分散投资风险，确保可持续性。此外，应大力支持子企业申报符合条件的项目开展基础设施 REITs 试点，将回收资金用于科技创新领域投资，如投资企业内部具备科技创新能力或已经有一定技术成果的中小企业，更好解决科创中小企业在生命周期前段的资金来源难题。

（四）激励科研类企业加大核原创技术基础研发投入

核工业企业内部科研院所是企业科技创新的主力军，承担了企业大部分的科技研究工作，基础研究和应用研究支出占企业基础研究和应用研究总支出的比重超过 70%，涵盖了核科技几乎所有技术专业，形成了覆盖几乎全部核科技创新的研究能力。

核工业企业应支持内部科研院所及相关科研类子企业承担更多科研任务，加大基础研究和应用研究的研发投入。对于子企业自主投入，一方面加大对其科技创新考核的支持力度，如考核创新绩效和创新投入指标；另一方面在计算子企业年度净利润、经济增加值等经济效益指标考核时，可以将研发投入视同利润加回。对承担国家和企业级关键核心技术攻关、原创性引领性技术攻关和基础研究等任务的投入，可以进一步提高加回比例。

（五）借助金融市场，探索多元科技成果资本化方式

近几年核工业企业基础研究和应用研究形成的科技成果数量和质量，如科研论文发表、申请专利、授权有效专利和国内注册商标等，稳步提升。

核工业企业应鼓励有融资需求的科技成果持有方对科技成果进行分类管理，精准匹配多元融资工具，推动科技成果资本化、产业化，实现科技成果资本价值，提升科技成果绩效。对于知识产权类科技成果，可通过知识产权质押、知识产权证券化等方式进行融资；对于已经签订技术交易合同的科技成果，可通过技术交易信用

贷、预期收益质押等方式进行融资；对于具有一定创新能力的子企业，可采取知识价值信用贷款等方式进行融资；对于科技实力较强，市场认可度较高的子企业，可加快对接科创板、创业板等多层次资本市场，用好用足资本市场工具和上市平台，打通科技成果向生产力转化的“最后一公里”，全面提升发展水平。

（六）对接科交中心，拓宽科技成果资本化渠道

2022 年 11 月 8 日，深交所科技成果与知识产权交易中心成立，主要开展技术交易和技术对接资本两大类业务，打通科技成果展示、评估、交易和投融资对接等关键环节，为科技成果转移转化提供一站式服务。

核工业企业可通过与相关科交中心签订战略合作协议，对接外部金融机构或技术需求单位，并深化合作，通过技术转移（许可、转让或投资等）、技术资本化（知识产权证券化、预期收益质押等）多种方式，实现科技成果资本价值。

（七）设立内部科技金融机构，打造资本技术联通平台

核工业企业可推动内部产业金融服务单位联合知识产权服务单位，探索设立企业内部专业化科技金融服务机构，以促进成果转化为重点，充分发挥资本市场优势，打造连接企业内部技术市场和外部资本市场的综合服务平台。其中，知识产权服务单位在现有职能的基础上，拓展技术转移功能，主要侧重科技成果产权界定、价值发掘；专业化科技金融分支机构主要侧重科技成果与外部资本供需对接，通过创新科技金融产品，助推核工业企业科技成果资本化。

（八）构建全要素一体化创新服务体系，强化保障能力

针对重大战略项目、重点产业链和创新链，核工业企业应加快实施创新资源协同配置，统筹构建项目、平台、人才、资金全要素一体化创新服务体系。在项目管理方面，强化源头管理，鼓励各牵头企业在项目立项时坚持成果导向，保持创新绩效意识，明确预期的科技成果转化方式。在平台建设方面，着力打通项目管理平台和

科技成果转化平台，实现数据和信息的有效实时联动。在人才管理方面，统筹构建各重点领域关键人才库，打通各产业间高层次人才流动渠道。在资金支持方面，除财政拨款、企业集中研发投入外，项目牵头单位应加强与金融机构的沟通合作，通过科创债、科创票等方式撬动更多市场资金支持。

第一作者简介

高青，中核战略规划研究总院有限公司管理所助理研究员，中国矿业大学（北京）管理科学与工程专业管理学博士，现从事财务管理、企业金融等研究。

“风光火核储”一体化发展

郭天超　孔祥飞　李言瑞
（中核战略规划研究总院）

摘　要：在各类能源电力中，核电是最稳定可靠和对地理条件依赖较小的清洁低碳电力，这些特点决定了其在我国新型电力系统构建中，必将发挥独特的至关重要的作用。新型电力系统下，煤电将逐步向基础保障性和调节性电源并重转型，并最终完全转型为系统调节电源，其基础保障性功能将逐步由核电补位。在未来的新型电力系统中，风电光伏将成为主体电源，核电成为必不可少的基础保障性电源，火电、水电将作为系统调节电源，多能协同互补，共同构建清洁低碳、安全高效的新型电力系统。在核电占比较高地区，核电还可通过热电联供、电氢联供，以及配套储能等形式，实现出力调节，发挥一定的系统调节作用，从而与风电、光伏形成一体化协同发电。我国应加快启动内陆核电建设，以充分发挥其对我国新型电力系统建设的重要支撑作用，助力我国“双碳”目标顺利实现。

关键词：核电；新能源；风光核火储一体化；核能综合利用

2023年9月7日，习近平总书记在新时代推动东北全面振兴座谈会上指出“加快发展风电、光电、核电等清洁能源，建设风光火核储一体化能源基地”。党的二十大报告强调“要积极稳妥推进碳达峰碳中和，深入推进能源革命，加快规划建设新型能源体系”。这为新时代我国能源电力高质量跃升式发展指明了前进方向，提出了更高要求。清洁低碳是构建新型电力系统的核心目标，非化石能源电力将逐步发展为电力系统容量主体和电量主体，化石能源电力将逐步向调节支撑电源转型。由于各类电力具有不同特点，在新型电力系统建设中将发挥不同的作用，未来我国将形成风、光、核、火（+CCUS)、水、储等多能协同互补发展的新型电力结构。

一、核能支撑新型电力系统建设

核电是近零碳能源，是支撑全球“碳中和”目标实现的不可或缺的重要能源。“碳中和”目标下，全球加快核能发展。2023 年 12 月，在第 28 届联合国气候变化大会（COP28）上，包括美国、英国、法国、日本和韩国等在内的 22 个国家联合发布《三倍核能宣言》：到 2050 年全球核能装机达到目前的三倍。2023 年，我国核能产业发展再上新台阶，在运在建机组合计达 8 733 万千瓦，核电发电量 4 334 亿千瓦时，均位居全球第二。如图 1 所示，核电设备利用小时数继续保持高位，商运核电机组运行安全状况保持全球最高水平，核能综合利用的场景不断拓展，核能助力实现“双碳”目标作用不断凸显。

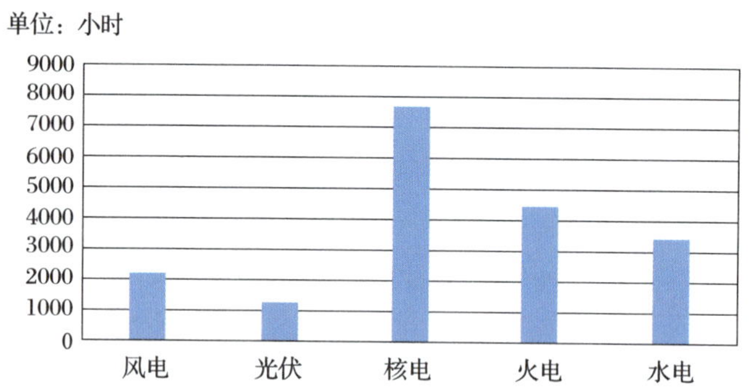

图 1　2023 年我国“风光核火水电”各类电力年上网小时数

（一）核电对电力系统减碳的重要作用

核电对我国新型电力系统构建具有至关重要的作用。一方面，核电是近零碳电力，对我国电力系统脱碳具有重要支撑作用。根据联合国欧洲经济委员会《全生命周期发电选择》的报告数据，一台百万千瓦核电机组全生命周期碳排放量只有 11.9 g/kWh，而没有碳捕捉的燃煤发电为 1 023 g/kWh，天然气发电为 434 g/kWh，光伏为 30 g/kWh，风能发电为 10 g/kWh。核电的碳排放量接近于风电，优于光伏。另一方面，核电是稳定可靠电源，新型电力系统下对保障我国电力稳定供应、降低电力系统建设成本具有重要意义。新型电力系统下，风电、光伏将成为容量主体和电量主体，多个研究机构预测到 2060 年，风电和光伏装机将占到我国电力总装机的 70% ~ 80% 以上。但由于风电、光伏的间歇性和波动性，其有效容量仅约为装机容量的 5% 左右。2022 年迎峰度夏期间，华北地区晚高峰风电的出力只占到装机的 4.4%，华东地区更仅占 1%。为保障极端气候条件下电力安全稳定供应，在建设风电光伏的同时，需要同步配建大量的调节电源，这将产生极大的系统性成本。而核电装机有效容量接近 100%，新型电力系统中建设一定比例的核电，对减少调节电源建设、降低电力系统成本、保障电力稳定供应极为重要。

（二）核电与其他电力的互补协同性

“双碳”目标下，化石能源消费比重将逐步减小。当前到 2030 年，是新型电力系统加速转型期，煤电的利用方向将向调节性电源转变。煤电机组通过节能降碳改造、供热改造和灵活性改造“三改联动”，实现向清洁、高效、灵活转型。2045 年到 2060 年，是新型电力系统的巩固完善期，煤电等传统电源则主要作为系统调节性电源，提供应急保障和备用容量，支撑电网安全稳定运行。在煤电向调节性电源转型过程中，核电将逐步补位煤电的基础保障性电源功能，作为新的电力“压舱石”的功能定位开始凸显。因此，未来在新型电力系统加速转型和完善期，核电逐步成为基础保障性电源，风电光伏成为电量主体，火电、水电将作为系统调节性电源，多能协同互补，共同构建清洁低碳、安全高效的新型电力系统。

二、“核风光储”互补，打造区域一体化发电系统

当前我国核电主要布局在沿海地区，在沿海省份发电占比逐年提升。如图2所示，2023年，核电在福建省发电占比达到27.3%，在广东省发电量占比为17.6%，在浙江省发电占比为17.5%。“双碳”目标下，核电核准节奏进入常态化加速期，与此同时，煤电项目审批节奏将减缓，因此，未来核电在沿海发电占比还会持续上升，其对煤电基础保障功能的补位替代作用也将快速凸显，沿海地区以“风光核储”联合电力保供的机制很可能成为一种重要趋势。

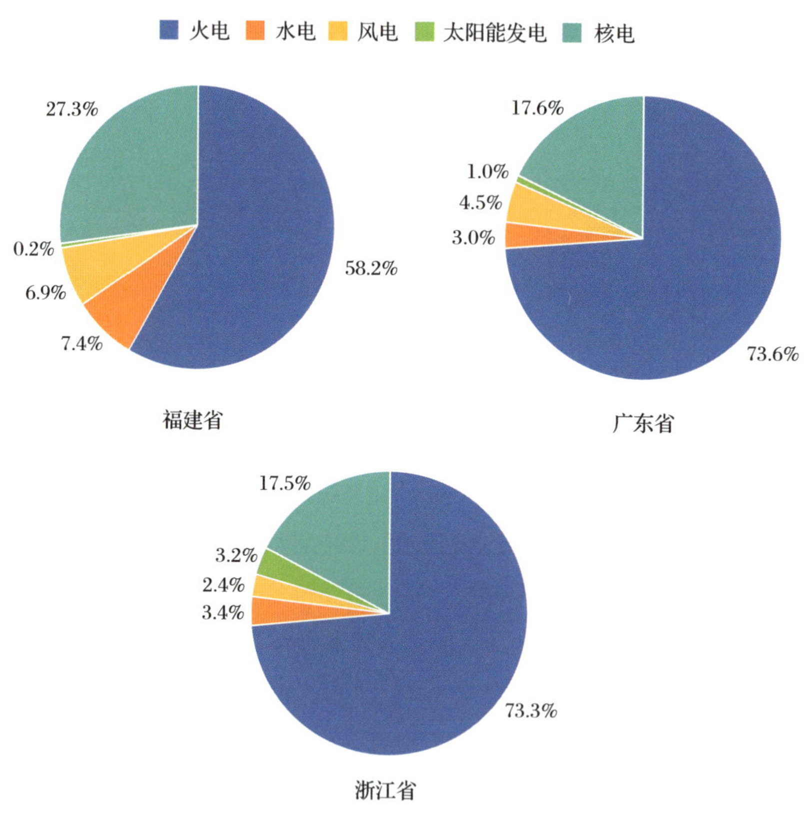

图2　福建、广东、浙江三省火水风光核发电占比

核电除生产电力外，还可以实现供热、制氢和海水淡化等多场景综合应用，为我国能源结构低碳转型提供全面、重要支撑。未来，核能将通过多场景应用，在不同利用形式之间转换，发挥出力调节作用。因此，在“核风光储”一体化发电系统中，核电不仅发挥基础保障性电源功能，在具备技术和经济可行性条件下，还可通过发展调峰能力，发挥一定的系统调节功能，与风电、光伏形成较为稳定的一体化发电系统。

（一）通过改变核电机组出力进行系统调峰的可行性较差

核电作为最突出的低碳 / 零碳电力之一，通过改变机组出力参与调峰，为其他低碳 / 零碳电力腾出上网空间无实际意义，可能还会徒增系统成本。核电的换料周期相对固定，一般是连续运行 12 个月或 18 个月换一次料。在这个周期中，无论机组满发、降功率运行或停机备用，到期后都要更换核燃料。这意味着如果核电参与调峰，其调减即少发电量的成本也已经完全发生，这部分电量的边际成本为零。由于核电也是近零碳电源，选择核电降功率参与调峰，放弃掉一部分边际成本为零的清洁零碳电量，以保障其他电力的出力，无论从电力系统降碳还是降成本上来说，都显得得不偿失。此外，核电机组功率频繁变化会增加压力容器及其他结构材料的热疲劳、运动设备部件磨损等。频繁使用控制棒升降负荷，并且在不同燃耗状态下进行，增加了操作繁杂性，这些均会增加潜在的安全风险。

不过，核电可以通过合理安排机组大修时间，适应季节性调峰需求。参考国外经验，法国作为世界上核电装机比例最大的国家，其电网负荷特性起伏相对较大。即使其 58 台核电机组大部分均具有日负荷跟踪的调峰能力，但基于经济性和安全性方面考虑，改变核电出力仍不被作为系统调峰的主要手段，而是优先调节煤、气、水电。法国核电主要通过合理安排大修组合方式，参与季节性调峰。如在每年用电负荷最大的1 ~ 2月，只安排2 ~ 5台机组进行大修，而在用电负较小的6 ~ 8月，会安排 10 ~ 12 台机组大修。

（二）通过电热氢联供或配套储能将是实现核电调节支撑功能的主要模式

1. 通过热电联产和电氢联供可以有效发挥调节支撑作用

2023 年 12 月，石岛湾高温气冷堆核电厂在完成 168 小时连续运行考验后，正式投入商业运行。高温气冷堆可产生 700 ~ 950℃高温，因此可应用于发电、供热和制氢等场景，并可实现热电联供或电氢联供。通过热电联供或电氢联供，可实现在电与热或氢之间进行出力调节，从而达到调峰的目的。

目前，沿海地区石化行业清洁低碳用热需求越来越迫切，核电正加大核能供热系统的建设或改造。核能供热主要是从二回路抽取蒸汽作为热源，经过多级换热，然后经工业用汽管道将热传输给石化产业基地。核能供热实现了在反应堆热功率与发电功率 + 供热功率之间的运行控制，具有一定的在发电与供热之间调节转换的能力。

与供热相比，由于氢气易于存储，采用电氢联供能够实现在发电与制氢之间更为灵活的调节，对调峰响应能力更强，因此将是更为有效的调节方式。目前，高温气冷堆制氢技术，如“核能 + 热化学循环”“核能 + 高温固体氧化物电解水”等尚处于实验室研发或验证阶段，预计 2030 年以后能够实现产业化应用，核能的调峰能力随之会有跃升式提升。

2. 通过合理补偿机制，核电采用配套储能的方式可以有效发挥调峰支撑作用

国家发展改革委、国家能源局于 2021 年 11 月发布了《全国煤电机组改造升级实施方案》，要求存量煤电机组进行灵活性改造。现有煤电机组受限于锅炉调峰深度有限等问题，如果进行频繁和大幅度调节，一方面会影响项目合理收益，另一方面会降低煤电机组使用寿命。为提高可实施性，各能源央企纷纷试水熔盐储热技术来进行煤电灵活性改造。与煤电机组类似，核电机组若想具备灵活性调节能力，也可探索与熔盐储热技术的结合。熔盐储热技术通过在锅炉或反应堆与汽轮机之间嵌入大容量高温熔盐储热系统，调节进入汽轮机的蒸汽量，增强煤电和核电调峰能力，甚至实现深度调峰。储热技术不仅可以增强调峰能力，还可作为供热转

换装置,使核电厂具备供热能力。但熔盐储热主要应用于高温领域,如快中子反应堆、钍基熔盐堆和高温气冷堆等蒸汽输出温度在 500 ℃以上的堆型,对于中低温的压水堆,则可结合其他机械储能或电化学储能,增强调峰能力。

核电厂采用储能技术,增加了系统成本,需要具体分析需求,在具备较强必要性时采用。同时,国家应制定核电调峰补偿政策,以保障核电的合理收益和开展储能调峰的积极性。

三、中核集团核风光储一体化实践

中核集团田湾核电站以核电为基,以太阳能、风能、氢能、储能为辅,积极推动核能综合利用;以电力、热力、氢气和供暖等为重点媒介,打造核电为主体能源、多能互补的零碳能源体系,为全球零碳化治理提供综合能源供应解决方案。

核能发电:田湾核电基地位于江苏省连云港市连云区,规划建设 8 台机组,目前 1 ~ 6 号机组在运,每年约发出超 500 亿度清洁低碳电量。全面建成后总装机容量超 900 万千瓦,每年可提供清洁低碳电力超 700 亿千瓦时。

核能供热:为落实国家“绿色低碳”能源发展战略和江苏省“煤炭消费减量替代”工作方案的要求,田湾核电和徐圩新区共同主导推进以核能供汽替代传统燃煤机组。徐圩新区位于田湾核电站西南部,是沿海地区规划建设的七大石化产业基地之一。2022 年 2 月,徐圩新区核能供热项目作为国内首个工业用途核能供汽工程开工建设,并于 2023 年年底全部建成,2024 年 6 月正式投产。该项目每年为连云港徐圩新区石化基地提供 480 万吨蒸汽,相当于每年减少燃烧标准煤 40 万吨。

滩涂光伏 + 储能:2022 年 9 月,田湾核电 200 万千瓦滩涂光伏项目的陆上升压站及储能项目开工,位于田湾核电温排水区域和附近滩涂(约 36 000 亩)区域。光伏总装机 200 万千瓦,并配置储能 200 MW/400 MWh。项目将成为全球首个核光储多能互补项目及全球最大的海上光伏电站。

抽水蓄能:目前,田湾核电正加大与连云港抽水蓄能电站项目的结合,未来建成后与核电、风光电形成一体化运行。抽水蓄能将为核电、风光电提供调节支撑,保障电力输出的稳定性及与负荷的匹配性。

氢能：田湾核电基地后续还计划推进氢能示范项目，采用核电和光伏联合电解水制氢方式。

秦山、福清、三门等核电厂也在陆续推进“核风光储”等多能互补发展。

四、结论和建议

在各类能源电力中，核电是最稳定可靠和对地理条件依赖较小的清洁低碳电力，这些特点决定了其在我国新型电力系统构建中，必将发挥独特的至关重要的作用。对于电力系统建设来说，核电唯一的不足，即调峰能力弱，也可通过一些特有的开发模式进行弥补。综上所述，对我国核电发展和“风光核火水储”互补协同的新型电力系统建设，提出以下措施建议。

（一）加快启动内陆核电开发

目前，我国核电主要在沿海布局，在全国各地电力系统都面临清洁低碳基荷电源短缺的情况下，核电全部布局在沿海，区域布局极不合理，电网整体安全稳定性得不到有力保障。我国三代核电“华龙一号”已经实现了从设计上“实际消除大量放射性物质释放”的安全目标，在安全上已经达到了全球最高标准，实现了针对各类不同严重程度的事故都有充分可靠的安全措施。我国最新推出的四代核电已经实现了固有安全性，即在丧失所有冷却能力的情况下，不采取任何干预措施，反应堆都能保持安全状态。因此，在内陆发展核电，技术、安全上已无任何障碍。

（二）加强对沿海核能多用途项目的推进

“双碳”目标下，我国开始从能耗双控向碳排放双控转变，沿海石化基地等高耗能行业对绿热、绿氢的需求日益迫切，因此，在发展核电的同时，开发核能供热、制氢项目及电热氢联供项目，具有较强的必要性和可行性。发展核能多用途项目，可以在电、热、氢之间进行出力转换，在更好地满足沿海高耗能行业用能需求情况下，还可承担电力调峰功能，实现核风光一体化发展，从而发挥更大的经济社会效益。目前，核能制氢还存在一些关键制约技术需要研发攻关，国家可加强对核能制氢重大科研项目的支持力度，以推进核能制氢技术尽快成熟，跟上石化、钢铁等行业低碳转型需求。

（三）注重以合理补偿机制推进核电配套储能项目

除热电联供、电氢联供外，核电还可以通过配套储能的方式实现调峰，但这种方式会造成额外的成本。根据核电项目特点，比较合理的配套储能技术是熔盐储热技术，即进行抽汽蓄热，但也可根据具体情景，采用电化学储能等方式。实施储能项目所增加的成本，可采取以辅助服务费或容量电价等形式予以相应补偿，以保障项目具备合理的投资回报，并保障“核风光储”一体化项目的可持续发展。未来可通过示范项目的实施，指导完善相关政策。

第一作者简介

郭天超，中核战略规划研究总院高级工程师，长期从事新能源产业发展研究。近年来，先后在国内核心期刊发表《“碳中和”目标下核能积极有序发展策略研究》《西北地区新能源投资策略分析》等论文。

核能发展与铀资源保障的思考

刘洪军　白云生　王一涵
（中核战略规划研究总院）

摘　要: 当前，全球正在共同应对气候变化挑战，能源的生产和消费方式正深刻改变，核能作为一种低碳、高效的能源，将在未来的能源结构中扮演重要角色。随着全球核电规模化发展，对天然铀的需求将大幅增长。本文重点梳理了全球核能发展现状与未来的发展趋势，并根据核能发展需求对天然铀的供需情况、价格及供应渠道进行了分析，并在此基础上提出了关于核能发展所需铀资源保障的几点思考。

关键词: 核能；核电；铀资源；供需

随着全球气候变化问题日益严重，各国政府积极寻求低碳能源替代方案，以减少碳排放。2023 年 12 月 2 日，第 28 届联合国气候变化大会（COP28）期间，22 个国家（美国、英国、法国、日本和韩国等）发起《三倍核能宣言》，提出核能是世界第二大清洁可调度的低碳能源，未来如果核能减少，实现净零目标将更加困难和昂贵，22 国表示共同努力推动到 2050 年全球核电装机容量增长至 2020 年的三倍。因此，在当前全球核能强劲复苏势头下，随着核能的发展，全球铀资源的供需现状必将发生深刻变化。

一、全球核能发展现状与展望

（一）全球核能发展现状

1. 在运和在建机组情况

截至2023年年底，全球31个国家和地区在运核电机组共413台，总装机容量3.71亿千瓦，并有17个国家在建57座核电机组，在建装机容量0.59亿千瓦，在建机组主要位于亚洲地区且保持较快增长态势。压水堆是当前的主流堆型，在过去10年压水堆占新建核电项目的94%左右。

2. 核能发电量

自2011年以来，全球核电装机容量和发电量逐年增加，核电正逐渐走出福岛核事故的阴影。但是，在全球电力结构中，核电占比呈下降趋势。全球核电占比在1996年达到17.5%的最大值，之后一直下降到2022年的9.2%。核电占比下滑的主要原因是一方面全球新建核电机组相对较少，且核电不能保证多发满发；另一方面新能源市场发展迅速，装机总量大幅提升。

3. 全球核能发展趋势及铀资源需求

全球绝大多数拥有核电厂的国家都已确认、恢复或扩大其核电发展计划，越来越多的国家认识到，核电作为一种技术成熟可靠的低碳能源，是当前有效缓解气候变化影响，并提供稳定电力的重要选项。国际核能机构对全球核电装机预测普遍持乐观态度，世界核协会（WNA）最新预测结果认为，到2040年，全球核电装机低情景下将达到486 GW，中等情景下将达到686 GW，而高情景下，全球核电装机将达到931 GW；国际原子能机构（IAEA）与经合组织核能署（OECD/NEA）发布最新版铀红皮书《2022年铀：资源、生产和需求》认为，到2040年，全球核电装机将达到392 GW，高情景下将达到677 GW。

如果按照WNA中情景下核电发展预测，到2030年、2035年、2040年全球核电装机容量为443 GW、543 GW、686 GW，假设全球核电装机全部按照热堆发展，则对应的天然铀年需求量分别约为8.4万吨铀、10.6万吨铀、13万吨铀，如表1

所示。另外，若按照《三倍核能宣言》的目标，2050 年全球核电总装机量将达到 1 179 GW，对应天然铀的年需求量约为 21.2 万吨铀。

表 1　WNA 预测不同情景下核核电发展与天然铀需求预测

		2030 年	2035 年	2040 年
低情景	装机容量 /GW	409	439	486
	铀需求量 / 万吨铀	7.1	8	8.69
中情景	装机容量 /GW	443	543	686
	铀需求量 / 万吨铀	8.4	10.6	13
高情景	装机容量 /GW	490	669	931
	铀需求量 / 万吨铀	10.1	14.2	18.4

（二）中国核能发展

1. 中国核电发展基本情况

截至 2023 年年底，中国在运核电机组 55 台，总装机容量 5 703 万千瓦，分布在沿海 8 个省份，自北向南依次是辽宁、山东、江苏、浙江、福建、广东、广西、海南。2023 年，中国核电机组累计发电量 4 333.7 亿千瓦，同比增加 2.52%，约占全国总发电量的 4.98%。在建机组 25 台，总装机容量 2 849 万千瓦，为全球第一。中国在运机组数量和装机容量方面都仅次于美国和法国，但基于中国是全球最大的电力消费国，社会用电量基数大，2023 年核电发电量在全国在电力结构中的比例相对较低，不到 5%，与发达国家和世界平均水平有较大差距。

2. 中国核电发展趋势及铀资源需求

我国二氧化碳排放力争于 2030 年前达到峰值，努力争取 2060 年前实现“碳中和”的重要宣示，是中国政府统筹国内国际两个大局深思熟虑作出的重大战略决策，是一场广泛而深刻的经济社会系统性变革，是对世界负责任的庄严承诺，事关中华民族永续发展和构建人类命运共同体。积极安全有序发展核电、加快规划建设新型能源体系是中国实现“双碳”目标的重要内涵。根据“双碳”目标及国内相关机构对中国核电发展预测，中国核电装机未来将有明显增长。若 1 台百万千瓦级压水堆机组对天然铀的年需求按照 180 t 计算，假定中国在 2040 年核电装机容量分别达到 2 亿千瓦，且假设全部为热堆，则对应的天然铀当年需求约为 3.6 万吨铀。

二、全球铀资源供应与特点

（一）全球铀资源供应

1. 铀资源总量及分布

根据铀红皮书统计，截至 2021 年 1 月，全球开采成本低于 100 美元 / 磅的已查明可回收铀资源量约为 791.7 万吨铀，相比于 2019 年版红皮书，开采成本低于 50 美元 / 磅的资源总量降低 1.1%，成本低于 30 美元 / 磅的资源总量减少 0.8%，成本低于 15 美元 / 磅的资源总量降幅较大，下降 28.2%。全球已查明常规铀资源量前十的国家占全球铀资源量的 82.3%，我国铀资源量排名全球第九，如表 2 所示，占全球总量的 3.1%。全球待查明资源量（即预计资源和推测资源之和）约为 736.55 万吨铀，全球天然铀资源保有量总体呈现逐年增加态势，2021 年全球铀资源比 2019 年略微下降。可以看出，全球铀资源分布呈现极不均匀的特点，目前全球铀资源主要集中在中亚、澳大利亚、加拿大和非洲南部四块区域。全球已查明常规铀资源量前十的国家占全球铀资源量的 82.3%，全球已查明常规铀资源量前十三的国家占全球铀资源量的 88.1%，其余 11.9% 的铀资源分布在捷克、丹麦、美国、博茨瓦纳、坦桑尼亚、阿根廷、约旦和秘鲁等 42 个国家。并且，全球主要核电大国，例如美国、法国和日本等均为铀资源匮乏国家，而全球铀资源大国基本上并未发展核电，即天然铀供应国和需求国是分隔开来的。另外，非常规铀资源也是未来另一个重要供应来源，目前总量近 3 900 万吨铀。

2. 全球铀资源开发

2013—2022 年天然铀年产量保持超过 1 000 吨铀的国家有 8 个，包括哈萨克斯坦、加拿大、纳米比亚、澳大利亚、乌兹别克斯坦、俄罗斯、尼日尔和中国。2022

年，这 8 个国家的产量占比约 97.8%，仅哈萨克斯坦产量就占全球总产量的 43%。根据 WNA2023 年《世界核燃料报告》，2022 年全球天然铀总产量为 4.94 万吨铀，共有 15 个天然铀生产国，哈萨克斯坦继续保持自 2009 年以来的全球第一大天然铀生产国地位，产量为 2.12 万吨铀，加拿大和纳米比亚的产量分别为 7 351 吨铀和 5 613 吨铀，分居全球第二和第三位，前三大产铀国总产量占全球总产量的近 69.3%。

表 2　全球铀资源分布情况

国家	国际铀资源量占比/%	铀资源量/（吨铀，取整至 100 吨铀），占比/%							
		<15 美元/磅		<30 美元/磅		<50 美元/磅		<100 美元/磅	
		资源量	占比	资源量	占比	资源量	占比	资源量	占比
澳大利亚	24.8	—	—	—	—	1 684 100	27.7	1 959 800	24.8
哈萨克斯坦	11.0	502 000	64.7	732 100	36.8	815 200	13.4	874 700	11.0
加拿大	10.8	—	—	292 400	14.7	588 500	9.7	856 400	10.8
俄罗斯	8.3	—	—	35 000	1.8	480 900	7.9	656 900	8.3
纳米比亚	6.4	—	—	19 700	1.0	470 100	7.7	509 500	6.4
南非	5.7	—	—	228 000	11.5	320 900	5.3	447 700	5.7
尼日尔	5.9	—	—	14 600	0.7	311 100	5.1	468 000	5.9
巴西	3.5	138 100	17.8	229 400	11.5	276 800	4.6	276 800	3.5
中国	3.1	73 200	9.4	132 500	6.7	223 900	3.7	244 700	3.1
印度	2.8	—	—	—	—	—	—	220 900	2.8
乌克兰	2.3	—	—	71 800	3.6	107 200	1.8	185 400	2.3
蒙古	1.8	—	—	16 900	0.8	144 600	2.4	144 600	1.8
乌兹别克斯坦	1.7	52 100	6.7	52 100	2.6	131 300	2.2	131 300	1.7
其他国家	11.9	10 500	1.4	166 300	8.4	523 900	8.6	940 800	11.9
总计	100.0	775 900	9.8	1 990 800	25.1	6 078 500	76.8	7 917 500	100.0

3. 天然铀市场

2023 年天然铀总需求量预计约 6.7 万吨，世界天然铀年产量约 5 万吨。不足部分约 1.7 万吨，由各国的储备、高浓铀、尾料的再浓缩铀和 MOX 组件（二次供应）

补充解决。核电用户通过多元化渠道，采购来自中亚、非洲、俄罗斯、加拿大和澳大利亚地区的天然铀，除俄罗斯、加拿大、中国外，世界核电的发展基本上呈现“核电国家无资源，资源国家无核电”的特点，美国、英国和欧盟、日本、韩国等均为铀资源匮乏国家或保有经济可采资源严重不足；而全球铀资源大国核电发展规模很小，澳大利亚、哈萨克斯坦、纳米比亚、南非和尼日尔等国家没有发展核电。

4. 天然铀市场价格

自 1948 年天然铀市场交易以来，天然铀价格大致历经 3 个大的周期，前两轮每轮周期的持续年限大概为 25 ～ 30 年，其中第一轮周期大致为 1948—1972 年，第 2 轮周期为 1972—2000 年，第 3 轮周期为 2000 年至今。2005 年，各国积极制订核电发展计划，铀价启动上涨。2006—2007 年，金融机构投资进场采购天然铀，现货铀价飙升；2007 年，现货价格达到历史最高；2008 年，金融危机爆发，铀价断崖式下跌。2011 年，日本福岛核事故发生，全球铀供需迅速下跌，铀价持续低迷，2016 年触底 18 美元 / 磅。2022 年至今，在复杂国际形势和全球能源供应格局影响下，铀价持续上升，2024 年达到 106 美元 / 磅，随后 4 月回落至 90 美元 / 磅。

在世界各国优化能源结构及美国与俄罗斯的地缘政治冲突影响下，核电市场发展有力拉动天然铀需求，天然铀市场景气度大幅改善，由此带动铀矿投资增加，但项目投资或达产建设周期较长，这就导致全球天然铀会有 3 ～ 5 年的供需缺口期。但在 2024 年铀价重回 100 美元 / 磅的价格后，之前停产的高成本铀矿企业预计将积极重启项目，并在未来几年间贡献大部分的铀产量增长。预计在铀价的上涨背景下，2026—2027 年会有更多的新矿山投产，并预计全球铀矿产量在 3 ～ 5 年内将恢复到 6 万吨的水平。

（二）全球铀资源特点

一是铀资源具有能量密度极高、储运过程中对空间和条件要求低等特性。^{235}U 的能量密度大约是标准煤的 260 万倍，利用核能所带来的天然铀储存、运输的要求要比利用化石燃料低得多。

二是主要核电大国都进行天然铀储备。由于天然铀从勘探到形成新的产能需要一定周期（一般约 10 ~ 15 年），各核电国家往往保持一定量的铀储备以应对各种可能的风险和挑战，确保核能发电的可持续性和稳定性，同时提升国家的能源安全水平。

三是铀资源供应国和需求国在全球总体是分隔开来、错位的。世界主要核电国家发展核电不是以国内铀资源为前提，且大部分国家国内铀资源贫乏。欧盟、美国等国家近 5 年来天然铀国内产量几乎为零，而日本天然铀供应完全依靠国外资源，国内无天然铀产量。因此一个国家本国的铀资源保证程度不是发展核电的主要先决条件，更不应成为本国发展核电的制约因素。在遵守有关国际规则的前提下，完全可以充分利用国外铀资源，将国外铀资源视为国内准资源，使其能为我所用，保证长期稳定可靠的供应。

四是天然铀用途（户）单一，价格变化趋势与全球核电装机容量并无刚性联系。核能发电是天然铀唯一有价值的民用前景，而煤、石油和天然气等化石燃料同时也是宝贵的化工原料。世界各国对天然铀竞争利用的范围有限，占绝大多数的无核电国家是不会参与竞争的。

三、几点思考

核能的可持续发展需要铀资源作为支撑。自 20 世纪铀资源大量勘探以来，全球铀资源量总体呈上升趋势。核能的发展拉动了对天然铀的需求，也带动了全球范围内勘查活动的加强，价格的上升也使得可采资源量扩大；同时随着核燃料循环技术和能力的发展，天然铀可利用率将会提高，从而大大节省铀资源。

一是要用发展的观点来看铀资源供应保障的问题。根据铀红皮书 2009 年至今所公布的可回收资源量的变化趋势来看，资源总量从 630.63 万吨铀一直增长到 791.75 万吨铀，年均增长率约为 2%。从 2009 年到 2013 年，资源总量年均增长率约为 5%。在 20 世纪 80 年代，就有人提出全世界的石油还可以供人类使用大约 50 年，如今已过去 40 多年，我们依然在使用石油，并没有出现石油枯竭的困境，储量反而大幅增加。因此，未来随着需求量的增加及价格的回升，勘查经费或将会逐步恢复至之前水平，甚至更高，对应资源总量将稳步增长。从动态角度来看，即使按照现有资源量 1% 的年均增长率，在不动用现已探明资源量的前提下，新增资源量也基本能满足每年铀资源的消耗。铀矿勘查历史短，工作程度极不均匀，许多铀成矿有利地区的铀矿工作程度很低或完全未进行铀矿工作，具有很大的找矿空间和广阔的找矿前景。

二是在分析铀资源时，非常规资源量和二次供应也不容忽视。非常规铀资源，如北非含铀磷块岩的铀资源总量在 2 200 万吨以上，比利时和美国曾从其中提取过铀。虽然非常规铀资源提取成本高，但资源量十分巨大，随着提取工艺的改进，成本降低，比照天然铀市场价格后，非常规铀资源变为经济可采，则有可能成为未来铀资源供应的一大渠道。另外二次供应也会成为铀资源供应的一个有效渠道。

三是铀资源既是自然概念也是经济概念。铀资源数量的确定受技术、工程可行性和成本的影响很大，同时受铀价格的影响很大，铀矿边界品位（矿石中含天然铀百分比）成为划定铀资源的关键值。这些因素都是人为确定的概念，不能仅仅以今天的铀资源量来看今后 50 年甚至更长时期内的天然铀供应问题。考虑到铀资源从勘查到开采还需要一定时间，特定时期或特定地区仍有可能出现铀资源的供应紧张，价格上涨的压力也仍然存在，未来天然铀价格会出现一定的波动。

四是铀资源量和天然铀供应量是“两回事”，资源有保障不等于供应安全。铀并不是一种稀少的元素，能够在地质作用过程中形成巨大的工业富集。找矿实践表明，铀可以在地壳内形成万吨级、几十万吨级，甚至百万吨级的铀矿床；世界上已探明了大量的铀资源。低成本的铀资源完全能够保障近期世界核电发展需要，已查明的铀资源总量基本能满足核电中期发展需要，待查明铀资源量和非常规铀资源量可满足长期发展需要。

五是适时发展快堆，提升铀资源利用率。发展快堆及先进燃料闭合循环技术，可把占天然铀资源中 99.3% 的 ^{238}U 利用起来，把天然铀利用率由不到 1% 提高到 40% ~ 60%。同时，引入快堆后将大大减少热堆核电厂，从而大大减少对天然铀的需求，天然铀需求量将不再大幅度增加，达到一定量后还会下降。

第一作者简介

刘洪军，高级工程师，长期从事核能发展及铀资源战略规划研究工作。近年来，在核燃料循环产业及铀资源保障等工作中支持国防科工局、中核集团等部门和单位编制相关规划，并对相关产能数据进行系统梳理，有效支撑了相关政策的制定。

融合与创新：核电与地方协同发展策略研究

肖　文
（深圳中广核工程设计有限公司）

摘　要：本研究主要关注中国核电站与地方经济、社会福祉及环境保护的协同发展策略。通过案例分析法，深入探讨了核电站对地方经济增长的积极作用，并分析了其在技术创新和产业链完善方面的推动作用。研究还强调了核电站与地方政府在社区发展和生态保护中合作的重要性。为了实现核电站与地方经济的协同发展，本研究提出了一系列策略，包括促进地方工业融入核电供应链、推动核能技术的多元化应用、建立协同育人机制、发展旅游并塑造良好形象，以及通过文化活动和教育来促进社区和谐。这些策略旨在为核电站的可持续发展和社会主义和谐社会的建设提供实践指导。最后，本研究的结论旨在为核电站与地方的协同发展提供实证支持，并为未来的研究方向指明道路。

关键词：核电站；地方经济；协同发展；环境保护；公众沟通

引言

在实现“双碳”目标征程中，中国核电行业正处于前所未有的高速发展阶段，随着核电站在全国范围内的批量建设，我们需要在新的发展背景下重新审视和优化经济效益、社会福祉和环境保护之间的平衡关系。这不仅是技术经济层面的挑战，更要求我们在规划、建设和运营核电站的过程中，更加注重社会责任和可持续发展，确保与社会主义核心价值观的有机融合。

1 文献综述

中国核电行业的迅猛成长无疑为地方经济带来了显著的推动作用，这一点在现有研究中已被广泛探讨。然而，在评估核电对周边居民福祉的实际提升，以及核电发展如何体现社会主义核心价值观方面，当前的研究尚显不足。同时，对于核电站与地方如何协同发展的具体案例、实证数据、深入分析以及具有可操作性的策略，相关研究也显得相对匮乏。

本研究旨在填补这些研究空白，通过系统分析核电站与地方发展的协同效应，提出全面而具体的实证策略。我们坚信，核电站的建设和运营不应仅仅局限于经济层面的贡献，而应更加全面地考量其对社会福祉、环境保护以及公众认同感的深远影响。本研究将特别聚焦于核电站与核电所在地各利益相关方的合作，探索创新的合作机制，以实现核电站与地方经济、社会和环境三方面的和谐共生。

2 核电站的社会价值与多维贡献

核电站与和谐、公正、绿色发展的理念相契合，对经济增长、技术创新、社会福祉和生态保护具有积极作用。本章重点探讨核电站在环境、社会和治理（ESG）方面的积极影响，旨在为后续的案例研究提供理论基础。

2.1 核电站的社会责任与 ESG 实践

作为国家能源战略的关键支柱，核电站在履行社会责任和推动环境、社会及治理（ESG）实践方面扮演着至关重要的角色，对实现可持续发展目标具有显著影响。经济上，核电站通过提供稳定的清洁能源供应，不仅保障了国家能源安全，支持了温室气体减排目标，还为地方经济带来了活力，创造了大量就业机会。

在社会责任层面，核电站的运营必须以最高的安全标准为前提，通过透明的沟通和公众教育活动来增强公众对核能安全性的信任。此外，核电站应致力于通过各种培训和教育项目来提升社区的能力，促进社区的持续发展和进步。

在 ESG 实践中，核电站必须采取积极的环境保护措施，减少对生态系统的影响，并致力于成为社区的一部分，通过支持社会福祉项目和地方发展活动来促进社区的整体福祉。这些实践不仅满足了当前的能源需求，而且体现了核电站对社会责任的承担和对可持续发展承诺的坚持。

2.2 经济与技术创新的协同效应

核电站对地方经济增长的贡献显著，不仅通过直接投资和运营活动提供税收和就业机会，还通过产业链的延伸和技术溢出效应，促进了相关产业的发展。技术创新方面，核电站作为高科技产业的代表，推动了本地科研机构和企业的技术研发，增强了地方产业的核心竞争力。此外，核电项目的实施往往伴随着先进的管理和运营模式，为地方企业带来了新的思维和方法，激发了整个区域的创新活力。通过这些协同效应，核电站不仅提升了地方经济的硬实力，还增强了其软实力，为可持续发展奠定了坚实基础。

2.3 社会福祉与生态保护的和谐共进

社会福祉，涵盖教育、医疗、文化和基础设施等方面，与生态保护共同构成核电站社会责任的核心。重视这些领域不仅有助于提升居民生活质量，还能增强公众对核电项目的信任与支持。生态保护的积极措施展现了核电站对环境责任的承担，而社会福祉的增进则直接反映了核电站对地方发展的贡献。这种和谐共进不仅促进了社区的长期繁荣，也是核电站实现可持续发展和公众认同的关键。

2.4 公众认同感的培养与核电站的社会融合

公众认同感对于核电站的社会融合至关重要，它不仅关系到项目的公众接受度，也是实现社会和谐与可持续发展的关键。公众的认同感能够促进社区对核电站的支持，减少社会抵触和冲突，为核电站的稳定运营创造良好的社会环境。此外，公众对核电的认知和理解是推动核能技术传播和应用的社会基础，有助于形成对核能发展积极态度的社会氛围。社会融合还意味着核电站能够更好地响应社区需求，参与地方经济和社会发展，实现与地方利益的共赢。因此，核电站必须重视公众认同感的培养，通过积极的社会参与和负责任的行为，赢得公众的理解和支持，以确保核能项目的长期可持续发展。

3 核电站与周边协同发展案例与经验

本章将通过 3 个案例，剖析核电站与地方发展的协同效应，梳理并提炼这些核电站在推动经济增长、提升居民生活水平和环境保护方面的成功经验，为核电站的可持续发展策略提供实证支持。

3.1 大亚湾核电站的社区发展与文旅融合

位于广东深圳的大亚湾核电站是改革开放初期最大的中外合资项目，至今已运行超过 30 年，电站对所在的深圳大鹏新区整体发展产生了深远影响。2008 年 10 月 29 日“大亚湾核电社区基金”成立，核电站在扶贫帮困和公益项目上做出了显著贡献，特别是在基础设施的改善上，基金支持的居民区内部道路和供排水系统改造，极大提升了居民的生活质量。此外，与大鹏新区妇幼保健院合作建立的健康服务站，为约 2 万居民提供了基本医疗需求，增强了社区健康保障。

在文旅融合方面，大亚湾核电站发挥了其作为高科技工业旅游基地的潜力。核电站周边的科普旅游项目吸引了大量游客，带动了地方餐饮和旅游服务业的增长。与政府合作推出的旅游线路，结合了核电站参观、大鹏所城历史文化游和海滩生态游，成为吸引游客的重要品牌。据地方旅游局统计，大鹏区旅游人数和旅游收入近年来稳步增长，其中大亚湾核电站参与开发的旅游项目起到了重要作用。

2023 年 9 月，大亚湾核能科技馆的对外开放，进一步推动了大亚湾核电基地成为科普教育的重要平台。科技馆的建立不仅提升了公众对核电技术的认识，也创造出新的海湾风景线，成为海湾的视觉焦点。一系列区域合作措施为大鹏新区带来了新经济活力。

3.2 阳江核电站的区域产业发展与绿色能源转型

阳江核电站的运营对保障广东省乃至全国的电力供应起到了关键作用，同时通过技术创新和产业升级为地方经济的可持续发展注入了新活力。阳江核电站积极推动核电产业链在当地的落地，如中广核研究院热室设施项目和先进燃料研制中心的建设，这些项目将进一步促进阳江的产业升级。阳江市还推动燃料组件厂、高通量研究堆等关键项目的建设，这将提升当地技术水平并培养大量专业技术和管理人才。

在绿色能源转型的进程中，阳江核电站与南鹏岛 40 万千瓦海上风电项目展现出显著的协同效应。阳江核电站作为地区能源供应的坚实基础，其稳定运营为南鹏岛风电项目提供了可靠的电力支持。南鹏岛海上风电项目，作为我国海上风电领域的佼佼者，采用了先进的技术，实现了高效的电力产出。据统计，该项目年发电量可达到 10.15 亿千瓦时，有效缓解了地区能源供应的压力。同时，该项目还展示了我国在海上风电建设领域的卓越实力。这种协同模式不仅实现了资源共享和优势互补，还显著提升了区域能源供应的多样性和能源安全，有效提高了能源供应的可靠性和稳定性。随着绿色能源转型的深入发展，两者的协同效应将持续推动绿色、低碳、可持续的能源发展目标。

阳江核电站的成功实践证明，核电站不仅是清洁能源的供应者，也是推动地方产业发展和绿色转型的重要驱动力。

3.3 秦山核电站的工业旅游与地方发展示范

秦山核电站，作为中国核电事业的摇篮，自 2004 年起便荣获“国家级工业旅游示范点”的殊荣，它在推动地方经济发展和科普教育方面起到了显著作用。2017 年 9 月 19 日，秦山核电科技馆的正式开馆，标志着国内最大的核电科普宣传专题科技馆的诞生。这座科技馆位于浙江省海盐县秦山街道的“核电小镇”核心区，占地面积 1.9 万平方米，总建筑面积达到 2.57 万平方米。馆内设有 13 个展厅，全面展示了中国核电的发展历程、核安全与环保措施，以及核能利用的和谐之道。科技馆吸引了大量游客，有效提升了公众对核电知识的了解，并增强了他们对环境保护和可持续发展的意识。

秦山核电站的建设与运营同样推动了地方经济的多元化转型。核电项目秉持“开放、合作、共赢”的原则，与地方政府建立了深度的合作关系。这种深度的合作不仅体现在核电技术的交流上，也体现在地方经济的整体布局上。因此，核电与地方经济融合的典范——“海盐·中国核电城”应运而生，并在短短几年内取得了显著的进展。据最新数据显示，截至 2024 年 4 月，“海盐·中国核电城”已吸引了众多核电关联产业的企业入驻，这些企业的总产值已超过 300 亿元，且呈现出强劲的增长势头。预计在未来几年内，核电城的总产值将实现翻番。同时，核电服务业也在此集聚，为核电城的发展提供了强大的支撑。目前，“海盐·中国核电城”正朝着千亿元产值的宏伟目标稳步前进，逐渐成为国内外核电及关联产业的核心发展区域，展现出强大的生命力和广阔的发展前景。

3.4 案例总结与经验提炼

研究案例确实揭示了核电站与地方发展协同成功的关键因素。首先，政府与企业间的紧密合作确保了项目获得了广泛的社会支持。其次，有效的公众沟通对于提升居民对核电项目的认知和接受度起到了至关重要的作用。再次，重视环境保护和生态平衡，确保了项目的可持续发展。最后，核电站与地方产业链的深度融合，促进了地方经济的多元化发展。

从这些成功的案例中，我们可以提炼出以下经验与策略，为其他核电站提供借鉴：首先，建立一个多方利益相关者参与的合作机制，平衡各方利益，形成共赢局面。其次，加强与地方政府的战略合作，实现资源共享和优势互补。再次，注重环境保护和社区参与，构建良好的社会关系和生态环境。最后，推动核电技术与地方产业的结合，发挥核电站对地方经济的带动作用。

这些经验与策略对于促进核电站与地方发展的良性互动，实现社会经济和环境效益的协调统一具有重要意义。在接下来的章节中，将从产业发展、居民生活、公众认同、政府合作四个方面，深入探讨核电站与地方协同发展的策略，以期为相关领域的实践提供有益的参考。

4 核电站推动地方产业发展策略

4.1 核电站与地方工业协同

在核电站的建设与运营过程中，由于大量的核心技术设备与辅助系统需要施工与长期维护，这为地方工业提供了广阔的参与空间。本节将深入探讨核电站如何推动地方工业更好地融入供应链体系、建立协同育人机制，并进一步加强与地方经济的协同发展。

4.1.1 促进地方产业融入核电供应链

核电站可以考虑与地方政府合作，通过“核电站地方采购计划”，结合地方的工业能力，将本地企业纳入供应链体系。这一策略能够降低物流成本，增强供应链的稳定性，还能促进本地企业的技术水平提升，也能带动二、三产业的发展，为地方居民提供大量就业机会。据统计，宁德核电一期四台机组工程总投资约 512 亿元，对地方产业发展带动效果明显，累计拉动社会总产出增长 1824 多亿元。这表明核电项目能够显著提升地方的经济水平和技术水平。此外，可以设立“地方产业发展基金”，为本地供应商提供必要的融资支持和技术咨询，帮助它们快速适应核电站的高标准要求。

4.1.2 推动核能技术在地方的多元化应用

核电站拥有的先进技术和丰富运营经验，对地方工业升级具有宝贵价值。通过技术输出与合作、人才培养和知识传播、管理模式借鉴、设备与材料供应等方式，核电站可为地方工业提供技术支撑，推动产业升级和技术创新，助力地方经济发展。如核辐射检测、无损检测、辐射防护等。另外，在核能应用拓展方面，核电站可以与地方工业企业合作，探索核能技术的多元化应用，如核能供热、海水淡化等，为地方工业带来新的发展机遇。

4.1.3 建立协同育人机制和创业支持平台

人才培养是推动地方工业发展的关键。核电站对专业技术人才和管理人员的高需求为地方教育和培训带来机遇。通过与地方院校合作开设专业课程、提供实习岗位，核电站不仅为地方培养符合行业需求的人才，还帮助学生获得就业机会。此外，核电站内部也为员工提供培训、晋升机制，促进人才成长。这些人才培养举措有利于推动地方工业发展，实现技术升级。例如，秦山核电站与浙江海盐的合作中，通过建立核电技术专业和提供实习机会，为学生提供了理论学习与实践操作相结合的教育模式。此外，海盐县依托秦山核电站，建立了核电相关技术的孵化器，吸引了一批核电领域的创业公司，促进了地方创业生态系统的发展。

4.2 核电站与地方文旅产业结合

4.2.1 旅游开发与形象打造

核电站不仅是能源生产的基础设施，也有潜力成为促进地方旅游业发展的亮点。通过开发以核电站为核心的旅游项目，可以吸引游客，提高地区的知名度，并带动相关服务业的发展。核电站可以通过建立互动式的参观中心，展示核电站的工作原理和技术，还可以提供虚拟现实体验和教育工作坊，使游客能够更加直观地了解核能的利用和安全性。此外，核电站周边的自然风光和文化景点也可以作为旅游资源进行整合推广，如结合地方的海滩、山脉或历史遗迹，打造特色旅游路线。

为了提升核电品牌形象，可以利用地方的旅游资源举办以核电站为主题节庆活动，如科技节、环保论坛或音乐节。能够提高核电站的公众认知度，减少公众对核能的偏见，核电站的形象得以多元化。

4.2.2 文化活动与教育促进

核电站可以成为科普教育和文化交流的重要平台。通过与教育机构的合作，核电站可以开设专门的课程和讲座，向公众尤其是青少年普及核能知识。例如，核电站可以与地方学校合作，开设核能科学课程教授核能的基本原理与核电站的运行管理和环境保护措施等内容。通过这样的教育项目，学生能够从小培养对科学技术的兴趣和对环境保护的责任感。如中国广核集团下属的大亚湾、阳江、台山、宁德、红沿河、防城港六大核电基地被选为全国首批”能源科普教育基地”，这些基地将承担起科普教育的责任。

除了教育课程，核电站还可以举办公众开放日和夏令营活动，邀请家庭和学生团体参观。在开放日活动中，游客可以近距离接触核电站设施，与工程师和科研人员交流，了解核电站的日常运作。这种互动式的体验活动有助于提高公众对核电站安全性的信任，并激发他们对核科学技术的好奇心。

5 提升居民生活水平的措施

随着我国经济社会进入高质量发展阶段，提升居民生活水平已成为当前发展的重要目标。核电站作为国家能源战略的重要组成部分，在保障能源供应的同时，也肩负着促进地方经济社会发展和改善居民福祉的责任。

5.1 共建共享服务设施及参与社区发展

传统上，核电站实施封闭管理，其附属设施如宿舍、办公楼、体育设施等主要服务于内部人员，不对外开放。但随着管理理念的改变以及社会对核能知识认识的提高，一些核电站开始向公众开放部分设施甚至与地方共建。例如，苍南三澳核电的“绿能小镇”项目，与核电项目同步规划、同步实施，形成了一个特色小镇，在满足核电附属设施功能需求的同时，与地方的融合发展。小镇的城市客厅集商务办公、科普教育、文化创意、旅游休闲等服务功能于一体。

此外，核电站也可以通过资助教育、医疗、文化和基础设施项目来支持社区发展。阳江核电站通过与周边社区的互动，有效提升了地方居民的生活水平。通过党建共建，阳江核电与东平镇 10 个行政村结成“红色搭档”，累计开展志愿活动近 80 期，帮扶允泊村创办村集体企业，每年为村集体实现营收近 130 万元，村民年均增收近 4 万元。

5.2 环境保护及生态修复

核电站的建设和运营对环境的影响是公众关注的焦点，因此采取有效的环境保护与生态修复措施，如生态修复、绿化植树、清洁能源推广等，地方居民的感受会特别明显。例如，太平岭核电联合地方环保公益组织建成了全国最大的核电站红树林保护区，并完成了烟墩岭海域、电厂周边海滩总面积约 750 平方米区域的红树林种植。太平岭核电站及其合作伙伴被中国海洋基金会评为“红树林合作示范区”，这一评价标志着其在生态保护和环境友好型发展方面的努力和成就得到了认可。

6 增强公众对核电的认同感

核电站公众认知是社会福祉与发展的重要因素。然而，调查显示多数居民对核能了解不足，这可能导致社会福祉感知降低，影响社会和谐。因此，普及核电知识，提高公众认知，对核电发展至关重要。

6.1 建立形式多样的公众沟通渠道

提升沟通有效性的关键在于采用多样化的沟通形式，以满足不同居民的沟通需求。核电站应当倾听并响应公众的声音，通过创新而有会对性的沟通方式，激发公众的参与意愿，确保他们能够方便地获取信息并参与到核电项目的决策中来。例如，可以借鉴中广核的“3N社区沟通模式”和“8·7公众开放体验日”等活动，这些活动不仅为公众提供了了解核电的平台，还鼓励他们提出宝贵的意见和建议。通过这些互动，核电项目方能更好地理解公众的关切，从而采取更加贴近民意的沟通策略，有效解决公众沟通的难题，促进公众对核电项目的理解和信任。

6.2 核电知识普及与教育

核电知识的普及与教育是提升公众认同感的有效途径，对青少年教育的投入尤为关键。核电站应积极推广教育项目和公众宣传活动，以提高公众对核电技术及其对环境和经济贡献的理解。秦山核电站作为全国爱国主义教育示范基地，通过工业旅游和科技馆科普活动，每年吸引众多游客，显著提升了公众的核能知识水平。海南核电的“科普+教育”活动，通过学校课程和夏令营，向青少年传授核能科学，激发了他们对科技的兴趣和环保责任感，这些举措对于消除公众对核能的误解和偏见起到了积极作用。

在核电知识的普及与教育方面，核电企业扮演着至关重要的角色。他们应认识到，对青少年教育的投入不仅能够培养未来的科技人才，也是塑造公众正面认知和支持的关键。通过这些教育活动，核电企业可以展示其对安全的坚定承诺，增强公众对核电安全性的信心。因此，核电企业应将知识普及和教育作为公众沟通的核心组成部分，不断探索和创新教育方法，以培养公众特别是青少年对核电事业的理解和支持。

7 促进与地方政府的战略合作

7.1 发展规划与政策对接

核电开发早期发展规划与政策对接是核电站项目成功融入地方经济的关键。核电站的规划应与地方经济发展战略紧密结合，以实现双方的互利共赢。从选址和设计阶段，核电设计者就应考虑核电对周边地区的辐射效应，从规划角度就开始思考电站的建设和运营带动地方经济增长和社会福祉问题。

电站的总图规划应预留发展空间，以适应未来产业扩展和技术升级的需求，确保核电站的长期可持续发展与地方经济的协同增长。同时，核电站的设计应同步考虑教育、医疗和文化设施与地方的协同，与地方政府探讨共建方式。例如，可以与地方政府合作建立或升级地方基础设施，结合核电项目的交通功能需求优化交通布局，提高居民出行便利性。

7.2 战略合作伙伴关系的构建

为确保核电站项目与地方政府的协同发展战略紧密结合，需制定明确的合作框架。该框架应明确双方在项目中的权利、责任和期望，确立清晰的项目目标和关键里程碑。合作协议为核电站的规划、建设和运营提供法律和政策基础，确保项目能够高效、有序地推进，并满足双方的发展需求和利益。并探讨制定一系列扶持政策，包括税收减免、财政补贴和土地使用优惠，以降低投资成本、吸引投资，并改善周边基础设施，带动区域整体发展。

采纳创新的合作模式，超越传统的 PPP 框架，构建多方参与的战略联盟。这种联盟通过促进资源共享与风险分担，增强项目的可持续性和整体抗风险能力。同时，推动社区参与，确保项目规划和实施过程中充分吸纳地方居民的意见和建议，提高项目的社会认可度和公众满意度。

通过上述措施，核电站项目能够更精准地对接地方发展战略，推动地区经济、社会和环境的协调发展。

8 结论与展望

8.1 结论要点

（1）核电站对促进地方经济增长、提升社会福祉、环境保护和可持续发展具有显著影响。

（2）核电站应结合地方资源禀赋，通过策略协同，推动地区经济繁荣。

（3）共建共享服务设施、参与社区发展和环境保护，能有效提升居民生活福祉。

（4）增强公众对核电的认同感，关键在于建立多样化的公众沟通渠道。

（5）核电站的规划应与地方发展紧密结合，通过政策支持和合作模式创新，实现互利共赢。

8.2 未来研究方向

（1）进一步研究核电站对地方社会经济结构的长期影响。

（2）探索核能技术与地方产业结合的新模式，促进经济的可持续发展。

（3）分析公众对核电站的接受度，提高核能知识水平和项目认同。

（4）关注核电站环境保护作用，实现技术与环境的和谐共存。

（5）研究核电站与地方政府合作的新策略，通过政策和激励机制促进合作。

本研究提供了核电与地方协同发展的初步见解，期待未来的研究能进一步深化理论与实践的结合，为实现和谐社会贡献更多智慧。

作者简介

肖文，深圳中广核工程设计有限公司教授级高级工程师，长期从事核电站的土建设计及管理工作，拥有国内外核电前期开发、核电施工管理、民用建筑与工业建筑设计等多个跨领域的工作经历与丰富经验。目前在设计院担任“生态核电”相关研究课题的牵头专家。

积极安全发展我国核电的若干思考

黄少中
（中国能源研究会）

摘　要：核电是具有高能量密度、高稳定性和低碳排放等优势的能源，具有清洁性、稳定性、经济性、可持续性、自主性和战略性六大优势特点。加快发展核电，充分发挥核电在电力供应和能源转型中的作用，对于调整能源结构，保证能源可靠供应，促进“双碳”目标实现意义重大。在保障能源安全、推进“双碳”目标战略背景下，积极加快发展核电应成为今后一段时间我国核电发展的目标导向和主基调。

关键词：核电；战略；电力市场；综合利用；挑战；发展建议

在全球“碳中和”的浪潮中，核能与核电将扮演怎样的角色？对于这一问题，全球各国各有主张，但在《联合国气候变化框架公约》第二十八次缔约方大会（COP28）上，22个国家签署了“到2050年将核能发电能力增长到2020年基准的三倍”的联合宣言，为核电全球发展提振了信心。近期，国际能源署（IEA）、国际原子能机构（IAEA）均上调了2050年核能发电装机容量、发电量、所占份额的预期。虽然中国并未加入22国联合宣言，但在2022—2023年连续两年间，我国每年核准10台核电机组。无论是放眼全球还是着眼国内，核电景气度都在不断提升，核电复兴趋势强劲。

核电是具有高能量密度、高稳定性和低碳排放等优势的能源，具有清洁性、稳定性、经济性、可持续性、自主性和战略性六大优势特点，加快发展核电，充分发挥核电在电力供应和能源转型中的作用，对于调整能源结构，保证能源可靠供应，促进“双碳”目标实现意义重大，在保障能源安全、推进“双碳”目标战略背景下，积极加快发展核电应成为今后一段时间我国核电发展的目标导向和主基调。但在“十三五”时期，我国核电发展低于预期目标。在“十四五”乃至今后较长的时间内，加快推动核电发展势在必行。

核电在构建新型电力系统中的战略定位

随着构建新型电力系统和“双碳”目标的推进，正确看待和解决“能源不可能三角”成为重要的、不可回避的问题，即能源既要安全，又要低碳，还要经济。实际上，核电在一定程度上就可以同时满足这三个条件。核电是核能源最高级的利用方式，更是全球主要核国家的长远战略。“碳中和”背景下，核能将成为未来能源结构的关键一极。

核电是一种高效、清洁的能源，具有能量密度高、单机功率大、土地利用率高、不受季节和气候影响，以及发电成本稳定且相对较低等特性，可长期稳定高效运行。相比其他发电方式，核电同时具有清洁性、稳定性、经济性、可持续性、自主性和战略性六大优势特点。

从清洁性来看，核电在发电过程中不产生温室气体，对环境的影响相对较小。与化石燃料相比，核电的碳排放量极低，有助于减少对环境的污染。从稳定性来看，核电的发电量稳定，可以提供可靠的电力供应。核电机组的年发电利用小时数常年保持在 7 000 小时以上，位居所有电源之首。相较于风能、太阳能等可再生能源，核电的发电量受天气、地区等外部因素的影响较小。从经济性来看，虽然核电的初始投资成本较高，但长期运营成本较低，在运营过程中，核电的燃料费用较低，且不受国际燃料市场价格波动的影响。从可持续性来看，核电是一种可持续发展的能源形式，在未来的能源结构中，核电将成为实现低碳、可持续发展目标的重要手段之一，通过发展核电，可以减少对化石燃料的依赖，降低温室气体排放，从而有助于保护环境、改善气候变化等问题。从自主性来看，我国核电发展在技术上实现了全面跨越，在工程建设和安全运行方面具有较高水平，在多元化综合利用方面有质的蜕变,充分展现了核电发展的自主性和创新能力。从战略性来看,核电作为一种战略性资源,对于保障国家能源安全具有重要意义,在能源供应紧张的时期,核电可以提供稳定的电力供应,为国家经济发展提供有力保障。我国一次能源集中在北方和西部,而经济发达、人口稠密的沿海地区却缺乏常规能源,加快发展核电,构造"北煤、西水、东南核"的国家能源新格局,有利于优化能源结构,缓解运输压力,对提高能源效率和电网运行的安全可靠性、保障国家能源安全乃至经济安全,具有重要战略意义。

核电发展现状及发展目标

经过近 40 年的努力,我国核电发展取得了显著成就,有关资料显示, 2023 年,我国商运核电机组数量达到 55 台,额定装机容量达到 5 703 万千瓦,位列全球第三。累计发电量 4 333.71 亿千瓦时,位居全球第二,占全国累计发电量的 4.86%,截至 2023 年 12 月底,我国在建核电机组 26 台,总装机容量约 3 030 万千瓦。"十四五"规划明确, 2025 年我国核电装机容量将达到 7 000 万千瓦,预计在 2030 年前,我国在运核电装机规模有望成为世界第一,在世界核电产业格局中占据更加重要的地位。预计到 2035 年,我国核能发电量在总发电量中的占比将达到 10% 左右,相比 2022 年翻一倍。尽管我国核电发电量居全球第二,但发电量占比却较低。2022 年,我国核电总装机容量占全国电力装机总量的 2.2%,发电量为 4 177.8 亿千瓦时,约占全国总发电量的 4.7%,而全球核电发电装机容量占比约 10%,发电量占比约为 9.6%,可见我国核电发展无论是装机还是发电量占比都还有很大的提升空间。

核电发展仍需加快步伐

总体看,不得不说,"十三五"期间,我国核电发展确实低于预期目标。这其中涉及的因素很多、很复杂,有安全问题、认识问题、技术问题、选址问题及政治和公众认知等问题。其中,日本福岛核泄漏事件应该是最大的影响因素之一, 2011 年福岛核电站事故发生后,全球多国核电发展踩下"急刹车",德国等少数国家实施了“减核”甚至“弃核”，对中国乃至世界发展核电的认识、步伐及态度都造成了很大的影响。直至目前世界各国对发展核电也依然存在一些不同意见和看法。

此外，核电发展速度慢也与人们对发展核电的必要性和紧迫性的认识不够深刻有关。近年来新能源快速发展，传统化石能源也保持稳定增长，因此不少人认为发展核电的需求并不急迫。但随着能源供需形势的变化，电力保供压力持续不减，以及“双碳”目标实施带来的压力，核电发展的形势有了较大转变，“十四五”前期核电发展明显加快了步伐。但总体而言，目前我国核电发展目标偏低、发展速度偏慢，装机总量和发电量占比无论是与国外比，还是与我国自己比，都还存在较大的差距。我们需要抓住国内外核电发展的窗口期，适当加快核电发展脚步，把发展目标适当定得更高一些，发展的步伐还可以再加快一些。

加快发展核电有必要向内陆地区延伸

我国目前的核电选址主要集中在沿海地区，这其中既有历史沿袭的原因，也存在安全因素的考量。目前我国核电沿海选址还相对充足，但未来核电如果要实现更大、更长远的发展，沿海地区的选址恐将面临不够用的情况，放开内陆选址或许将成为不得不考虑的一种选择。

公开资料显示，国外约 2/3 的核电厂为内陆核电厂，这说明内陆也适合发展核电，在技术经济上完全成熟可行。把内陆选址也纳入考虑后，我们的选择余地会大得多，而且对于改善我国内陆一些地区的能源结构、带动内陆经济发展等也有良好推动作用。此前，我国核电内陆选址考虑更多的地区是“两湖一江”——湖南、湖北、江西，“两湖一江”地区有江有湖，具有很好的核电开发条件，但在福岛核泄漏事件发生后，内陆选址成为了红线问题。在“十四五”初期，湖南、江西都曾因电力“硬缺口”而备受限电之苦。随着“双碳”目标的推进、能源转型的深入，“两湖一江”地区的煤电势必要逐步减量，而在这些地方新能源又难有大的发展，那靠什么来顶上去呢？核电是一种非常好的选择。基于以上考虑，重启内陆核电选址和发展已经十分必要。

值得一提的是，当前，电力央企发展核电的积极性很高，但由于安全性的特殊考量，加之投资大、周期长和技术密集程度高等原因，国家对核电行业的准入门槛要求很高，实行严格的持牌运营，也可以理解为特许经营权管理。目前，我国具有核电运营资质牌照的公司只有四家，即中国核工业集团有限公司、中国广核集团有限有限公司、国家电力投资集团有限公司和中国华能集团有限公司。为了满足高昂的初期投资需求和降低核电建设周期长带来的运营风险，这四家具备资质的公司也开始采取联营的方式，与国家能源投资集团有限责任公司、中国华电集团有限公司、中国大唐集团有限公司和中国长江三峡集团有限公司等能源电力央企，以及江苏省国信集团有限公司、浙江省能源集团有限公司、广东省能源集团有限公司和香港中华电力有限公司等合作投资共建核电。基于对核电发展的良好预期和相对稳健的盈利空间，国家能源投资集团有限公司、中国大唐集团有限公司等其他电力央企也在紧锣密鼓着手研究发展核电的必要性和可行性。实际上，鉴于核电发展有广阔的市场需求，在未来相当长的时间里核电将保持快速增长，需要更多的资金投入，而许多有抱负的企业对此都非常有积极性，因此，建议鼓励更多有实力的中外电力企业和资本加入到核电投资中来。

核电如何参与电力市场

核电入市是现实的必然选择。随着我国电力市场的加快建设，核电也应该走“平民化”路线，即跟其他电源一样享受平等的待遇。那么核电入市主要存在哪些难点和挑战呢？我认为，主要有以下几个方面：

第一，核电入市面临价格挑战。目前我国核电价格大约在 0.415 3 元 / 千瓦时的水平。与其他电源相比，未来核电成本仍存在上涨的可能，一方面是安全标准的不断提高带来的新建工程造价上升或改造投入增大；另一方面是在全球核能加速复苏下铀资源价格可能进一步提高，影响核电成本上升，核电入市或将面临一定的价格挑战。

第二，煤电容量电价政策给核电竞争带来不利。最近煤电容量电价政策的出台对火电比较有利，有了一部分保底收入，火电在市场上就有报出更低一些价格的底气，电量平均价格预计有下行趋势。

第三，缺乏灵活性是核电入市的短板。核电是一种基荷电源，其功率和运行状态相对稳定，但缺乏灵活性。而电力市场的需求是变化波动的，尤其是现货市场，需求瞬息万变，需要根据市场需求进行及时调节，而核电因缺乏灵活性，使其在电力市场中面临更大的挑战。

第四，核电要分摊的辅助服务费用会比较多。在“双碳”目标牵引下，我国电力系统装机中新能源占比持续提升，支撑电网运行的系统配套费用大幅提升，而目前我国电力系统辅助服务费主要还是在电源侧平衡和博弈。而由于核电的灵活调节能力不足，难以参与提供调峰调频等辅助服务，辅助服务费用分摊会持续增加，未来压力会更大。

对于市场设计和监管者来说，在市场规则制定上要力求公平公正合理，对各类电源类型一视同仁，不应存在针对某一种电源的歧视或者偏袒。对于市场主体来说，需要进一步降低成本，研究供需形势、市场规律、报价策略。由于此前核电发电曲线长期稳定，对市场的研究可能存在不足，所以现在需要尽快补课，保证核电在入市后能够适应市场，实现合理竞争，确保收益。

此外，对于核电能否纳入绿电范畴、核电能否通过绿电或绿证获得额外收益等问题，也都很值得大家去研究探索。

核能综合利用空间广阔

我国核电厂主要分布在广东、浙江、江苏、福建和山东等东南沿海地区，核电厂的主要用途是发电，为周边地区提供电力。但在提供清洁电力的同时，核电厂还有很多其他应用场景，为所在地区的生产和生活提供低碳高效的能源保障，主要包括清洁供暖、工业供热和供汽、海水淡化及核能制氢等。大力发展核电，有助于能源的综合利用。2022 年以来，秦山核电核能供热示范工程和山东海阳 90 万千瓦核能供热工程均已完成首个供暖季保供。

发展核电能实现“一举多得”，从国内外的项目实践来看，是完全可行的。核能的综合利用与发展的堆型有关，小型堆更适合探索用于能源综合利用。未来，我们的堆型可以更多样化，不一定要发展越来越大的堆型，小型堆既能满足当地的电能需求，同时还能辐射一定范围内的供暖或用气需求，尤其是在东北等供暖季较长的地区，优势将更加突出。另外，核能制氢也有空前的发展前景。总之，核电厂的建设应与当地经济发展紧密结合，最大程度发挥核能综合利用的潜能。

加快发展核电面临的主要挑战

核电发展面临的挑战第一是安全问题。一方面是安全运行问题，核电厂由于其特殊性在运行中会释放出放射性物质，如果发生事故，会对环境和人类健康造成严重影响，因此，核电厂的安全运行、确保万无一失至关重要。另一方面是核物料处理问题，核电厂在运行过程中会产生大量的放射性废物，如何安全、有效地处理这些废物是一项重要的工作，也是难题之一，这些废物需要经过长期储存和处理，如果处理不当，会对环境和人类健康造成很大影响。

第二是技术问题。技术问题也是我国核电发展面临的重要挑战，虽然我国已经掌握了一些先进的核电技术，但是在一些关键技术方面，我们还存在一些短板。例如，在核废料的处理、核燃料循环利用等方面，我们还需要不断探索和研究。此外，随着科技的不断进步，我们需要不断更新和升级核电设备和技术，以提高核电的效率和安全性。

第三是选址问题。在选择核电厂的厂址时，需要考虑诸多因素，如地质条件、气象条件、人口密度和电力负荷等。在选址过程中，需要遵循严格的法规和标准，确保核电厂的建设和运营不会对周边环境和人民健康造成不良影响，还需要考虑到土地资源、水资源等资源的合理利用问题。此外，在选址问题上，目前我国核电厂选址仍然只限于沿海地区，内陆地区选址未能得到足够重视。

第四是公众认知接受问题。公众认知和接受程度制约着核电的发展空间。公众对于发展核电的忧虑主要体现在核事故和核扩散、核污染、核废料处理及核恐怖主义等方面。

第五是政治问题。随着全球气候变化和环境问题的不断加剧，各国政府对能源结构的调整和转型越来越重视。在一些国家，由于公众对于核电环保和安全等方面存在较大担忧，政府对核电的发展采取了限制措施。在我国，虽然政府对核电的发展一直持支持态度，但是也需要考虑到政治因素的影响。例如，在核电技术的引进、核燃料循环利用等方面，我们需要考虑到国际政治环境的变化和国内政治压力的影响。

促进我国核电积极有序高质量发展的几点建议

第一，要确保安全发展。在任何情况下，核电发展的首要任务是确保公众安全，这也是核电发展的重要前提和底线。因此应制定和实施严格的安全标准和程序，在核电厂的选址、设计、施工、运行、退役和核物料处理等环节实行严格的管理，以防止任何事故的发生，做到万无一失。同时，需要加强核电厂工作人员的培训，提高他们的专业素养和应对紧急情况的能力。

第二，要加快发展步伐。在确保安全的前提下，适当加快核电发展步伐。要制订核电发展中长期规划和实施步骤，合理布局核电厂的规模和位置，把握好时序，增加每年核准开工核电厂的台数和规模，争取每年审批 10 台以上、不低于 1 000 万千瓦装机容量。

第三，要推动内陆选址。在核电选址问题上要进一步解放思想，打破固有观念束缚，坚持沿海与内陆统筹考虑，推进内陆地区的核电选址工作，加快内陆地区的核电发展步伐。既满足日益增长的核电发展选址需要，也满足内陆地区的能源结构调整平衡需要，同时带动内陆地区的经济发展。

第四，要推动技术创新。推动核电技术创新需要从多个方面入手，包括持续加大研发投入、完善机组型号、推进完善后处理技术水平。要注重燃料研发、人工智能开发应用和核电厂数字化转型等方面的研发创新攻关，提高核电厂的效率和安全性。同时，要积极探索新的核电技术，如小型模块化反应堆等，以满足不同的发展需求。

第五，要积极参与市场。核电企业要重视对电力市场的研究，加强与电力市场和可再生能源的互动，提高市场参与度，通过市场化手段争取更多收益。

第六，要推进综合利用。核电厂的建设应与当地经济发展紧密结合，发挥核电厂的综合功能,实现综合利用。比如推动核能在核能发电、清洁取暖、工业供热(冷)、海水淡化和核能制氢等领域的综合利用,实现核能的全面多元运用。

第七,要加强国际合作。“碳中和”已成为世界主要国家的新共识,核电有望成为推动应对气候变化国际合作的新途径。在推动核电发展的过程中,需要采取“引进来”和“走出去”的方式,加强与国家原子能机构及其他国家的合作,共同研发新技术,共享经验、成果和资源,提高安全水平。同时伴随着我国第四代高温气冷堆核电技术已取得重大突破,后端乏燃料处理技术也不断完善,我们应以核电项目为纽带,积极走出去,提出中国标准,树立中国品牌,促成国家之间的“联姻”,增强国际合作,实现合作共赢,为全球能源发展与治理贡献中国的核能方案和力量。

第八,要推动公众参与。公众对核电的接受程度是影响核电发展的关键因素之一。要加强公众对核电的认知和参与,通过开展科普活动,公开透明披露信息,让公众了解知晓核电的优点和风险,打消部分群众“谈核色变”的忧虑心理,提高公众对核电发展的理解度和支持度,为核电的发展营造良好的社会氛围。

作者简介

黄少中,中国能源研究会研究员、中国能源研究会双碳产业合作分会主任、高级经济师、高级会计师、世界银行高级专家、国家能源局西北监管局原局长。长期从事电力及能源价格、财务、市场、交易、体制改革和能源安全等方面的政策制定和监督管理工作,深度参与国家电力体制改革的文件起草及推进实施工作,对能源体制、能源政策、能源市场、能源价格、能源安全及能源转型、应对气候变化和“双碳”目标实施等问题有较深入的研究。

可控核聚变发展现状及趋势探讨

郭登科　黄　语　刘海洋　郑玉栋　常海军
（核工业工程研究设计有限公司
中核绿色建造技术与装备重点实验室）

摘　要：随着新一轮科技革命和产业变革深入发展，世界能源体系进入了以可持续发展的绿色能源为主导的崭新阶段，各个国家逐渐加大在可控核聚变领域的支持力度，积极适应未来能源需求变化。本文从可控核聚变技术原理入手，详细阐述了国内外可控核聚变的发展政策和规划，并重点对私营聚变公司和典型聚变实验装置进行了介绍。

关键词：可控核聚变；核聚变发展政策；发展规划；托卡马克装置

引言

进入21世纪以来，科技革命和产业革命高速发展，能源需求呈指数级增长，同时全球气候治理呈现新局面。核聚变能作为一种清洁、高效的清洁能源，不会向大气中排放二氧化碳或其他温室气体，其潜力和发展前景受到全球广泛关注，是未来低碳电力的重要来源。随着技术的不断进步和国际合作的加深，核聚变能源有望在将来为全球能源供应提供一种安全、可持续且环境友好的解决方案，引领能源领域的又一次革命性变革。

1 可控核聚变技术基本原理

可控核聚变的基本原理是轻元素核在高温、高压的条件下,克服库仑斥力,靠近到足够的距离,受到强核力吸引并结合在一起,形成更重的元素核,在这个过程中会释放出大量的能量。可控核聚变意味着人们可以控制核聚变的开启和停止,核聚变的反应速度和规模可以随时被调控,相当于可控的“人造太阳”。

相比核裂变的链式反应,核聚变需要满足的外部条件十分苛刻,核聚变反应三要素为:温度、密度、能量约束时间。一是温度:温度是微观粒子热运动的宏观表现,温度越高,粒子所携带的动能也就越大,当施加大约 1 亿摄氏度高温时,原子核会克服巨大的库伦斥力实现接触。二是密度:在粒子的聚变概率一定的情况下,聚变功率和粒子密度成正比,足够高的密度使两原子核发生碰撞的概率增大。三是能量约束时间:粒子在有限的空间里被约束足够长时间,以获得净功率增益,即产生的聚变功率与用于加热等离子体的功率之比。

为获得持续的核聚变能,除了满足严苛的聚变反应要素外,还要对高温聚变物质进行约束,延长可控聚变反应时间。解决可控核聚变约束主要有三种方式:引力约束、惯性约束和磁约束。其中,引力约束发生在太阳这样的恒星之上,恒星依靠其巨大的质量产生引力场对物质保持约束,这种约束条件在地球上无法实现;惯性约束由于“电—激光”转化损耗极高,暂不具备开发前景,目前世界上最先进的惯性约束工程是美国的点火装置 NIF,另外还有法国的 LMJ 和中国的“神光”计划都属于惯性约束;磁约束基于磁场特性,强磁场可以将等离子体限制在有限的区域内,能量转化效率更高,是更具发展潜力、更成熟的路线。

磁约束核聚变常用的实现方式是托卡马克和仿星器,由于仿星器构型在建造上具有挑战性,目前环形托卡马克装置是主流的研究方向。托卡马克装置原理图如图 1 所示,通过在环形真空室中构造出一个闭合的螺旋磁场,完成对高温等离子体的约束,聚变燃料在周而复始的运动中完成核聚变反应。中国的东方超环(EAST)和国际热核聚变实验堆(ITER)均利用其来尝试实现核聚变反应过程。

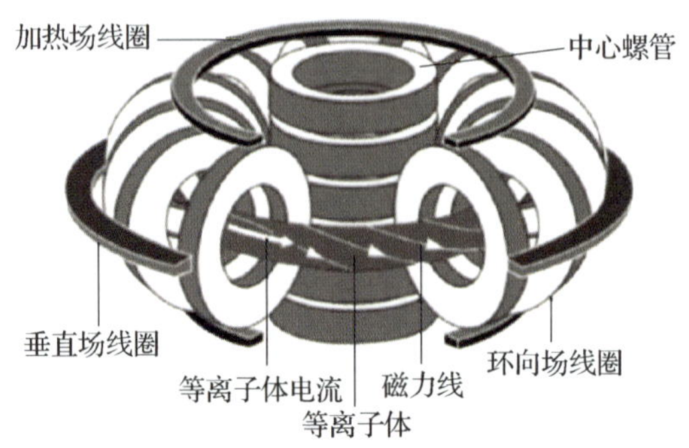

图 1　托卡马克装置原理

2 我国可控核聚变发展政策和规划

我国可控核聚变研究始于 20 世纪 50 年代中期。1994 年，建成了第一台超导托卡马克装置 HT-7。2002 年，建成了具有偏滤器位形的中国环流器二号 A 装置（HL-2A），2006 年，世界上第一台全超导托卡马克装置东方超环（EAST）首次成功放电。2008—2023 年，我国国家磁约束核聚变能发展研究专项共部署 220 个项目，总计安排经费约 60 亿元，并取得了丰硕的研究成果。

2022 年，国家发展改革委、国家能源局印发《“十四五”现代能源体系规划》，提出“加快能源领域关键核心技术和装备攻关，推动绿色低碳技术重大突破”“支持受控核聚变的前期研发，积极开展国际合作”。2023 年 3 月，科技部等印发《关于进一步支持西部科学城加快建设的意见》，加快建设成渝综合性科学中心，推动电磁驱动聚变装置设施加快落实前提条件，尽快启动建设。2023 年 5 月，国资委宣布将加大新一代信息技术、人工智能、新能源、新材料、生物技术、绿色环保等产业投资力度，热核聚变是其中一个重要支持方向。

目前，由科技部核聚变中心牵头提出了核聚变能发展战略，并进行了顶层设计，如图 2 所示。初步计划是在 2030 年前完成聚变堆设计和试验验证；2030—2040 年，完成聚变堆建设和实现聚变净功率；2040—2050 年，完成聚变能发电演示和启动商用原型电厂；2050 年后，实现聚变能规模化应用和跨越式发展。

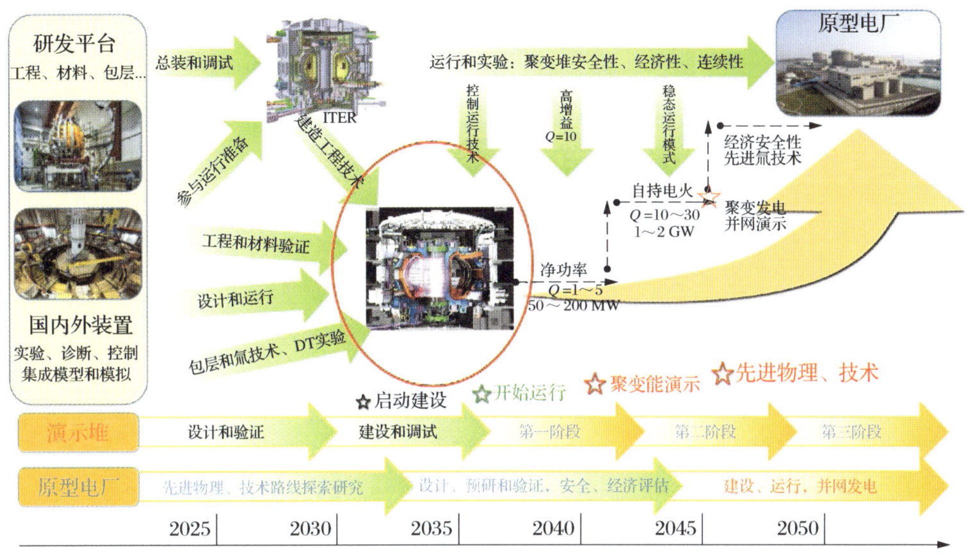

图 2　我国核聚变能发电路线

我国正大力支持可控核聚变的发展，对未来聚变技术、工程、产业和人才培养等各方面提出目标和要求。聚变行业的投资不断增多，聚变业界正合力实现聚变领域如聚变装置、材料等技术攻关。以实现“双碳”为目标来推动向低碳能源转型，推动中国的核聚变发展，积极适应未来能源需求变化。

3 国外可控核聚变发展政策和规划

美国政府高度重视聚变能研究，对聚变能技术日益成熟和市场兴趣浓厚表示认可，并就加速聚变能发展的国际合作进行探索。2023 年 9 月，美能源部长称拜登政府希望在 10 年内建造一座商业核聚变发电设施。2023 年 12 月，美国白宫科学技术办公室发布《聚变能源发展新时代的国际合作》规划，明确 5 项促进聚变商业化的国际合作目标，报告还称美国正加倍努力地开展国内及全球范围内的工作，利用市场力量、资本力量和包容性技术创新，加速以聚变能源为代表的下一代清洁能源技术突破。

欧盟的聚变路线图通过欧洲核聚变研发创新联盟（EUROfusion）的计划来跟

进，2030 年之前，EUROfusion 的聚变发展目标仍侧重于 ITER 建造及相关的研发、JET（欧洲联合环）装置的氘氚运行、DEMO 的概念设计及研发、聚变材料试验装置 IFMIF 的建造、仿星器概念的科技开发。其中，DEMO 还处于概念设计阶段，预计 2050 年实现聚变并网发电的目标，净发电量达 500 MW，并实现氚自持。目前，JET 是世界上唯一一个能够实现"氘氚聚变"反应的实验装置，于 2023 年 12 月完成了第三次也是最后一次氘氚试验，将于 2024 年年初到 2040 年退役和被重新利用。

日本将通过参与 ITER 项目确定科技可行性，再决定向 DEMO 示范堆过渡。当前阶段，日本主要是通过 BA 活动和 ITER 项目验证科技可行性，主要是为实现燃烧等离子体和长期燃烧，为 JA-DEMO 建立物理和技术基础。2023 年 4 月，日本政府将核聚变能视为支撑未来超智能社会的重要基础，制定并首次公开了聚变能源创新战略。目前，日本和欧盟共建的聚变装置 JT-60SA，也是目前世界上最大的超导托卡马克核聚变反应堆，于 2023 年 10 月 23 日在试验运行时完成了首次等离子体放电。

俄罗斯聚变能商业化路径是在 2010—2016 年期间参与 ITER 建设，改造 T-15MD 装置，开展混合堆物理基础研究，解决部分核能实际问题；2016—2031 年，聚焦热核电厂所用材料的研发和试验；2032—2050 年，针对热核电厂的建造技术进行试验，推动聚变电厂建成并不断推进商业化进程。2023 年 4 月 19 日，俄罗斯的 T-15MD 托卡马克装置首次实现稳定等离子体。

韩国 DEMO（K-DEMO）是基于常规托卡马克设计的 DEMO，预计 2050 年建成。韩国核聚变发展路线分为两个阶段：第一阶段（2037—2050 年），K-DEMO 将用于开发和测试组件；第二阶段（2050 年以后），将展示净电力。当前，韩国聚变能研发团队成功对 KSTAR 托卡马克进行了技术改良，成功地将等离子体加热到 1 亿摄氏度以上，并维持了 30 秒的时间。科学家们希望到 2026 年前将等离子体维持时间延长到 300 秒，为实现可控核聚变提供重要数据和经验。

印度以 ADITYA 装置为基础，印度的聚变能计划是从 SST-1 逐步发展到 ITER，同时开展 ITER 工程建造、实验工作和建造国内的 SST-2，DEMO 预计于 2037 年开始修建，希望到 21 世纪中叶建成聚变示范项目，2050 年前建成两座 1 000 兆瓦且完成并网的聚变反应堆。

目前,世界多国正在单独或联合进行聚变能的研究。根据国际原子能机构数据,截至 2022 年年底,全世界约有 130 个国有或私营实验性聚变装置,其中 90 个正在运行,12 个在建,28 个处于计划中。从装置类型角度来看,可分为 76 个托卡马克、13 个仿星器、9 个激光点火设施及 32 个新概念装置。

4 私营聚变公司发展情况

4.1 总体情况

2017 年开始,私营核聚变公司蓬勃发展。根据聚变工业协会(Fusion Industry Association,FIA)统计,开展核聚变的企业以私营企业为主,在 2023 年募集资金占比中,私营企业占比达 95.6%。公司数量方面,2017 年仅有 5 家,到 2023 年接近 50 家,2017—2023 年公司数量增速 CAGR 达 46.8%,其中美国有 25 家,占比接近 50%,是行业发展的主导市场。

私营核聚变公司对于核聚变可用于并网和商业化时间主要位于 2030—2040 年。FIA 对私营核聚变企业的可控核聚变并网时间调查问卷数据显示:70% 的受访企业认为 2030—2040 年能够实现,在预计可控核聚变低成本和高效率的用于商业化时间的选项中,有 65% 的受访企业选择 2031—2040 年。

FIA 发布的《2023 年全球核聚变工业报告》显示,截至 2023 年 7 月,全球核聚变行业投资从 2022 年的 48 亿美元增至 62.1 亿美元(其中私人投资 59 亿美元),投资者对聚变能商业应用的兴趣和支持度仍在稳步增长。新增 13 家企业加入核聚变的开发(共 43 家聚变公司)。

4.2 中国私营核聚变公司情况

随着中国核聚变领域技术不断突破、科研力量持续壮大,近年来核聚变领域的投融资呈现较好的增长态势,主要集中于自建聚变堆的民营企业。我国具有代表性的聚变私营企业主要有新奥科技发展有限公司(以下简称“新奥科技”)、能量奇点能源科技（上海）有限公司（以下简称“能量奇点”）、陕西星环聚能科技有限公司（以下简称“星环聚能”）、聚变新能（安徽）有限公司（以下简称“聚变新能”）、瀚海聚能（成都）科技有限公司（以下简称“瀚海聚能”）5 家。各企业在聚变领域进展如表 1 所示。

表 1　各企业在聚变领域进展

序号	公司名称	技术路线	最新进展	计划
1	新奥科技	玄龙 −50/ 玄龙 −50U（球形托卡马克）	2023 年 10 月 9 日，全球首台 EXL−50U 紧凑型聚变装置真空室正式完工交付	将投资 40 亿元建设新奥“和龙”系列
2	能量奇点	洪荒 70（高温超导托卡马克）	2023 年 8 月，洪荒 70 高温超导托卡马克装置总体安装正式启动	2027 年，设计、建造一个稳态、强磁场高温超导先进托卡马克；到 2030 年，建设示范电厂
3	星环聚能	SUNIST−2（球形托卡马克）	2023 年 7 月，SUNIST−2 球形托卡马克建成并进行首轮运行，获得第一等离子体	2023 年年底，通过公司重复重联可控聚变方案加热等离子体至 1 700 万摄氏度
4	聚变新能	BEST（紧凑型聚变能实验装置）		2027 年演示发电
5	瀚海聚能	场反位形串列磁镜装置及其配套的加热与诊断系统软硬件研发	预计 2023 年下半年开始第一代装置主机的建设	2024 年，实现场反位形，完成诊断系统建设及配置，实现中子源及核心系统组件的产品落地

4.3 全球私营核聚变公司情况

全球来看，通过不同途径探索核聚变技术的代表性企业有 CFS、Helion、TAE、General Fusion 和 Tokamak Energy 等。各企业在聚变领域进展如表 2 所示。

表 2 各企业在聚变领域进展

序号	公司名称	国家	技术路线	装置 / 材料	计划
1	Commonwealth Fusion System（CFS）	美国	磁约束	SPARC 紧凑型高磁场托卡马克，与突破性高温超导磁体技术结合	2025 年实现聚变发电，21 世纪 30 年代建造一座商业聚变发电厂 ARC
2	Helion Energy	美国	磁惯性约束	第七代原型机北极星“poalris”（等离子体加速器）	预计 2024 年运行装置 第七代原型机 poalris
3	General Fusion	加拿大	磁化靶聚变（MTF）	LW26（劳森 26）	2025 年实现超过 1 亿摄氏度的聚变条件，并在 2026 年实现科学能量盈亏平衡
4	Tokamak Energy	英国	磁约束	ST40（紧凑球形托卡马克高温超导磁体）	计划在 2026 年完成建造 ST80-HTS 原型聚变装置。21 世纪 30 年代初期建立一个聚变试验电厂
5	TAE Technology	美国	磁约束	Norman 仿星器（第 5 代场反转配置等离子体发生器，氢硼聚变）	2025 年左右在反应堆“Copernicus”上演示净能量增益，21 世纪 30 年代将建成第一座氢—硼聚变发电厂并接入电网
6	Type One Energy	美国	磁约束	仿星器	

结合《2023 年全球核聚变工业报告》，从上表中可以看出，全球聚变私营企业大多数集中于美国，全世界私营公司正积极探索可控核聚变的不同途径，且未来几年的发展目标十分宏伟，纷纷立下在 2030 年左右的发电目标。

商业资本自 2021 年开始加速进入可控核聚变领域。过往核聚变研究主要由国家机构及多个国家间的合作来主导，但自 2021 年开始，私人资本加速进入可控核聚变领域。商业化聚变领域近年来成立的创业公司数量迅速攀升，其中近一半公司在过去 5 年间成立。这些初创公司也获得了大量的投资，仅在 2022 年一年内就从风投机构获得了约 50 亿美元的资金。

5 典型聚变实验装置

如图3所示，当前世界共有50多个国家正在进行140余项核聚变装置的研发和建设，并取得一系列技术突破，据IAEA预计，到2050年世界第一座核聚变发电厂有望建成并投入运行。其中主要的技术路线是使用磁约束的托卡马克和仿星器，有少数国家进行激光惯性约束的研究。

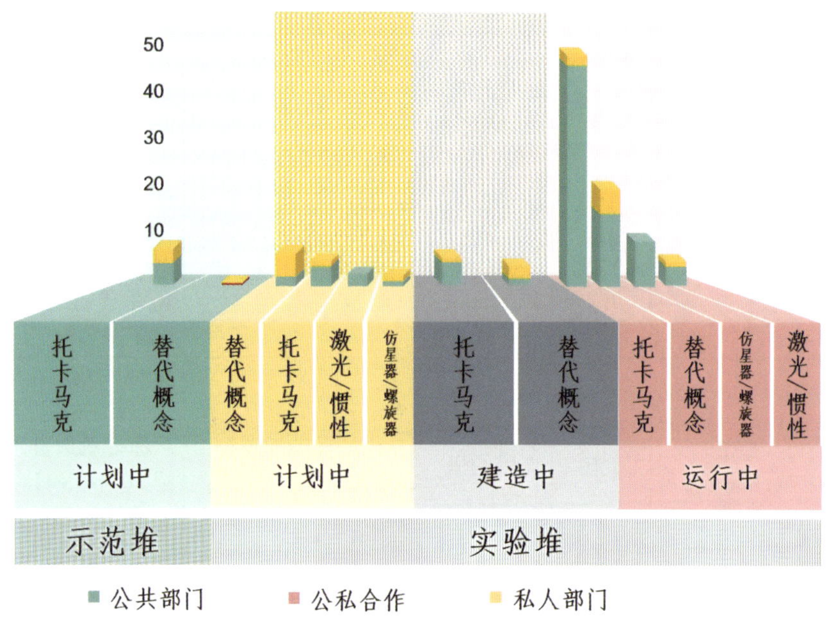

图3 全球核聚变装置数量

5.1 ITER项目

国际热核聚变实验堆（ITER）计划是全球规模最大、影响最深远的国际科研合作项目之一，ITER位于法国马赛，如图4所示，由欧盟、美、俄、中、日、韩、印七方联合实施，是一个能产生大规模核聚变反应的大科学装置，旨在建造一个巨大的托卡马克反应堆，以实现让聚变等离子体燃烧。ITER计划的主要目标是验证核聚变能的可行性，并为未来的聚变能发电厂提供技术基础。截至2023年11月，

ITER 的土建工程已完成 85%，首次等离子体放电所需的大部分系统及部件研制已完成 80%，目前正在安装结构的关键部件。

中国以平等伙伴身份加入 ITER 计划，贡献比例约占 9%，其中 80% 采用了实物贡献方式，并陆续承担了 18 个部件研制项目的制造任务，涉及磁体支撑系统、气体注入系统和可耐受极高温的反应堆堆芯“第一壁”等核心关键部件。2023 年 11 月，ITER 磁体支撑产品交付仪式在广州举行。至此，中国已完成最后一批 ITER 磁体支撑产品制造交付，按时兑现国际承诺，为 ITER 计划第一次等离子体放电的工程节点奠定了基础，也为中国未来聚变堆的设计与建造提供了强有力的技术支撑。

图 4　国际热核聚变实验堆（ITER）项目

5.2 EAST 项目

东方超环（EAST）是我国自行设计研制的世界上第一个“全超导非圆截面托卡马克”核聚变实验装置，如图 5 所示，它同时具有上亿温度的“超高温”、零下 269 摄氏度的“超低温”“超大电流”“超强磁场”和“超高真空”等极限条件，项目难度非常大，它的成功建设和运行是中国可控核聚变研究的里程碑式突破。

EAST 是一个近堆芯高参数和稳态先进等离子体运行科学问题的重要实验平台，它将是在 ITER 之前国际上最重要的稳态偏滤器托卡马克物理实验基地。2023 年

4 月 12 日，EAST 成功实现了 403 秒稳态长脉冲高约束模式等离子体运行，刷新了此前 101 秒的世界纪录，物理实验成果和工程技术能力引领国际前沿。

图 5　EAST 全超导托卡马克核聚变实验装置

5.3 JT-60SA 项目

JT-60SA 是由日本量子科学技术研究所（QST）和欧洲聚变能组织（Fusion for Energy）共同合作建造运行的超导托卡马克装置，如图 6 所示，建造在茨城县日本原子能研究开发机构（JAEA）内。JT-60SA 高 15.5 米，能够容纳 135 立方米等离子体，是目前世界上最新、规模最大的热核聚变实验装置。JT-60SA 将使用氢和氘开展聚变研究，设计用于产生能够持续约 100 秒、温度高达 2 亿摄氏度的等离子体，以供开展等离子体稳定性及其如何影响输出功率的研究。其研究成果将为未来在 ITER 开展的研究提供参考和借鉴。

JT-60SA 已于 2023 年 10 月 23 日首次成功产生等离子体。这意味着该装置实现了基本功能，但距离产生可用于开展物理实验的能持续较长时间的等离子体还需要至少 2 年时间。JT-60SA 成功点火也是实用核聚变能源漫长发展进程中的一个里程碑。日本计划到 2050 年建造一座示范性的核聚变发电厂 DEMO，JT-60SA 对其具有重大的探索意义。

图6　JT-60SA 超导托卡马克实验装置

6　可控核聚变发展面临的挑战

可控核聚变作为一种潜在的清洁能源解决方案，这项技术的发展具有巨大潜力，但要实现商业化和大规模应用，仍面临诸多理论、技术及工程等方面的挑战，亟待科研人员进行深入探索，使可控核聚变的商业化应用成为可能。

一是理论上需要深入了解燃烧等离子体的特性。目前，各个国家对等离子体特性的了解还相对较少，因此很难驾驭聚变能生产。例如，对于燃烧等离子体运动紊流，基于现有知识不能对其进行充分预测，尽管使用高性能计算机进行模拟提高了预测的准确性，科研人员也可通过调整等离子体约束来补偿紊流影响，但这些模型缺乏实验数据，无法准确地预测紊流如何影响等离子体的行为和性能。此外，对于等离子体“燃烧”时所呈现的特性，科学家们了解甚少。目前，对于燃烧等离子体的研究大多处于模拟阶段，聚变装置中对燃烧可能有不同的表现，科研人员需要更多实验数据来深入研究燃烧等离子体特性，从而设计出聚变能发电系统。

二是技术上需要解决氚的来源、维持和增殖的问题。氘氚聚变反应具有诸多优越特性，包括反应截面大、点火温度低及能量释放量大等。在自然界中，氚主要存在于水中，每 1 千克海水中氘的含量约为 0.03 克。此外，现有的提取技术已经相当成熟，能够实现对氘的大规模提取。氚的半衰期只有 12.43 年，因此在地球上并不存在天然氚。全球氚储量到 2027 年可能达峰，即达到 27 千克，而发电量 1 吉瓦的聚变电厂每年就要消耗 56 千克氚，所以氚燃料供应是个严重的工程考量，这使得保障氚的供应成为实现受控氘氚聚变反应所必须解决的重要问题之一。所以，磁约束核聚变反应过程中，氚增殖剂材料的研究和氚燃料循环工艺的研究两个方向成为氚增殖技术研究的热点问题。科研人员需要进一步探索和发展更高效、更环保的氚增殖和回收技术，以推动聚变能源的发展和应用。

三是工程上需要实现聚变能商用复杂系统的工程建设。首先，现有的材料无法持续支持核聚变反应。当核聚变反应发生时，等离子体燃烧所产生的温度是太阳温度的 10 倍；聚变装置还要遭受高能中子的轰击，从而使其机械和热性能降低；现有材料的强度无法满足商用条件。其次，难以建设易维护、易替换的等离子体的容纳系统。该系统需要满足将热能转化为电能的同时，还能够隔绝热和辐射；同时还需要有遥控系统，工程要求极高，难度极大。最后，目前还不能解决极热极冷的工程问题。核聚变装置需要同时满足等离子体燃烧的温度和磁约束工艺，目前实验条件可以实现，但大规模商用还有很长的路要走。

7 总结与展望

世界能源转型已由起步蓄力期转向全面加速期，正在推动全球能源和工业体系加快演变重构。核聚变技术被认为是解决能源问题的一个重要方向，具备可持续性、可再生性和环保性等诸多优势。核聚变技术的发展不仅对解决能源问题有着重要的意义，还能够推动科技的进步和人类社会的进步。然而，核聚变技术的发展仍面临着许多挑战，各国应持续加强国际合作，为推动核聚变技术的发展和应用提供更广阔的空间和机遇。

我国能源革命方兴未艾，能源结构持续优化，形成了多轮驱动的供应体系，核电和可再生能源发展处于世界前列，具备加快能源转型发展的基础和优势。从目前的发展来看，中国在核聚变技术方面取得了显著的进展和成就。通过多个试验装置和示范装置的研发和运行，中国已经站在了核聚变技术的前沿。然而，要实现商业化发电还有许多困难和挑战需要克服。我们期待着中国及其他国家在核聚变技术领域取得更多的突破和进展，为能源领域的可持续发展作出更大的贡献。

第一作者简介

郭登科，核工业工程研究设计有限公司核工程设计所BIM助理工程师，主要致力于核电、核工程安装数字化相关技术研究，参与中国核建、中核二三等科研项目4项，参与“华龙一号”等项目数字化应用，参与智合BIM协同管理平台、三维模型施工系统等数字化软件研发工作。参与公司BIM技术体系构建、企业级数字化标准建立等相关工作。

基于美国先进核能技术研发机制的分析

兰 洋 杨 博 唐 彬 杨 玥 张 玥
（中国核动力研究设计院）

摘 要：美国是最早开展反应堆技术研究的国家之一，积累了卓有成效的经验，并已形成一整套完善的管理体系和研发机制。深入了解美国反应堆技术研发体制机制及其规律，对我国先进反应堆技术研发具有十分重要的意义。本文围绕基础共性技术和民用核反应堆技术的研发模式展开，并以6个民用核反应堆为例，总结其经验并提出相关建议，以促进我国反应堆技术研发和应用。

关键词：核能；先进堆；研发模式；研发计划

1 概述

美国是最早开展反应堆技术研究的国家之一，也是目前全球核电装机容量最大和核发电能力最强的国家。在其核工业发展的过程中也遇到了两大瓶颈：一是俄罗斯核电产业的发展，使美国在全球核电的领导地位受到挑战；二是轻水堆的设计已临近退役，能源供应面临压力。而先进核能技术是一种集可持续性、经济性和安全可靠性于一体的创新性核能技术，在能源、国防建设中均有重要作用。从美国近年的国家政策和项目推进中可看出，先进核能技术已成为重塑美国核能优势、实现能源持续发展的必然选择。

美国先进反应堆技术研发机制方面，可以分为三个层面，具体如下：

第一是**国会总统立法**，国会和总统是核工业的最高决策者，通过制定和颁布有关核能发展法案，在国家立法层面推动核能发展。2018 年 9 月，时任美国总统特朗普签署《核能创新能力法案》，2019 年 1 月签署《核能创新和现代化法案》，前者侧重核能技术创新体制机制优化、基础研究设施建设和共享、资金支持及公私合作等，后者则主要聚焦于美国核管会对先进核能技术的监管框架优化。2021 年 11 月，国会通过了一项由两党共同支持的 1.2 万亿美元基础设施一揽子计划，其中包括对核能的重大投资。

第二是**国家机构主导**，由能源部主导，通过一系列核能研发计划的实施，落实先进核能技术研发推进管理与资金支持。近年来，在能源部主导下，美国先后部署了包括第四代核能系统（Gen-IV）计划（2012 年）、下一代核电厂（NGNP）计划（2005 年）、小型模块化反应堆（SMR）计划（2012 年）和先进反应堆示范（ADRP）计划（2020 年）等多项先进反应堆研发计划。

第三是**多元体系推进**，建立以国家实验室、大学、企业共同构成的多元研发体系。国家实验室依托能源部等国家部门的稳定经费支持，主要开展核领域基础共性技术研究和军用核反应堆技术研发；大学依托国家科学基金及国家实验室科研经费支持，开展核反应堆基础科技创新；核能企业针对先进反应堆应用需要，通过承接国家部门的工程研制项目，完成反应堆应用技术研究和工程推广。

2 研发模式

美国先进反应堆技术研发领域一般分为基础共性技术研发和民用核反应堆技术研发，前者以基础科研国家实验室及相关高校为主体；后者以企业和高校为主体，通过融资竞优的方式，更为灵活。

2.1 基础共性技术研发模式

美国反应堆基础技术领域主要依靠能源部下属的 10 个基础科研国家实验室

及相关高校完成，主要开展战略性、基础性、前瞻性研发及大型科研设施的建造运行。其经费主要来自政府直接投资，占实验室总经费的70%以上，经费稳定充足，近十年来年均经费120亿美元。在这样的背景下，美国在先进核能基础技术领域长期位于世界领先地位。

2.2 民用核反应堆技术研发模式

美国民用反应堆技术研发模式更为开放灵活。主要的模式是：能源部制订一系列技术发展计划，通过发布"融资机会公告"对核能企业、大学等研发机构进行筛选；纳入研发计划后，能源部以投资的方式，与研究机构分担成本，共同为项目提供资金。通过这种政府与企业"公私合营"的合作模式，充分调动社会资源的积极性，牵引先进反应堆技术进步。

3 主要研发计划实施情况

3.1 基础共性技术研发计划

基础共性技术研发计划中最具代表性的为先进燃料循环计划（AFCI），该计划是美国政府的2个主要核能基础研究项目之一。自美国能源部成立以来，该机构一直以发展燃料循环新技术作为目标。近年来，由于需要管理高放废物，避免产生分离的民用钚，实现乏燃料的能源价值，并为新一代核电厂开发燃料循环体系，所需资金也有了大幅增加。奥巴马政府2016财年的预算要求为燃料循环研发工作提供2.17亿美元的资金，比2015财年增加10%。

AFCI的研发工作包括技术研发，将乏燃料中的遗留元素（主要是UREX工艺）进行分离，并将乏燃料中最麻烦的成分（例如钚和次锕系元素）转化为不具处置危险性的材料，或是回收转化为快堆燃料。AFCI研究的重点之一是开发第四代核电厂的燃料系统和相关技术。

3.2 民用核反应堆技术研发计划

3.2.1 核能研究倡议计划

核能研究倡议计划（NERI）于 1999 年启动，当时美国国内正在重新关注如何满足国家长期能源需求，同时更加认识到核能作为能源结构组成部分的作用。1977 年，时任总统吉米·卡特邀请科学技术顾问委员会对当时的国家能源组合结构进行审查，并提出相关建议，以满足下个世纪的能源需求。重要建议之一是采取协调一致的研发措施，以克服扩大核电装机容量方面可能面临的障碍，例如资本成本、核废物处置和核武器扩散的风险等。根据这一建议，美国于 1999 年发起了 NERI 计划，为国家实验室、大学和工业企业的研究提供资金。2004 年，为推进政府的主要核能研发计划，NERI 的工作重心重新转移至大学研究项目，包括先进燃料循环计划（AFCI）、第四代核能系统计划（Gen-Ⅳ），以及隶属于下一代核电厂（NGNP）计划的核能制氢倡议计划（NHI）等。

3.2.2 第四代核能系统计划

第四代核能系统计划（Gen-Ⅳ）旨在开发出可在未来 20 年内部署的新反应堆系统，核能办公室将通过能源部国家实验室和美国大学的研发，以及与行业和国际合作伙伴的合作来推动该计划。能源部共对 6 种潜在的四代堆中的 5 个下一代反应堆研究项目提供了资助，分别为：热中子超高温气冷堆（VHTR）、超临界水冷堆（SCWR）、气冷快堆（GFR）、铅冷快堆（LFR）和钠冷快堆（SFR）。

能源部规定超高温气冷堆作为新一代核电厂的试点项目获得政策优待，与之对应的是美国下一代核电厂计划。超高温气冷堆能够大规模地生产电力和氢气，但是不具备快堆燃烧再循环核燃料的能力。

3.2.3 下一代核电厂计划

2005 年能源政策法案提出了下一代核电厂计划（NGNP），即到 2021 年建成一座高温气冷堆原型堆及相关电力或氢气生产设施，并成功投入运行，但由于政府对研究资金投入不足、对反应堆过高的高温要求，以及对“氢”经济需求的延迟等多种因素，造成项目延期，后于 2013 年暂停。2005 年法案规定，NGNP 项目由爱达荷国家实验室牵头，并应与私营企业达成规定费用分担协议。由此，由主要的反应堆供应商和潜在终端用户组成的 NGNP 产业联盟于 2009 年正式成立。2010 年，能源部为 NGNP 项目拨款 4 000 万美元，用于该项目的第一阶段，包括研发、概念设计和制定 NGNP 许可要求，并选定西屋电气公司和通用原子能公司牵头。但在 2011 年能源部决定不进入 NGNP 项目的详细设计和许可申请阶段。第一阶段结束后，2013 年 1 月，能源部批准向 NGNP 产业联盟有限公司下拨 100 万美元，用于高温气冷堆（HTGR）为期 12 个月的研究工作，费用等比例均摊，该款项是在 NGNP 示范项目的名义下发放的。之后，能源部于 2013 年 4 月表示，能源部的工作重点已经从 NGNP 逐渐转向“先进反应堆概念的长期研究”。

3.2.4 小型模块化反应堆计划

能源部在 2012 财年行政预算中提出了一项新计划，即小型模块化反应堆（SMR）计划。根据该计划，能源部将与企业采取成本分摊的方式开展 2 座小型轻水堆的设计认证和建造运营许可证申请工作，从而加速小型堆商业化进程。这一计划将大力推动小型堆首堆工程项目、设计认证和许可申请工作的展开。此外，NRC 还提出了一项 1 100 万美元的资金申请，以用于小型堆许可证申请准备、设计证书申请及初步审查工作。更多更先进的设计，如金属冷却或气体冷却小型堆等，都可从能源部所提出的反应堆概念研发和示范计划中获得资金支持。

在美国，小型模块堆的设计很多，其中有西屋电气公司计划与 Ameren Missouri 公司共同为其研发的西屋 SMR 225 MW 级小型堆申请许可证，而霍尔吉克公司则将与 NuHub 公司共同为 SMR-160 设计提出许可证申请。Babcock&Wilcox 公司的 125 MW 级 mPower 设计（由 Bechtel 公司提供技术支持）和 NuScale Power 公司的 45 MW 级小型堆设计（由 Fluor 公司提供支持）目前正在进行激烈角逐。

能源部于 2024 年 6 月中旬宣布，将注资 9 亿美元用于开发小型模块化反应堆，并表示最高 8 亿美元将用于支持一到两个“先行团队”，包括计划部署首个小型模块化反应堆和一个多反应堆项目；另外，最高 1 亿美元将旨在通过解决设计、许可、开发和场地准备方面的差距来帮助推动小堆的发展。

3.2.5 核能制氢倡议计划

2002 年 11 月，能源部发布了《国家氢能路线图》。该路线图的目的是确定实现氢的潜力所需的活动，以解决美国的能源安全、多样性和环境需求。随后，能源部核能办公室于 2004 年 3 月制订了一项核能制氢倡议计划（NHI），计划在 2017 年之前完成采用核能系统所产生的热量进行商业规模氢气生产的示范项目。这一目标以上文所述的高温气冷堆（HTR）为基础，研发工作将以 3 项技术为重点：热化学水分裂，高温电解，以及高温气冷堆和生产工艺之间的接口。随后，能源部于 2020 年发布的氢项目计划提出，开发在超高温度下运行的先进反应堆，以匹配先进的热化学循环制氢工艺。

能源部还遴选了 2 个小组来调查使用现有反应堆所发电力生产氢的经济可行性。下阶段工作的重点将包括对相关理念进行验证。其中一个小组由 GE 全球研究中心牵头，该小组的工作重心将主要着眼于碱性电解技术；另一个小组则由 Electric Transport Applications 公司牵头，研究如何使用质子交换膜进行电解。与此相关的是，德克萨斯大学发起的高温反应堆计划，以通用原子能公司的模块化氦反应堆（MHR）为基础，同时能源部的桑迪亚国家实验室也将参与其中，该计划将以氢气的最终热化学生产为研究重点，并于 2019 年开展了氢燃料电池技术的早期市场示范。

3.2.6 先进堆示范计划

为响应国会发布的《重塑美国核能竞争优势》战略，加强在下一代核技术领域的领导地位，同时，为帮助国内私营企业的示范先进核反应堆项目，2020 年 5 月，美国能源部宣布启动先进反应堆示范计划（ADRP），包括三个子项目：先进反应堆示范、降低未来示范风险、新概念先进反应堆 -20（ARC-20），目标是在 7 年内建成两座先进示范堆，同时重点关注先进反应堆的技术、运营和监管等风险问题，为未来示范工作做好准备，另外还将开发创新、多样化的先进堆型。

ARDP 项目由美国国会拨款，能源部主导管理工作及资金分配，核管理委员会（NRC）制定先进反应堆的设计、选址和许可等标准，并确保项目按期完成认证、许可审查及监管，由爱达荷国家实验室牵头的国家反应堆创新中心（NRIC）对先进反应堆技术进行测试和评估，最终由选中的团队完成各个子项目的研发、建造工作。ARDP管理架构如图1所示。

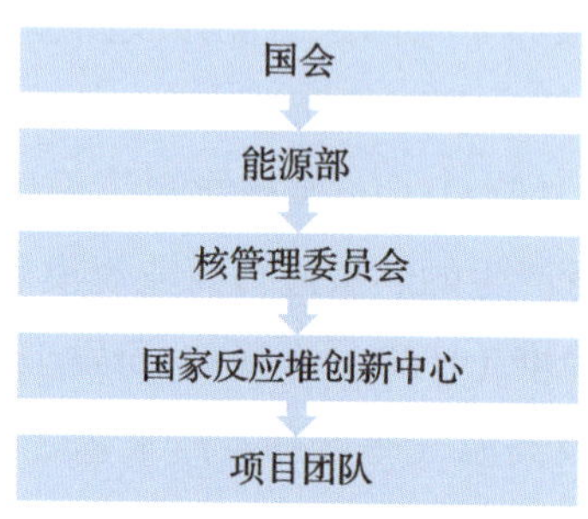

图1　ARDP管理架构

ARDP计划中的子项目均由获批的研发团队主导研发方向，并与国家实验室、高校或其他私营公司在其专业领域加强合作，加快示范项目的研发进程。ARDP下属的三个子项目共选定了十个研发团队，并行推进各自的研发项目，如图2所示，其中，先进反应堆示范计划选定了泰拉能源公司和X能源公司。

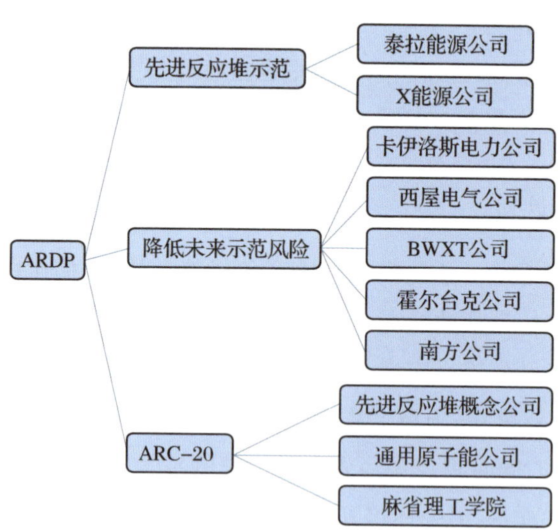

图2　ARDP选定的研发团队

能源部以投资的方式，与美国核工业分摊成本，共同为研发项目提供资金。能源部通过发布的"ARD 融资机会公告（FOA）"对核工业实体公司、高校等研发团队进行筛选，提供了三条示范途径，即上述三个子项目，对选定的研发团队给予一定份额的投资。

在先进反应堆示范计划中，能源部计划 7 年内总投资约 32 亿美元，向泰拉能源公司和 X 能源公司各提供 8 000 万美元的初始资金，具体金额视未来拨款情况而定，合作的研发团队将承担相应的资金份额，具体份额待持续跟踪，国会为 2020 财年预算拨款 1.6 亿美元，作为这些示范项目的初始资金，分别用于钠冷快堆和 Xe-100 高温气冷堆的示范项目。短期以外的资金取决于未来的其他拨款、进展评估和能源部对延续申请的批准等方面。

先进反应堆示范计划预计在 2027 年之前完成两座反应堆的研发并交付：泰拉能源公司将交付钠冷快堆示范工作，计划在 2024 年开始建设；X 能源公司将交付 TRISO 燃料制造设施和 Xe-100 高温气冷堆的 4 台机组，计划选址在华盛顿州的哥伦比亚核电厂。

另外，ARDP 项目还包括"降低未来示范风险"项目和"新概念先进反应堆 -20"项目。根据能源部的计划，"降低未来示范风险"项目将在 7 年内完成总投资约 6 亿美元，核工业合作伙伴总投资约 4 亿美元，项目初始资金 3 000 万美元，其中，① 卡伊洛斯电力公司（Kairos Power）获批的研发项目总金额为 6.29 亿美元，能源部份额为 3.03 亿美元；② 西屋电气公司获批的研发项目总金额为 930 万美元，能源部份额为 740 万美元；③ BWXT 公司获批的研发项目总金额为 1.066 亿美元，能源部份额为 8 530 万美元；④ 霍尔台克公司（Holtec Government Services）获批的研发项目总金额为 1.475 亿美元，能源部份额为 1.16 亿美元；⑤ 南方公司获批的研发项目总金额为 1.13 亿美元，能源部份额为 9 040 万美元。关于该项目的资金份额分配详见表 1。该项目计划在未来 10 ~ 14 年内实现相关技术的部署，其中 eVinci 微堆示范项目的目标是在 2024 年之前完成原型，并在 21 世纪中后期进行全面商业部署。

表 1　“降低未来示范风险”项目资金份额分配

团队	项目	总资金/百万美元	能源部资金/百万美元	能源部份额占比/%	合作伙伴份额占比/%
卡伊洛斯电力公司	Hermes 小型试验堆	629	303	48.17	51.83
西屋电气公司	eVinci 微堆	9.3	7.4	79.57	20.43
BWXT 公司	BANR 微堆	106.6	85.3	80.02	19.98
霍尔台克公司	Holtec SMR-160 反应堆	147.5	116	78.64	21.36
南方公司	熔盐反应堆实验（MCRE）	113	90.4	80	20
总金额		1 005.4	602.1	—	—

对于“新概念先进反应堆-20”项目，能源部计划在 4 年内总投资约 5 600 万美元，核工业合作伙伴总投资约 1 400 万美元，承担约 20% 的配套资金，项目初始资金 2 000 万美元，① 先进反应堆概念公司获批的研发项目总金额为 3 440 万美元，其中能源部份额为 2 750 万美元；② 通用原子能公司获批的研发项目总金额为 3 110 万美元，其中能源部份额为 2 480 万美元；③ 麻省理工学院获批的研发项目总金额为 490 万美元，其中能源部份额为 390 万美元。关于该项目的资金份额分配详见表 2。该项目计划在 21 世纪 30 年代中期实现技术示范。

表 2　“新概念先进反应堆-20”项目资金份额分配

团队	项目	总资金/百万美元	能源部资金/百万美元	能源部份额占比/%	合作伙伴份额占比/%
先进反应堆概念公司	100 MW 反应堆的初步概念	34.4	27.5	79.94	20.06
通用原子能公司	50 MW 模块化快堆	31.1	24.8	79.74	20.26
麻省理工学院	模块一体化高温气冷堆（MIGHTR）	4.9	3.9	79.59	20.41
总金额		70.4	56.2	—	—

4 启示与建议

4.1 发展经验总结

美国在基础共性技术和民用核反应堆技术方面，采用国家牵头攻关基础技术、政企合作开发应用技术的模式，保证了美国在核能领域的世界领先地位。在核能基础技术领域，由于开展先进核能技术创新的中小企业缺乏大型试验设施和验证能力，充分利用国家实验室等政府技术资源，主要依靠能源部下属的 10 个基础科研国家实验室，开展战略性、基础性、前瞻性研发及大型科研设施的建造运行。其经费主要来自政府直接投资，占实验室总经费的 70% 以上，经费稳定充足，近十年来年均经费 120 亿美元。在这样的背景下，以“国家抓基础和共性技术、企业抓应用技术”为基本原则，开展核领域基础和前瞻技术研究，因而美国在先进核能基础技术领域长期位于世界领先地位。

但是在核能应用技术领域，虽然通过政府与企业合作，充分调动社会资源共同研发，但是这种模式并没有能够复制压水堆的成功，新型反应堆在数十年的研发后仍离商业应用尚远。究其原因，一方面是先进反应堆技术投资大、周期长，商业化核能技术涉及的漫长交付周期和高风险让私人投资独立承担并不现实；另一方面是美国包括核能在内的能源政策受到政治党争的影响加大，能源政策或成为政治筹码，政府政策在各界调整较大，无法形成统一长远的战略规划。虽然近年推进了多个囊括了多种先进反应堆技术的发展计划，但是在多种因素的影响下部分中止，部分技术取得一定突破，但仍离商业应用尚远。

4.2 启示建议

根据实际情况，制定适合国情的发展模式是加快我国新型新建反应堆研发的关键因素，借鉴美俄的反应堆技术发展模式，可以从以下三方面着手，加快我国反应堆技术研发和应用：

（1）发挥政府战略规划引领，形成高效统一的管理机制，加大政府直接支持力度。根据美国成功发展经验，先进反应堆技术研发需要长期稳定的战略规划和高效统一的管理机制。我国当前的反应堆技术研发在各个层面存在分头管理情况，不可避免地出现重叠，导致资源分散，不利于集中管理和战略统筹。因此建议加强在发展战略和管理机制上的统一。同时，先进反应堆技术研发需要长期稳定的经费支持，因此建议加强发挥政府投入的主导作用，完善科技融资体系，创立科技基金，并在全社会建立多元化、多渠道的投入体系。

（2）建议在国家部委机关统一指导下，建立以国家实验室牵头完成基础关键科技攻关，以企业为主开展工程应用研究的二元发展模式，公私共同推进。先进反应堆技术是高新尖技术，具有综合性强、覆盖面广和多学科交叉等特点，但由于项目成本不确定性和核能开发过程耗时漫长且昂贵，会导致项目进度延缓，因此需要公私共同推进，克服这些问题。可借鉴美国发展经验，对于先进反应堆研发阶段涉及的广泛的前沿性、基础性和交叉性关键科学问题，需要在国家直接部署下通过基础研究国家实验室完成攻关，在应用研究阶段由核能企业完成开发。因此建议一方面在国家部委机关统一部署下，国家实验室牵头完成基础关键科技攻关；另一方面在政府的组织和引导下，充分调动企业的积极性与创新能力，引入核能企业的资本和创新技术，发挥企业在市场经济中最活跃的作用，将其打造成为先进反应堆应用技术创新的主体。在市场的导向下，加强科技成果的应用与转化，通过科技进步和产业升级提高企业的效益。

（3）基础研究与应用研发共同发展。长期以来，我国对先进反应堆技术基础研究领域的投入比重一直较低，且未成体系。应理顺基础研究的投入和管理体系，整合目前国内各类先进反应堆涉及的基础研究与应用研发项目，提高国家对基础研究与应用研发的投入力度。应进一步明确科研机构及企业在基础研究与应用研发方面的使命定位，并保证其运行模式和治理结构与其使命定位相匹配。使基础研究与应用研发的投入比重保持平衡，令其共同发展，这是我国先进反应堆技术研发领域稳定发展的必要条件之一。

第一作者简介

兰洋，中国核动力研究设计院副研究馆员，长期从事核领域战略研究与咨询以及知识管理工作。近年来，先后担任《国外核能研究机构》《医用同位素市场供需研究分析》等多个课题的负责人，同时担任多个知识管理和数字化转型项目负责人。

“国和一号”示范工程大宗物项质量管控探索与实践

刘新利　王光辉　赵　猛
（国核示范电站有限责任公司）

摘　要：本文主要分析核电行业工程建设期间大宗物项质量管控的难点，并结合工程实践和项目特点，提出分级分类的管控策略。阐述了根据项目实施阶段建立的多层管控体系及精细化管控措施，介绍了确保体系最终落地的工作机制及取得成效。

关键词：“国和一号”；核电；大宗物项；质量管控；实践；管理创新

1　背景

安全和质量是核电发展的生命线，为了确保核电的持续、高质量发展，必须构建全方位的安全防线，并不断强化质量管理。

在核电工程领域，大宗物项的质量管理长期存在规范化和体系化程度不足的问题，已成为核电质量管理的一个薄弱环节。近年来核电工程大宗物项质量问题多发，如紧固件报告造假、阀门焊接工艺不当和管件制造工序违规分包等，每一起大宗物项质量问题导致的全国范围核电厂的排查与更换，带来的直接经济损失可达数百万元乃至数十亿元，这已引起行业内的广泛重视。

国家监管部门对大宗物项的质量要求越来越严格，先后发布了多个文件，要求进一步加强大宗物项的质量管理，例如，国核安发〔2016〕195 号文《关于进一步加强核电厂紧固件等大宗物项质量管理的通知》、国能发核电〔2020〕68 号文《关于加强核电工程建设质量管理的通知》、国核安函〔2021〕8 号文《关于进一步加强核电厂安全相关物项大宗物项质量管理的通知》等。

在“国和一号”示范工程采购过程中，我们通过对近年来大宗物项质量问题的总结分析，认为大宗物项质量管理难点主要源于其制造特点和市场特性：

（1）管理渗透难。市场化程度高、采购链条长，各方管控力量无法形成合力，管理要求难以渗透。

（2）统一标准难。制造门槛低、制造单位质量良莠不齐，同时采购技术要求不明确具体，加上设计、采购、施工接口复杂，难以形成统一的检查标准。

（3）质量监督难。种类复杂、工艺各异，常规的监造工作导则无法有效指导大宗物项质量检查的实施。同时，抽查检查也没有统一、高效的规定。

（4）监管落实难。大宗物项管控范围缺少明确限定，导致制定管理策略时，虽管控力度加强，但管理模式缺乏针对性，无法有效落实管理要求。

我们针对大宗物项质量管控的特点和难点，积极开展实践探索并取得了明显的成效，最终形成了具有“国和一号”特点的大宗物项质量管控体系，这是核电行业内首次由业主单位主导规划的跨单位、跨阶段的质量管理体系。

2 大宗物项质量管控体系建设

2.1 管控思路及“啄木鸟”行动

“国和一号”示范工程的大宗物项质量管控从管理理念和管理机制上进行创新，引入“大质保”理念，建立“大协同”机制，形成了规范化、体系化的管理模式，彻底打破了当前毫无章法的大宗物项质量管理现状。

在管理理念上，分析问题产生的规律、厂家供货的规律及问题原因的人因规律，结合影响后果分析，提出质量保证全程参与的“大质保”管理理念，针对厂家的管理体系弱项，开展质保体系帮扶，从源头上提升质量保证，针对质量管控薄弱环节，开展专项质保监查监督。

在管理形式上，纵向将供应商、承包商、总包方、业主、第三方监督联合在一起，横向加强采购、设计、施工、建安和质保等各专业的协同，形成了跨单位、跨专业联合的“大协同”机制。

以“大质保、大协同”为前提，由业主主导，联合总包方、监理方、承包商在项目层面共同发起“啄木鸟”行动，如图1所示，以“纵深防御”的系统性思维开展大宗物项质量综合治理。

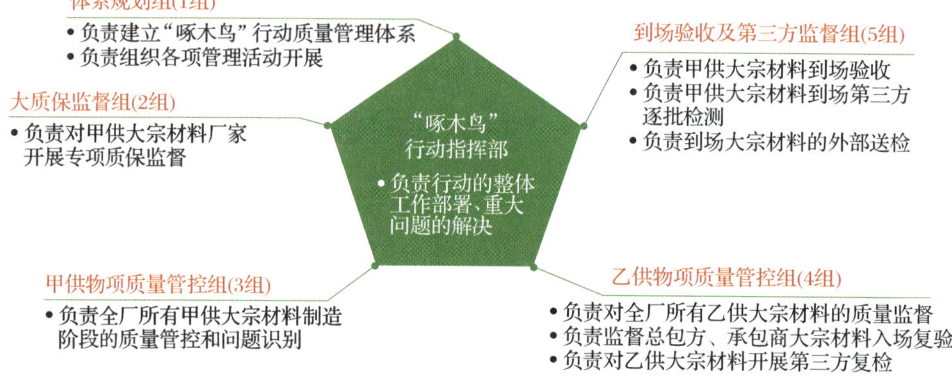

图1　大宗物项质量管控行动

由项目管理层担任“啄木鸟”行动总指挥及副总指挥，成立5支“啄木鸟”小组，包括体系规划组、大质保监督组、甲供物项质量管控组、乙供物项质量管控组、到场验收及第三方监督组。通过“啄木鸟”行动，实现了问题快速响应、信息即时共享、经验互联互通的项目层面联防联控。

2.2 管控对象及范围

“国和一号”示范工程的大宗物项质量管控，以国核安发〔2016〕195号文、国核安函〔2021〕8号文为依据，从落实监管要求出发，强调“全类别覆盖、全过程控制”。

将管控对象确定为全场大宗物项，包括总包方采购的甲供大宗物项，分为紧固件，阀门，管道管件，支吊架，电缆在、桥架及小三箱，小成套设备共 6 类，以及现场建安承包商采购的乙供大宗物项，分为安装材料、建筑材料、特殊工艺材料 3 类，又细分为电仪、管道、紧固件、暖通、钢结构、砂石水泥、装饰装修材料、钢筋、焊材、NDE 耗材 10 种。针对每类大宗物项，考虑厂家、采购方式、监造力度、以往业绩、物项特征、安装属性、厂房位置和经验反馈等因素，实行分级分类的差异化管控。

将管控范围界定至采购全过程。细化制造过程的监督，按大宗物项类别编制质量管控细则，指导质量监督的实施；强化到场验收，明确开箱检查项目，引入第三方独立监督，作为不打破原质量管控流程的补强措施。同时充分利用发现问题向监督过程的反馈，形成“发现问题—监督强化—质量提升”的管理螺旋式提升。

2.3 管理体系建设

如图2所示，“国和一号”示范工程由业主率先发布《大宗物项采购质量管理》《乙供物项监督管理》程序，并编制《大宗物项质量管控细则》《乙供大宗物项复验项目手册》。监理及第三方承接发布《大宗物项第三方质量监督实施方案》《工程材料 / 构配件进场验收管理》，总包方采购及到场验收部门运转《供应商采购大宗物项补充质保和技术要求》《乙供物项管理规定》《物项接收检查细则》开展采购放行及到场验收工作，供应商及承包商根据入厂 / 入场复验程序开展入厂复验工作。

通过管理要求的逐层落实，质量责任的逐层压实，业主—总包—监理及第三方—供应商及承包商的多层次参与、多单位协同的大宗物项质量管理体系形成。

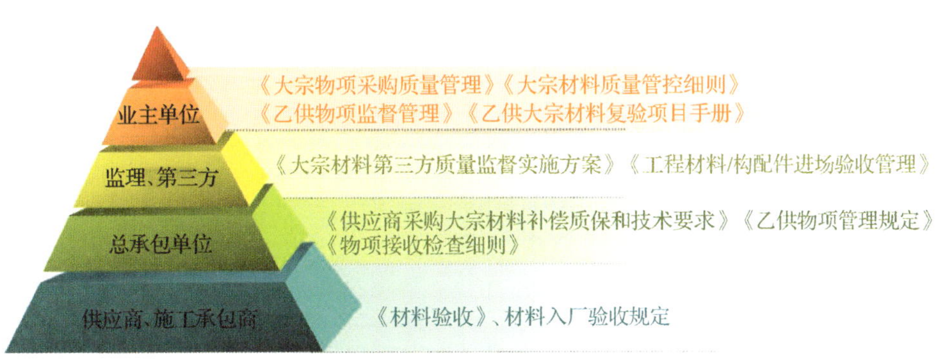

图 2　大宗物项质量管控程序

3 大宗物项质量管控实践

3.1 大宗物项质量管控细则

“国和一号”示范工程根据大宗物项分类，开展质量风险分析，分析要素涵盖厂家业绩、供货数量、物项级别、质量失效影响和经验反馈等信息，并针对性制定管控思路，形成了便于操作、可执行的大宗物项管控细则，如图 3 所示。

以最复杂的紧固件为例。针对紧固件供货特点，概括为3类：总包方直接采购、供应商制造过程中自行采购、供应商采购的成品设备上已安装的紧固件。针对现场安装情况，分为设备类紧固件、系统紧固件和地脚螺栓。按照紧固件承担的功能（密封、承压、连接），可判断紧固件失效后对设备功能的影响，从而确定紧固件的重要性。按照紧固件制造要求和等级，一般分类为核安全级和非核级，非核级根据承载要求和性能等级分为高强紧固件和普通紧固件。

结合以上分析过程，并考虑紧固件失效的风险后果，考虑应用系统和位置的重要性、大批量应用情况等，确定需开展管控的厂家范围和物项范围。

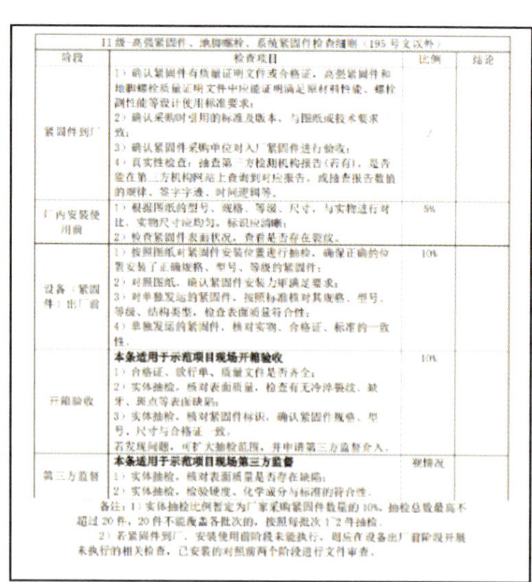

II级-高强紧固件、地脚螺栓、系统紧固件检查细则（195号文以外）

阶段	检查项目	比例	结论
紧固件到厂	1）确认紧固件有质量证明文件或合格证，高强紧固件和地脚螺栓质量证明文件中应能证明满足原材料性能、螺栓副性能等设计使用标准要求； 2）确认采购时引用的标准及版本，与图纸或技术要求一致； 3）确认紧固件采购单位对入厂紧固件进行验收； 4）真实性检查：抽查第三方检测机构报告（若有），是否能在第三方机构网站上查询到对应报告，或抽查报告数值的规律、签字字迹、时间逻辑等。	/	
厂内安装使用前	1）根据图纸的型号、规格、等级、尺寸，与实物进行对比，实物尺寸应均匀，标识应清晰； 2）检查紧固件表面状况，查看是否存在裂纹。	5%	
设备（紧固件）出厂前	1）按照图纸对紧固件安装位置进行抽检，确保正确的位置安装了正确规格、型号、等级的紧固件； 2）对照图纸，确认紧固件安装力矩满足要求； 3）对单独发运的紧固件，按照标准核对其规格、型号、等级、结构类型，检查表面质量符合性； 4）单独发运的紧固件，核对实物、合格证、标准的一致性。	10%	
开箱验收	**本条适用于示范项目现场开箱验收** 1）合格证、放行单、质量文件是否齐全； 2）实体抽检，核对表面质量，检查有无冷淬裂纹、缺牙、斑点等表面缺陷； 3）实体抽检，核对紧固件标识，确认紧固件规格、型号，尺寸与合格证一致。 若发现问题，可扩大抽检范围，并申请第三方监督介入。	10%	
第三方监督	**本条适用于示范项目现场第三方监督** 1）实体抽检，核对表面质量是否存在缺陷； 2）实体抽检，检验硬度、化学成分与标准的符合性。	视情况	

备注：1）实体抽检比例暂定为厂家采购紧固件数量的10%，抽检总数最高不超过20件，20件不能覆盖各批次的，按照每批次1~2件抽检。

2）若紧固件到厂、安装使用前阶段未能执行，则应在设备出厂前阶段开展未执行的相关检查，已安装的对照前两个阶段进行文件审查。

图 3 大宗物项质量管控细则

根据识别范围情况，分级别制定管控要求，将全厂紧固件分为Ⅰ类、Ⅱ类及Ⅲ类开展管控。Ⅰ类为安全级紧固件，受国核安全〔2016〕195号文管辖；Ⅱ类为国核安发〔2016〕195号文以外的高强紧固件、地脚螺栓及系统连接用紧固件；Ⅲ类为普通紧固件。

当前行业内对Ⅰ类紧固件管理较为规范，但对Ⅱ、Ⅲ类紧固件缺乏有效管理。因此，针对不同类别紧固件，在采购到厂、安装使用前、设备出厂放行前、开箱验收和第三方监督等环节制定应检查的项目和抽检比例，形成检查细则。

对大宗物项来说，原监造模式无明确、统一的验收标准，质量问题能否识别取决于监造人员个人经验和专业能力。“国和一号”示范工程编制的大宗物项质量管控细则从中华人民共和国产品质量法和其他强制法规出发，制定了出厂放行、入厂验收等环节的清晰、可操作的检验要求，使大宗物项的质量管控活动有了依据。

3.2 联合大监督

在“啄木鸟”行动框架下，整合全项目质保监查监督力量，统一制订监查计划，“啄木鸟”小组打破单位和部门界限，统一大宗物项质量问题“早识别、不放过”的目标，开展大宗物项风险点重点监督。

各工作组负责领域大宗物项质量管控工作，制订工作计划并落实实施。质保监查组负责大宗物项供方管理，结合大宗物项采购及制造特性制订年度专项监查计划，并组织开展专项质保监查活动。大宗物项质量管控组为推动管控细则落实，要求监造人员放行前进行执行细则确认签字，并成立业主监督组，制定大宗物项质量管控监督执行清单，跟踪督促以加强措施放行及第三方复验工作。到场验收及第三方复检组按照设备到货开箱计划，结合厂家、大宗物项规格、到货批次制订复检计划，实现到货批和库存批的双100%复检覆盖。

自2021年至2022年年底，“国和一号”示范工程累计对60余家大宗物项供应商开展了质保监查、质保帮扶和大监督等各类形式的专项检查，开出问题整改单242份。

3.3 质量监造体系补强

“国和一号”示范工程结合核电主设备的质量监造体系，对大宗物项的质量管控制定了针对性的补强措施：

（1）大宗物项的质量管控涵盖原材料入厂、机加工、NDE 和出厂试验等主要工艺流程。

（2）重视经验反馈、到场问题、质量风险，并在各流程环节识别需重点检查的问题。

（3）对于原材料性能、功能试验、规格和尺寸符合性等通用工序，列出参考文件清单，统一监督验收的衡量标准。

大宗物项的质量监造尤其重视两点：一是管控细则执行，二是过程专项检查。对于管控细则，业主监督总包方监造人员落实 14 份清单、共 12 038 种规格物项执行已发布的管控细则，并将细则执行情况的检查与放行单关联，放行前必须确认细则执行情况。对于专项检查，重点关注三类物项：大批量采购但按现行监造分级不进行管控或弱管控的设备、大批量采购但不在选点监督范围中的零部件、现场开箱验收及第三方监督反馈问题集中的设备或部件。

3.4 引入第三方监督

在到场验收环节，除了增加需开箱验收人员检查和确认的细节外，业主单位还额外聘请第三方监督团队参与到场验收活动。

如图 4 所示，第三方监督负责审查到场大宗物项的识别、抽批、文件审查及抽样复检，复检手段包括尺寸测量、表面漆膜厚度测量、化学成分测量和 NDE 检测等。第三方监督团队仅对业主负责，其发现的问题作为业主开箱检查意见纳入到总包方开箱验收意见单中，并由第三方团队跟踪总包的问题关闭情况。这一行动不但没有给总包方带来开箱验收环节的工作压力，反而增强了到场验收的实力和对开箱物项的质量信心。

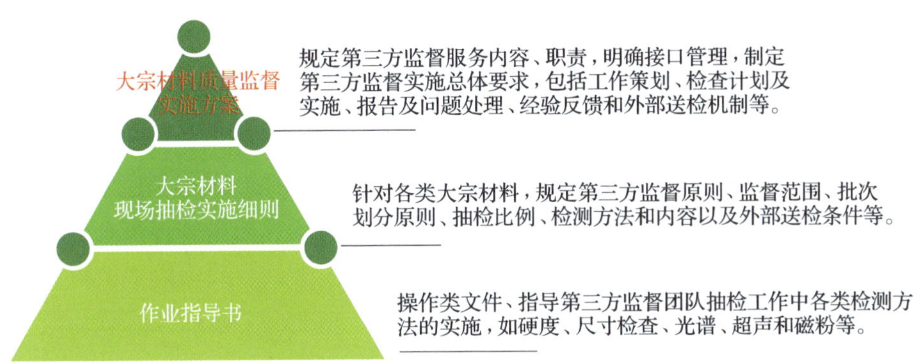

图 4　大宗物项第三方监督实施

在“国和一号”示范工程上，第三方监督的具体工作包括但不限于以下：

（1）大宗物项的质量证明文件，100% 检查。

（2）依据作业指导书实施实体检查，包括外观检查、尺寸检查、涂层检测、硬度检查和光谱检测等。

（3）实体检查发现问题后扩大比例继续检测，仍不合格则扩大至 100% 检测。

（4）外部试验室送检：存疑物项、争议物项、破坏性试验外送检验。

（5）特殊物项扩大比例，地脚螺栓逐根 100% 检查。

（6）每批出具抽检报告，问题归入开箱问题处置。

（7）每周 / 月总结典型问题、典型厂家、跟踪到场物项质量趋势，定期向上游反馈、形成改进闭环。

4　实践成果及意义

自 2021 年起开展大宗物项质量管控专项活动至今，“国和一号”示范工程形成了跨单位联合的质量联防联控机制，形成了问题识别、确认、处理的规范化管理模式，取得了一整套管理创新成果，形成了可供借鉴的大宗物项专属质量体系。实现了一个“下降”、三个“零”：大宗物项到货质量问题发生率下降、大宗物项批量质量问题影响工程建设零发生、大宗物项重大经验反馈问题零复发、核安全级大宗物项返厂问题零重发。

大宗物项作为核电厂建设所必须的最广泛、最基础的材料，为了确保核电建设期的顺利开展，业主及总承包单位应对其质量开展针对性的管控。“国和一号”示范工程大宗物项质量管控体系是在工作实践中不断分析、积累、归纳产生的，还在不断补充完善之中，但作为迈出大宗材料质量管理的第一步，获得了监管单位及同行电厂的好评，其中的管理思路及做法可为后续大宗物项质量管理提升提供有价值的参考。

第一作者简介

刘新利，研究员级高级工程师，从事核电工程三十余年，参加了秦山核电二期、红沿河核电前期、三代核电自主化依托项目（海阳）及国家科技重大专项“国和一号”示范工程建设；全程参加了中国三代核电自主化依托项目与美国西屋电气公司的技术谈判与合同签订；组织完成了“国和一号”屏蔽电机主泵等主设备的研供，推动实现核级电动阀、主蒸汽和主给水隔离阀等多项重大专项课题研制成果应用落地；主持完成了《核电大宗物项质量管控创新与实践》等多项课题并荣获集团公司管理创新一等奖。现担任国家电力投资集团公司专家、国核示范电站有限公司副总监。

成员支持活动促进运行核电厂良好实践与绩效管理提升

刘 强 王晓峰 晁 昊
（中国核能行业协会）

摘 要：本文通过详细介绍中国核能行业协会核电分会在其成员核电厂开展的运行成员支持活动（简称“成员支持活动”）的实施方法和特点，并对实施效果和成功经验进行总结，阐述了中国核能行业协会等组织通过发挥平台作用和聚集专家资源的优势，在适用的流程支持下，可以在促进核电运行领域良好实践分享和绩效提升方面发挥积极作用和效果。此外，相比国际交流活动，在国内核电厂间组织和开展以相互借鉴和分享成功经验为主要方式的成员支持活动具有效率更高和交流更充分的特点。当前，核电厂运行安全是国家和社会安全及核电行业健康发展的重要保障，追求卓越绩效和持续改进安全管理成为核电运营者的共识，以帮助成员单位在需求和提升领域提供解决方案和思路为目的的成员支持活动将会受到更多运行核电厂的欢迎。通过优化和创新方法，以及加强成果应用和宣传，成员支持活动将会在核电运行绩效改进方面发挥更大的作用。

关键词：成员支持活动；良好实践；绩效改进；解决方案

2019年开始，中国核能行业协会（简称“协会”）借鉴国际经验，发挥协会核电运行分会（简称“分会”）平台优势，策划、组织和实施核电厂运行成员支持活动工作制度。与同行评估和检查的方法不同，成员支持活动是以开发解决问题的建议方案作为基础的流程（Solution Based），在行业内同质化评估多、发现问题出现钝化，以及评估中发现的待改进领域的提升能力不足等背景环境下，成员支持活动的推出很好地适应了成员单位改进需求，取得了良好效果。

2023 年，分会高质量完成成员支持活动 42 项（见表 1），成为协会工作亮点及核心支柱服务，也形成分会运行支持领域关键核心业务，在促进核电运行经验交流与绩效提升方面发挥着越来越重要的作用。此外，截至 2023 年年底，成员电厂提出了 2024 年度成员支持活动需求 55 项，数量再创新高，反映出成员支持活动受到行业的肯定和普遍欢迎。

表 1　2021—2024 年的需求和完成情况统计

年度	2021	2022	2023	2024
需求数量 / 项	9	25	38	55
完成情况 / 项	5	29	42	—

一、成员支持活动的特点

不同于大型综合同行评估，成员支持活动具有“小、短、灵”的特点。“小”：一般情况下专家团队由 5～8 人组成，小的项目可以是 3～4 人。为达到交流效果，所邀请的都是针对申请单位电厂需求，在细分领域遴选的负责具体业务的专家，对聚焦的问题需求进行深度交流和讨论。“短”：成员支持活动的现场实施一般在一周内完成，实际交流时间 3 天左右，对核电厂日常运行活动的影响尽量小，同时也减轻相应的接待负担。为保证交流效果，在准备阶段，专家和电厂人员反复讨论和澄清申请电厂的具体需求，对聚焦点进行确认，这是确保成员支持活动实施效果的重要环节；之后，专家团队在队长的组织和带领下，对电厂提出的问题进行充分分析，收集国内外相关良好实践和做法，做好技术准备，以提高实施过程的交流效果。“灵”：相比程式化的评估和检查，成员支持活动方法相对灵活多样，可以针对客户需求和期望的成果设计和选择适合的方法，也可以结合不同流程对实施方案进行优化，形成“组合拳”，既灵活多样，又效果灵验。

二、成员支持活动的主要形式和方法

根据统计，来自成员单位的支持需求类型多样，包括经验分享、专项评估、管理系统及实施方案评审、专项培训和研讨、同行评估准备支持等。就方法而言，成员支持活动的形式包括专家支持、援助访问、沙盘推演、对标和培训等。其中，以专家支持形式开展活动的数量最多，占比约为 66.67%，其次是援助访问和沙盘推演。

（一）专家支持

专家支持形式的成员支持活动是基于成员单位提出的具体需求和活动中获得的后续信息，由专家给出针对成员单位所需的改进行动，以解决面临的问题。通过不断实践和反馈，已经形成了较为规范的专家支持形式的具体流程（见图 1），能够确保交流效率和最终成果。在准备阶段，根据申请电厂需求，队长和分会秘书处邀请行业内有权威、有经验的专家参与活动。专家团队根据申请电厂现状进行技术准备，即活动实施期间所需分享和介绍的行业相关的良好实践和做法。实施阶段，专家团队主要以课堂讲授形式介绍良好实践和做法，电厂人员从专家介绍过程中捕捉“学习点”。专家再根据电厂整理好的“学习点”与申请电厂人员充分讨论，给出初步建议。为使建议行动能够得到申请电厂的认可，实施流程设计了电厂管理人员与专家团队互动的提问、讨论与挑战环节，帮助双方对建议达成共识。现场实施的最后环节，专家团队将作为活动主要成果的建议在申请电厂领导层代表出席的出口总结会上进行陈述和表达，提出改进期望。

在专家支持形式开展活动的流程中，最重要的是“申请电厂人员总结‘学习点’”，这是电厂人员从专家讲授内容中获取有益于实施改进的潜在方向。随后，专家团队通过对学习点的澄清和可实施性分析，以及优先级和重要性排序，最终形成具体的建议。专家支持形式的成员支持活动流程简单明了，申请电厂人员参与度高，互动性好，与同行专家目标一致，活动成果接受度高。

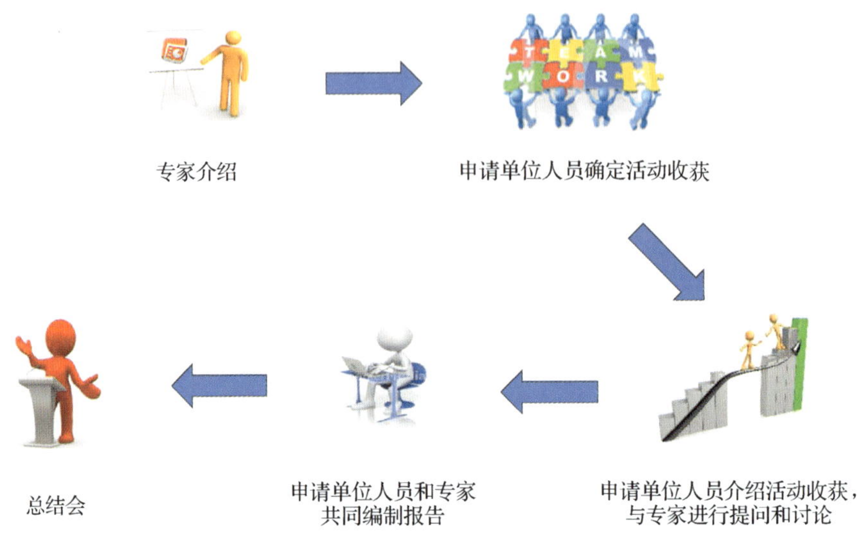

图 1　以专家支持形式开展的成员支持活动流程图

（二）援助访问

另一种成员支持活动的主要形式是援助访问，是基于“诊断—建议”的流程，即专家团队和电厂人员一起对待改进领域的聚焦问题进行深度分析，找出关键原因和提出改进建议。其具体做法是专家通过人员访谈结合现场观察获取相关信息，确认问题领域的状态，提出具体、可操作的建议。援助访问活动中，申请电厂所提出的待改进领域的问题应清晰明确，专家团队确认通过活动前和活动期间所获取的信息判断出核心问题，并提出改进建议。援助访问形式的成员支持活动也已经形成了标准的流程（见图 2）。在实施阶段，主要以访谈和现场观察的形式收集信息，即“学习点”，并编制观察报告（OBS），总结概括聚焦问题的状况。专家团队通过头脑风暴等形式，并与电厂人员共同确认问题和开发建议。援助访问形式的准备和实施的流程与专项评估类似，不同的是更聚焦建议行动的开发过程，这样的活动对专家要求更高，专家需要精通专业领域且具有同行评估经验，目标是帮助电厂深挖问题的根源、提出改进建议，挑战性高，更适用于弱项领域的改进需求。在援助访问中，电厂人员需要在专家的指导和引导下主动暴露问题，这是双方共同讨论和开发具有针对性建议的重要保证。

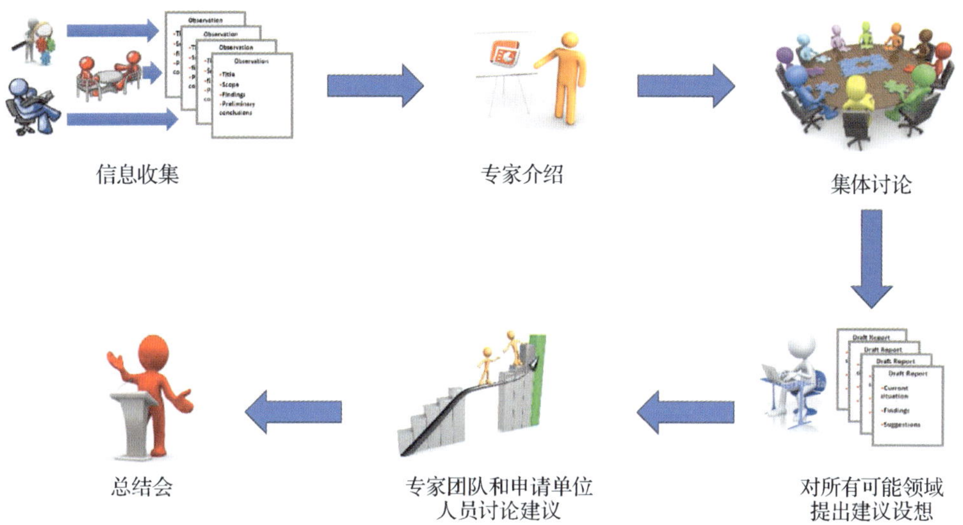

图 2　以援助访问形式开展的成员支持活动流程图

（三）沙盘推演

在参考和借鉴核电建设项目支持活动经验的基础上，核电运行领域也成功开展了沙盘推演形式的成员支持活动，并取得较好效果和经验。核电运行支持的沙盘推演可以运用于核电厂重大改造活动、首次大修和长周期大修等的方案评估，通过分析项目过程和关键领域的实施细节，前瞻性地将资源加载在风险易发环节，消除隐患和降低风险。分会已经建立了适用于运行核电厂以沙盘推演形式开展成员支持活动的参考流程（见图 3）。首先，电厂人员做项目基本情况和沙盘材料的整体介绍，随后由专家进行提问和澄清。最后，专家通过调阅资料、踏勘现场、情景模拟及压力测试等方法进行推演，并根据推演的情况对项目的相关领域总结“风险点”及应对措施的评价，与申请电厂人员共同完成领域建议。

运行领域的沙盘推演中“风险点”的开发过程与专家支持的“学习点”的产生过程相似，都是专家和电厂人员共同讨论完成的。相比于核电建设工程项目的沙盘推演，运行领域沙盘推演更聚焦到项目实施对在运机组安全运行的影响和实际的核安全风险，以确保机组运行安全作为最高优先级。相比之下，由于电厂对沙盘的建立方法不熟悉，在准备阶段需要通过培训等进行详细的辅导和指导，支持团队也需要配备具有工程改造和项目管理经验的专家。由于重大项目的风险控制需要资源保证，在沙盘推演活动中更强调电厂领导层和管理层的有效参与。

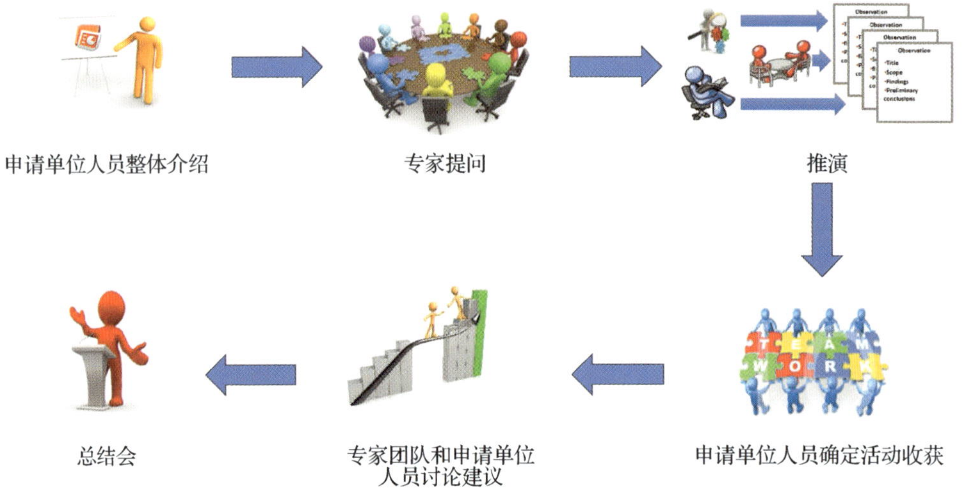

图 3　以沙盘推演形式开展的成员支持活动流程图

三、成员支持活动产生的成果

2020—2023 年，分会共开展了 73 项成员支持活动，数量呈逐年快速上涨趋势，仅 2023 年活动数量涨幅达 68%［见图 4（a）］，主要支持领域［见图 4（b）］包括绩效提升、人员绩效、设备可靠性和运行经验等，具体成果除了“学习点”“发现点”和“风险点”这些交流过程产生的有用信息外，更主要的是开发出来的改进建议。按照成员支持活动的工作程序，改进建议通常分为建议行动和参考建议，其中建议行动是行业内已经确认的成熟做法，申请电厂承诺采取的行动；参考建议是专家团队提供的行业信息，申请电厂需进一步研究和确认的建议。根据统计，协会已完成的成员支持活动中共产生 1 363 个学习点、619 个发现点、14 个风险点、1 476 项建议行动和 837 项参考建议。这些成果为申请电厂的改进提供了客观、具体和具有行业实践经验的支持信息。此外，将这些成果进行分析和加工，可以提炼出在行业内可以共享的良好实践。

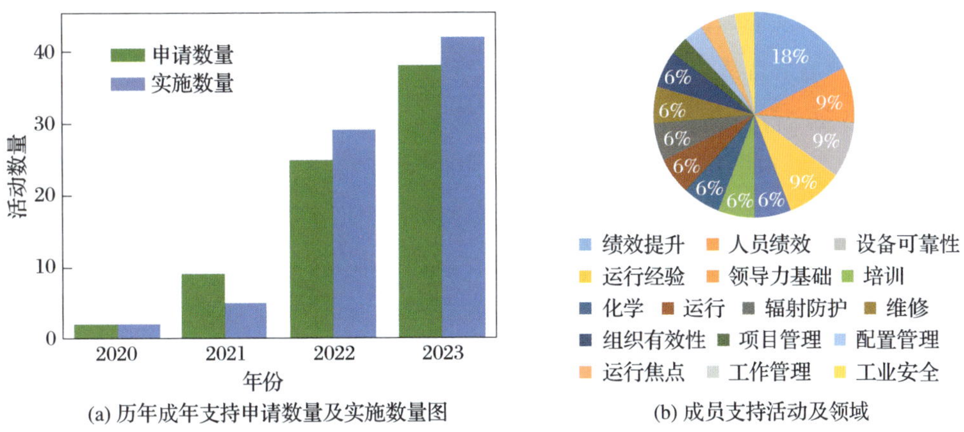

(a) 历年成年支持申请数量及实施数量图

(b) 成员支持活动及领域

图 4　成员支持活动申请、实施数量与涉及领域

四、开展成员支持活动的优势

通过分会平台在国内核电运行领域开展成员支持活动已经取得了成功，活动效果被成员电厂普遍接受，今后的需求市场将会更加活跃。就成功经验而言，可以总结为以下 5 个方面。

（一）行业高管担任队长

分会在协会的统一要求下，根据国内核电行业人才资源状况，组织和成立了具有核电集团及运行公司高管经历的资深专家参与的队长专家组，形成专属的高端专家资源。队长专家组的组长是协会技术委员会的主要领导成员，队长组的组员主要是有丰富核电运行管理经验的退休或者退居二线的领导。这些专家有视野、有经验、有技术把控力，有热情和行业责任感，更有行业影响力。目前，根据成员支持活动的需求数量，队长专家组包括 15 名左右成员，今后会根据发展情况扩充队长组成员。

（二）精准遴选专家

协会及分会已经与行业建立了成熟、长期的合作和协调机制，确保了开展成员支持活动的专家资源，在每一次活动中都能够高效和精准邀请到所需的专家。这些专家有些是来自具有绩效优势的电厂，有些是细分领域的权威专家。分会现有机制中，协会运行技术委员会及下设的领域工作组和专题工作组有来自各领域专家近 1 000 名，这些专属的专家资源是成员支持活动专家资源的重要保证。另外，分会还可以协调协会及协会管理的社会专家资源，使用跨行业专家为申请电厂提供改进和提升的拓展方案。目前，协会正在启用行业专家资源的信息平台，确保开展成员支持活动具有充足专家资源储备和管理。

（三）协调和组织效率高

借助协会及分会的平台资源和运作机制，分会组织成员支持活动具有高效率的特点。年度计划内的活动从启动到实施都可以在两个月内完成。特殊情况时，分会可以立刻调动行业资源解决即时问题。目前，协会运行技术委员会运行日渐成熟，分会在核电股份公司及运营单位的接口和协调能力进一步改善，这些都是成员支持活动高效协调的有力保证。

（四）交流效果好

首先，本地语言和本土文化带来交流的便利性是我们的先天优势。此外，我国核电行业已有 55 台在运机组，运行经验超过 500 个运行堆年，绝大多数运行机组的绩效水平都在显著提升，整体水平达到国际一流。在长期确保机组安全和稳定运行的实践中，既有在正常运行及技术和管理提升中总结出的成功实践，也有在运行事件和教训中获得的改进经验。同时，不同集团、不同技术系列和不同营运单位之间本身存在实践差异化，这些都确保了在分会平台组织分享和交流行业经验的切实需求和优势条件。

（五）流程和机制的适用性强

与同行评估等活动相似，成员支持活动需要在短期内实现预期的目的和成果，除了优质专家资源外，建立和执行规范、合理和务实的准备和实施流程非常关键。分会在过去四年组织成员支持活动中已经建立了适应的机制，包括成员支持活动年度申报机制、队长专家组运作和协调机制、队长项目负责制，以及兼职协调员培训和反馈机制等；针对流程规范化，特别强调预访问会议、专家团队启动会和技术准备验收会议等准备阶段的关键环节，这些机制和工作要求确保了成员支持活动符合申请电厂的需求，成果满足期望与高效率。

五、成员支持活动仍需完善和发展

历时四年，在成员单位的积极申请和行业资源支持与配合下，分会共组织实施了 73 项卓有成效的成员支持活动，对成员单位改进安全管理和提升运行绩效起到了积极作用。根据成员单位的反馈与协会的自我评价，成员支持活动的组织和实施仍有完善和优化的空间，包括：

（一）效果评价和分析方面

成员支持活动实施效果的跟踪与反馈需要加强。成员支持活动充分发挥促进经验交流作用的同时，今后要根据行业的绩效水平趋势和申请电厂改进行动的落实与实施效果，及时反馈活动的效果，保证成员支持活动在解决和改善申请电厂关注的提升领域的问题方面更加有实际效果。协会提出了以下三种改进内容：（1）成员支持活动结束后邀请申请电厂人员及时评价并且提出建议；（2）针对开展成员支持活动的聚焦领域，协会定期组织专家进行回访调研；（3）协会对比申请电厂在开展成员支持活动前后的相关业绩指标，从侧面评价在某一方面活动的有效性。

（二）数字化建设方面

随着成员支持活动实施数量的大幅增加，活动中交流的信息及产生的成果也在快速累积，开发与成员支持活动管理和实施相关的数字化、信息化与集约化电子平台的需求愈发迫切，此项工作已经被列入分会 2024 年度工作重点计划，系统建成后可以实现细分领域专家库信息及技术信息支持、实施过程管理、活动成果录入、良好实践及存在问题的统计汇总与分析等。

（三）成果二次利用方面

成员支持活动成果的二次利用，是将单次活动的成果通过一定的加工形成行业共享的经验，提高行业对重要问题及共性问题的关注和投入。成员支持活动涉及领域广泛，共性主题如防人因及人因绩效提升、值长领导力和重要运行经验反馈执行有效性（Significant Operating Experience Report，SOER）评估等可作为协会的推荐项目提请成员单位优先考虑。对行业关注的共性问题，可在前期开展活动的基础上，将重要成果编制为专项良好实践汇编，在行业内进行推广；还可以开发可复制的经典成员支持专项活动、编制行业标准及组织专项经验交流活动等，将协会成员支持活动成果更广泛和充分地加以利用，提升附加值。

（四）与行业绩效提升专项活动结合

目前，协会已经全面启动了行业绩效提升的系统化工作，新的工作制度包括核电厂持续绩效提升（Continuous Performance Improvement Program，CPIP）、设备可靠性管理评估（Equipment Reliability Improvement Program，ERIP）和 SOER 执行有效性改进等。成员支持活动可以充分利用到现场访问、改进支持及组织诊断等方法加强监测和改进环节，形成行业层面绩效评价和改进的全链条支持。

六、总结

当前，在实现“碳达峰、碳中和”的国家能源策略下，积极安全有序发展核电已经被确立为国家能源发展规划的重要方面，而核电行业健康发展的生命线是核电厂安全和稳定的运行。我国核电运行的主力军，核电集团及核电运营单位都把在核电运行领域追求卓越绩效和持续改进作为重要的基础方针，成员单位充分利用分会平台积极开展成员支持活动，通过分享良好实践和运行经验聚焦解决核电生产过程中的重要问题，以推动行业绩效水平和安全管理的整体提升已经达成行业共识。协会将继续提升和完善相关服务能力和制度，发挥平台优势，聚拢更多行业专家资源，大力推广和宣传成员支持活动的成果和效果，以组织和开展符合需求与具有实效的成员支持活动为重要服务形式，促进行业实现更高的绩效水平。

第一作者简介

刘强，1991—2021年就职于大亚湾核电站及大亚湾核电运营管理有限责任公司，主要从事保健物理相关的技术和管理工作。2012—2021年先后以借调的形式在世界核运行者协会（WANO）和中国核能行业协会参与行业核电绩效评估和经验反馈工作，参加过运行核电厂同行评估及成员支持活动超过70次。2021年7月至今，正式入职中国核能行业协会，主要负责和参与国内核电运行同行评估和成员支持活动的组织与实施，以及与WANO等国际组织的评估合作。

核电厂绩效持续监测与评价的系统化方法探索

高禄平　张继业　王诗文
（福建宁德核电有限公司）

摘　要：针对核电厂绩效管理问题，提出了一种系统化的方法，包括问题的识别、数据量化、信息分析和改进控制，旨在提供全面的视角，帮助管理者和员工更好地理解自身存在的问题，并制订有效的改进计划。通过这种方法的应用，能够提高电厂的绩效管理水平，降低管理成本，提高员工的工作积极性和满意度。

关键词：绩效；监测；评价

核电厂在绩效管理上投入了大量的管理成本，并不断对量化考核和绩效面谈进行升级，但这些管理投入并未达到预期的效果。经深入观察和研究发现，主要问题在于缺乏一种系统化的方法来准确快速地诊断公司、领域和部门的现状。这导致管理者和员工无法全面地意识到自身存在的问题，进而影响绩效管理的效果。为解决该问题，需探索一种系统化的方法，以便快速准确地诊断公司、领域和部门的现状。这种方法应能提供全面的视角，帮助管理者和员工更好地理解自身存在的问题，并制订有效的改进计划。通过这种方法的应用，期望能提高电厂的绩效管理水平，降低管理成本，提高员工的工作积极性和满意度。

1 问题识别

电厂绩效的提升工作始于对问题的识别或定义，这需对电厂的运营状况、设备状况和人员素质等方面进行全面了解和分析，找出可能影响绩效的因素。这个过程称为“问题的定义”，是实现组织绩效持续提升的重要一环，主要是为绩效改进项目正式启动打好基础。如何准确定义问题，是绩效改进项目团队的职责，只有让专业部门正确理解并被认可，才具备开展工作的基础。

要真正掌握电厂的问题所在，需建立信息的统一收集及反馈系统。这不仅是一个关键步骤，也是了解电厂存在问题的关键所在。需从不同的途径收集反馈的数据和信息，包括但不限于以下几个方面：

（1）行业协会评估：收集核电行业协会组织的定期评估信息，如世界核电运营者协会（WANO）的评估、中国核能行业协会的评估等。通过与行业标准进行对比，学习标杆企业的优秀实践，寻找与行业标准的差距及追赶目标，以实现了解我们和行业标准的差距，及时发现我们的不足。

（2）监管当局监察：定期收集监管当局的定期监察信息，如国家核安全监管单位、能源主管单位和核工业主管单位等。对于通过监察发现的电厂不满足国家或行业要求或标准的问题，可及时进行整改，以促使电厂的持续改进。

（3）公司外机构评估：定期邀请社会机构对电厂进行评估，如资深核安全独立评估委员会（SNSOB）的评估、方圆公司评估等。通过这些社会机构的视角，可及时发现电厂的不足之处，并加以改进。

（4）公司内自检：收集公司内部监督部门检查问题的信息，如质保检查、审计检查等。通过公司内部自我检查，可发现自身的不足之处，并及时进行纠正。

（5）公司管理会议关注问题：收集公司级管理会议关注的重要问题信息，如总经理会议、生产线会议等。这些问题通常代表着公司内部的重点工作和需要解决的关键问题，需对其进行重点关注和解决。

2 数据量化

问题定义是解决问题的第一步，但还需对数据进行量化转换，以便更好地分析问题。对于从各个收集渠道获得的数据，需进行分解、归并、筛选和确定，并根据问题的性质进行分级。通过调查和分析，可确定每个问题的优先级和重要程度。为更好地探测关键问题，将监督和监测发现的偏差按重要度进行分类。根据事件的重要程度，将事件分为 5 个级别，具体如下：

（1）严重事件：指由于经营和管理不力导致的无法挽回的重大损失，这种事件对公司的经营和未来发展产生严重影响。对此类事件，我们将赋值 10 分，以强调其重要性。

（2）重大事件：指已经或可能对公司未来产生重要影响的事件。这类事件的发生可能会对公司的整体运营和未来发展带来一定的冲击。因此，将其赋值 5 分。

（3）次要事件：指那些违反过程或程序的事件。虽然这类事件并不直接导致重大损失，但其可能会给公司的正常运营和管理带来一定的干扰。将这类事件的赋值范围定在 1 ~ 2 分。

（4）管理先兆：指管理屏障失效或降级的问题。这些问题通常预示着潜在的管理问题或风险，需及时采取措施加以解决。因此，将这类问题的赋值范围定在 0.2 ~ 0.5 分。

（5）管理问题：指那些离公司的最优水平还有一定距离的事宜。这些问题可能并不直接导致损失或风险，但却是公司需要关注和改进的地方。将这类问题的赋值范围定在 0.1 分。

通过对问题的分级和赋值，可更好地了解问题的严重程度和优先级，从而更有针对性地采取相应的解决措施。

3 信息分析

3.1 业绩目标与准则分析

在电厂问题分析中，参考 WANO 标准《业绩目标与评估准则》，该准则将电厂的主要业绩目标分为 7 个部分：基础、有效组织、学习型组织、电厂运行、设备性能、安全与防护和公司领域。这些板块不是孤立的，而是相互关联、相互影响的有机整体，因此，在进行分析时，必须进行全面而细致的考虑和评估。在分析电厂存在的问题和不足时，需要通过深入剖析各板块的实际表现，找出问题的根源，进而制定针对性的改进措施，不断提升绩效管理的水平和效果。

3.2 原因分析

在过程分析中，识别并确认问题点非常重要。这需深入了解电厂的运行过程和设备状态，结合历史数据和经验进行分析。对于某些缺陷，虽然对电厂而言既关键又易于被注意到，但导致这些缺陷的因素却不清晰。因此，在绩效分析中，需对这些问题进行深入的原因分析，并得出结论。然而，绩效评价中存在大量问题，对每个问题进行深入的根本原因分析需投入大量时间，这可能导致绩效评价的时效性无法保证。

为解决这个问题，电厂需总结一套用于快速调查问题原因的模型，以便绩效分析人员能够快速得出结论。在针对人因、组织管理问题方面，可归纳出电厂防人因失误的七大屏障。这 7 个方面考虑了核电厂中存在的威胁、目标，以及其是如何联系在一起的。七大屏障就是存在于或应该存在于它们之间的保护措施，主要包括以下几个方面：

（1）程序：建立完善的程序和规范，确保工作人员遵守标准操作流程。解决程序的全面性不足、明确性不足和偏差控制不到位等问题。

（2）人因工程：建立完善的程序和规范，确保工作人员遵守标准操作流程。解决人机接口不友好、系统复杂和非容错系统等问题。

（3）培训授权：提供充分的培训和授权，使工作人员具备必要的知识和技能。解决培训内容缺失、培训效果不佳和资格授权不充分等问题。

（4）沟通与资讯：建立有效的沟通机制和共享资讯平台，确保工作人员之间的信息传递畅通。解决知识型失误、沟通不充分等问题。

（5）管理体系：制定科学的管理制度和方法，确保电厂的各项管理工作有序进行。解决组织缺陷、制度缺失和规则不正确等问题。

（6）质量控制：实施严格的质量控制措施，确保设备的制造、安装和维护符合标准。解决没有检验、质量控制等问题。

（7）工作指导：提供明确的工作指导和操作手册，确保工作人员正确理解和操作设备。解决粗心犯错、预期风险低和不当动机等问题。

在核电厂的设备问题方面，设备经历了设计、加工、安装、调试、运行和维护等多个环节，这些活动中存在的缺陷可能会导致设备处于某种故障机理的环境中，这些故障机理最终会导致设备失效。因此，应关注导致设备处于故障机理环境中的深层原因因素。归纳总结可能因素有以下几个方面：

（1）设计：设计缺陷可能导致设备在运行过程中出现故障或失效。如设计参数不正确、结构不合理等。

（2）设备缺陷：设备制造过程中存在的缺陷可能导致设备在运行过程中出现故障或失效。如材料质量不合格、制造工艺不精等。

（3）维修实践：维修实践中存在的问题可能导致设备在运行过程中出现故障或失效。如维修操作不当、更换部件不匹配等。

（4）老化：设备长时间运行可能导致部件老化，进而导致设备在运行过程中出现故障或失效。

（5）运行问题：设备运行过程中存在的问题可能导致设备出现故障或失效。如超负荷运行、误操作等。

（6）重复故障：设备在运行过程中出现重复故障的原因可能涉及多个因素。如整改行动有效性不足等。

4 改进和控制

改进阶段是电厂绩效提升的关键阶段，旨在形成针对根本原因的最佳解决方案，并验证这些方案的有效性。为达到这个目标，电厂总结了各个领域的五项基本功。这些维度将帮助绩效评价团队制定出最佳的解决方案。如在维修领域的五项基本功，具体情况如下：

（1）技能知识：维修人员需具备扎实的维修技能知识，包括但不限于设备原理、结构、故障诊断与排除等方面。他们需要定期参加专业培训，学习最新的维修技术和知识，以确保能够应对各种复杂的维修任务。同时，他们还应具备自主学习能力,不断积累经验和提升技能水平。

(2)维修准备:在维修工作开始前,维修人员需要详细分析维修任务,制订周密的维修计划和程序。他们需要确保所需的工具、设备和材料都准备齐全,并对这些工具和设备进行定期检查和保养,以确保其正常使用。此外,维修人员还需对维修现场进行安全评估,制定安全措施,确保维修过程的安全可控。

(3)维修实施:在维修实施过程中,维修人员需严格按照计划和程序执行操作。他们需要细致入微地检查设备故障,准确判断故障原因,并采取有效的措施进行修复。同时,维修人员还需关注维修过程中的安全和质量问题,确保维修工作不会引发其他问题。在维修完成后,他们还需进行严格的验收和测试,确保设备能够恢复正常运行。

(4)保守措施和主人翁精神:保守措施意味着维修人员在维修过程中要时刻保持警惕,遵循操作程序。同时,他们还需要具备主人翁精神,积极参与电厂的各项活动。这种精神将激励维修人员更加努力地工作,提高维修工作的质量和效率。

(5)维修管理体系:是确保维修工作顺利进行的重要保障。电厂需要建立完善的维修管理制度,包括维修记录、质量控制和员工培训等多个方面。维修记录应详细记录每次维修的过程和结果,以便后续分析和改进;质量控制则需要对维修过程进行监督和检查,确保维修质量符合要求;员工培训则是提升维修人员技能水平的重要途径,电厂应定期组织培训活动,提高维修人员的专业素养。

在维持成果阶段,绩效改进并非一蹴而就的短期行为,而是需要长期投入和坚持的过程。因此,我们将不遗余力地确保取得的成果能够稳固地保持下去,不再重蹈旧习。具体而言,我们将对改进阶段中经过验证并取得显著成效的流程进行标准化处理,这些流程将成为电厂日常运营中的标准作业指导书,纳入受控的文件体系内,以确保每位员工都能明确了解并遵循。同时,我们还将建立严格的过程控制系统,对电厂运营过程中的各个环节进行实时监控和评估,确保各项改进措施能够得到有效执行。

此外,我们将积极与外部单位进行对标,借鉴他们的先进经验和做法,发现我们电厂绩效评价中可能存在的不足之处。通过与外部单位的对比,我们可以更清晰地认识到自身的优势和短板,从而有针对性地制定改进措施。同时,我们还将不断丰富和完善绩效评价方法和管理体系的内容，根据电厂的实际情况和发展需求进行动态调整和优化，确保绩效评价能够始终与电厂的发展目标保持一致。

通过总结经验、制定最佳解决方案、保持成果、与外部单位对标及丰富和完善内容等步骤，电厂可不断提升绩效评价方法和管理体系的水平，实现长期的绩效改进和成功。

5 模型建立及应用

参考上述思路，将整个方法进行系统化的建模，具体模型如图 1 所示。

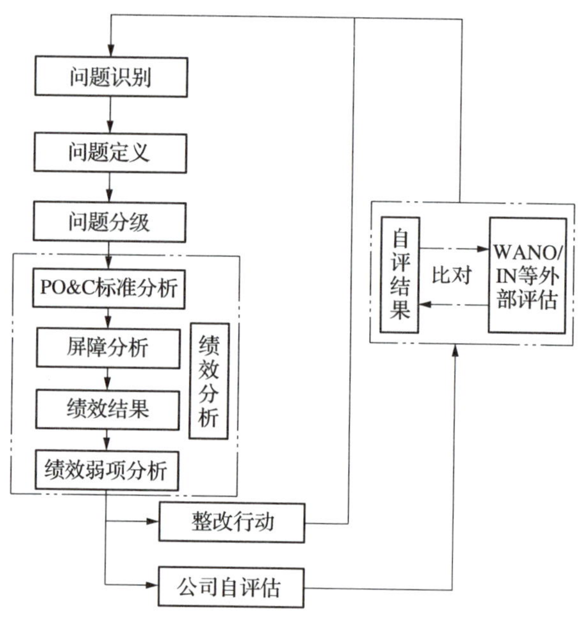

图 1 绩效改进评价模型

以电厂维修领域的实际问题为案例，如 TEU 系统水压试验后排水淋湿配电箱，按照上述绩效评价模型开展分析，具体分析过程如图 2 所示。

将电厂各个领域（高效组织、学习组织、运行管理、设备性能、设计配置、维修管理、安全防护、工作管理、化学控制及燃料操作）日常的绩效问题按照上述方式进行分析评价，进行同比、环比对比，及时发现趋势上的异常情况，给予整改。以电厂维修领域绩效近两年情况举例,具体情况如图 3 所示。从月度环比情况可以看出,在趋势向下时,及时给予干预,绩效情况会有明显改善;从年度同比情况可以看出, 2023 年整体绩效情况好于 2022 年,绩效方面有了明显的提升。

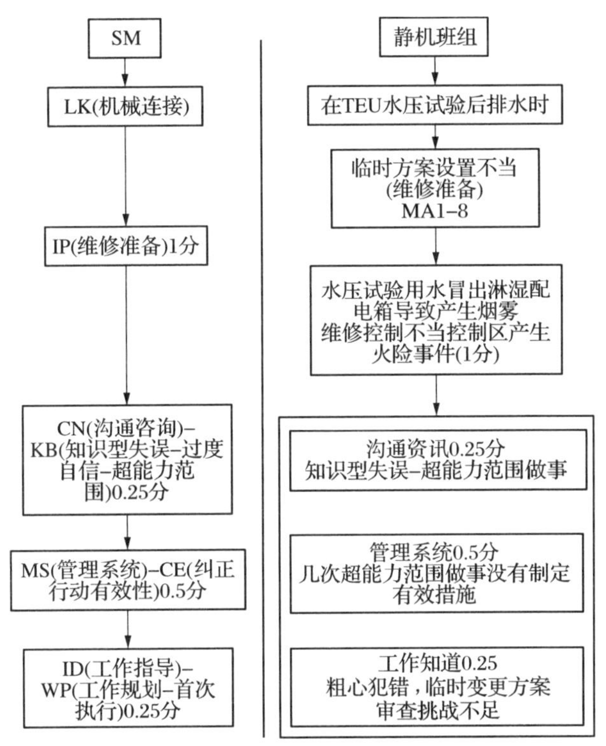

图 2　TEU 系统水压试验后排水淋湿配电箱事件评价

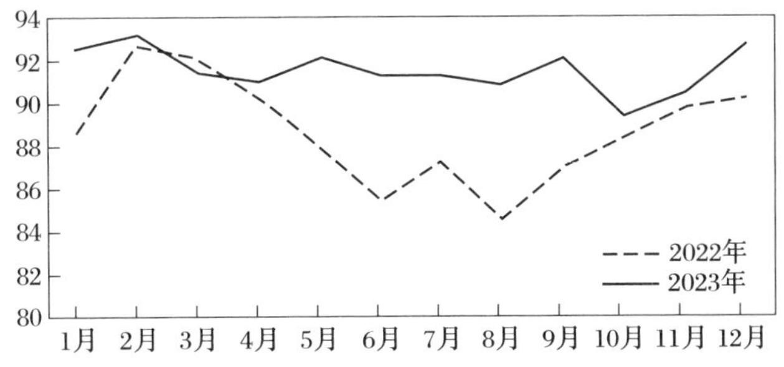

图 3　维修领域近两年绩效数据对比情况

6 实施成效及发展前景

在理论方面，本文所提出的系统化的方法为绩效管理研究和实践提供了一种新的思路和方法。在实践方面，该方法已得到验证，能有效地提高核电厂的绩效水平。通过建立信息的统一收集及反馈系统，可更好地发现和解决问题，并制订有效的改进计划。该系统化的方法在解决核电厂绩效管理问题的同时，也为其他领域提供了一种可供借鉴的绩效管理方法。这种方法具有广泛的应用前景和重要的理论价值。通过不断地完善和发展这种方法，我们可以更好地应对各种领域的绩效管理挑战，推动电厂业绩的可持续发展。

第一作者简介

高禄平，高级工程师，现任宁德核电副总工程师，主要从事核电厂技术管理工作。

核电工程精益化 + 数字化融合技术应用及展望

屈　强
（中国核工业二三建设有限公司）

摘　要：党的二十大报告提出高质量发展是首要任务。在全方位推进高质量发展的关键时期，以精益化、数字化转型着力推进高质量发展已成为行业共识，精益管理与数字技术深度融合应用的需求也愈发迫切。

当前，中国核工业二三建设有限公司以提高效率、提增效益为目标导向，推进精益化与数字化深度融合，以实现精益贯穿、数字驱动全面提升核电项目精细化管理水平，助推公司精益化、自动化、数字化管理上台阶。

关键词：核电工程；精益建造；数字驱动；技术创新

1　概述

中国核工业二三建设有限公司（以下简称“中核二三公司”）隶属于中国核工业集团有限公司（以下简称“中核集团”），成立于 1958 年，创造了“两弹一艇”的荣耀，是中核集团重要的骨干成员企业，是中国最大的核工程综合安装企业，是国际上唯一连续近 40 年不间断从事核电厂核岛安装工程的企业，多次被党和国家领导人誉为重大工程项目建设的“国家队”“铁军”。为适应新时代形势下核电工程建设的发展需要，中核二三公司在“四大使命”“四大转型”和20项深化改革重点任务中，围绕项目经营目标，结合精益管理理念，以数字化技术为载体，推动项目“精益化、自动化、数字化”管理上台阶，实现效率效益双提升目标，为公司高质量发展提供有力支撑的同时，也为客户创造增值服务。

2 核工程业绩

2.1 综合实力

中核二三公司持有建筑、机电、电力、石油化工、市政工程施工总承包一级资质，以及建筑机电安装、钢结构、环保、核工程专业承包一级资质，并拥有核工业工程研究设计有限公司、北京市核电先进堆型焊接与检测研究中心和中核核工程安装工艺与设备研究中心等众多研发机构。目前主要业务板块有核工程、核科研工程、核电工程、核工程设计、工程技术研究服务、工业与民用建筑工程，如图1所示。

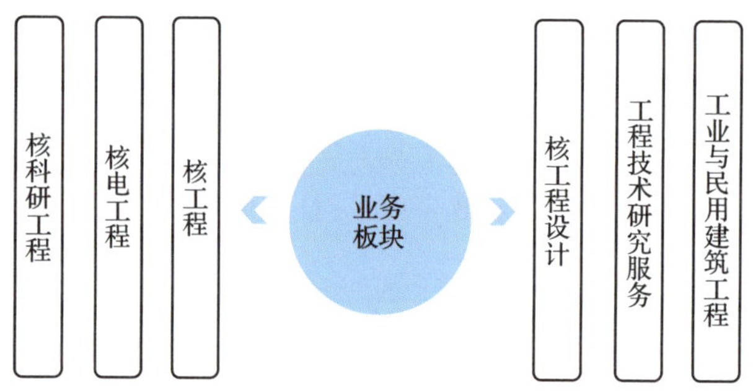

图1　主要业务板块

2.2 工程业绩

中国大陆所有的核工程和大部分核电厂核岛安装工程；参与国内所有的主流堆型（M310/CPR、重水堆、VVER、EPR、高温气冷堆和“华龙一号”等）的建设。

2.3 国际合作

国际原子能机构（IAEA）唯一授权认证的核电建造培训中心（ICTC）落户中核二三公司。

2.4 主要荣誉

经过60余年的发展和积累，先后荣获国家及省部级奖项170余项，如图2所示。

图2 荣获国家及省部级奖项

2.5 核电业绩

中核二三公司始终奋勇前行、创新突破，核电项目建设和管理能力在中国近40年的核电建设中不断发展迭代、稳步提升，如图3所示，最高峰同时在建机组达到27台（2013年），市场占有率约为87.5%，具有中国全部核电堆型的建造经验。

国内在运核电机组	56台	国内在建机组	27台
公司承担核岛安装	49台	公司承建	18台
市场占有率	87.5%，具有国内全部堆型建造经验		
最高峰同时在建和筹建机组		27台(2013年)	

图3 中核二三公司为核电建设的主力军

3 精益化 + 数字化融合技术实施背景

3.1 精益化、数字化融合的时代背景

近年来，国家从顶层战略出发，发布了一系列纲领性文件，指明了精益化、数字化转型具体方向和实施路径。

3.1.1 党的二十大报告

党的二十大报告进一步提出："建设现代化产业体系，坚持把发展经济的着力点放在实体经济上，推进新型工业化，加快建设制造强国、质量强国、航天强国、交通强国、网络强国、数字中国。"

3.1.2 关于开展对标世界一流管理提升行动的通知

2020 年 6 月，国务院国资委正式印发《关于开展对标世界一流管理提升行动的通知》，要求国有重点企业将推动各重点领域的精益化管理提升作为对标行动的重要内容，不断优化有利于提高效率的要素，剔除低效无效环节，推动企业管理持续迈向精益化。

3.1.3 关于加快推进国有企业数字化转型工作的通知

2020 年 8 月 21 日，国务院国资委印发《关于加快推进国有企业数字化转型工作的通知》，就推动国有企业数字化转型作出全面部署。

3.2 新一轮核电发展形势

3.2.1 机遇与挑战并存

国家十四五"双碳"战略深入推进的背景下，国内核电审批持续提速，第三轮核电的建设高峰期已近在眼前，核电建安行业迎来新的发展机遇，但上游单位对核电建设提出更高要求，机遇与挑战并存。

1. 工期更短

不断压缩工期,对承包商资源快速加载能力提出更高要求。

2. 造价更低

严控建造成本,初始价格水平偏低,竣工结算索赔困难。

3. 质量更优

管理日趋严苛,需要转变观念、适应变化、主动改善。

3.2.2 堆型特点与管理难点

本轮核电标准化程度较低、以“华龙一号”为代表的主流堆型工程体量倍增、可(易)建造性不足,群堆建设的难度非常高;同时,核电建安行业面临的施工优质资源紧缺、成本居高不下和前后台管理难度增加等问题愈加凸显,堆型特点与管理难点如图4所示,核电多项目管理的难度和复杂度远超上一轮,探索和应用先进的项目管理技术变得尤为重要。

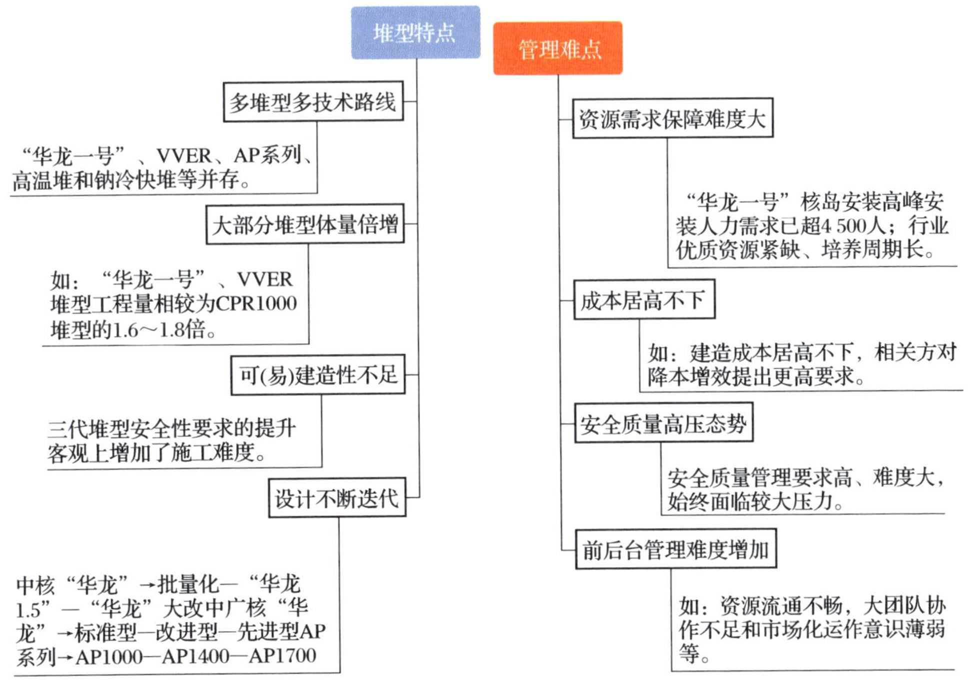

图4 堆型特点与管理难点

3.3 中核二三公司高质量发展需求

为适应新时代形势下核电工程建设的发展需要，中核二三公司在“四大使命”“四大转型”和20项深化改革重点任务中，要求围绕项目经营目标，结合精益管理理念，以数字化技术为载体，推动项目“精益化、自动化、数字化”管理上台阶，实现效率效益双提升目标，如图5所示，为公司高质量发展提供有力支撑的同时，为客户创造增值服务。

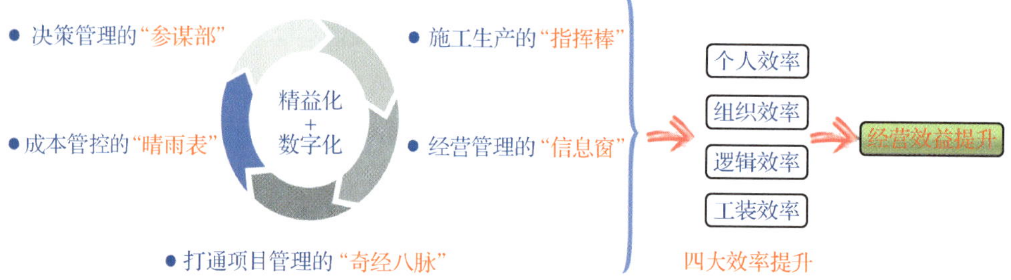

图5 精益化+数字化融合

4 精益化+数字化融合应用内涵

4.1 精益夯实数字化管理基础

以精益管理持续优化核电工程建设业务流程，得到业务流程的最佳实践形式，并通过数字化技术将其固化为一套完整的数字化业务流程，可实现业务标准化、管理流程优化和管理模式升级，缩短管理链条，优化信息传递渠道，提升管理决策的效率和准确性。

4.2 数字化技术支撑精益管理

通过对生产经营数据分析，准确挖掘项目管理痛点，甄别核心问题和关键要素，实现精益管理从依靠主观经验定性向数字治理定量转变，从实施改善后评价转向全过程数据动态可视化评估，如图 6 所示，为精益管理的深入推进提供支撑。

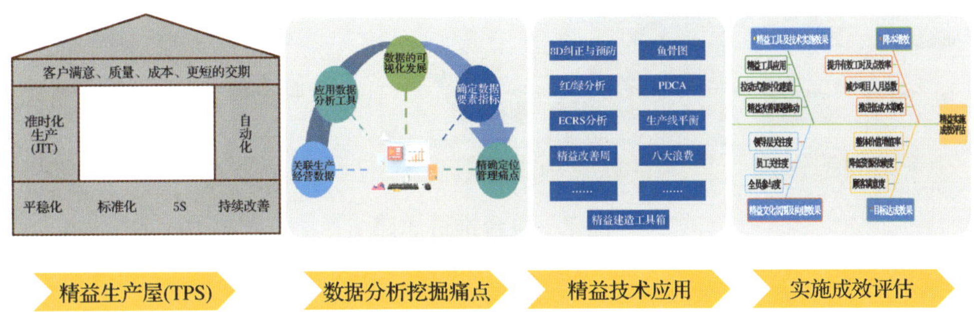

图 6　可视化评估

4.3 精益化管理与数字化融合

综上分析，精益是数字化的灵魂，数字化是精益的筋骨（抓手），精益管理与数字化融合是一种强大的组合，两者融合下核电工程将具有提高效率、优化决策、加强协同、提升质量和创新发展等优势，中核二三公司目前正加大精益化 + 数字化融合体系建设，推动公司高质量可持续发展。

5 精益化 + 数字化融合技术研究与应用

5.1 精益化 + 数字化融合推进思路

精益化 + 数字化已成为提升核电项目效率和效益的重要管理手段，中核二三制定以精益管理理念为指引，以数字化技术应用为载体，以经营管理、价值创造为核心，立足核电全业务领域，满足多层级、多场景应用的总体推进思路，如图 7 所示，实现对多项目管理状态的实时“透视”，提升多项目管理措施的科学性和有效性。

图 7　融合推进思路

5.2 构建特色精益管理体系，夯实两化融合应用基础

中核二三公司首次将精益管理理念与核电建造管理特点相结合，以“精益建造、提质增效”为目标，系统性构建核岛安装精益建造体系（NCSBOK 指南），如图 8 所示，制定并发布《精益化管理实施方案》等系列纲领性文件，快速推动核电项目创新精益部的组建，为核电工程项目建设精益管理、高效推进提供了坚实保障及战略指引，确保精益管理工作在核电项目中平稳有序成体系开展。

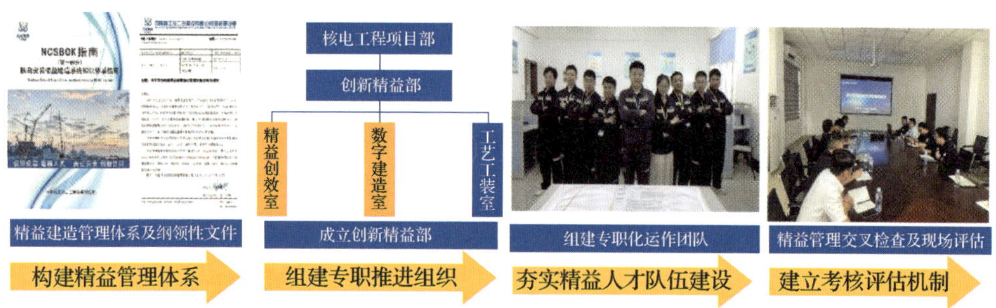

图 8　构建精益管理体系

5.3 推进精益建造“岗位大练兵”，打造高效精益专家团队

中核二三公司组织核电项目围绕效率提升、经营指标等施工管理核心要素，挖掘制定专项精益改善课题，并强化顶层设计，首次将精益建造人才培养纳入岗位大

练兵，旨在打造一支专业强、业务精、懂经营、会管理的高效精益建造管理团队，如图 9 所示，助推公司精益战略落地。公司参加第七届标杆精益改善大赛粤港澳大湾区分赛，分别斩获特等奖、二等奖，并包揽了大赛团体及个人全部最高奖项（特等奖）。通过多年的精益实战，中核二三公司已打造出一批高素质精益专家团队，具备精益咨询、课题合作服务能力。

图 9　打造高效精益专家团队

5.4 打造精益建造管理平台，数字化赋能精细化管理

中核二三公司统筹开发的新一代核电工程精益建造管理平台（RISE），充分体现了精益建造思想和管理内涵，以数字化技术为载体。通过打造标准化的核电项目管理数字化业务平台，以数字化技术建立核电多项目的标准业务流程、规范关键结构化数据的采集和归集，将公司近 40 年的核电建造管理经验固化为标准的数字化业务流程，如图 10 所示。

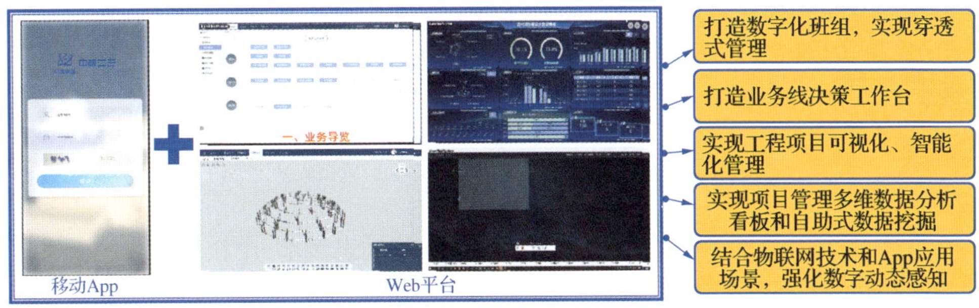

图 10　数字化业务流程

5.5 精益化 + 数字化融合技术应用

5.5.1 数字化支撑经营管理精益化

如图 11 所示，中核二三公司在 GPES 实现四算对比的良好基础上，采用 RISE 平台打通接口，将各个业务线的成本发生数据与成本模型、进度数据有效结合，通过自动归类、分析，获得更加客观、及时、丰富的“成本动态信息”，使项目经营层能够更加高效、简洁、精准地管控项目施工成本要素，减少冗余和浪费，提升项目效益。

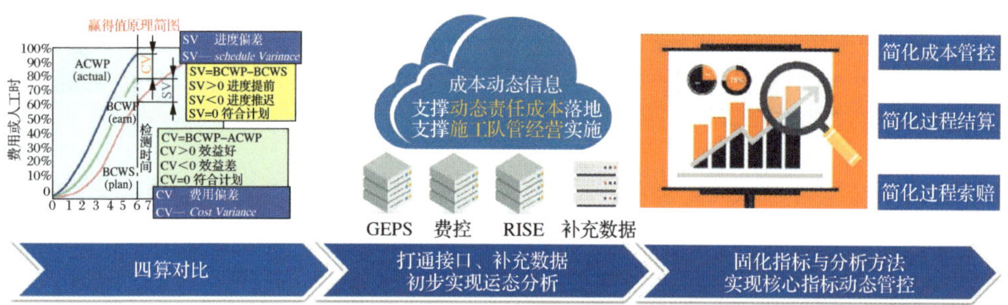

图 11　经营管理精益化

5.5.2 数字化支撑进度管理精益化

中核二三公司基于 RISE 深化“数据模型 +BIM 模型”的综合应用，实现对进度“状态”的总览和系统“堵点”的聚焦；建立“问题跟踪中心”，实现问题溯源和责任到人的跟踪处理。支持项目各参建方的数据对接，可促进各方基于统一的三维 / 数据平台直观、高效地跟踪工程进度、协同处理制约问题，提升工程管理效率，减少各方管理投入。

5.5.3 数字化支撑资源管理精益化

如图 12 所示，为做好多项目人力资源的精细动态调节，中核二三公司在《核电项目人力动员标准模型》基础上，认真分析核电建造规律，统筹规划多项目施工资源与结构，运用大数据分析等数字化手段，按照项目实际所处的工程阶段特点，分析资源配置的匹配性、合理性、及时性，防止资源配置僵化。及时实施核心资源调配、突击队支援、窝工消化和进退场控制等统筹举措，确保各项目资源投入科学合理。

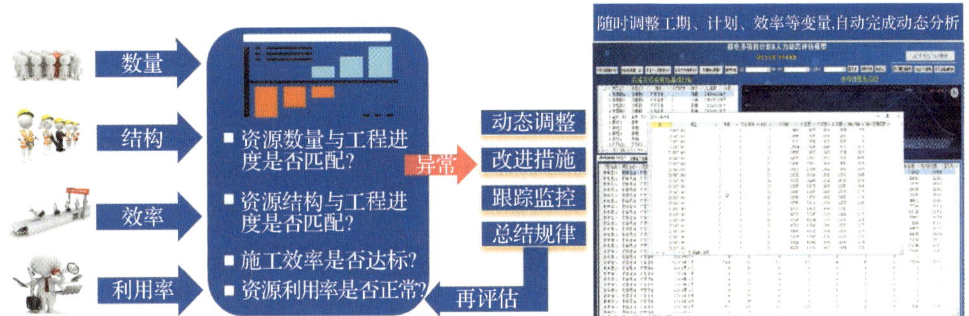

图 12　资源管理精益化

5.5.4 数字化支撑技术管理精益化

中核二三公司采用数字化技术开展施工技术准备工作，大幅减少文档整理、数据匹配和 WAS 编制等重复性、低附加值的工作量，减少低产出员工的数量，使技术人员更聚焦创新性、高附加值工作；丰富创新信息载体，更多的以 APP、三维模型等形式展现技术准备成果，充分应用 BIM 技术，实现施工方案可视化指导、施工逻辑梳理、运输通道模拟和碰撞检测分析等，提升施工方案的直观性和有效性、复杂作业逻辑的可行性和合理性；通过仓储物联网系统和 PDA 手持终端扫码技术和设备的综合应用，提高物项出入库过程中的识别率和出入库效率；推行电子化焊材申请和领用， APP 端直接提交领用焊材信息，焊工直接刷脸领取焊材，大大缩短焊材领用时间和数据统计时间等，真正做到了技术管理精益化。

中核二三公司联合“华龙一号”总包单位、设计单位开展设计与施工深度融合共同推动设计端与施工端的数据共享、建立施工需求和经验反馈的沟通渠道。中核二三公司与中国核电工程有限公司、中广核工程有限公司分别签订战略合作框架协议，共成立了 3 个专项工作组，搭建了 2 个联合设计平台，成立了 2 个联合实验室，共同推进了 29 项联合课题，提出了 265 项“华龙一号”优化建议，共同重点推动“华龙一号”模块化、数字化、自动化建造技术水平的提升。致力于打造核电、核工程产业链一体化协同体系，保证设计施工“最后一公里”无缝衔接，实现“一个平台做完整，一张蓝图绘到底”的目标。

5.5.5 数字化支撑质量管理精益化

如图 13 所示，中核二三公司已开发完成质量计划在线消点功能，实现了质量计划从编制到施工记录生成的全套数字化业务流程，将质量消点由以往的预约制改为基本实时制，实现了错峰消点，抢单消点等功能，减少施工班组消点等待时间，提升质量控制工作效率，同时应用了防造假技术手段，可为未来的数字竣工交付奠定基础。

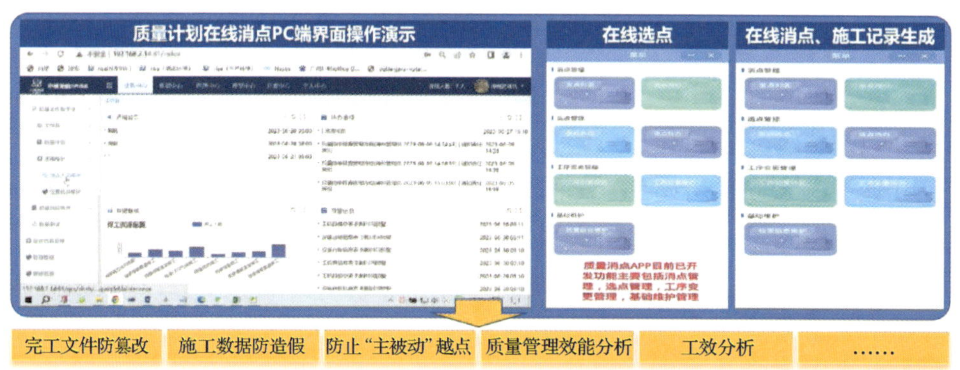

图 13　质量管理精益化

5.5.6 数字化支撑安全管理精益化

中核二三公司在全面推广应用“广联达安全管理平台”“安全生产远程监控系统”的基础上，持续推动以数字化技防措施构建安全风险主动防御体系，充分应用 AI、RFID 射频、VR/AR 和视觉识别等先进技术，在“华龙一号”工程建设中研发应用了安全智慧管理中心、安全隐患识别仪、智能监火机器人、车辆定位与预警、智能孔洞防护装置和 VR 安全培训系统等智能安全防护装备和报警系统，如图 14 所示，进一步减少和防止“人的不安全行为”和“物的不安全状态”，强化核电工程项目的施工本质安全,使施工更安全、管理更精准、监管更高效。

图 14　安全创新技术

5.5.7 数字化支撑班组管理精益化

如图 15 所示,中核二三公司通过智能 APP 终端,将数字化技术下沉至一线班组,为施工班组高效组织生产任务增值赋能,打造数字化班组;同步实现进度与工效数据的实时快捷采集,以数据分析改变传统经验式管理与评估,提升项目管理的敏捷性和措施的有效性,实现穿透式组织管理。

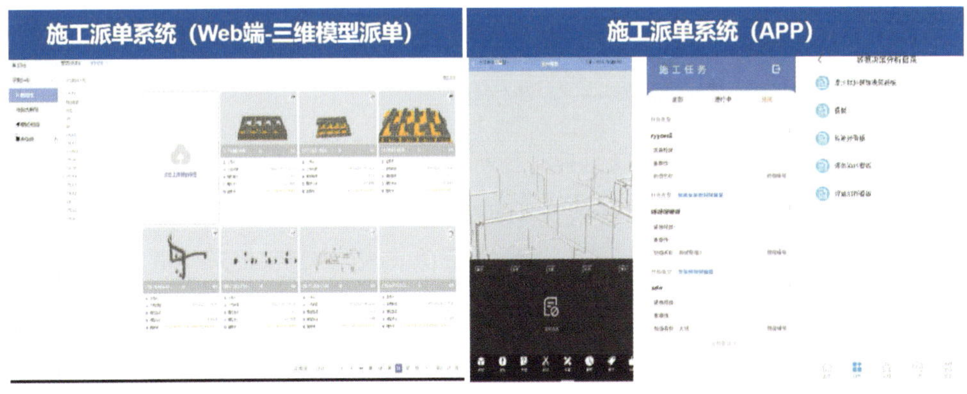

图 15　班组管理精益化

5.5.8 数字化支撑施工精益化——工艺优化

将精益管理切入施工逻辑优化，结合装配式施工技术，中核二三公司开展自主模块化施工技术研究与应用，研发模块化自动筛选工具，实现管道模块智能筛选，增加工厂预制和现场地面组装比例，打破传统施工逻辑，提高施工效率。

1. 主设备翻转引入工艺

主设备外形尺寸、重量等均普遍比一般设备大，深入对钠冷快堆工程关键建造技术研究，通过设计专用翻转工装，达到快速翻转的目的，同时减小翻转过程中可能会对设备造成损伤的质量风险，确保设备插入时的垂直度，减少人工投入，降低成本。

2. 一体化堆顶结构安装工艺

“华龙一号”一体化堆顶为全新结构，中核二三公司在充分分析研究上游技术文件的基础上，结合自身施工经验，制定了全套安装工艺，解决了无专用吊装工具、组件间间隙较小、存放间距离环吊过近、环吊吊车极限高度对围筒吊装制约大和围筒开孔难等问题，为“华龙一号”示范工程主线计划推进提供了保障。

3. 柔性自动化支架预制工艺

中核二三公司在引进各类机械臂、机器人等基础上，结合“华龙一号”一阶段支架非标设计的特点，批量开发配套工装，探索建立能够满足不同规格支架预制，集自动下料、切割、钻孔、打磨和焊接功能于一体的柔性自动化生产线，持续推动施工工艺向自动化、智能化转型升级。

5.5.9 数字化支撑施工精益化——装备优化

针对核电工程资源投入高且业务流程相对标准化的场景，利用精益管理工具进行评估分析，识别传统管理方式存在的浪费点，并通过进行数字化系统的开发与应用，提升管理的态势感知能力，显著降低资源投入与浪费，提升核电工程施工成本的精细化管理水平。

5.5.10 数字化支撑制造精益化

为迎合核电未来模块化建造发展趋势，中核二三公司前瞻性布局，通过打造精益化生产线布局、构建数字化生产管理系统、引入数字化生产设备，将惠州 / 秦山制造厂打造为"厂外集约化制造基地",尽可能减少现场预制工作量,增加厂外预制比例,以承载四大主流堆型的多项目集约化高效预制需求。

6 精益化 + 数字化融合技术应用展望

6.1 持续夯实精益化 + 数字化融合实施路径

精益数字化的关键驱动力是精益实践的不断迭代升级,并在此过程中以数字化技术作为载体,通过"点、线、面、体、魂"的五阶段模型,以精益为主轴贯穿全价值链,应用数字化技术提高精益管理效能,形成精益与数字化相互赋能。当前,核电工程精益数字化尚处于业务单元精益信息化阶段,需要制订发展规划,推动精益数字化融合发展行稳致远。

6.2 打造精益化 + 数字化融合生态

精益化 + 数字化融合技术将随着持续改进理念的深化,从核电建设各方内部的小循环向产业链的大循环拓展,创造更大的协同效应,如图 16 所示,打造出精益数字化的生态系统,着力提升核电工程建设整体效率,实现更好的项目经营管理效果。

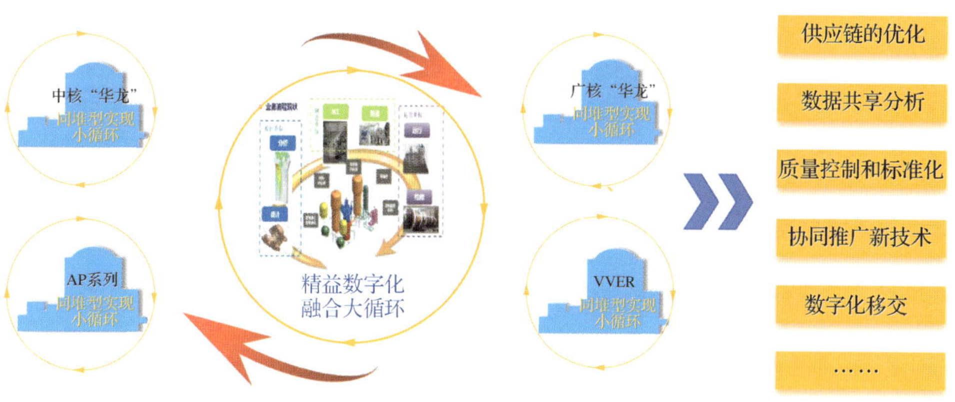

图 16 数字化生态系统

7 结语

核电工程精益管理、数字化的推进仍处在起步阶段，在精益数字化顶层规划、精益管理对数据价值释放引导、精益数字化人才储备及培育，以及数字化技术对精益管理提升支撑等方面存在不足，且产业链上下游缺乏协同，仍需坚持系统思维、整体性推进。中核二三公司将紧密围绕“双效提升”，聚焦于项目管理业务全价值链，将精益化管理贯穿项目全生命周期，以数字化赋能精益管理全价值流提升，实现精益化与数字化深度融合，持续提升管理及经营绩效。

作者简介

屈强，高级经济师，现任中国核工业二三建设有限公司副总经理。

新建核电机组如何培育高标准运行团队

张祥贵　武文奇　黄　旭
（江苏核电有限公司）

摘　要：新建成投产的核电机组即将从建设、安装、调试阶段转向商业运行阶段，但其面临着设备和运行团队处于磨合期的挑战。在此阶段，初期运行团队存在诸多问题，如缺乏系统化思维、行为习惯不规范和运行文件质量参差不齐等。为了提升团队的机组运行能力水平，管理者需要发挥领导力，引导团队适时调整心态，重视设备可靠性，提升人员技能。同时，通过人员行为规范化、运行文件精细化、人才培训系统化和经验反馈共享化等措施，识别运行操作风险并制定有效措施。团队管理者应始终坚持“保安全减非停”的原则，守住机组安全稳定运行底线，并制定“出人才、出成果”的目标，带领运行团队走向卓越。

关键词：新建核电机组；领导力；设备可靠性；人员培训；行为规范；高标准

引言

核能被视为高效、清洁、安全和经济的能源，在应对全球气候变化、推动低碳经济发展、优化能源结构等“双碳”战略中扮演着重要角色。近年来，中国核电机组已经进入规模化发展阶段，大量新建的核电机组陆续投产，从建设、安装、调试阶段转向商业运行阶段。在这一阶段，核电厂的运行部门作为核电厂保障核安全的主要责任部门，直接负责机组的安全、可靠、高效和环保运行。

在核电机组日常运行期间，运行人员每天 24 小时在主控室集中注意力，监视机组系统和设备的运行参数。他们每年进行数万次设备状态的运行操作，每一刻都保持着警惕、如履薄冰的工作心态。他们始终坚持着高标准，不懈追求着“操作零人因、隔离零失误、行为零违章、执行零偏差”的四零目标。同时，核电厂运行部门人员众多，是一个超大规模的团队，在机组建成投产的背景下，管理者需要迅速发现管理难点，找出应对方法，带领全体运行人员全力以赴，保障机组安全、可靠、高效、环保运行，取得卓越的运行业绩。这是每位运行团队管理者所面临的终极挑战。

1 新建核电机组运行团队管理的困境

1.1 运行人员缺乏系统化思维

在“国家名片”核电建设领域里，机组建安调试管理水平日趋完善：工程建设领域“六大控制”不断提升、追求卓越；机组调试工期更是呈现出短、平、快的特性。在核电机组建设又好又快又安全的前提下，给社会经济发展带来了一系列的好处。然而，对于核电厂运行团队而言，机组建安调试周期的缩短也带来了一系列问题，如系统设备磨合时间减少，尚未充分暴露系统设备制造缺陷和设计不足等。在各投产核电机组工程实例中，机组建安调试阶段性工作完成后仍会存在大量的设计变更项、工程及联检遗留项等，需要同步转入生产运行阶段继续处理，这无疑会给机组长期安全稳定带来一些潜在隐患。此外，新建机组运行时间短，导致运行团队缺少处理突发问题的经验，同时也反映了运行人员缺乏系统化思维，对问题相互之间的影响考虑不足。

在机组建安调试阶段，责任主体为系统安装工程师与系统调试工程师。但是在前期的设备安装调试中，运行人员的操作机会相对较少，导致操作经验的积累和技术能力水平的提升不足，特别是针对全新投产的机组，运行人员对系统与系统之间、系统与设备之间的相互影响了解不全面，这导致了人员系统化运行思维的不足，整体技能水平亟待提升。

1.2 运行人员行为习惯不规范

为了满足机组调试的需求和积累人员经验，在调试期间，各电厂普遍采取了将运行部门的人员统一调配至调试部门担任调试系统工程师的方法。此间，每位调试系统工程师按照专人管辖原则，负责管理有限数量的系统或设备，但缺乏反应堆与汽轮发电机的配合、电气与工艺系统的配合等综合性工作。此外，当时运行文件体系尚未完善，甚至存在部分文件缺失的情况，因此调试工作高度依赖个人经验和技术能力，导致行为习惯方面存在一定弱化。

一旦机组完成调试并投入商业运行，运行人员可能会表现出习惯性违章行为。这意味着他们可能会持续采用过去的操作方式，从而未能严格遵守规章制度。这种行为习惯和态度不会突然发生 180 度的大转变。因此，即使在规章制度强制要求下，运行人员可能仍然会按照之前调试期间的“粗暴但高效”的方式操作，而不是逐项确认执行操作规程。根据运行团队的评估和质保监察数据统计结果，机组投运初期运行人员普遍存在不严格遵守程序的现象，多起案例显示，运行人员仅凭个人经验而未严格执行运行规程。

尽管该批次运行人员在处理系统偏差、设备故障和机组瞬态等方面的技术水平较高，可以大大提高挽救机组的概率，但这种现象实质上偏离了运行人员遵守程序的核安全文化理念。因此，亟须采取措施逐步引导运行人员摆脱弱化的行为习惯。为了解决这一问题，需要制定合理可行的“楼梯”，逐步引导运行人员摆脱弱化的行为习惯。

1.3 运行文件质量参差不齐

以某电厂二期工程单台机组为例，相关运行文件体系共计包含运行规程 251 份、定期试验规程 63 份、定期试验操作单 277 份、非定期试验操作单 2 411 份、事故规程 79 份、报警卡 100 份及流程图 872 份。

这些文件大部分是运行和调试人员借鉴同型机组资料的基础上匆忙编制的初版运行文件，既未充分考虑本机组的设计特点、改进项及新设备厂家的技术要求，也未在实际工作中进行验证。在调试工期短、节奏快的背景下，大量的文件仅仅进行了桌面推演验证，部分文件甚至未来得及完善调试期间积累的经验。据不完全统计，该批次运行文件普遍存在以下典型问题：

（1）运行文件中的部分参数要求与通用油务大纲、化学监督大纲、安全阀整定值清单和通用电机绝缘及振动标准等上游指导文件不一致。

（2）机组上下行总体操作单与系统操作单的配合度不够，存在引用错误或未引用的情况。

（3）系统投运 / 停运操作单与所引用操作单存在衔接漏洞或内容冗余，导致不能覆盖系统的投运全过程。

（4）部分操作单中风险分析单内容未落实。

（5）运行操作单中操作步骤不合理、需检查的内容描述不够清晰准确或不完整，同时缺少关键步骤识别、备注内容不合适、设置监护的步骤不合理等。

综上所述，可以发现运行人员存在系统化思维不足和行为习惯不规范的问题，同时运行文件的质量也参差不齐。这些痛点问题相互交织，存在着千丝万缕的联系。例如，运行文件质量不高也是导致运行人员不严格遵守操作规程的重要原因之一。因此，解决这些问题势在必行。

2 新建核电机组运行团队管理的破局

在当前的困境下，许多人可能会思考一个假设：全世界有 400 多台核电机组在运行，其中一些机组已经建立了成熟的运行管理模式，那么我们是否可以直接借鉴同时期、同类型电厂的成功经验呢？通过深思熟虑，我们可以给出以下回答。

根据马克思主义哲学中辩证唯物主义和历史唯物主义两大核心理论观点，即任何事物的发展因环境不同,具体到核电机组可包括国情、民族思维模式、电厂安全文化水平和人员技能水平等因素,会使得每一个运行团队的根基、优势、短板和弱项都不尽相同,那些在运行业绩、人员培训和团队建设取得优秀成绩的团队管理经验固然值得参考借鉴,但不能直接使用照搬使用。

众所周知,在管理策略中,组织的有效性是高效领导力、良好管理模式(系统)及强大核专业团队三要素的综合表现,如图 1 所示。在运行团队管理实践中,全球运行的 400 多台核电机组都配备了成熟的管理方式,包括大纲、资源、控制、管理和监督等要素。尽管存在着一些成熟的运行管理模式,但最终各机组的运行业绩却千差万别,甚至存在着巨大的差距。因此,实现运行团队一流运行业绩的关键因素在于组织有效性中的领导力,高效的领导力对团队业绩的获得具有倍增效果。

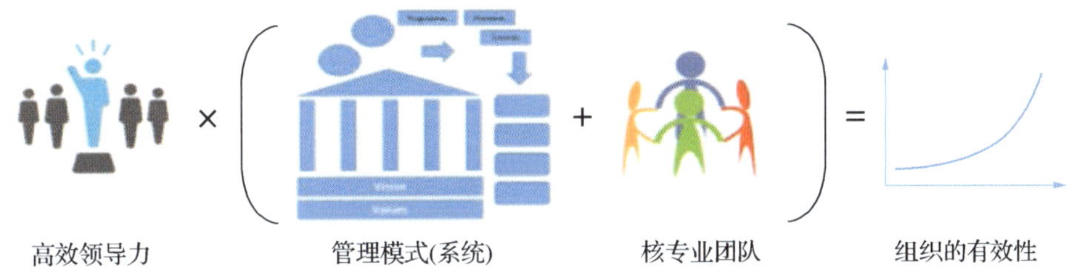

图 1　WANO 值长领导力倍增管理模型

通过对新建机组运行团队存在的困境进行梳理和分析,对于新建成投产机组的运行团队管理者而言,现阶段的运行团队建设需要进行思维和体系上的重塑。这涉及在思想层面进行改革,通过思想上的“破冰”实现行动上的“突围”。在管理实践中,思想决定态度、态度决定行为,行为决定结果。

具体来说,管理者可以通过及时的奖惩机制引导团队成员从“调试思维”转变为“运行思维”,并克服“水土不服”的思维定势。随后,采用“抽脂强肌”的方式,重新确定团队的发展方向、目标及团队文化。具体措施包括:将运行团队的工作总方针确立为“细致管理、保守决策、规范执行、坦诚协作”,工作总目标为“保安全、出成果、出人才”;团队成员应时刻秉承“战战兢兢、如履薄冰”的工作态度,发扬“三特三坚持”精神,即特别能吃苦、特别能战斗、特别能奉献,以及坚持锻炼、坚持学习、坚持高标准;此外,团队应恪守核安全文化的两个“零容忍”，着力推进“能力规范化，规范能力化”的建设，并倡导“每个人都是最后一道安全屏障、第一次就把事情做卓越、每一次都把事情做卓越”的理念，实现出手必出色、完成必完美，安全工作、快乐生活，最终把运行团队打造成核电厂人才的高地。

上述运行处室发展思路的形成也经历了一个不断优化的过程，且此后还将根据处室发展需要，与时俱进继续提升。此处举一个制定团队文化实践中不断优化的案例：曾经有运行值长按照既定方针引导值内员工正确理解“核电厂运行团队的标准是电厂的最高标准”的两层含义，第一层是说核电厂运行团队的标准是电厂最高标准，运行团队降低了标准就会降低电厂工作最高标准；第二层是说运行人员个人的工作标准不一定达到了运行团队标准的高度，运行人员务必要坚持高标准、严要求。实践过程中，他严格坚持“高标准、严要求”，但其所带运行值员工出现了大量辞职的现象，因此还需让员工在生活上感受到关爱和温暖，最终将该条管理理念修正为“高标准、严要求、要有爱”。

这个案例彰显了团队文化不断优化的过程，以适应团队成员的需求和实际情况，从而促进团队的和谐发展。

3 新建核电机组运行团队管理的策略

知易行难，作为新建成投产机组的运行团队管理者，在确认了工作总基调后，由于机组新建成投产，需要理顺和处理的工作千头万绪，每一件事都至关重要且十分紧迫。此时，管理者需要保持定力，掌握全局，静心思考，并发挥高效的领导力。在这种情况下，四象限法是一种有效的管理工具。建议将处室的各项工作进行轻、重、缓、急的划分，优先解决重要紧急的工作任务，最终实现把主要精力放在处理重要而不紧急的工作上。这种方法可以帮助管理者尽早摆脱“救火队员”的境地，并引领团队不断提升，采取提前预判、有效防范和坚决克服的策略，从而应对好各种挑战。

在某核电实际管理实践中，新建成投产机组商业运行后的前两年，运行团队管理者采取了一系列措施，以确保团队从“保安全”的底线到逐步实现“出人才、出成果”的目标。这些措施主要包括提升员工重视设备可靠性、提升人员技能及开展“四化”建设，如图 2 所示。

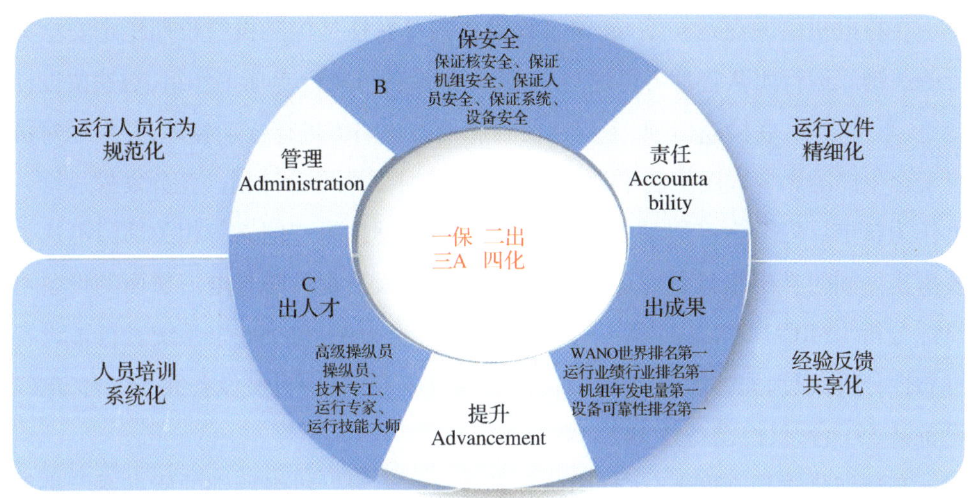

图 2 “一保”“二出”“三 A”和“四化”建设

首先，管理者着重提升了员工对设备可靠性的重视程度。通过加强设备维护和保养培训，以及定期组织设备巡检和检修，确保设备运行稳定可靠，从而提高了整个运行团队对设备可靠性的认识和重视程度。

其次，管理者注重提升人员的技能水平。通过开展系统化的培训计划，包括技术培训、安全培训和管理培训等，不断提升运行人员的专业技能和综合素质，以应对各种复杂情况和挑战。

最后，针对运行团队的具体需求，管理者还开展了“四化”建设，即运行人员行为规范化、运行文件精细化、人才培训系统化和经验反馈共享化。通过规范行为准则、完善运行文件体系、建立人才培训机制和促进经验分享，不断提升团队整体素质和工作效率。

通过以上具体工作的开展，该核电实际管理实践中的运行团队成功实现了从“保安全”到“出人才、出成果”的目标转变，并在商业运行初期取得了显著的成效。

3.1 重视设备可靠性

在核电机组的商运初期，确保系统设备的可靠性是保障机组长期稳定安全运行的关键。运行团队管理者迅速行动，成立了设备可靠性专项工作组，对遗留设计变更、不符合项、联检遗留项、工程遗留项和设备缺陷等进行逐项梳理，并根据对机组安全生产的影响程度编制了为期 3 年的设备可靠性提升计划。充分发挥运行人员作为核电厂安全生产驱动主动轮的作用，以梳理结果“倒逼”相关部门迅速整改落实。同时在机组具备商运条件后，组织运行人员积极参与电厂层面的设备可靠性分析（SRCM）。以某电厂二期工程单台机组为例，对 196 个系统进行了设备可靠性分析，识别关键敏感设备（CC1）共 1 215 台，其中机械设备共 542 台，电气设备共 531 台，仪控设备共 142 台。

在精细化管理维度上，运行团队管理者继续组织对机组所辖的所有系统进行环保敏感设备分级，识别出环保敏感Ⅰ类设备共 41 台；进行辐射防护与职业健康敏感设备分级，识别出辐射防护Ⅰ类设备共 40 台及职业健康敏感Ⅰ类设备共 160 台；进行工业安全敏感设备分级，识别出一级（CC2）设备 289 台。同时针对其中薄弱环节编制整改计划，实现设备可靠性精准管理。

3.2 人员技能提升

知识的增长是安全生产的底层驱动力，人员技能不足，对核电机组安全生产的威胁是根本性和毁灭性的。通过对相关因素进行梳理，发现了三个客观因素：首先，为满足程序要求的授权人员数量，存在部分仅满足培训时长的人员“匆忙”授权；其次，机组调试生产任务繁重，导致运行团队人员没有足够的精力来进行严格、规范的授权考试；最后，运行人员培训教材缺失或质量不高，导致最早批次运行人员学习效果不佳、授权标准不高等问题。

因此，为了解决这些问题，机组投产初期着重致力于建设学习型团队，培养员工终身学习的习惯。同时，优先组织编制（或者升版）各级运行人员培训教材，建立考试题库，以提高授权标准。此外，建立处负责人参与授权考试制度，加强对人员技能的审核和监督。在组织方面，特别布置自习室于电厂生活区，要求员工休息期间由党员干部轮流带队到自习室进行团队学习，引导培养多看、多做、多琢磨、多问的"四多"运行人。同时，打造选人用人公平竞争环境，提升员工主动学习的内驱力，从而促进团队整体素质的提升。

3.3 运行部门"四化"建设

3.3.1 运行人员行为规范化

运行人员行为规范化旨在规范运行人员在日常工作中的各项操作行为，培养良好的工作习惯，强化安全意识，预防人因失误，减少人因事件，严格执行核安全零容忍，力争第一次就把事情做好，以促进安全文化的持续提高。

为实现这一目标，运行团队管理者以年度为周期，组织制订处级 / 科级对运行值观察指导、值与值之间 / 本值的值长对主控室运行操作观察指导、值与值之间 / 本值的操作员对现场运行操作观察指导和运行团队管理者对值长的观察指导再进行观察等结对观察指导计划。此外，对于大修期间才有的专项或稀有操作，邀请各生产处室其他领域的专业人员对运行操作进行专项观察指导。通过上述各项观察指导的实施，及时发现并纠正人员行为偏差，有的放矢地改进和提升。

同时在处内人才选拔考核方面，加大对人员行为考核的权重。例如，对于运行新操作员，其首个岗位授权需要通过模拟机考试，现场操作员首个岗位授权需要通过技能实验室实操训练，其中人员的行为规范都作为考核重点内容。

3.3.2 运行文件精细化

运行文件是运行人员执行运行操作的重要依据，文件的质量直接影响运行人员的操作结果，运行文件的质量也是机组安全稳定运行的重要保障。为了完善文件体系，提高运行文件质量，优化文件操作流程，完善运行文件的编制标准和体系，新建机组投产后运行团队管理者应尤其注重开展文件精细化专项活动。

（1）优化现有运行文件体系，确保系统运行工况全覆盖，重点确保机组上下行总体操作单与系统操作单的无缝衔接。经验表明，在运行准备阶段建设好一支有经验的文件编制专项队伍，组织其按照统一的原则策划好文件编制框架，确定每一个系统需要编制的具体操作单清单，将有事半功倍的效果，是新建机组初期建立文件体系的最佳方案。

（2）提升文件质量，重点关注运行文件中内容缺失、对于相同操作工况描述不规范等问题的解决，同时开展现有风险分析单内容完整性评估，将现有良好实践、运行经验总结、风险分析单与正式文件融合。

（3）规范编制文件，根据现有运行文件编制标准工况模板和标准术语清单，统一文件命名方式，完善运行文件编制标准。

3.3.3 人员培训系统化

优秀的领导让下属感受到他的优秀，卓越的领导让下属感受到自己很优秀。要想打造一支完美的团队，运行团队管理者必须严格执行培训政策，并创造一个公平竞争的环境，让团队成员感受到，通过自己努力工作、好好学习，将获得光明的职业发展前景。

核电厂运行人员的培训具有深厚的历史传承，需要组织梳理，建立标准化、系统化的培训模式，深挖团队中的培训死角和短板。例如，某新建成投产电厂在商运第三周年提出了培训回头看，重点针对“老三届”员工（指前三年入职的现场操作员和前三批次取照的主控室操作员）进行从基础知识开始的再培训。

3.3.4 经验反馈共享化

运行人员应深刻认识到经验反馈学习是最经济高效的培训方式。为此，运行团队管理者应制定政策，鼓励员工积极报告运行操作偏差，并对这些偏差进行根本原因分析，组织充分的讨论学习，确定和落实改进措施，营造“坦诚、开放、共享、提升”的经验反馈氛围。同时，运行团队管理者还应建立快速状态报告学习机制，组织经验反馈工程师每周梳理公司状态报告系统中人因事件、工业安全事件和重大设备缺陷等新产生的状态报告，分发给运行科室，以确保学习的及时性，防止事件的再次发生。

此外，运行团队管理者还可以安排每个月经验反馈专题回头看学习，将以往同类型电厂的经验反馈进行梳理分类，如系统设备在线跑水专题、工艺设备故障专题、仪控设备故障专题、机组上行偏差专题和机组下行偏差专题等，每年定期重复学习，举一反三。

最后，建议推广“三省吾身”良好实践，三省即操作偏差、行为偏差和纪律偏差，要求运行值每班结束后反馈当班期间三省，鼓励员工主动报送问题，分析产生问题的原因，提升团队和个人的安全文化，同时起到反省自身、警醒他人的作用。

4 结论

经过上述一系列举措，从困境中思考如何破局，再制定解决问题的策略，是一系列的管理提升和团队的进步。目前，我工作所在电厂所辖二期工程两台机组自按一级进度计划投入商业运行以来，双双蝉联中国核电 ASP“金牌机组”称号，两台机组 WANO 综合指数一年后达到满分，且大修工期逐年缩短，不断刷新大修最佳工期。上述优异的运行业绩离不开整个运行团队在技术上持续学习、及时总结和提升，不断追求卓越，也离不开在管理上的日益精细、持续创新，但作为运行团队管理者而言，更是格外需要在思想上高度重视、行动上高度自觉、落实上高度负责。

最后，作为一名核电运行管理者，我将继续秉承“不用扬鞭自奋蹄”的责任意识，在打造机组运行全球标杆战略指引下，以实现“三位一体——建设先进的运行管理体系、打造机组运行全球标杆、推动建成核电强国”为奋斗目标，带领运行团队在“强核报国、创新奉献”的道路上继续前行！

第一作者简介

张祥贵，1999年毕业于西安交通大学核工程与核技术专业，研究员级高级工程师，现任中国核电科技带头人、江苏核电二厂厂长。荣获省级奖项6项、地市级奖项4项；申请发明专利14项，其中授权5项（实用新型）、受理9项（发明专利）；发表国际性论文4篇，其中2篇论文被德国Springer出版社收录。

“国和一号”示范工程安全风险管理实践与思考

贾　乔

（国核示范电站有限责任公司）

摘　要:本文围绕“国和一号”示范工程的安全风险管理展开研究,分析了核电工程建设阶段面临的多重安全风险特点,并基于 PDCA 理念提出了相应的安全风险管理策略。文章详细介绍了示范工程在安全风险管理实践中的具体举措,包括组织与策划、协调与沟通、风险识别与评价、风险控制及风险监控等方面。同时,文章强调要正确应用风险评价方法、避免形式化的作业安全许可、重视低风险作业和人员健康风险。最后,总结了安全风险管理成功的关键因素,包括领导重视、制度文件基础、人力支持和执行力等。本文的研究成果对于提高“国和一号”示范工程的安全管理水平、降低安全风险具有重要意义,也为类似工程的安全风险管理提供了有益的参考。

关键词:安全风险;风险识别与评价;风险控制;风险监测

引言

风险,即不确定的影响。不确定性是指对事件及其后果或可能性缺乏或者部分缺乏相关信息、理解或知识的状态,风险通常以某事件的后果及其发生的可能性的组合来表述。对于安全风险来说，如果我们对一项工程或者一项作业缺乏足够的认知，既不知道这么做会出事，也不知道会发生多么严重的后果，那么项目或这项作业的安全风险等级就会提高，安全生产事故发生概率就会上升。因此安全风险管理的目的，就是通过采取一系列的措施去识别、控制、监测风险大小，将安全风险降低到可接受的水平，即用确定性的管理措施去应对不确定的风险。

一、示范工程面临的安全风险特点

“国和一号”示范工程是16个国家科技重大专项之一，项目位于威海市荣成石岛湾核电厂址。项目一期规划建设2台“国和一号”机组，单机电功率153.4万千瓦，设计寿命60年，两机组占地面积共97.672公顷，项目采用EPCS总承包模式，在建设期有以下安全风险特点。

（1）项目承包商单位多，作业活动点多面广，人员密集、复杂、流动性大，现场峰值人数达到16 000余人，安全管理难度大。

（2）项目采用模块化设计理念，土建与安装平行施工，现场施工环境复杂多变，空间交错，模块化结构施工、土建安装及调试相互介入，管理模式和工作接口更加复杂。

（3）项目采用开顶法施工，现场超重件吊装的件数与重量在核电建造史上堪称史无前例，吊装作业集中繁杂，大型模块吊装对项目组织、技术、设备、人员提出了更高的要求。

（4）系统联调与试运行阶段，能量介质全面引入，生产运维活动全面开展，厂家人员陆续驻场，现场活动人群组成的多样性及管理接口的复杂性给现场安全管理带来一定的困难，施工组织难度大。

（5）部分建安单位首次接触CAP/AP系列核电，对建设规律把握不足，理解不透，施工逻辑的变化引入新的安全风险。

二、安全风险管理策略

基于以上安全风险特点，按照“策划—实施—检查—改进”（PDCA）的理念去策划项目整个生命周期的安全风险管理策略。

一是风险识别与评价。安全管理的首要任务是有效地管理风险。风险管理首先要识别风险点,分析和评价项目和作业人员面临的风险。项目管理团队和作业人员必须对所要面临的风险有良好的意识,能清晰理解并认识到容易出现的问题。在项目中以团队形式开展风险评价,对风险采取分级管控,如果风险无法消除和替代,则必须识别必要的工程、程序和个人防护来控制风险,以使风险达到可接受水平。

二是风险控制。一旦识别了存在的风险,项目必须根据控制的优先级别实施必要的管控措施来管理风险。项目应优先选择包括消除和替代在内的控制措施来管理风险,包括应用先进的技术、设备提高本质安全,然后考虑使用管理控制措施,包括操作规程、准则、工作许可及警示标识等来降低风险,个人防护用品(PPE)作为最后一道防线。项目要制定相应的程序制度,确保各项风险控制措施可以恰当、充分和有效地执行。

三是风险监控。风险监控的目的是确保风险得到了有效的控制。风险监控是建立在风险评价与风险控制的基础之上,完成持续改进的风险闭环管理。风险监控就是通过数据收集,与目标进行对标,识别控制措施的不足,并采取必要的改进行动。

三、示范工程安全风险管理实践

1 组织与策划

项目业主、总包、监理单位联合成立安全风险管理组,围绕施工现场作业活动,组织识别对安全有影响的关键风险点,讨论、挑战安全风险识别和管控情况,形成安全风险 TOP10 清单并动态更新维护。

2 协调与沟通

(1)每周召开安全定点监督会,按照“干一周、看一个月、望一个季度”的原则，对现场风险会商研判，形成下周高风险巡视指引。

（2）每月召开安委会办公室月度例会，各单位分别汇报责任范围内安全风险识别与管控情况，会议讨论、审查现场风险管控措施，识别薄弱环节。

（3）每个季度召开安全生产委员会会议，听取各单位安全风险管控情况，审议下一季度安全风险并提出管理要求。

3 风险识别与评价相关举措

3.1 风险识别范围的拓展与深化

现场风险识别不应局限于人的不安全行为、物的不安全状态，也应考虑管理缺陷、环境不足带来的额外风险，具体包括以下三个方面。

（1）安全生产管理风险，主要从人员、制度、流程方面识别当前面临的安全风险，如管理要求弱化、关键岗位人员变动、新员工等管理方面风险。

（2）现场作业风险。现场作业风险基于现场作业活动进行动态滚动更新，从风险后果匹配对应的风险作业进行一一识别，并明确管控责任人。

（3）季节性风险。主要考虑强降雨、大风、低温和冰冻等恶劣天气对人身伤害的潜在风险。

3.2 制定全周期的安全风险活动清单

在同行电厂建设经验的基础之上，深刻把握核电建设规律，安全风险管理组集体对本项目全周期高风险作业活动进行研判，建立清单，为后续方案的编制和监督提供参考性依据。项目按照阶段分为前期工程、土建工程、安装工程和调试四个阶段，每个阶段有不同的风险特点。

（1）前期工程。前期工程活动主要为五通一平以及承包商临建场地的建设，重点关注岩石爆破、深基坑开挖、海工工程和施工用电输电线路安装等风险作业活动。

（2）土建工程。土建阶段重点关注起重机械的安装、拆除、吊装，各大厂房基础、综合管廊开挖形成的深基坑，钢筋模板支护，脚手架工程，钢结构安装与厂房封闭止水，以及土建模块吊装等风险作业活动。

（3）安装工程。安装阶段大型模块、设备吊装，厂房行车载荷试验，电气设备交接试验，高压管道吹扫、压力试验，以及主设备、主管道吊装就位等是重要的风险点。

（4）调试。调试阶段基于试验程序识别存在的风险，包括主蒸汽安全阀试验、非核冲转和旁排蒸汽吹扫等，同时也要关注电气试验、高温高压管道、酸碱系统、氢气系统调试带来的新风险。

3.3 实施安全风险目视化

根据现场风险识别分析结果，利用视觉管理手段将风险严重程度、危害性质、后果及指导等安全信息传递给现场人员，以便人员快速准确了解和执行风险控制要求。项目除了通用的安全警示标识，还采取了一系列风险目视化措施，如表 1 所示。

表 1　风险目视化措施

序号	内容	应用场景
1	现场风险分布图	根据风险辨识结果，绘制红、橙、黄、蓝风险四色图
2	特殊人员反光背心标识	为新员工、厂家人员、访客制作专用反光背心，作为安全关注重点对象，约束不安全行为
3	培训授权帽贴	对专项培训考核合格的人员发放帽贴，包括受限空间、高处作业、起重吊装和动火等，以证明其具备相应的风险管控能力
4	季度检验标签	按照绿、白、蓝、黄四色对经检验合格的小型工器具、吊索具、自制工器具进行标识
5	准操人员可视化	对大型机械设备，如等高作业车、移动式升降平台，张贴经授权培训合格的人员
6	检查要求可视化	在现场临时配电箱、动火封挡和机械设备等本体上张贴相应安全检查要点，便于操作工人知晓相应的风险控制措施

4 风险控制相关举措

4.1 建立 JHA 风险分析数据库

JHA 即作业安全分析，通过划分工作步骤，识别风险并制定控制措施。JHA 应用在基层班组，但不同班组编制的质量参差不齐，难以保证效果。因此，需要专业的安全团队与有经验的班组长对现场典型作业进行梳理提炼，建立一套标准化 JHA 数据库，为现场施工方案编制、班前会开展提供指导，避免编制不规范、风险控制措施不全的情况。JHA 风险分析数据库按照作业类别持续更新完善，并定期对现场 JHA 实施有效性进行评估，确保措施得到落实。

4.2 制定作业安全风险先决条件检查清单

先决条件即在重大风险作业实施前必须完成的条件，作业前由安全团队逐一确认该项作业各项先决条件是否满足要求，确保风险控制措施得到有效实施。先决条件检查清单制定考虑如下几个方面。

（1）方案：施工方案已生效并完成报批，成立专项组织机构。

（2）人员资质：主要负责人、安全人员和特种作业人员等资质。

（3）培训与交底：所有人员完成三级教育培训和专项安全交底。

（4）设备与工器具：相关机械设备、工器具状态良好，在检验有效期内。

（5）现场环境：气象环境、警戒围封、警示标识和孔洞临边防护等满足要求。

（6）个人防护：已根据作业内容配置了满足要求的个人防护用品。

（7）应急与急救：发布适用的应急预案，配齐急救物资等。

4.3 建立风险分级管控矩阵

根据风险评价结果建立风险分级管控矩阵。风险分级管控应遵循风险越高、管控层级越高的原则，对于操作难度大、技术含量高、风险等级高、可能导致严重后果的作业活动应重点进行管控。上一级负责管控的风险，下一级必须同时负责管控，并逐级落实具体措施。通过安全作业许可、设点释放、领导到场履职和监督保障等方式进行风险分级管控。风险分级管控表如表 2 所示。

表 2　风险分级管控表

管控要素 \ 风险级别		重大风险	较大风险	一般风险	低风险
安全作业许可	总包单位审批	■	■		
	施工单位审批			■	■
设点释放	总包单位控制点	■	■		
	监理单位控制点	■	■		
	施工单位释放点			■	
领导到场履职	总包项目负责人	■			
	施工单位负责人	■	（危大工程）		
	施工单位安全总监	■	■		
监督保障	总包单位专人旁站	■	■		
	监理单位专人旁站	■	■		
	施工单位专人旁站	■	■	■	
	各级安全员巡视监督	■	■	■	■

4.4 推进应用本质化安全技术

推广应用先进设备、技术、工艺，优先采用消除、替代的措施降低风险，提高项目的本质安全水平。本质化安全措施示例如表 3 所示。

表 3　本质化安全措施示例

序号	本质化安全措施	风险控制结果
1	BIM 技术	优化施工逻辑，模拟施工，提前对施工过程中各项关键点及存在的风险进行辨识
2	高空作业车	替代部分脚手架，降低了脚手架搭、拆过程中的坍塌、高坠风险
3	镀锌脚手架	降低传统碳钢脚手架锈蚀、损害导致的坍塌风险
4	承插式脚手架	消除扣件式脚手架长期使用导致扣件扭矩不足的风险
5	移动式操作平台	替代梯子、井字架，降低高处坠落风险
6	无尘打磨机 自动喷砂机 临时通风系统	降低粉尘等职业危害
7	LED 灯带	冷光源代替热光源，降低火灾、触电风险

5 风险监控相关举措

5.1 安全风险定点监督

针对当前存在的重点风险作业、薄弱环节、突出隐患，项目安全管理团队每周召开会议，开展风险会商研判，并根据风险作业特点制定监督内容，发布下周高风险巡视指引，同时布置下周的定点监督任务。定点监督较日常监督的特点是检查对象精细，针对不同作业类型关键环节进行逐项监督，同时要全数检查，不遗漏风险，对已排查发现的隐患进行趋势性和倾向性分析，判断是否具有典型性，查明隐患形成的根源，采用管理措施，从源头上解决一类隐患，降低安全风险。定点监督检查示例如表 4 所示。

表 4　定点监督检查内容示例

类别	频次	项目	监督标准
高处及临边作业	每周一次	人员防坠定点监督	1. 作业人员正确使用安全带
			2. 5 m 以上爬梯应设置速差器
			3. 安全带、速差器外观完好无破损，检验标签正确
		物体防坠定点监督	1. 高处临边零散物入箱、入篮
			2. 高处零散物件有绑扎措施
			3. 通道设置踢脚板
		生命线设置定点监督	1. 生命线经挂牌验收
			2. 生命线正确绑扎，卡扣方向、间距正确
			3. 生命线支撑间距（＜ 5 m）、垂度（＜ 30 mm）正确
		孔洞防护定点监督	1. 使用标准化孔洞盖板（铁板，黄黑条纹），盖板能防止滑动
			2. 已张贴孔洞信息牌
			3. 搭设防护围栏及水平防护网（边长＞ 150 cm）

5.2 风险管控有效性评估

安全风险管理组每季度对现场高风险作业管控情况进行有效性评估，重点检查作业清单风险识别的准确性、JHA 风险辨识及控制措施落实情况、安全技术交底、现场签点释放旁站监督情况，检查应形成报告，提出改进意见，以促进持续改进。

四、安全风险管理的一些思考

1　正确地应用风险评价方法

常用的风险评价方法包括作业条件危险性分析法（LEC）、风险矩阵法（LS）

和风险程度分析法（MES）等，这些方法都是定性评价方法，评价结果与个人主观性关联，这些方法是风险研究的方法而不是实用的方法，如果让施工单位依据这些方法自行判断风险等级，就会造成对于同一项作业，A 单位认为是一般风险，B 单位认为是较大风险。因此风险管理组要提前研判，使用这些方法对项目涉及的各类作业活动进行风险等级判定，形成一个直接的风险等级判定标准，各施工单位依据此文件进行直接判断，确保整个项目风险等级判定的一致性。风险等级直接判定清单示例如表 5 所示。

表 5　风险等级直接判定清单示例

序号	作业类别	重大风险	较大风险
1	脚手架工程	● 搭设高度 50 m 及以上的落地式钢管脚手架工程 ● 搭设高度 20 m 及以上的悬挑式脚手架工程	● 搭设高度 24 m 及以上的落地式钢管脚手架工程 ● 悬挑式脚手架工程 ● 吊篮脚手架工程
2	起重吊装	● 吊物重量≥ 100 t ● 采取非常规起重设备、方法，且单件起吊重量在 100 kN 及以上的起重吊装工程	● 吊物重量≥ 40 t ● 起重机械自身的安装、拆卸 ● 两台及两台以上起重设备起吊重物 ● 使用起重设备吊运专门设计的平台或吊篮吊人

2 避免纸面上的作业安全许可

项目根据作业风险识别与评价情况建立安全作业许可矩阵，包括脚手架作业、起重作业、受限空间作业和动火作业等。安全作业许可的本质是安全监督部门对作业班组风险管控的再验证。许可分为形式审查和实质验证两个方面：形式审查是文件审查，重点审查是否具备作业条件，作业方案是否完成签批，风险识别是否准确；实质验证是对现场风险控制措施落实情况的审查，重点审查现场安全交底、人员资质和作业环境等条件。作业安全许可要避免只进行形式审查而不进行实质验证，导致各项安全风险控制措施停留在书面上。

3 给予低风险作业足够的重视

对各个核电企业来说，对中高风险作业的管控体系都较为完善，也鲜有发生中高风险作业造成的群死群伤事故，事故的发生往往都是认为风险低而缺乏管理，导致“小河沟里翻船”，包括边零散区域、边零散时间、边零散人员的作业活动，因此我们需要安排专人、制定专项管理措施进行风险加强管控。需特别关注的边零散作业如表6所示。

表6 需特别关注的边零散作业

序号	低风险作业	典型场景
1	边零散区域	外围子项、狭小空间、脚手架上方和电缆桥架夹层等
2	边零散时间	延点下班时间、夜间和节假日等
3	边零散人员	新员工、厂家人员和流动式服务企业等

4 不能忽视的人员健康风险

2024年4月，深圳市宝安区人民政府网站发布了一起事故案例，深圳市某清洁公司明知死者有心脏疾病且两次入院治疗的情况，但仍安排其从事具有危险性的高处作业，导致其高坠死亡。调查报告写道，通过现场监控查看坠落的情形，不排除其突然向后方倒下和自身身体疾病发作有关，但由于单位管理不到位，此起事故被认定为一般安全生产责任事故。近年来，身体健康异常导致人员猝死事件数量呈上升趋势，我们不能忽视人员健康问题导致发生安全生产事故的风险。项目应通过严格按规定开展入职体检，实施人员健康筛查与干预，制定高处、受限空间等作业职业禁忌证，签订健康承诺书等方式进行职业健康风险管控，同时也要加强一线班组的急救知识培训，确保在异常情况下的正确、快速响应。

五、总结

风险管理是安全生产工作的核心，通过有效的风险识别与评价、风险控制、风险监控，可以显著降低安全生产事故的概率，保证项目的安全顺利建设。安全风险管理的成功还应具备以下条件。

（1）领导重视是前提。领导层应对安全风险有足够的认识和重视，才能为整个安全风险管理过程提供有力的指导和支持。

（2）制度文件是基础。建立健全安全风险管控程序体系，为风险管控全流程提供明确的指导和规范，促使各级管理者和作业人员养成按程序办事的习惯。

（3）人力支持是保障。安全风险管理需要足够的人力资源来执行和推动，包括专业人员的参与和团队的协作。

（4）执行力是关键。知者行之始，行者知之成。如果没有高效的执行力，安全风险管理也难以取得实效。

作者简介

贾乔，国核示范电站有限责任公司安全防护处处长助理，工程师，具有注册安全工程师、一级建造师及法律执业资格，长期从事核电工程安全生产管理工作，全面参与了“国和一号”示范工程的建设。

大型压水堆与其他热源耦合供汽发展分析

王东海　王　平　罗一博　范　黎　张　达　王立恒
（中国核电工程有限公司）

摘　要:核能综合利用是“双碳”目标下国家核能政策的重要鼓励方向,工业重点领域面临绿色低碳转型需求。在政策指引下,核能为石化、化工、造纸和印染等高耗能行业供汽具有良好市场前景。大型压水堆具有供汽量大、汽源稳定等特点,可以独立供汽,也可以通过与高温堆或其他更加成熟经济的常规热源耦合来满足更多工业用户需求,为构建现代化能源体系提供有力支撑。本文阐述了大型压水堆的供汽能力和当前发展进展,重点关注大型压水堆与多种高温热源耦合供汽的技术路径,探索不同耦合方式的供汽特征,为我国核能高质量发展提供参考。

关键词:双碳;核能供汽;高耗能行业;大型压水堆

前言

随着全球气候变化问题日趋严峻,全球都在积极关注能源问题。《巴黎协定》中,中国提出“双碳”目标,我国能源体系面临稳定供应与清洁低碳转型的双重挑战。减少化石能源消费、大力发展清洁能源是我国碳减排关键实现路径。政府间气候变化委员会（IPCC）评估报告指出，核能是全生命周期碳排放最小的发电技术之一。核能可以通过提供清洁电力的方式实现减碳，也可以通过提供清洁热能的形式助力其他工业部门实现减碳。在未来一段时间内，大型压水堆仍将是我国的主力堆型。从能源利用率角度来讲，核能供汽通过直接利用反应堆产生的热能，减少能量转换过程中的损耗，将能源利用率从纯供电的 37% 提高到 60% 以上，能够提高整体能源利用率，是核能除发电以外的又一重要应用形式。

1 核能供汽需求

在我国，电力、工业是最主要的碳排放部门。据统计，2020 年，我国电力部门碳排放占比约 40%，工业部门碳排放占比达到 35% 以上，其中高耗能行业占主要部分，如图 1 所示。为解决工业部门日益严重的碳排放问题，近年来国家陆续出台政策指导工业重点领域清洁脱碳转型。

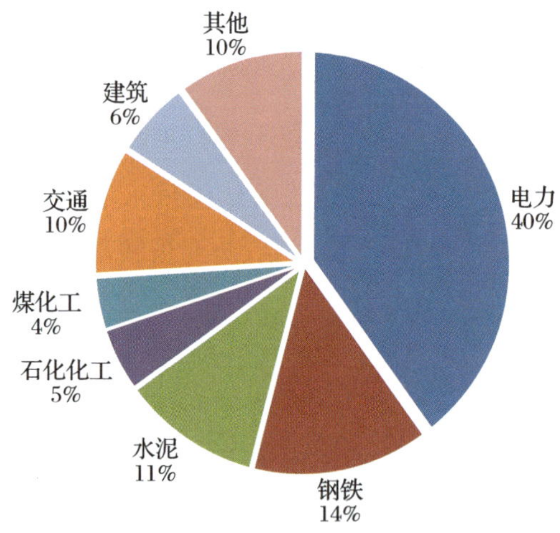

图 1　2020 年我国分行业二氧化碳排放量情况

《中华人民共和国国民经济和社会发展第十四个五年规划和 2035 年远景目标纲要》要求，改造提升传统产业，推动石化、钢铁等原材料产业布局优化和结构调整，加快化工、造纸等重点行业企业改造升级，完善绿色制造体系。国家部委发布的《高耗能行业重点领域节能降碳改造升级实施指南（2022 年版）》对炼油、对二甲苯、煤化工和合成氨等 17 个领域提出了升级实施指南。《工业重点领域能效标杆水平和基准水平（2023 年版）》对 36 个重点领域的节能降碳提出了量化指标要求。

这些重点工业领域能源消费具有用量大、强度高的特点。主要耗能工质包括蒸汽、电力和氢气等。其中，造纸、印染等高耗能行业对蒸汽的持续性具有较高要求，要求蒸汽温度在 200 ℃左右，是我国热电联产机组重要的下游用汽行业。石化、化工等行业的蒸汽需求占到总能耗的 50% 左右，对工业供汽的稳定性要求更高。石化、化工行业对蒸汽温度压力参数要求覆盖广。大型石化项目（包括煤化工项目）生产所需蒸汽分为 4 个等级：（1）高压蒸汽，参数范围为 9.8 ~ 12.5 MPa、510 ~ 540 ℃，来源一般为配套动力站锅炉，用于驱动大功率转动设备和发电汽轮机组；（2）中压蒸汽，参数范围为 3.5 ~ 4.2 MPa、380 ~ 440 ℃，用于驱动工艺装置，或根据工艺要求用作加热热源和反应原料；（3）低压蒸汽，参数范围为 0.8 ~ 1.2 MPa、190 ~ 280 ℃，主要是工艺加热蒸汽和动力站的除氧用蒸汽；（4）低低压蒸汽，参数范围为 0.35 ~ 0.5 MPa、饱和 ~ 220 ℃，主要用于加热蒸汽和装置内设置压力式除氧器的除氧蒸汽。工业重点领域蒸汽温度需求如图 2 所示。

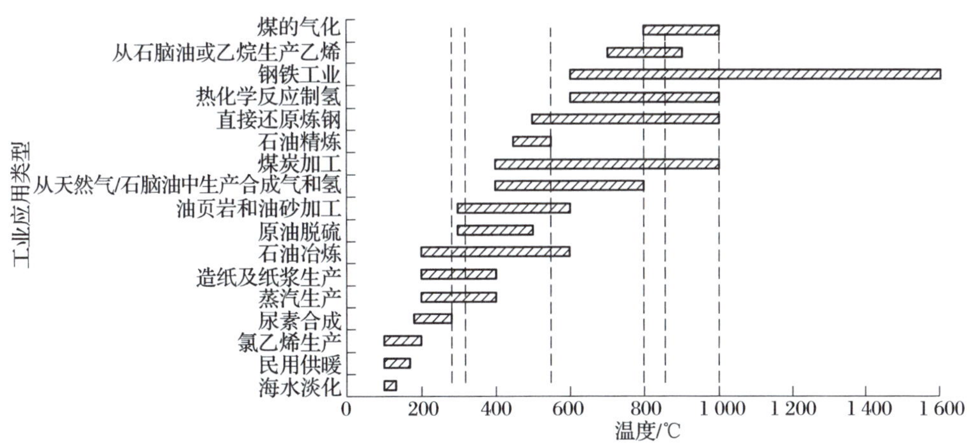

图 2　工业重点领域蒸汽温度需求

2 核能供汽发展现状

国外，瑞士 Gosgen 压水堆核电厂自 1979 年起为周边 2 km 外的硬纸板厂和其他热用户提供工业蒸汽。美国等国的小微堆设计企业也在计划将小微堆用于工业供汽。

近年来，随着我国核能安全稳定发展，各大核电集团都在积极探索核能的热利用形式，中核集团已经率先开展了核能供汽工程实践。

2022 年，我国首个工业领域核能供汽工程田湾蒸汽供能项目正式开工，2024 年 3 月进入全面联调。田湾蒸汽供能项目利用田湾 3、4 号 VVER 型压水堆核电机组产生的蒸汽为周边石化基地供汽，每年可提供 480 万吨工业蒸汽，相当于每年减少燃烧标准煤 40 万吨，等效减排二氧化碳 107 万吨、二氧化硫 184 t、氮氧化物 263 t。

2023 年，国内最大核能供汽项目三门核能供汽项目签约，由三门 1、2 号 AP1000 堆型和 3、4 号 CAP1000 大型压水堆核电机组作为热源，从二回路主蒸汽抽汽为周边台州湾产业园区供汽。按照年利用小时数 7 000 h 计算，三门供汽项目四台机组每年能够提供 1 260 万吨工业蒸汽，项目计划于 2026 年完成建设。

此外，中核集团福清核电有限公司、中广核集团、国家电投都在积极开展核能为工业园区供汽的研究和工程前期工作。

3 大型压水堆供汽能力

大型压水堆反应堆产生热量能够提供轻工业生产所需的中低温蒸汽。以“华龙一号”为例，主蒸汽参数为 6.73 MPa、283.2 ℃的饱和蒸汽，主蒸汽流量 3×2 127.24 t/h。为确保供汽安全可靠，采用蒸汽转换技术，增加设置隔离回路，实现从核电厂一回路与二回路、二回路与工业蒸汽回路的双重隔离。来自除盐水系统的除盐水在蒸汽转换设备内经过预热、除氧、加热、蒸发和过热后转变为满足热用户要求的工业蒸汽。供汽方案原理如图 3 所示。

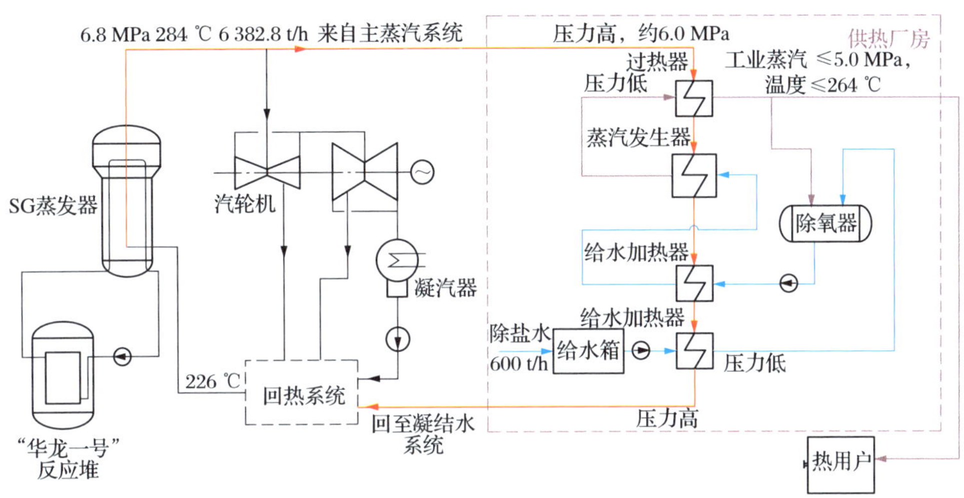

图 3 "华龙一号"供汽方案原理图

对于在役压水堆机组，若以主蒸汽作为汽源，考虑汽轮机最低连续稳定运行要求，经蒸汽转换生产工业蒸汽参数略低于主蒸汽参数，初步估算此时热电联产最大供汽能力约 2 470 t/h，参数为最高约 5.0 MPa、260 ℃的饱和蒸汽。对于新建机组，可以通过调整汽轮机选型，从而减少主蒸汽流量对汽轮机的影响，将抽汽能力进一步增强。新建机组如以供汽为主，供汽能力可以达到约 4 000 t/h、5.0 MPa、260 ℃的饱和蒸汽。

除考虑蒸汽参数外，长距离供汽产生的温降、压降对供汽能力也有影响。按目前技术水平，温降约 2.5 ℃ /km、压降 0.03 ~ 0.05 MPa/km。以在役压水堆机组供汽项目"田湾核电站蒸汽供能项目"为例，最远用户距离超过 30 km，供汽参数 1.85 MPa、248 ℃，末端参数 1.0 MPa、185 ℃。

大型压水堆独立供汽，可以满足造纸、印染纺织和有机化工等多种轻工业的蒸汽品质需求，帮助相关行业实现清洁转型。但是对于石化等用汽温度更高的工业用户，大型压水堆需要通过耦合高温堆或其他常规高温热源的形式提高蒸汽温度。

4 大型压水堆与高温热源耦合供汽

可以与大型压水堆耦合的高温热源主要是高温气冷堆、垃圾焚烧机组、燃气机组、燃煤机组、电加热机组。大型压水堆作为基本热源对除盐水进行预热、加热、蒸发成饱和或微过热蒸汽，再以高温热源对除盐水进行过热，转变为满足热用户要求的工业蒸汽。耦合加热的供汽方案原理如图 4 所示。

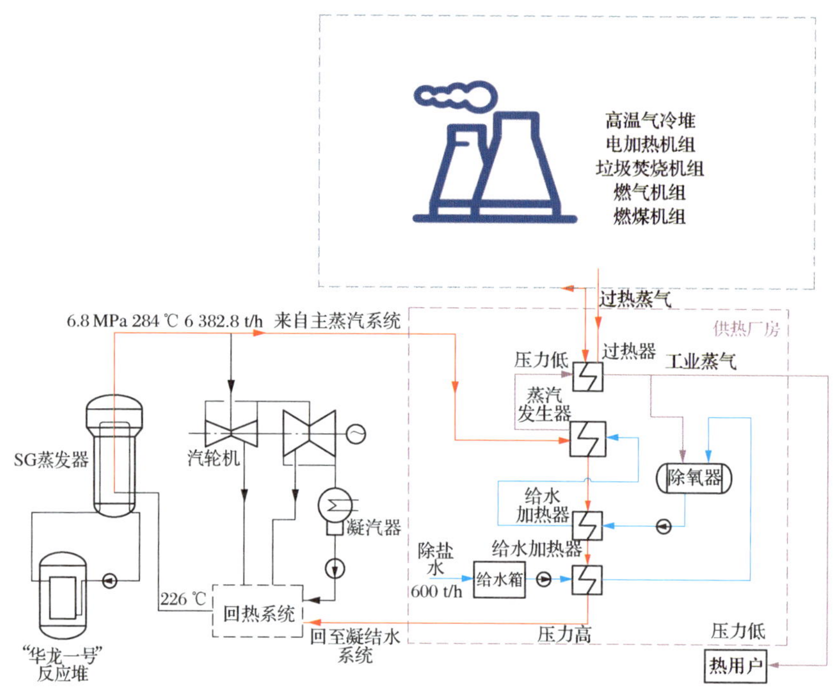

图 4 大型压水堆与高温热源耦合加热供汽方案原理图

4.1 大型压水堆与高温气冷堆耦合供汽

高温气冷堆主蒸汽参数为压力 13.9 MPa、温度 540 ℃、流量 2 142 t/h，压力和温度更高，能够作为过热高温热源。

将大型压水堆与高温气冷堆耦合供汽，以“华龙一号”为例，可利用“华龙一号”经济性好、供汽量大及高温气冷堆供汽参数高的特点。工艺流程上，可采用“华龙一号”生产饱和工业蒸汽，再用高温气冷堆高参数蒸汽对饱和工业蒸汽进行过热。参考江苏徐圩项目，机组年供汽量为 2 838 万吨，约合 3 547.5 t/h，耦合供汽品质为 470 ℃、5.0 MPa。

根据不同终端用户的用汽需求，大型压水堆与高温气冷堆组合模式可采用 2+1、1+2 或者 1+1 等多种组合模式。各种组合模式下配置不同，经济性有所差异。

4.2 大型压水堆与燃气机组耦合供汽

燃气机组既可以使用传统化石能源天然气，也能利用可再生能源生物质气作为燃料，具有启动时间短、占地面积小、建设周期短的特点。燃气机组燃烧效率高，排气干净，未燃烧的碳氢化合物、CO、SO_x 等排放物一般都能够达到严格的环保标准。燃机按其容量等级可分多个等级，与大型压水堆耦合较为匹配的是容量 200 ~ 300 MW 的 F 级燃气机组或 300 ~ 400 MW 的 H 级燃气机组。耦合过程是抽取压水堆的二回路蒸汽作为基本加热热源，通过蒸汽转换技术将常温除盐水加热成饱和或者微过热蒸汽；再以 F 级或 H 级燃气机组的热段蒸汽作为调质热源加热。燃气机组的最大抽汽量分别为 500 t/h、656 t/h。

燃气机组对饱和蒸汽加热可以采用表面换热或者混合换热方案。当采用表面换热方案时，压水堆与 2 台 F 级燃气机组耦合可以提供最大 5.0 MPa、545 ℃蒸汽，按照制备台 5.0 MPa、480 ℃蒸汽考虑，可以获得工业蒸汽流量为 549 t/h；与 2H 级燃气机组耦合时，可以提供最高温度 575.5 ℃、5.0 MPa 的蒸汽，按照制备 5.0 MPa、480 ℃蒸汽考虑，可以获得工业蒸汽流量为 797 t/h。采用混合换热方案时，所制备的蒸汽压力应同时小于“华龙一号”所能制取的最大压力及燃气机组热段蒸汽的压力。按照制取 3.2 MPa 的工业蒸汽考虑，当 F 级或 H 级燃气机组的供汽约占产出工业蒸汽的 50% 时，与“华龙一号”组合分别可制备出 3.2 MPa、384 ℃、1 000 t/h 和 3.2 MPa、400 ℃、1 311 t/h 的工业蒸汽。

4.3 大型压水堆与垃圾焚烧机组耦合供汽

垃圾焚烧发电厂主要由垃圾焚烧炉、余热锅炉、汽轮机和发电机等主要设备组成，垃圾经过炉内燃烧，产生 850 ~ 1 100 ℃的高温烟气。统计数据显示，截至 2023 年，我国在运垃圾焚烧发电厂总计 964 座，垃圾发电技术已经步入了较为成熟的发展阶段。

国内常见的主流垃圾发电厂参数为中温次高压参数（6.2 MPa、450 ℃），并存在向次高温次高压和高参数锅炉发展的趋势。由于垃圾数量规模限制，垃圾发电规模普通县级市一般在 10 ~ 15 MW，中型城市功率在 25 ~ 35 MW，大型城市最高可达 75 MW，规模普遍较小。按照中型城市功率考虑，配备 2 台 30 MW 垃圾焚烧机组与 1 台“华龙一号”耦合，分别用表面换热和混合换热两种方案。受到垃圾焚烧机组流量能力限制，表面换热可以制备蒸汽能力为最高温度 409 ℃、1 MPa 和最大压力 4.35 MPa、338 ℃的工业蒸汽。考虑实际工业用户参数需求与负荷规模，按照制备 2.5 MPa、350 ℃蒸汽考虑，可以获得工业蒸汽流量为 491.7 t/h。采用混合式换热方式时，当“华龙一号”抽汽量与垃圾发电机组抽汽比例接近 1 ∶ 1 时，可以提供 320 ℃、2.5 MPa 的工业蒸汽，蒸汽流量为 443.9 t/h。

垃圾焚烧机组与大型压水堆耦合的主要限制是单机组功率较小、最大抽汽能力有限，因此主要针对用汽量较小的工业用户。此时大型压水堆抽汽量较小，主要用于供电。

4.4 大型压水堆与燃煤机组耦合供汽

燃煤机组采用由热空气携带磨碎的煤粉，在锅炉中燃烧加热水，使水变为水蒸气。随着电网整体规模的不断扩大，1 000 MW 等级超超临界参数机组得到更大的发展空间，并在市场竞争中占据优势地位。近年来国内建设的燃煤机组多数都是大容量高效超超临界燃煤机组。耦合方式上，考虑将 1 台“华龙一号”机组与 1 台 1 000 MW 等级超超临界燃煤机组耦合。抽取“华龙一号”的二回路蒸汽作为基本加热热源，通过蒸汽转换技术将常温除盐水加热成饱和或者微过热蒸汽；再以 1 000 MW 燃煤机组的二次再热蒸汽作为调质热源对蒸汽进行加热。

燃煤机组对饱和蒸汽加热可以采用表面换热或者混合换热方案。燃煤机组二次再热可供蒸汽温度约为 620 ℃,当采用表面换热方案时,最高可制备出 5.0 MPa、605 ℃的工业蒸汽,此时“华龙一号”抽汽量与燃煤机组抽汽量的比例为 1.215 : 1.111。1 000 MW 燃煤机组二次高温再热蒸汽最大抽汽量为 1 479 t/h,“华龙一号”按照最大抽汽量 2 470 t/h,可以制备出 480 ℃、5.0 MPa、1 976.68 t/h 的工业蒸汽。采用混合换热方案时,所制备的蒸汽压力应同时小于“华龙一号”所能制取的最大压力及燃煤机组二次再热蒸汽的压力。按制取 3.5 MPa 工业蒸汽考虑,当“华龙一号”抽汽量与燃煤机组抽汽量达到 1 : 1 时,组合供汽温度上限为 441 ℃。继续提高燃煤机组抽汽量的比例,虽然可以获得更高温度的工业蒸汽,但“华龙一号”的抽汽量和除盐水流量会逐渐减少,清洁能源供汽合理性无法体现。按照二次再热蒸汽实际负荷能力抽汽量 1 479 t/h,匹配“华龙一号”抽汽量 1 829.4 t/h,可以制备出 420 ℃、3.5 MPa、2 964 t/h 工业蒸汽。

大型压水堆与燃煤机组匹配可以获得更高参数的工业蒸汽,但此时由于采用燃煤机组,在碳减排等环保效益上相比其他方案较差。

4.5 大型压水堆与电加热耦合供汽

电加热技术可以在被加热物体内部直接生热,因而热效率高,能够达到 98% ~ 99%。电价热技术升温速度快,在电加热过程中,产生废气、残余物和烟尘少,不污染环境。目前国产电加热器最大容量能做到 7 MW,从成熟度、可靠度出发,选用单台容量 5 MW 进行分析。

供热方案是利用“华龙一号”作为高温热源,通过蒸汽转换技术加热除盐水,经过预热器—除氧器—升压泵—蒸发器—电加热器后达到所需要的工业蒸汽参数。5 MW 电加热器最高可制备温度为 480 ℃,因此可以制备 5.0 MPa、480 ℃工业蒸汽。在“华龙一号”最大抽汽量 2 470 t/h 下,考虑换热设备压降为 0.05 ~ 0.1 MPa,热效率按照 99% 计算,可制备工业蒸汽流量为 2 032 t/h,此时电加热器功率为 338.7 MW。受电加热器单台容量限制,需要数十台电加热器才可实现相应参数工业蒸汽的制备。

因此，在现有产业技术发展状况下，电加热过热负荷不宜过大。电加热技术的优势是可以利用压水堆自身产生的电力来提高供汽参数，可以作为一种压水堆能源转换形式来挖掘应用潜力。

5 总结与建议

5.1 总结

我国石化、化工、造纸和印染纺织等高耗能行业面临着绿色能源转型重要问题，大型压水堆可以充分利用其蒸汽流量大、供汽稳定性高和“零碳”特征，为这些行业脱碳提供清洁能源解决方案。当前，大型压水堆正在积极探索独立为工业园区提供清洁蒸汽的发展思路。未来，还可以与更多高温热源耦合来进一步提升蒸汽参数。

通过研究发现，大型压水堆与高温堆、垃圾焚烧机组、燃煤机组、燃气机组和电加热等多种高温热源耦合，均可以达到较高蒸汽供汽参数要求，满足工业重点领域的多种用汽需求。压水堆耦合这些高温热源的供汽特征总结如下：

（1）大型压水堆耦合高温堆可以实现零碳、大流量、高参数蒸汽供汽，是为大型工业园区集中供汽的理想方式。但造价仍需进一步降低，未来具有良好的发展前景。

（2）燃气机组功率大、减碳效应较好、技术成熟，与大型压水堆耦合可以提供中品质、大流量工业蒸汽，适合利用已有资源与大型压水堆耦合集中供汽。

（3）燃煤机组虽然功率大、技术成熟、造价低，但是在“双碳”背景下，燃煤机组的碳排放量大，未来可能逐步减少，长期来看不宜作为耦合供汽发展方案。

（4）垃圾焚烧机组受到单机组容量限制和原料限制，主要针对用汽量较小的工业用户，更适合与小堆耦合。与大型压水堆耦合时，适合在城市或农业发展相对集中的区域发展，此时大型压水堆抽汽量较小。

（5）电加热机组单机组功率更小、能够实现零碳排放。电加热机组布置更加灵活，可以利用电厂自身产生的电能，也可以贴近用户端布置，从而避免长距离运输带来的降温降压效应。但是现阶段大规模电加热机组的经济性相对较差，负荷规模过大时级数过多情况下的可行性仍需进一步论证。耦合电加热方案能够利用压水堆产生的电能，是一种能源转换应用方式。

5.2 建议

（1）加速大型压水堆与多种高温热源耦合供汽的实施部署，推动项目落地。在国家政策指引下，高耗能工业部门的绿色低碳转型和清洁低碳改造需求将在中短期内达到峰值，核能供汽具有窗口期效应。在这一过程中核能如果要发挥其优势，很大程度上需要依托已建核电厂和近期新建核电厂，先进大型压水堆将扮演重要角色。应尽快依托已建和新建的大型压水堆核电厂，推进项目落地。争取在“十五五”期间实现大型压水堆与多种高温热源耦合供汽的示范建设，把握能源转型窗口期。

（2）开展投资匡算，在经济合理前提下，优化设计方案。相比单独供电，核能供汽市场化特征更加明显。供汽项目需要与实际市场化蒸汽价格进行比较，评估与各种高温热源耦合方案的经济性，在最佳的高温热源方案下优化设计，获得方案最优解。

（3）充分利用智能化等先进技术，赋能大型压水堆与高温热源联合供汽。核能供汽各项目的蒸汽需求不同、周边条件不同。外部负荷来源多样化，调节控制复杂化，对灵活性和安全性提出了更高要求。采用智能化技术可以有效提升热电联供的安全性和灵活控制能力，减少运行复杂度，提高电厂运行效率。智能化技术还能够优化热电联产设计，迭代获得更优的核能供汽方案。

（4）在役机组主蒸汽抽汽热电联产供汽场景下，当抽汽量加大时可能导致主给水温度降低，引起 SG 压力波动，进而影响反应堆冷却剂温度和压力。针对该情形，通过反应堆热工水力分析程序，计算不同条件下的冷却剂参数，在确保安全性的前提下，分析论证冷却剂参数变化的情况下如何获得更优的供汽品质参数。

（5）加强厂址周边探勘研究。重点关注 50 km 范围内是否存在或规划有高耗能产业集群，结合其他高温热源分布情况，因地制宜、提前规划，充分发挥大型压水堆单独或与多种高温热源耦合供汽的不同优势。为我国核能助力工业重点领域脱碳形成更加有力的支撑，有效夯实核能在清洁能源系统中的市场地位。

第一作者简介

王东海，中国核电工程有限公司首席质量官，中国核电工程有限公司北京核工程研究设计院院长、先进核能技术研究院院长，研究员级高级工程师。长期从事核电厂建筑及水工技术研究，质量管理、核电发展技术研究。曾多次获得中国核能行业协会、中核集团科学技术奖和中华全国工商业联合会科技进步奖等奖项。

“六大控制七个零”高质量精细化管理标杆模式构建与实施

陈富彬
（中国核能电力股份有限公司）

摘　要：“六大控制七个零”标杆模式作为核电工程高质量精细化管理的重要遵循，以核工业重大工程项目为土壤，成型于良好实践、持续改进，通过对标国际通行的项目管理知识体系，贯通单项目管理和项目群管控要点，是核电工程项目管理工作的核心。本文通过对“六大控制七个零”标杆模式的系统构建、实施方式和良好实践等方面进行系统阐述，以期对同行业核电工程项目管理提供新的认识路径或启发。

关键词：核电工程；标杆模式；核电工程项目管理

为贯彻落实党中央和国务院关于国企改革三年行动、对标世界一流管理提升行动、国有重点企业管理标杆创建行动部署，坚持以重大问题、重大需求、鲜明特色为导向，面向核工业全产业链，推进重大工程管理体系改革创新，创建“六大控制七个零”高质量精细化管理模式，推动形成全系统“思想统一、组织统一、行动统一”的工程项目管理大格局，全面保障重大工程项目最高质量建设建成，为整个核工业工程建设运营提供了价值指引和有益借鉴。2021 年 7 月，“六大控制七个零”高质量精细化管理模式（以下简称“标杆模式”）入选国务院国资委国有重点企业管理标杆创建行动“十大标杆模式”。

1 “六大控制七个零”标杆模式的系统构建

标杆模式是以党的政治文化为鲜明指引，下沉“五个聚焦”、采取“六大控制”、锚定“七个目标”，擘画出重大工程项目建设的“发展蓝图”，构建出项目管理机制的“四梁八柱”，是涵盖全要素、全过程、全领域的三维立体管理体系框架。

1.1 以“六大控制”为抓手，践行全过程精细化管控

“六大控制”是工程建设全过程管理理念的关键抓手，采取了工程建设项目全过程精细化管控手段（安全控制、质量控制、进度控制、投资控制、环保控制、保密控制），明确了卓越导向的直接工程目标（进度零超期、投资零超概、质量零事件、安全零事故、环保零超标、保密零泄密、廉洁零问题），既考虑单项目管理要求，又从整体角度进行项目群管理设计，是工程建设管理的核心理念。

1.2 以“点线面体”相融合，搭建全领域系统化体系

以“六大控制七个零”管理理念为驱动，采取“信息化＋智慧工地”“MKJ 考核激励”“TOP10 风险管理”等手段，坚持问题导向、过程导向和目标导向，在工程项目规划发布、立项批复、可研批复、初设批复、概算批复、变更批复、变更调整、验收批复等环节的基础上，以“五大聚焦”“六大控制”“七个零”进行多维延伸、立体搭建，创新构建“点线面体”三维立体管理架构，如图 1 和图 2 所示。

1.3 以“诊断督导”促发展，推动全领域闭环式进阶

以工程建设管理全过程为切入点，进行开工前合规性检查、监督检查、诊断式督导、竣工前合规性检查及后评价等精细化管控，交叉融合中医系统思维，创建“1-2-6”问题解决和“治未病”机制，精准、高效、系统地解决工程项目建设过程中存在的“疑难杂症”。“诊断式督导”机制如图 3 所示。

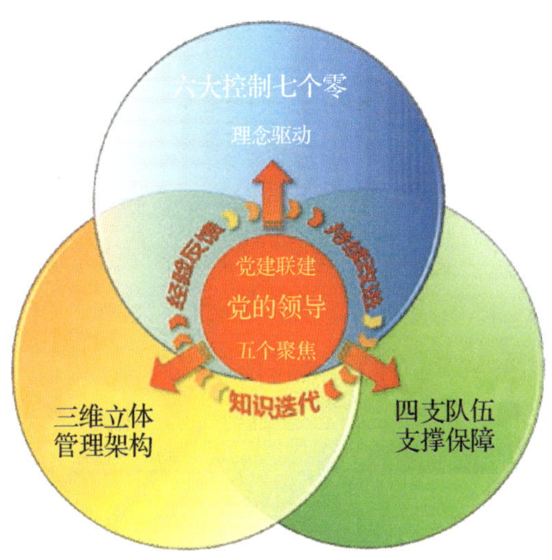

图1 “六大控制七个零”标杆模式

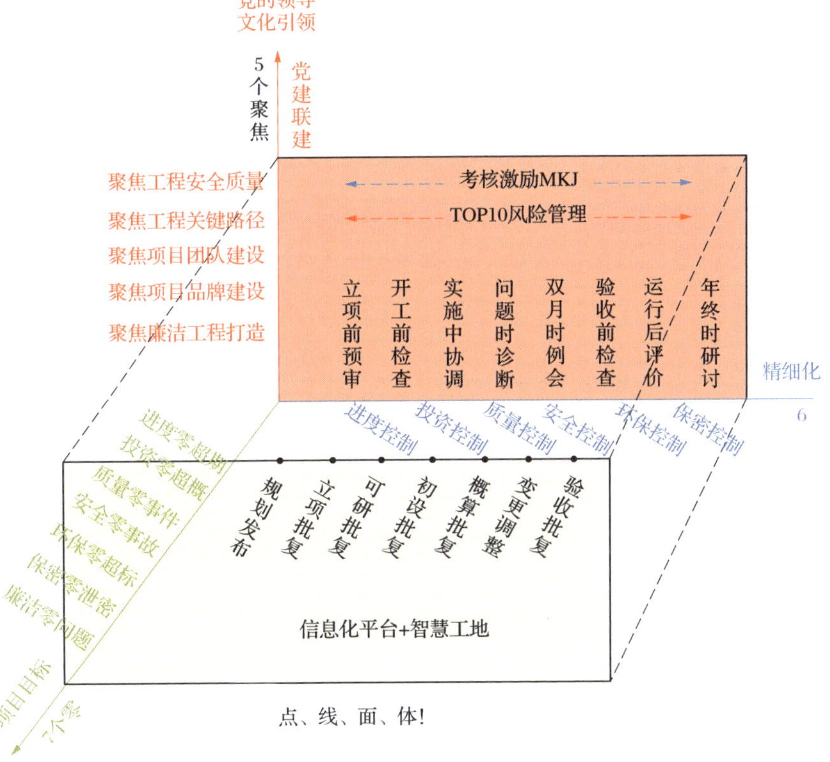

图2 “六大控制七个零”标杆模式管理架构

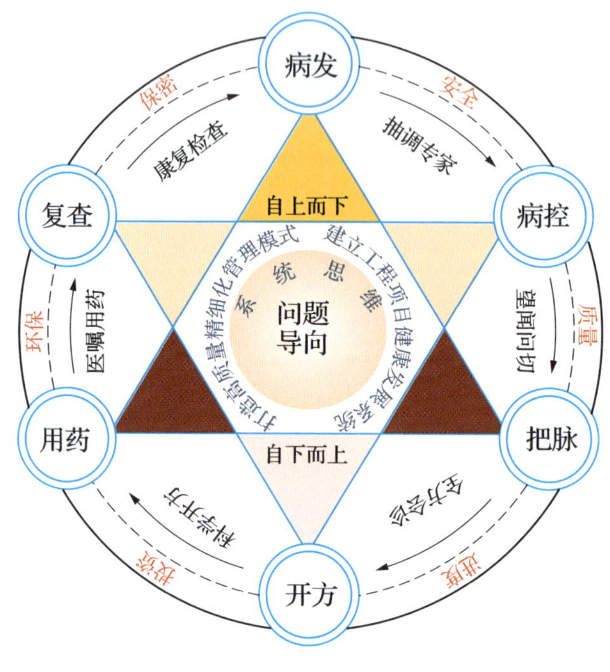

图 3 “诊断式督导”机制

1.4 以“人才保障”打基础，培养全领域人才资源

坚持发展是第一要务、创新是第一动力、人才是第一资源，确立人才引领发展的战略地位，结合核工业工程项目管理特点，突出四支人才队伍的保障作用，建立完善人才队伍培养机制，构建“初、中、高、专”四层次标准能力素质模型，开展分级培训、授权、认证，通过举办大讲堂、青年大比武等活动，形成“比学赶超”生动局面和浓厚氛围，确保工程项目管理模式的开放性和可持续性。打造的“工程管理领军人才培养模式”入选国资委国企改革三年行动典型案例。

2 “六大控制七个零”标杆模式的深入践行

在标杆模式引领下，聚集全产业链全领域管理要素，以过程管理为重心，践行“向穿透管理要效率，向科技创新要效益，向文化建设要质量”的理念，遵循“标准化、集约化、一体化、契约化”基本管理原则，助推全产业链工程建设管理能力协同进阶，力促工程建设项目高标准建设。

2.1 坚持党的领导，实现党建联建“双丰收、双示范”

党的领导是标杆模式最鲜明的政治底色，党建融入中心工作是实现“两条主线”深度融合的根本性机制保障，也是标杆模式“落地生根”的关键前提。按照《党建联建工作大纲》和相关指导意见要求，将项目党建联建要求纳入《关于推广抓实升级高质量精细化工程项目管理标杆的指导意见》《项目管理大纲》等工程管理标准化制度文件当中，为高质量党建推动项目高质量建设提供了根本遵循。

各工程项目建设团队通过建立党建联建工作体系，设立工程建设单位与参建单位共建的党建联建联合委员会，发挥党建联建机制作用，促进项目团队统一思想共识、锚定工程目标，系统性构建强体系、重质量、聚人心、促融合、创价值的“大党建 + 重大工程”新格局。

2.2 坚持管理提升，凝聚共识提高产业核心竞争力

为深入践行标杆模式的管理要求，锚定“七个零”标杆目标，发挥工程建设全产业链整体优势和协同效能，持续提升“标准化、集约化、一体化、契约化”水平，高质量、高标准推进核电工程项目建设，持续推动实现管理水平卓越提升目标。

2.2.1 坚持系统全面，持续细化完善工程建设程序体系

中国核能电力股份有限公司（以下简称“中国核电”）通过锚定标杆目标，明晰管理流程和接口，构建中核集团、中国核电、项目单位三级管控模式，坚持安全、质量、进度、投资、环保、保密各领域目标导向，聚焦设计、采购、施工、调试、计划、合同各环节要素，按照安全质量、立项投资、工程建设和考核机制等领域划分，发布/升版《投资管理制度》《安全管理制度》《质量管理制度》《核电工程建设管理制度》

等 11 份体系制度，并进行动态跟踪与周期评价，确保工程建设各项活动和目标均有据可依。

2.2.2 坚持持续进阶，全领域部署工程建设卓越提升计划

为深入贯彻标杆模式管理要求，聚焦项目管理“瓶颈”和“短板”，按照《中国核电工程建设卓越提升三年行动计划（2022—2024）》总体战略部署，实施“强基固本、持续进阶、追求卓越”的进阶方案，围绕“四化联动”提升、工程安全管理提升、工程质量管理提升、工程进度管理提升、工程投资管理提升、工程建设保密/廉洁管理提升、项目综合管理能力提升共计 7 大领域进行系统部署，共实施 51 项具体任务，持续发挥管理提升的长效机制，着力打造现代卓越工程管理标杆模式。

2.2.3 坚持首责首要，推进全周期核电工程高质量建设

中国核电以工程项目开工、建造、竣工全周期管控为抓手，贯彻“充分准备、一丝不苟、万无一失、一次成功”和“设计先行、设备跟进、积极核准、现场慎动”的双“十六字”方针，编制发布《核电项目高质量开工准备工作指导意见》《中国核电工程项目管理大纲指导意见》《中国核电固定资产投资项目竣工验收指导意见》等系列文件，指导实现工程项目高质量开工、工程项目精细化过程管理、工程项目标准化竣工验收。截至 2024 年 3 月，中国核电控股在建 11 台核电机组“六大控制”可控在控，建成项目质量得到国家和社会认可，三门核电一期工程荣获 2020—2021 年度国家优质工程金奖，福清核电荣获 2020—2021 年度第十九届全国质量奖，“华龙一号”示范工程福清核电 5、6 号机组工程荣获 2022—2023 年度国家优质工程金奖。

2.2.4 坚持追求卓越，筑牢工程项目建设高质量发展基石

（1）坚持“安全第一、预防为主、责任明确、严格管理、纵深防御、独立监督、全面保障”“三管三必须”的原则，严格落实安全生产责任，实行安全生产一岗一清单，深化独立核查、风险分级管控和隐患排查治理“双预防”机制，开展安全质量总监巡查、转阶段专项检查、承包商管理、安全领域共性问题研究和预防，推进

智慧工地建设,进一步提升现场安全管理水平,实现施工安全的“动态化、智能化”管控。

(2)优化管理流程,以标准化提升执行力,建立完善核电建设质量管理标准框架体系,解决群堆管理共性需求。实行工程建设阶段质量风险动态分级管理、红黄线/黑名单管理机制,开展质量监督联合检查与独立抽验,保障质量管理的有效性,严守工程建设生命线。

(3)完善进度协调体系,采取计划联合管控模式,推进现场各方管理的高效协同;编制发布标准一级进度计划指导意见,运用新工艺、新技术、新方法,在确保安全和质量的前提下,提高核电工程建造效率,努力推动实现“一台更比一台优”的目标。

(4)进一步强化投资风险管控,严防设计变更、设备采购和融资等环节风险,实行全员参与的投资目标控制责任制,通过投资计划、立项管控和预警考核等手段,实现投资动态控制。

(5)组织开展环保敏感SSCs识别,并建立分级管理体系。严格执行环境影响评价和环保设施“三同时”制度,结合智慧工地动态监控,严控废物产生、贮存、转移和处置等。

(6)建立完善的“三级管理”保密标准和制度体系,紧抓关键环节,不断研究和探讨新形势下开展保密工作的途径和方法,加强保密软硬件建设,持续提升保密工作水平。

2.2.5 坚持过程管控,推动绩效评价指标体系落地见效

中国核电以“三维、两评、一动”为导向,系统性构建覆盖工程建设全领域的指标体系(CNCI),及时识别项目建设过程中的薄弱项,为后续有针对性的管理提升指明方向,实现工程建设项目全周期精细化管控。在指标评价方面,通过搭建工程项目建设可视化管理平台(ASP),对各在建工程项目进行绩效评价,营造良性竞争局面,以数字化赋能激发面向未来发展的“新质生产力”,实现工程项目建设高质量推进。

3 “六大控制七个零”标杆模式的实践成果

在标杆模式的引领下，各工程建设项目适应性承接标杆模式，践行全过程精细化管理理念，各项目建设按计划稳步推进，成果丰硕。中俄核能合作项目进展顺利，“华龙一号”示范工程全面建成投产，“玲龙一号”示范工程外穹顶“加冕成功”，在建装机规模、产业竞争力等方面迈上新台阶，工程管理经典案例、良好实践遍地开花，为标杆模式落地见效提供了实践支撑。

3.1 辽宁核电“168”精品标杆工程创建模式

如图 4 所示，辽宁核电 3、4 号机组工程绘制出“168”精品标杆工程创建路线图，联合各参建单位成立党建联建联合委员会，创新构建大协同党建联建“点

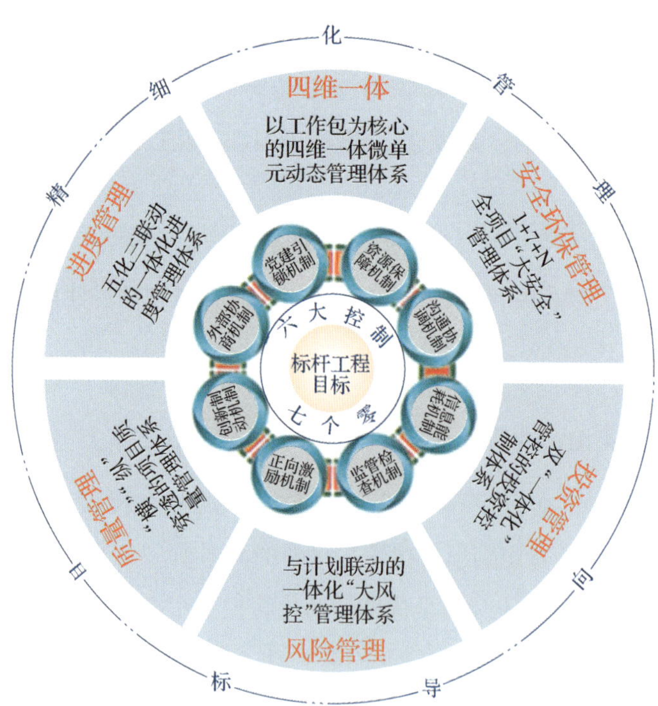

图 4　辽宁核电“168”精品标杆工程创建模式

线面体”立体模式，以党建引领筑牢标杆创建堡垒，有力促进党建与标杆创建“双丰收、双推进”。

3.2 江苏核电“四三三”工程计划管理模式

江苏核电 7、8 号机组工程积极探索基于“党建 +”和“计划 +”下的工程计划管理新模式，如图 5 所示，紧密围绕“四化、三协同、三同一”（简称“四三三”）的一体化计划平台，以党建为引领，以计划为抓手，贯穿工程管理的全周期和全领域，持续提升工程管理精细化水平和实效。

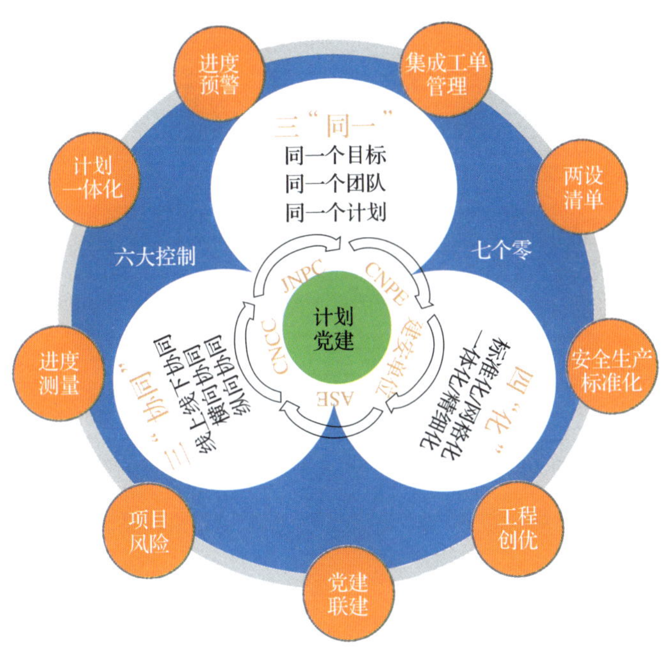

图 5　江苏核电“四三三”工程计划管理模式

3.3 三门核电“六个一”一体化项目管理模式

三门核电 3、4 号机组工程精准把握标杆模式要求，深刻总结一期工程“全面管理穿透”实践经验，在 3、4 号机组项目建设阶段探索实施项目指挥中心管理模式，联合主要参建单位和设备供货商成立党建联建联合委员会，打造“六个一”一体化管理项目管理模式，如图6所示，推动项目高质量建设取得良好成效。

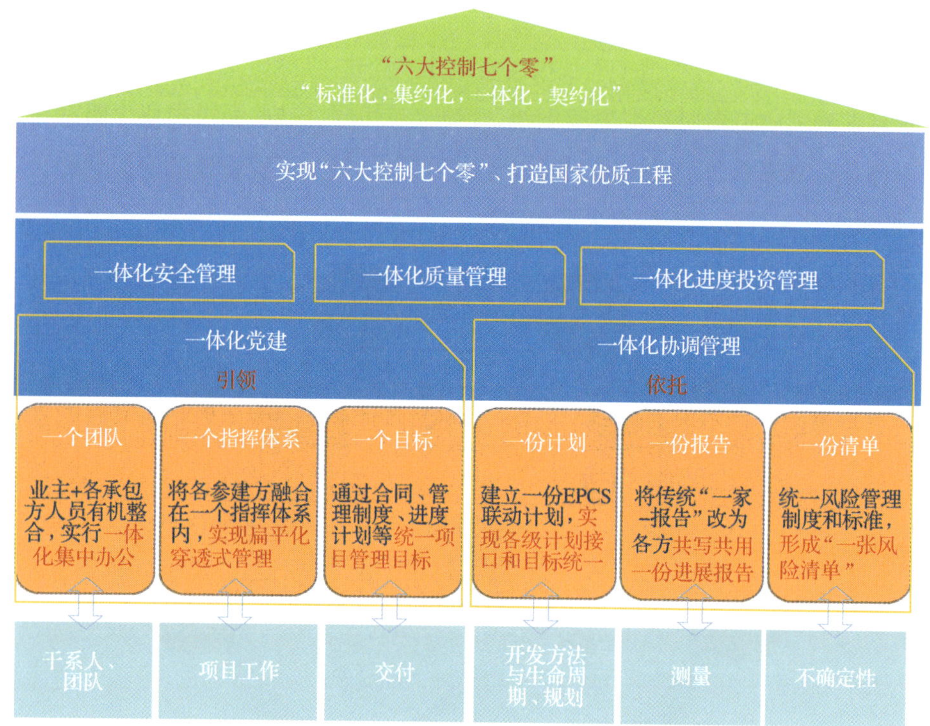

图6　三门核电“六个一”一体化项目管理模式

3.4 “玲龙一号”示范工程一体化穿透式工程管理体系

海南核电“玲龙一号”示范工程以党的组织体系为保障，聚焦全球首堆“玲龙一号”示范工程项目管理重难点，整合“华龙一号”工程与“玲龙一号”工程内外部组织力量，建立全局一体化组织机构，构建一体化穿透式工程管理体系，如图7所示，助推项目建设不断突破。

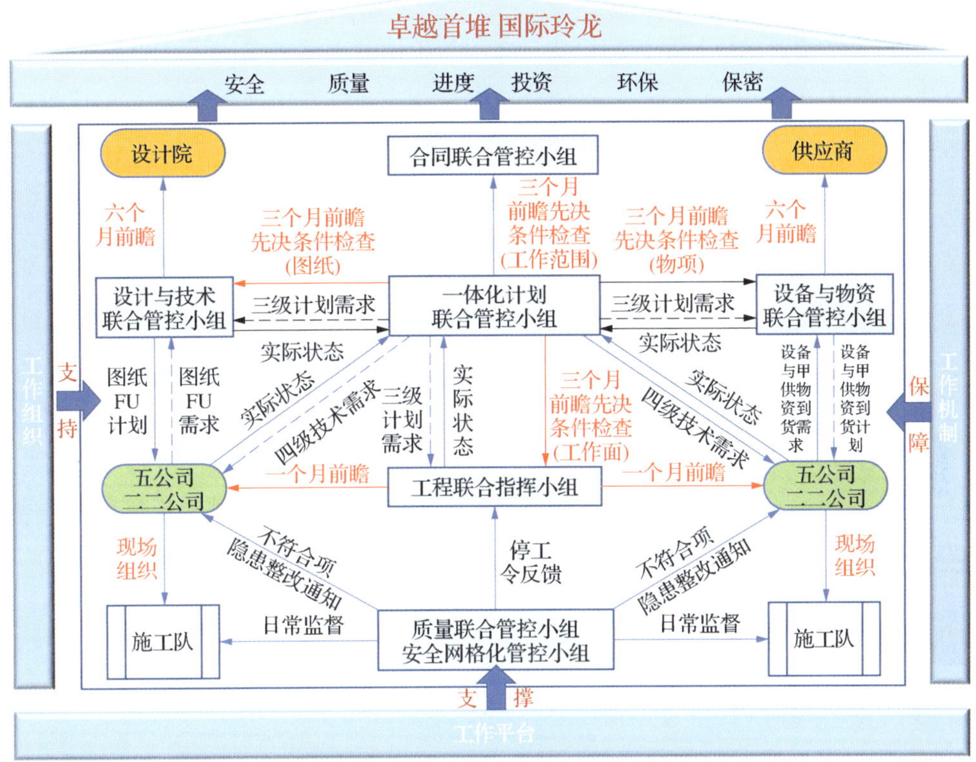

图7 “玲龙一号”示范工程一体化穿透式工程管理体系

4 “六大控制七个零”标杆模式的经验启示

第一，坚持党建引领是标杆模式创建取得成功的制胜法宝，更是良好实践“遍地开花”的关键支撑，要始终坚持党的建设融入重大工程建设，深层次激发促融合、促发展的核心效能，为标杆模式推广抓实升级注入红色动能，实现将“标杆”优势转化为铸“大国重器”、树“大国名片”的“新质生产力”。

第二，坚持全领域践行标杆模式，实现落地见效，需要长期不遗余力地宣贯推广，各在建工程要立足自身建设实际情况及管理需要，结合基础管理、风险管理、资源共享、经验反馈和数字化平台等进行深化融合，推动实现工程建设管理水平卓越提升。

第三，坚持追求卓越是标杆模式具有引领价值的现实需求，要做好工程项目经验共享、知识共享、人才互促，持续驱动全系统全产业链管理创新与提升，确保管理理念落地生根、模式价值螺旋上升，力促工程项目建设可持续高质量发展。

作者简介

陈富彬，中国核能电力股份有限公司副总经理，教授级高级工程师，全程参加巴基斯坦恰西玛核电（C1）、田湾核电一期、三门核电一期工程建设。近年来，先后在中国核能行业协会组织的漳州核电、防城港核电二期和廉江核电等核电工程建设同行评估和沙盘推演中担任队长。

关于国内核电工程项目前期准备成熟度评估的研究与应用

李文宏[1] 黄世游[1] 王建君[2] 徐占东[1]

（1. 中广核工程有限公司；2. 中国核能行业协会）

摘 要：鉴于核电项目前期准备质量对项目投资乃至项目成败至关重要，前期准备成熟度成为项目落地和有序建设的重要衡量指标和战略要塞。随着核电行业发展新一轮机遇期的到来，为适应国家“适度超前”推动项目前期建设的导向，解决由于前期准备不足影响项目按期开工及连续施工的问题，并实现前期准备成熟度评估的标准化与规范化，本文从实现成熟度提升的基本方法出发，全面研究了项目前期准备成熟度评估在核电工程中的应用路径，明确了成熟度评估视角及重点评估内容，搭建了评估模型的基本框架和结果统计办法，为制定核电工程前期准备“衡量标尺”以统一语言、统一逻辑、统一路径提供了基础工具支撑，牵引核电前期准备高质量开展。

关键词：重核电工程；前期准备；成熟度评估；评估模型；管理体系

习近平总书记指出，“我国仍处于发展的重要战略机遇期”“最重要的还是做好我们自己的事情，统筹研究部署，协同推进改革发展稳定各项工作，谋定而后动，厚积而薄发”。“碳达峰”和“碳中和”连续四年被写入政府工作报告，“加强生态文明建设，推进绿色低碳发展”成为 2024 年政府工作的关键任务之一。核能作为清洁低碳、安全高效的优质能源，在优化国家能源结构、保护生态环境等方面发挥着重要的作用，是加快形成新质生产力、培育发展新动能的重要抓手。国家定调“在确保安全的前提下积极有序发展核电”，“十四五”及2035年中长期成为我国迈向核能强国的重要战略机遇期，国内核电批量化建设具备市场空间。

核电工程项目前期准备质量对核电工程总投资及投资效益影响巨大，对项目的成败至关重要，是核电项目高质量建设的前提基础，为此，前期准备成熟度成为项目落地和有序建设的重要衡量指标和战略要塞。国外在项目管理能力评估领域发展较为成熟，世界上有超过30种不同的项目管理成熟度评估模型。但在核电项目前期准备成熟度评估领域，尚无相关通用性评判标准。对于国内而言，核电工程前期准备成熟度评估的标准化与规范化尚处于起步阶段。各核电项目建设单位结合各自情况进行了部分领域的准备状态评估，但均为内部评价，尚未体系化、规范化，且在行业层面未达成共识。在新一轮核电项目批量化建设的起点，开展项目前期准备成熟度评估的研究与应用显得尤为重要。

1 开展项目前期准备成熟度评估的必要性

（1）从政策导向性分析，项目前期准备成熟度战略地位快速提升。

2022年4月，国家发展改革委明确适度超前推进能源基础设施建设，一方面支持做好项目前期工作，指导督促地方加快履行项目各项审批手续；另一方面加快项目开工建设，督促做好征地拆迁、市政配套等开工前准备工作，推动尽早开工。2022年8月，国家能源局按照“适度超前”原则提前谋划做好相关工作部署，明确推动前期工作较为充分的核电项目尽快核准开工建设。

（2）从技术必要性分析，前期准备成熟是保障“按期开工”和“连续施工”的根本。

各核电项目陆续出现受前期准备成熟度不足影响而导致的项目工期延误等问题。同时，通过与国外先进项目管理公司对标，以及国内核电项目建设单位间的对比，均就项目前期准备成熟度不足提出重点关注，成为影响项目高质量建设的因素之一。

（3）从行业需求性分析，前期准备成熟度评估的标准化与规范化尚处于起步阶段。

目前行业内尚无统一标准的关于国内核电前期准备成熟度评估相关工具，基于国内核电项目开发机遇期的到来，对成熟度评估业务的需求变得更加迫切。

（4）从价值与意义分析，前期准备成熟度评估将牵引行业前期项目业务更加精益化。

一是统一业务逻辑，成熟度评估模型的搭建将在行业间确定具有初步共识的前期准备成熟度评估办法、评估工具和评估流程，有助于牵引核电项目前期业务的统一路径、统一标准、统一语言；二是实施工作牵引，成熟度评估的深化应用和积极推广将为行业间相关标准的建立提供重要输入，为各项目提供评估服务及前期业务指导牵引；三是提供决策参考，成熟度评估将精确识别项目前期准备的各主线状态及工作质量，为政府及各集团/公司的内部审核决策提供技术参考。

2 实现项目前期准备成熟度提升的基本方法

2.1 成熟度提升的要素

运用评估工具识别项目前期准备成熟度状态、风险与不足，并达到改进与持续提升的目的需要具备四个基本要素：评估模型、评估执行、状态提升、工具优化。这四个基本要素的持续运作构成项目前期准备成熟度提升的PDCA循环，最终实现状态持续提升，成熟度提升的基本方法见图1。

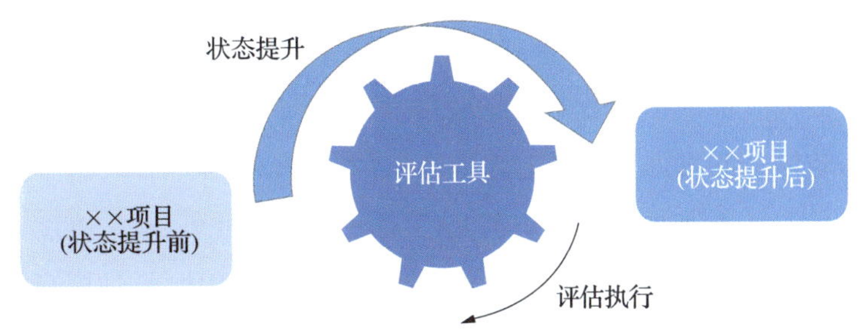

图1 通过评估成熟度实现项目状态提升的基本方法

（1）评估模型：即项目前期准备成熟度评估模型，明确了项目在前期不同关键节点上的关键路径、评估指标及参照标准，为成熟度评估提供统一“标尺”。

（2）评估执行：运用评估模型，根据评估方法，执行项目前期准备成熟度评估的过程。输出状态评估结果，识别项目风险与不足并制定应对策略。

（3）状态提升：根据成熟度评估结果及应对策略，牵引项目实现成熟度有效提升。

（4）工具优化：通过评估应用的经验反馈和良好实践，并结合内外部前期开发形势的不断变化，对评估工具进行不断的优化完善（如指标的增减、衡量标准的优化等），以指导前期工作在“不确定性中把握确定性”。

2.2 评估的基本方法

评估模型的搭建基于层次分析法，对所需评估的业务领域逐层划分为：成熟度评估—评估维度评估—评估指标评估—参照标准评估。层次分析法示意图见图 2。

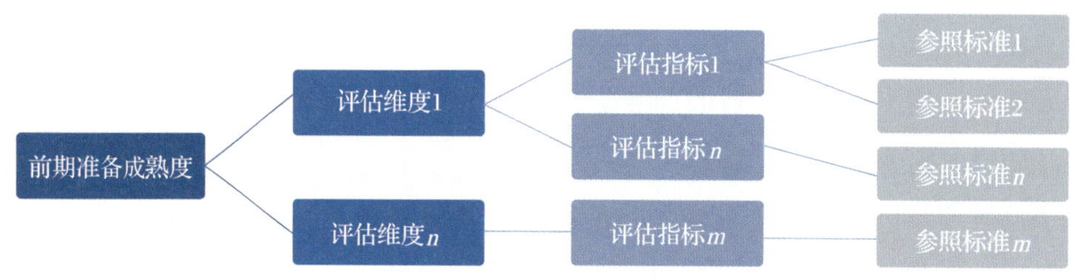

图 2　层次分析法示意图

通过评估某一指标下的若干个参照标准来实现对指标的评估，再通过若干个指标的评估结果完成对评估维度的评价。n 个维度的状态综合表达本项目前期准备成熟度水平。每个维度包含 $n(n \geqslant 1)$ 个评价指标。此外，评估维度、评估指标、参照标准的设置可以是动态的，它们随着内外部环境的变化、评估模型的优化等不断迭代发展。

2.3 成熟度的等级划分

成熟度评估结果充分代表和阐述了项目所处的成熟度等级水平。通常情况下,成熟度共划分为五个等级,由高到低分别为卓越、优秀、良好、一般、较差。每一个等级代表了不同的具体含义且边界清晰,详见表 1。

表 1　国内核电项目前期准备成熟度分级规则

序号	等级	含义
1	卓越	按照此项目推进总体计划目标，当前项目前期准备所处的状态已达到理论上应该具备的高水平。 如项目前期准备可一直保持“卓越”的状态，则项目按期开工和开工后连续施工的各项条件成熟，完全可以得到保障
2	优秀	按照此项目推进总体计划目标，当前项目前期准备所处的状态已达到理论上应该具备的较高水平。 如项目前期准备可一直保持“优秀”的状态，则项目按期开工和开工后连续施工的各项条件基本成熟，基本可以得到保障
3	良好	按照此项目推进总体计划目标，当前项目前期准备所处的状态处于理论上应该具备的中等水平。 如项目前期准备可一直处于“良好”的状态，则项目许可申请、工程设计、设备采购、现场准备和项目管理等项目前期主线工作准备比较充分但部分仍有欠缺，可能会影响项目按期开工或开工后连续施工
4	一般	按照此项目推进总体计划目标，当前项目前期准备所处的状态处于理论上应该具备的较低水平。 如项目前期准备可一直处于“一般”的状态，则项目许可申请、工程设计、设备采购、现场准备和项目管理等项目前期主线工作准备尚不充分，项目基本无法按期开工，且开工后难以实现连续施工
5	较差	按照此项目推进总体计划目标，当前项目前期准备所处的状态处于理论上应该具备的低水平。 如项目前期准备可一直处于“较差”的状态，则项目前期准备工作不充分，项目尚不具备开工条件

3 项目前期准备成熟度评估在核电工程中的应用

3.1 项目的评估视角

核电工程项目工程量大、接口众多，需要各相关方充分协同以保障项目前期高质量建设。为此，开展实施成熟度评估，应跳出业主、工程或承包商等单一相关方视角，而聚焦“项目”视角，以项目能“顺利开工”和“开工后连续施工”为目标，综合考虑影响目标达成的所有制约因素，包括来自政府、业主方、总包方和承包商等影响前期准备成熟度的因素。

3.2 评估的重点内容

以核电项目已获取国家同意开展前期工作的相关文件为基本假设前提，在项目实现核岛第一罐混凝土浇筑（FCD）之前，前期工程以选址阶段“两评”批复、项目核准、项目 FCD 为节点，可总体划分为项目两评、项目核准、项目开工三个阶段。不同阶段项目的推进主关键路径不同。

（1）“选址两评”阶段重点评估内容

本阶段以许可申请为主关键路径，评估重点主要包括如下 4 个方面。

1）项目的申报主体、技术路线（或型号）是否明确，以及选址两评批复所需的支持性批文获取情况（如路条、国土空间规划调整等）。

2）前期重大技术方案决策、用海技术论证（如温排数模结果、海工方案等），以及环境影响评价等相关设计咨询论证情况。

3）长周期设备采购策划是否按时启动。

4）混凝土骨料原料供应方案是否明确、骨料料源是否锁定等。

（2）“项目核准”阶段重点评估内容

本阶段以许可申请为主关键路径，评估重点主要包括如下 4 个方面。

1）项目核准所需的政府支持性批文是否获取、项目可研收口情况等。

2）现场前期施工准备的相关设计出图情况能否匹配项目需求。

3）长周期设备采购准备工作是否及时开展等（如采购文件准备及制造厂意向性协议）。

4）混凝土配合比确定及原材料供应合同签订情况、现场五通一平准备情况和场平负挖合同签订情况等。

（3）“项目开工”阶段重点评估内容

本阶段以现场准备为主关键路径，评估重点主要包括如下 5 个方面。

1）设计阶段两评报告、质保大纲等的评审情况、核安全检查情况。

2）核岛土建施工图等关键设计图出版率能否满足项目按期开工及连续施工条件。

3）长周期设备采购、部分关键设备制造开工和预埋材料到货预制厂等。

4）工程监理合同、主要工程建安合同签订。

5）五通一平、筏基准备、施工组织设计及计划、砼供应链满足项目按期开工及开工后连续施工条件。

3.3 模型的框架设计

（1）模型的基本特征

为充分挖掘评估模型的实用价值，在模型总体框架设计具备科学性的前提上，还应充分考虑评估应用过程应具备实操性和客观性，并且具备风险预警的能力。成熟度评估模型设计的基本特征如下。

一是要满足不同阶段的评估要求。为了满足处于前期不同阶段的核电项目前期准备成熟度评估的需求，需根据前期项目具备开发预期的关键节点（即许可申请工作获得重要进展），分阶段在前期多个不同的关键节点上设置相应的评估指标和衡量标准。

二是要统筹总体并紧抓主线方向。评估模型的指标设置应主抓关键主线、关键问题和问题关键，并包括总体评价和主线评价两大方向，围绕不同的方向逐级划分为相应的多个维度和相关评估指标。此外，还应对评估指标进一步识别红线指标、核心指标和重要指标三类，构成本模型的点、线、面评价，完成对项目全方位的科学评估。其中，红线指标指对项目推进造成颠覆性影响的评估指标，属于一票否决项；核心指标指影响项目主关键路径的指标；重要标准，指除颠覆性及主关键路径上指标外的关键业务指标。

三要重点强调业务的科学逻辑。分阶段多节点设计的评估模型重点强调前期业务推进的合理逻辑。例如围绕同一个评估指标，在不同评估节点下的评估指标可合理识别符合业务推进的基本业务逻辑，并设置符合理论推进状态的衡量标准。

（2）模型的维度划分

基于不同阶段的重点评估内容，基于“抓关键主线、抓关键问题、抓问题关键”的原则，根据“总体评价、各主线评价”的两大评估方向抓业务主线设置八个评估维度：重点问题、组织运作、资源保障、项目控制、许可申请、工程设计、设备采购、现场准备。聚焦评估维度上的关键问题和问题关键，围绕每个维度上需重点关注且持续跟踪推进的业务重点设置评估指标和衡量标准。为此，模型框架围绕“一个核心、两大方向、三个节点、八个维度”设计，并按层次分析法，在八大维度上设置评估指标和衡量标准，同时识别指标属性。评估过程中，针对每个维度评估分析当前状态得分、重大问题 / 风险及其根本原因与应对措施等，计算分析评估结论。模型的总体框架和维度划分详见图 3。

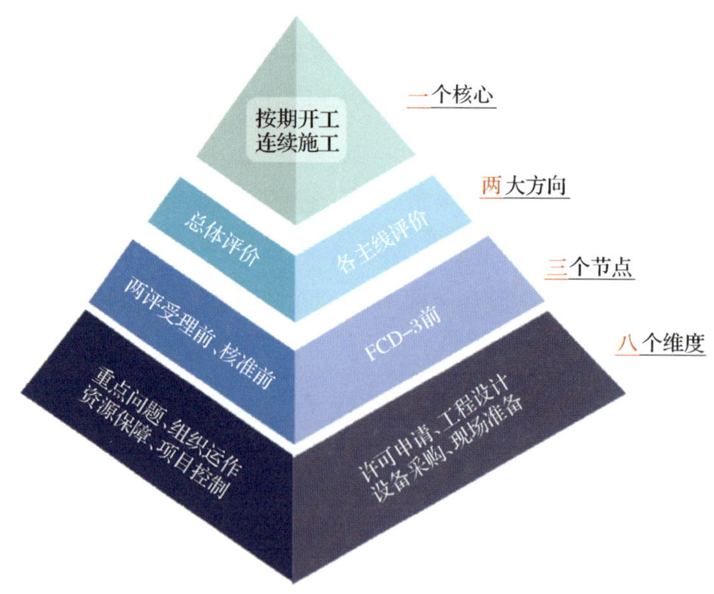

图 3　核电项目前期准备成熟度评估模型框架设计

3.4 成熟度的结果分析

（1）成熟度分值计算方法

为了尽量避免定性评估造成的个人主观影响，本评估模型的设置以定量评估为主。按照评价规则，分值从下往上计算，即通过参照标准得分计算出评估指标得分，再通过评估指标得分统计评估维度得分，最后由评估维度得分形成项目的成熟度得分，分值计算模型见图 4。最终得分自下而上累加，基于求取“平均分”的计算方式，形成计分公式如下。

1）成熟度最终得分 $x=\sum$各评估维度得分 x_1/ 评估维度个数 n_1。

2）评估维度得分 $x_1=\sum$评估指标得分 x_2 / 评估指标个数 n_2。

3）评估指标得分 $x_2=\sum$相关参照标准得分 x_3/ 参照标准个数 n_3。

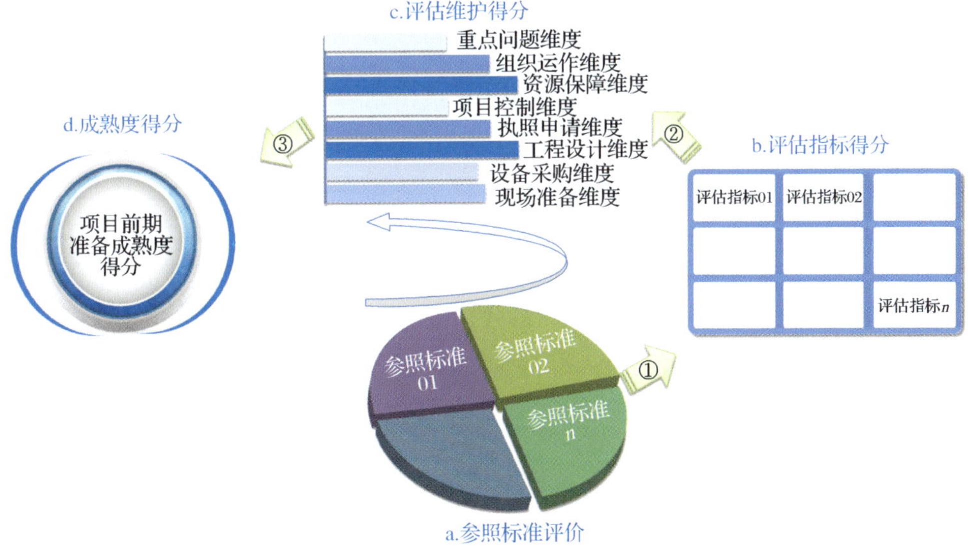

图 4　核电项目前期准备成熟度分值计算模型

（2）成熟度的结果展现

为更加准确地在评估结果中全面反映出项目当前的状态，在成熟度结果中，主要应将最为关键、敏感的信息体现在评估结论中，主要包括但不限于如下关键要素。

1）项目前期准备成熟度得分情况。

2）各条主线成熟度得分情况。

3）红线指标的评估情况。通常情况下，红线参照标准的最终评估结果应全部满足项目需求，不存在一票否决项。

4）项目风险及其应对举措。

5）项目经验反馈与良好实践。

4 核电项目前期准备成熟度评估的管理体系

4.1 评估的基本原则

（1）成熟度评估应做到全面客观。评估过程要摆事实，列依据，基于项目实际进展，对比评估指标中设定的参照标准，如实反馈项目的成熟度水平，为后续项目推进计划制定及技术决策提供参考。

（2）成熟度评估应做到关键管控。综合考虑许可申请关键节点对项目前期推进的关键制约影响，应至少在项目具备推进预期时及时开展前期准备成熟度评估，宜选取项目选址两评报告受理、项目申请报告受理、项目 FCD 前 3 个月共 3 个时间节点作为关键管控节点进行评估，以持续跟踪并合理控制前期推进节奏，及时有效提升前期准备成熟度。

（3）成熟度评估应实现风险预警。评估过程应通过比对分析项目实际推进状态与评估指标中设定的应达成的理论状态，充分识别各项目前期主线中存在或潜在的薄弱环节与风险问题，制定并落实应对举措，实现项目的风险预警和有效管控。

（4）成熟度评估应达成业务牵引。基于围绕各项目前期主线识别的评估指标，应针对在 3 个评估节点中的参照标准，厘清达成标准的实施路径，对比分析被评估项目当前的实际状态及偏差，牵引项目有序推进。

4.2 评估时点与频率

一方面,各项目宜在“选址两评报告受理、项目申请报告受理、FCD-3”节点之前时,至少各完成1次评估。一是在项目具备推进预期时全面评估项目状态,实施风险预警;二是多节点持续跟踪项目状态,有效提升项目前期准备成熟度。

另一方面,在项目获得“路条”且在FCD之前的其他任意阶段,也可根据项目需求实施评估以分析项目状态,牵引项目有序推进。

4.3 评估的实施组织

项目前期准备成熟度评估实施前,应组建专项评估队,包括领队1名、队长1名、副队长1名、协调员1名,以及总体评价组、许可申请组、工程设计组、设备采购组、现场准备组各领域专家若干名等,组织机构图见图5。其中,总体评价组负责“重点问题、组织运作、资源保障、项目控制”4个维度的评估。前期准备成熟度评估队的组成应全面考虑独立性、专业性、代表性。受评单位所属人员原则上不能担任前期准备成熟度评估队成员。

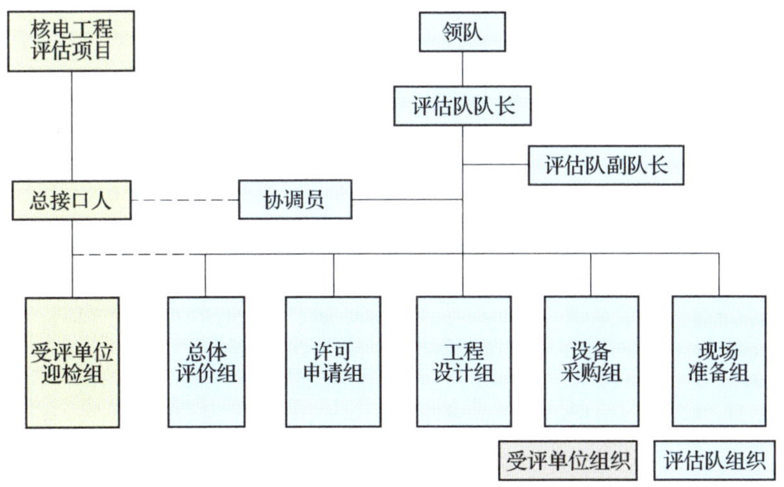

图5 项目前期准备成熟度评估队组织架构

4.4 评估的总体流程

评估实施主要分为 3 个阶段：评估准备阶段、评估实施阶段、评估收尾阶段。从评估申请到评估收尾参考总时长 7 周，基本流程可参考表 2。

表 2　国内核电项目前期准备成熟度评估流程

序号	阶段	具体步骤	分解动作	参考时间
1	评估准备阶段	确定评估对象	受评方向评估实施主体提出评估申请。评估组织方与受评方按照协商一致、平等自愿的原则，明确评价项目、范围及基本实施办法	−4 周
		组建成熟度评估队	受评方组建迎评团队。 评估方组建专家团队。 双方明确工作总体接口及各专业接口	−3 周
		召开评估实施启动会	评估方向受评方正式发出评估通知。 评估方组织召开评估启动会暨评估培训。 受评方召开评估实施启动会，着手本单位内部的成熟度评估前准备工作	−2 周
		评估实施前工作准备	受评方结合评估指标及评估方需求，初步判断项目状态，完成相关素材准备，并提交评估方。 评估方预先项目建设情况，为成熟度评估做准备	−1 周
2	评估实施阶段	第 1 日 现场报到	成熟度评估队现场报到	+1 周
		第 2 日 入场会议、分组评估	入场会议主要包括受评单位项目状态情况及迎接评估安排介绍、评估队队长介绍成熟度评估计划安排和要求、现场安全培训和各评估组接口人对接等	
		第 3 日 分组评估	分组评估。其间双方就相关问题和意见进行澄清，并记录评估结果。评估队对项目情况进行咨询与文件审阅，并记录评估结果。受评单位现场进行提资、答疑与澄清	
		第 4 日 分组评估、结论总结	各组提交相关维度领域评估结论，评估队汇总整理成熟度评估结论。各组评估结论及汇总结论向受评单位征求意见，并最终由评估队审定	
		第 5 日 离场会议	会议由评估队领队主持，向受评单位通报成熟度评估结果。受评单位对成熟度评估初步结果陈述意见	

续表

序号	阶段	具体步骤	分解动作	参考时间
3	评估收尾阶段	编制报告	队长组织编写最终评估报告，并提交至评估实施主体	+2 周
		发布报告	评估实施主体正式发文向受评单位提交评估报告	+3 周

5 结语

项目前期准备成熟度评估从项目推进视角,通过对项目前期阶段各条主线的项目准备状态进行评估,判定项目主体工程开工所需各项条件是否成熟,以及开工后的连续施工是否有保障,进而评定项目前期准备的成熟度水平,实现了对核电项目前期准备状态的评估、风险预警及业务牵引。针对单项目,实施项目的趋势跟踪与预测,为项目实施方案的编制提供关键输入和参考;针对多项目,实现项目间的横向对比,为项目优先级排序提供了技术参考。

立足国内核电项目前期准备成熟度评估的标准化与规范化尚处于起步阶段,评估模型的研究与应用将在当前基础上不断迭代与优化升级,从实践应用出发,切实解决当前工程目标紧、前期业务繁杂无序和资源释放节奏不合理等系列问题,逐步牵引前期业务统一语言与实施路径,为建立实现业务高效协同的多方"战略共同体"提供基础工具支撑。

第一作者简介

李文宏,高级工程师,长期从事核电厂工程建设领域项目管理和工程技术问题的处理。近年来,先后主导并完成《核电工程产业链防造假操作指南》《核电工程前期成熟度评估》等协会团体标准的制定,研究成果《基于大数据的核电项目工程物项精益化配置管理流程》获得"五新"成果一等奖,《核电厂紧固件等大宗材料质量管理技术研究及应用》获得中国核能行业协会科学技术奖二等奖。

耐事故燃料的国际研发与启示

雷梅芳
（中国核工业集团有限公司）

摘　要:近10年来,以美国、法国和俄罗斯为代表的核能强国一直在全力开展前沿性耐事故燃料的研究与开发。近期的革新型方案采用掺杂二氧化铀燃料芯块与铬涂层锆合金包壳技术;长期的革命性方案拟采用碳化硅复合材料包壳与硅化铀、氮化铀等新型燃料。几种革新型耐事故燃料先导试验组件正在进行商用堆辐照考验和辐照后检验,以便为耐事故燃料投入商业应用前获得核监管机构的技术认证和安全许可提供技术支撑。文章概述了国际上耐事故燃料开发的技术路径、最新进展,以美国为例分析总结了其耐事故燃料研发的经验与特点,总结了由此受到的启示并提出了相关建议。

关键词:核燃料;耐事故燃料;研究开发;经验与启示

2012年,美国在福岛核事故后提出开发耐事故燃料（也称为“事故容错燃料”，Accident Tolerant Fuel，ATF）,以达到通过大力提升核燃料元件的固有安全性进而提高核电厂抵御严重事故能力的目标。作为引领轻水堆核燃料技术革命的前沿技术和下一代新型先进核燃料的发展方向,耐事故燃料自概念问世以来便成为各国竞相发力的研发热点,世界核电强国相继部署研发计划,投入巨资开展技术研发,以占领核燃料技术创新制高点,增强本国的核能领导力和国际核电市场竞争力。

1 ATF 的设计目标与研发路径

耐事故燃料指的是与核工业目前使用的二氧化铀－锆合金燃料体系相比，在反应堆堆芯发生冷却剂丧失严重事故情况下，可在长时间内保持安全性，同时在核电厂正常运行、运行瞬态期间保持或改善燃料性能，并与核燃料循环的所有方面兼容（运输、储存和可能在闭式燃料循环中的使用）的新型燃料。为改进目前二氧化铀－锆（UO_2–Zr）燃料体系在抵御严重事故性能方面的不足，缓解或减少由于燃料组件暴露在高温蒸汽下而造成燃料失效的后果或情况，增强事故耐受度的燃料体系应具备以下四大关键技术特性：

——减少氢气的生成；

——提高裂变产物的包容能力；

——改善包壳对高温蒸汽的反应；

——改善燃料包壳的相互作用，提高极端工况下燃料的性能。

基于 ATF 的目标特性、向下兼容性（必须符合现有商用轻水反应堆的条件）、经济性、运行可靠性与安全性等要求，近十年来，国际上 ATF 的研发重点集中在三个方面：一是提高现有锆合金包壳的高温抗氧化能力；二是研发具有高强度、耐腐蚀和抗氧化能力的新型包壳材料；三是开发出比传统 UO_2 具有更好性能和裂变产物包容能力的新型燃料。目前正在研发的主要包壳材料包括：锆合金涂层或套管、先进不锈钢（FeCrAl）、难熔金属（Mo）和碳化硅（SiC）陶瓷包壳复合材料等。主要的候选燃料芯块材料包括：增强型 UO_2 芯块、高密度硅化铀（U_3Si_2）、氮化铀（UN）、铀钼（U–Mo）和铀锆（U–Zr）金属燃料等。

耐事故燃料设计有几种不同技术路线。为实现 ATF 这一革命性核燃料的预期目标，降低其研发风险，国际上大都采用了近期和长期、革新和革命“两步走”的发展战略。近期方案采用诸如铬涂层锆合金等包壳材料与增强型 UO_2 燃料芯块的革新型技术，提升正常运行和设计基准事故下的燃料安全性和燃料循环经济性，使核电厂可在较短的时期内获得安全和成本效益。长期战略采用 SiC 复合陶瓷包壳材料，高密度的 U_3Si_2 或 UN、U-Zr、U-Mo 燃料等革命性技术方案，通过 SiC 极高的熔点和先进燃料的高热导率为核电厂应对超设计基准事故提供显著的安全优势，实现核燃料体系的性能飞跃。

2 ATF 的研发进展

2.1 美国

美国是耐事故燃料概念的创始者，高度重视耐事故燃料的研发。根据国会的要求，美国能源部（DOE）制订了详细的耐事故燃料研发路线图和实施计划，通过其增强型耐事故燃料（Enhanced Accident Tolerant Fuel，EATF）开发计划从政策、经费、资源等多方面重点支持西屋电气公司（WEC）、通用电气旗下全球核燃料公司（GE/GNF）、法国法马通（Framatome）美国公司、爱达荷国家实验室（INL）、橡树岭国家实验室（ORNL）、大学和其他企业等十多家单位通力合作，联合开展 ATF 研发，取得积极成果。其中，西屋电气公司负责商用压水堆 ATF 技术开发，通用电气公司负责沸水堆 ATF 技术开发。第一阶段研制出的几种 EATF 先导试验组件正在进行商用堆辐照考验和辐照后检验分析，第二阶段的研究也在快速推进，研发进展位居世界前列。

西屋电气公司于 2017 年 6 月正式推出以面向商业应用为目标的 Encore® 压水堆 ATF 方案。Encore® 燃料开发分两个阶段：近期的革新型产品采用镀铬锆合金（Cr coated ZIRLO）包壳装载先进的 ADOPT™（UO_2 掺杂 Cr_2O_3、Al_2O_3）燃料芯块设计，后又扩展到低浓铀 +（LEU+）高燃耗计划，计划在 2026 年批量应用，2030 年全面实现商用推广。其特点是镀铬包壳可抑制锆与蒸汽的反应，将包壳的最高温度在原有基础上再提高 300 ℃，增加安全裕度；ADOPTTM 芯块增加了铀密度，提高了燃耗，延长了换料周期，核电厂可快速获得安全和经济收益。更加先进的中长期 ATF 产品计划采用 SiC 陶瓷基复合包壳材料装载高密度 U_3Si_2 或 UN 燃料芯块（后改为 UN）设计。

2019 年 4 月，铬涂层包壳 +ADOPTTM 燃料、铬涂层包壳 +U_3Si_2 燃料、铬涂层包壳 +UO_2 的 EnCore® 先导试验棒组件（LTA）装入拜伦（Byron）核电站 2 号机组开始为期 6 年的商用堆辐照。2021 年 6 月，经过一个燃料循环辐照考验的 Encore® 燃料先导试验棒组件被运到橡树岭国家实验室进行辐照后检验。2024 年 1 月 25 日，西屋公司向爱达荷国家实验室提交了在拜伦核电站经过 2 个运行周期辐照的 25 根耐事故燃料棒，由爱达荷国家实验室对此进行有关实验测试与辐照后检验，所得数据用以帮助获得美国核管理委员会（NRC）对 ATF 燃料设计的技术认证，最终批准将其部署到全球商业反应堆。其余 Encore® 燃料先导试验棒组件继续在拜伦核电站接受第 3 个周期的运行辐照。

2020 年 9 月，EnCore® 耐事故燃料的先导试验组件装入比利时杜尔（Doel）核电站 4 号机组辐照考验。2022 年 6 月，西屋公司和法国电力公司（EDF）同意于 2025 年共同探索在 EDF 反应堆中使用 EnCore® 耐事故燃料并研究该燃料的功能，开启了 EnCore® 耐事故燃料在欧洲商用堆辐照和西屋公司 EnCore® 耐事故燃料布局欧洲的前奏。

与此同时，随着能源部高含量低浓铀（HALEU）计划的实施，西屋公司联合爱达荷与橡树岭国家实验室开展了提升 ATF 燃料芯块铀富集度的研究工作，计划在 2025—2026 年为三个机组提供 ^{235}U 富集度超过 5% 的 HALEU 超高燃耗 ATF 先导燃料组件。

2023 年 3 月 14 日，西屋电气公司获得美国核管理委员会的批准，在美国压水堆（PWR）中使用其先进掺杂芯块技术（ADOPT™）燃料芯块（见图 1）。高燃耗 ADOPT™ 燃料可使核电厂的换料周期从 18 个月延长至 24 个月，减少所需燃料组件的数量，从而减少废物产生并降低燃料成本。

2023 年 8 月 1 日，美国核管理委员会批准美国南方核电公司沃格特勒（Vogtle）核电厂 2 号机组在 2025 年春季换料时装载西屋公司开发的 ^{235}U 丰度为 6% 的 ADOPT™ 燃料芯块和采用针对高燃耗的下一代燃料包壳材料 AXIOMTM 合金和镀铬包壳，并结合其先进的 PRIME 燃料组件设计的 ATF 先导试验组件。这将成为美国突破传统压水堆燃料限值门槛并在先进核燃料开发方面取得突破性进展的里程碑。目前，该先导试验组件的制造工作已经开始。

图1　西屋公司的 ADOPT™ 耐事故燃料芯块

美国通用电气公司（GE）旗下的全球核燃料公司（GNF）正在开发面向沸水堆 ATF 的两种新包壳材料："IronClad" 的铁铬铝（FeCrAl）合金和 "ARMOR" 抗氧化涂层的锆合金。其中，近期方案采用 ARMOR 涂层包壳，中远期采用 FeCrAl 包壳。IronClad 铁铬铝包壳材料有良好的抗氧化性能，并可提高燃料在更高温度下的安全限值裕量。ARMOR 包壳与标准锆包壳相比，具有更强的碎片保护和抗氧化能力。

2018 年 3 月，ARMOR 涂层包壳先导燃料试验棒和不带燃料的 IronClad 铁铬铝包壳装入南方电力公司哈奇（Hatch）1 号机组辐照。2020 年 2 月，在哈奇 1 号机组完成为期 24 个月燃料循环辐照考验的首批 IronClad 和 ARMOR 先导试验组件于 2020 年 11 月被运到橡树岭国家实验室进行辐照后检验。2020 年 1 月，使用 UO2 燃料芯块的 ARMOR 涂层锆包壳和 IronClad 包壳的先导燃料棒组件装入克林顿（Clinton）沸水堆核电机组进行辐照。通用电气公司继续部署其他的先导试验组件入堆，以支撑 ARMOR 涂层包壳申请商用许可证。

2.2 法国

法国法马通公司在其 PROtect 研发计划与美国能源部 EAFT 计划资助下研发轻水堆（LWR）增强型耐事故燃料。研发分两个阶段：近期重点开发的压水堆 EATF 技术方案采用镀铬 M5® 锆包壳与 Cr_2O_3 掺杂增强型 UO_2 芯块设计，并结合其开发的 GAIA 组件技术，计划 2025 年批量部署，2030 年实现商业广泛应用；长期方案采用 SiC-SiC 复合包壳材料与 Cr_2O_3 掺杂 UO_2 芯块。沸水堆 EATF 包壳材料使用 Zr-2 合金。与此同时还有一个先进技术控制部件补充方案，以帮助实现 EATF 的所有优点。

目前，法马通 PROtect EATF 先导燃料组件已先后装入美国、瑞士共 5 个不同类型的商用反应堆接受辐照考验。

2021 年春季，法马通的首个完整的 100%EATF 先导燃料组件装入美国卡尔弗特克利夫（Calvert Cliffs）核电站压水堆 2 号机组，将在此运行 6 年。该批先导燃料组件包含 176 根燃料棒，包壳采用铬涂层锆材料，芯块为铬增强二氧化铀燃料，是自 20 世纪 70 年代以来燃料和包壳技术的首次重大升级，也是全球首次将完整的耐事故燃料组件装入商用反应堆堆芯（见图 2）。

图 2　法马通 PROtect 耐事故燃料组件在交付给 Calvert Cliffs 2 号机组之前接受最后检查

这种新型涂层包壳材料和铬掺杂燃料芯块不仅提高了燃料的高温抗氧化性，

在发生失水冷却事故时减少氢气的产生，还能增强抗碎片磨损的能力，减小正常运行过程中发生燃料故障的可能性，增强了运行灵活性，提升了燃料利用率。2023年春季，该批100%的EATF先导燃料组件成功完成了其24个月的第一个运行周期。测试和检查结果确认了燃料的坚固特性和技术完整性。

2022年10月，法马通全球首个标准长度的GAIA EATF先导燃料棒组件在美国Vogtle压水堆核电站2号机组完成了第二个18个月燃料循环试验。经过36个月的运行，检查证实镀铬燃料棒保持了原有的特性，镀铬增强颗粒也按设计运行，试验取得了预期结果，燃料性能优越。

2023年6月，法马通公司与法国电力公司签署合作协议，测试其PROtect增强型EATF技术。根据协议，到2023年年底，四个先导燃料组件将被装入EDF的法国反应堆。增强型耐事故燃料在EDF旗下核电机组入堆试验中获得的结果将有助于确认该技术在法国核电厂中的性能，并为法国核安全管理局（ASN）最终批准该项技术提供支持。

2020年，法马通与美国通用原子能公司（GA）合作，研究碳化硅在沸水反应堆（BWR）核燃料设计中的应用，共同开发沸水堆EATF燃料通道盒，以帮助在BWR燃料设计中去除大约40%的锆金属。法马通与通用原子公司对采用了碳化硅材料的燃料通道进行了测试，证明碳化硅取代锆合金是可行的，且不会影响燃料效率；同时，碳化硅还具备良好的耐高温和抗氧化能力，可在失水事故情况下大大减少氢气的产生，显著降低BWR的事故风险。

法马通公司还在独立开发一种耐受事故控制棒（ATCR），使用先进的陶瓷材料。这些芯块具有极高的耐温性，在1 600 ℃的温度范围内不会出现任何共晶（即合金的熔点低于其组分金属）。这些新型材料的耐温范围比当前使用的（AIC和B_4C）至少提升了400 ℃。

随着美国HALEU计划的推出和先进核燃料技术的迭代发展，法马通也开展了提高燃料芯块铀富集度的研究，并开发出一套适用于^{235}U富集度高于现行核燃料工业标准5%运行条件的先进规范与方法。2021年1月，法马通公司向美国核管理委员会提交了增加压水堆铀富集度的专题报告。针对压水堆典型的17×17燃料组件，对燃料富集度提升并延长换料周期至24个月的经济性进行了评价，当换料周期延长至24个月时所需的燃料富集度约为6.13%；同时经济性分析结果指出，将燃料富集度提升至6.13%并考虑断电成本后，燃料的成本有望节省10%。2023年3月，该报告获得了美国核管理委员会的批准，同意将法马通先进规范/代码和方法应用于铀 ^{235}U 富集度高于5%（重量%）的工业标准的运行条件。增加 ^{235}U 富集度和燃耗有助于提高核燃料利用率，并系统性提升核电厂的安全性和经济效益。

2023年6月，法马通表示，公司目前仍在加速推进其研发的增强型耐事故燃料技术许可证申请流程，已有多份许可报告获得美国核管理委员会批准，剩余相关文件最迟将在2024年提交至NRC，EATF预计将在2026年获得美国监管机构批准。

2.3 俄罗斯

俄罗斯国家原子能公司（Rosatom）正在开展VVER和PWR耐事故燃料的开发。其ATF研发计划分为两步：近期重点研究铬涂层锆合金和铬镍（Cr-Ni）合金包壳材料，传统二氧化铀和高密度高热导的铀钼合金芯块，ATF产品计划在2025年批量投入市场；长期的研发重点包括硅化铀、氮化铀燃料芯块和碳化硅包壳材料等，预计在2030年开始应用部署。

2021年3月，俄罗斯Rosatom在研究堆MIR上完成了首批两套VVER和压水堆用ATF实验性燃料组件的第二轮辐照周期测试。每套燃料组件包含24个燃料元件，含有2种燃料芯块和包壳，芯块分别是传统的二氧化铀和具有更高铀密度和导热性的铀钼合金，包壳材料分别是铬涂层的锆合金和铬镍合金，这些芯块和包壳组成了4种燃料棒。2022年5月，开始了第4个周期的辐照考验。往期的池边检查结果表明，燃料棒状态完好。

在研究堆辐照的基础上，2021年9月，俄罗斯在VVER-1000商用核电厂罗斯托夫（Rostov）3号机组开始其TVS-2M型ATF的入堆辐照。共装载3个特征化试验燃料组件。每套组件包含12根燃料棒，其中6根为镍铬合金包壳，6根为镀铬锆包壳；芯块为传统的 UO_2。目前已进入第二个辐照运行周期。这两种方案可在反应堆堆芯发生事故时完全消除或减缓堆芯中的锆与蒸汽反应，降低事故发生概率，部分还可在不增加铀浓缩度的情况下提高核电厂运营的经济效率。

俄罗斯还在同步开展 ATF 高密度燃料芯块材料和 SiC 陶瓷复合包壳材料的研发。2021 年 3 月俄罗斯成功开发出用 U_3Si_2 粉末制造轻水堆燃料芯块的技术，后续将在研究堆 MIR 上进行硅化铀实验性燃料棒的辐照试验。2022 年 1 月，俄罗斯 TVEL 所属的 AA Bochvar 无机材料研究所在 SiC 复合材料研制的过程中，攻克了 SiC 材料易脆、塑性低的难题，开发出碳化硅复合材料制成的 ATF 实验燃料包壳样品。其复合外壳具有独特的粘塑性，整个外壳的耐用性提高了三倍。

俄罗斯 SiC 复合包壳材料的 UN 燃料示意图如图 3 所示。

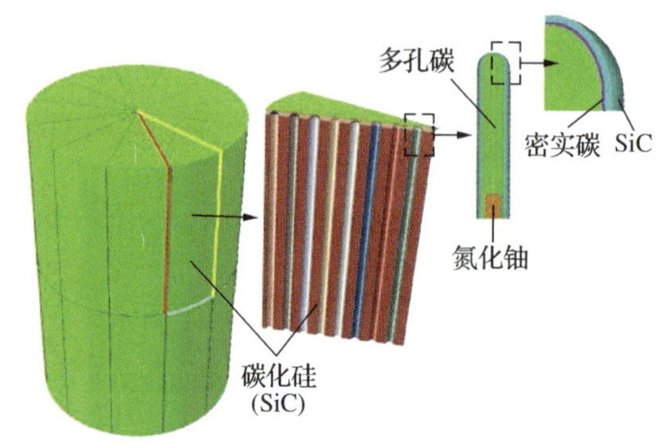

图 3　俄罗斯 SiC 复合包壳材料的 UN 燃料示意图

在高燃耗燃料开发方面，俄罗斯以提升 VVER-1000/1200 反应堆燃料性能为目标，正在进行 ^{235}U 富集度为 6% 的燃料芯块研究试验。

2.4 日本

日本在 GE-HITACHI 公司的牵头下，系统性开展了 FeCrAl-ODS 合金的研究工作。目前正在开展 FeCrAl-ODS 堆外关键试验项目。在 SiC 复合包壳方面，日本已掌握 NITE-SiC 复合材料包壳短管的制备技术，其包壳的致密度与力学性能为国际最优。

2.5 国际原子能机构（IAEA）

IAEA 在其协调研究项目（CRP）的框架下，重点关注核燃料和 ATF 在设计基准和严重事故工况下的建模与测试。事故工况下燃料建模（FUMAC）的协调研究项目（2014—2018 年），旨在通过确定不同成员国使用的相关物理模型和计算机应用最佳实践，以提高其预测能力，更好地了解事故工况下的燃料行为。目前正在根据成员国提供的实验数据进行关于设计基准事故和设计扩展条件下燃料行为建模的新的 ATF 测试和模拟。本次的 CRP 旨在解决影响当前运行和创新的核电反应堆核燃料和材料的设计、制造和堆内性能的因素，并提高技术准备程度。

3 ATF 技术国际研发经验与特点

美国、法国、俄罗斯在 ATF 开发方面的共同特点是“全国一盘棋”，政府主导、行业参与、举全国之力“打歼灭战”。美国的做法尤为突出，其经验可概述为：

（1）将 ATF 技术视为保障核电长期稳定发展、提升国家竞争力的关键技术，从顶层做好规划设计。

针对福岛核事故发生的根本原因，美国敏锐地认识到，改进现有核燃料性能并开发具备耐受超设计基准事故的核燃料是提升核电安全性、消除公众担忧、解决核电可持续发展问题的根本途径。根据国会指示，能源部统筹考虑其提升国内核电厂运行业绩计划与长远发展战略目标，从国家层面制定了详细的 ATF 研发计划与技术路线图，规定了 ATF 需具备的 5 个基本条件，明确了各阶段的目标、任务和时间表，为 ATF 研发指明了方向。在能源部 EATF 计划的指引下，西屋、法马通公司等制定了自己的项目计划和技术方案。

（2）依托科研机构、企业等优势资源，组织多学科交叉的 ATF 研发团队，集中精力攻克技术难关。

为了在短时间内攻克 ATF 技术难关，进一步提升其在全球核电领域的领导力，美国组织了由爱达荷、橡树岭、阿贡国家实验室等科研机构，以及老牌核电企业西屋电气公司、通用电气公司、知名大学和国际合作伙伴组成的国际一流的多学科 ATF 研发团队开展协同攻关，所有参研单位分工明确，专业上各具特色又相互补充，构成了完整的产学研协同创新链条。表 1 列出了参与西屋公司 ATF 研发团队的有关单位。

表1　参与西屋公司ATF研发团队的单位与分工

序号	单位	分工
1	西屋电气公司（WEC）	项目负责和燃料设计
2	通用原子能公司（GA）	碳化硅复合材料开发
3	陶瓷管产品和联合技术研究中心（CTPUTRC）	碳化硅包壳制造开发
4	爱达荷国家实验室（INL）	高密度燃料（USi）、辐照试验（先进试验反应堆、瞬态反应堆试验设施）和辐照后检验
5	国家核实验室（英国NNL）	硅化铀粉末和芯块的工业生产
6	洛斯阿拉莫斯国家实验室（LANL）	硅化铀氧化研究和制造开发
7	麻省理工学院（MIT）	碳化硅复合材料堆内试验和锆涂层包壳堆外高温氧化和淬火研究
8	能源技术研究所（挪威INT）	试验棒组装与测试
9	南方核电运行公司与埃克斯龙电力公司	基于客户的ATF评价
10	威斯康星大学	锆涂层棒
11	保罗·谢勒研究所（瑞士PSI）	碳化硅性能评价

在研发过程中，建立了良好的协调、评价与反馈机制，定期对不同阶段的研究目标、研发进度、研发成果和实验数据等进行客观的科学评价，对出现的问题及时反馈、修正，保证了ATF计划始终沿着既定方向前行。

（3）坚持核电复兴计划，陆续出台多项核能政策法令，支持核能创新发展，为项目提供持续的经费支持

2011年3月福岛核事故后，美国政府继续坚持核电复兴计划，相继出台《核能创新能力法》《核能领导力法》《基础设施投资和就业法》《降低通胀法》等核能政策法令，发布核能与核燃料长期发展战略，实施核能与核燃料重大项目，采取

多项措施大力支持先进核能、核燃料技术创新，提升现有核电厂安全性和经济性，以及建造先进试验堆基础设施等。自 ATF 项目启动以来，连续 10 年为 ATF 的开发和应用研究提供了数亿美元的经费支持，确保了 ATF 技术研发的连续性。

（4）立足国内、着眼全球，“草船借箭”，选择支持法马通加入 ATF 计划，有效利用国际资源。

美国能源部选择重点支持的三家 ATF 研发制造的领军企业之一是法国的法马通公司，这不仅是因为美法两国具有长期的核工业合作关系，法马通是美国核燃料元件的重要供应商，在美国核电市场举足轻重，更深层次的原因不排除 21 世纪初，受廉价页岩气影响，美国核电发展低迷，西屋公司在全球几易其主，核电业务步履艰难等因素。支持实力不凡的法马通加入美国 EATF 计划，一方面可借助法马通的技术实力加速 ATF 开发，实现既定目标，满足美国国内核电市场需要；另一方面还可抢占 ATF 技术的制高点，扩大美国的全球核燃料市场份额，一举多得。

4 启示与建议

核能技术是国家核心竞争力的标志性技术，是战略必争的高科技领域。作为核反应堆的能量来源和第一道安全屏障，核燃料的性能直接反映了一个国家核能技术的竞争力。耐事故燃料及其相关材料的研发已成为核能技术新的竞技场，其本质是全球核能领导力的竞争。纵观美国、法国和俄罗斯等国在 ATF 研发方面的做法，其展现出的从国家层面进行战略性的顶层设计，从行业发展进行统筹规划，从项目计划科学精准，从组织实施高效统一，从经费支持持续不断，从科研资源开放共享，从参研力量强强联合、分工合作，全方位、全链条国家主导、发挥举国之力的特点，是保证短时间内集中优势兵力攻克 ATF 及相关材料关键技术，提升行业技术创新实力，增强国际核技术竞争力的关键。

新材料技术是现代科技发展之本。现代科学技术史的发展证明，每一项重大科技的突破在很大程度上都依赖于相应的新材料的发展。核燃料及相关材料安全可靠性要求高，研发周期长，资金需求量大，需辐照考验并反复进行工程验证，耐事故燃料也不例外。积极开发包括 ATF 在内的各种性能更优、安全性更高的新型燃料，推动核燃料高质量发展对我国核能事业发展意义深远。

为此，建议国家有关部门加快部署 ATF 及相关材料的研究开发，加大对研发与应用的支持力度，根据国家中长期核能发展规划，制定近、中、远期发展目标及具体任务，从战略层面做好顶层设计与统筹规划，制订行之有效的项目计划和科学合理的评价体系，打破企业与行业壁垒，减少重复、不良竞争，集中国内优势资源实施科技攻关、重点突破。有效利用现有核电、核燃料等科学装置与科研基础设施，支持由国家投入主要经费而建成的研究堆等向行业用户开放，提高核科研设施的利用率。建设国家层面共享型工程级核燃料及其材料辐照实验中心，形成系统、完善的核燃料试验体系，以及技术先进、设施齐全的核燃料研发体系和核燃料及其材料标准体系，进一步提升我国核燃料和相关材料的自主创新和产业发展能力。

ATF 为现有反应堆的改进提升和未来新堆设计带来了一种内部突破的新视角，提供了技术创新的新机遇。可以预料，ATF 的成功无疑会使作为低碳能源的核能更加安全、可靠和经济，进而为实现“碳中和”目标下核能的高质量发展提供更加广阔的前景。

作者简介

雷梅芳，研究员级高级工程师，曾先后从事铀矿湿法冶金用有机材料的研制、提取工艺的研发；核电工程项目的开发与管理；国际科技合作、核进出口管制；第四代核能系统的研究与管理，核能发展战略研究；《核能行业智库丛书》《中国电力工业史－核能发电卷》《核能发电专业发展报告》的编制等。

法国放射性废物管理实践及启示

任　勇　古　强
（中核四川环保工程有限责任公司）

摘　要：核设施运行和退役产生的放射性废物必须得到妥善管理，一些老旧核设施在运行期间积累了大量放射性废物，应尽快进行处理和处置。在“碳达峰、碳中和”背景下，全球核电发展迎来了新机遇。解决好放射性废物管理问题可以增强公众对发展核电的信心。法国是核能大国，在放射性废物管理方面具有不少良好做法，例如，出台放射性废物管理的专门法律、编制和实施《放射性材料和废物管理国家计划》，以及建立放射性废物处理、贮存的工业应用设施和能力。本文介绍了法国在放射性废物管理领域的一些良好做法，从我国遗留放射性废物处理、处置和核能发展放射性废物管理需求出发，探讨了法国的实践经验对我国放射性废物管理工作的一些启示。

关键词：核电厂；后处理厂；放射性废物；核设施退役；中水平长寿命废物；玻璃固化；深地质处置

前言

核电厂和核燃料循环设施运行和退役会产生放射性废物。老旧核设施，包括国防生产和核能利用研究及早期生产设施中有不少已进入退役阶段，这些核设施中有不少在运行期间积累了大量放射性废物，有待处理和处置，退役过程也会产生大量放射性废物。

在“双碳”背景下，全球核电发展迎来了新机遇。放射性废物安全处理、处置备受公众关注，只有妥善解决放射性废物处理、处置问题，才能为核电发展创造良好的氛围。法国是核能大国和核工业发达国家，在放射性废物管理方面具有强大的工业应用能力。本文介绍了法国放射性废物管理的一些良好实践，结合我国核能发展及放射性废物管理的现状和需求，探讨法国放射性废物管理实践对我国放射性废物管理工作的一些启示。

1 法国核工业及放射性废物基本情况

法国是核能大国，长期坚持发展核能的能源政策。截至 2024 年 4 月，法国在运核电机组 56 台，在建机组 1 台，永久关闭机组 14 台。法国是核武器国家，建设和运行了核武器生产所需的核设施，包括生产堆和后处理厂等。

法国核工业的主要营运单位有三个：法国电力集团（EDF）为核电营运商；欧安诺集团是核燃料循环（包括前端和后端）营运商；法国原子能与可替代能源委员会（CEA）拥有众多研究中心（场址），国防核设施主要位于 CEA 的场址，如马库尔场址的石墨生产堆和 UP1-400 后处理厂。

法国的放射性废物来自核能生产和国防核设施运行。老旧核设施，包括国防生产核设施、核研究设施和早期建设的核电厂已进入退役阶段，在退役过程中产生大量放射性废物。截至 2019 年 12 月 31 日，共有 35 个基本核设施处于退役，包括 EDF 的 9 个核电反应堆，CEA 的 20 个设施（如马库尔场址的 UP1-400 后处理厂）和欧安诺的 6 个设施（如阿格场址的 UP2-400 后处理厂）。

法国开展放射性废物处理和处置技术研发较早，启动放射性废物处理和处置工作已有 60 多年历史，在放射性废物处理和放射性废物处置方面具有强大的工程应用能力，建设和运行的放射性废物处理设施种类多，除中放泥浆、高放沉积物和中放有机废物等个别类别的废物没有可工程应用的技术外，法国的放射性废物处理技术和设施总体上满足了法国核能生产和老旧设施退役的需要。当然，由于还没有长寿命放射性废物处置设施可用，核设施营运单位也根据需要建设了一些贮存设施。

法国采用闭式循环核燃料政策，建设和运行着产能在全球首屈一指的商用后处理厂，后处理提取的铀、钚的循环利用也有切实的途径。法国在高放废物地质处置方面的进展也非常显著，放射性废物管理局（ANDRA）已提交建造地质处置库的建造申请。

2 法国放射性废物管理良好实践

2.1 完备的放射性废物管理法律

法国的《环境法典》包含放射废物管理的要求。1991 年 12 月 30 日通过的《核废物管理研究法》和 2006 年 6 月 28 日通过的《放射性材料和废物管理规划法》是放射性废物管理的 2 部专门法（Act）。法国放射性材料和废物管理政策主要基于这 2 部专门法及其实施规章、规定等文件。

放射性废物管理政策、原则的实施是围绕由三个支柱组成的管理框架进行的：立法和监管框架；一个致力于放射性废物管理的公共机构（法国放射性废物管理局）；放射性材料和废物管理国家计划。

《核废物管理研究法》规定了高水平长寿命放射性废物（HLW-LL）的管理原则和研究的主要方向。《放射性材料和废物管理规划法》涵盖所有放射性材料和废物，它提出了针对还没有实际管理方案的放射性废物的管理方案进行研发的方向和目标，并规定了退役和废物管理的筹资，同时还规定了与公众对话的工具。该法还规定，政府应对根据经验反馈、评估结果及科技进步而改善放射性材料和废物管理的法律和组织安排保持警觉。

2.2 放射性废物管理国家计划

法国生态转型和国土协调部牵头起草《放射性材料和废物管理国家计划》

（PNGMDR），公布并转交给议会，议会将其转交给议会科学和技术选择评估办公室用于评估。议会审查通过后，由能源与气候变化总局（DGEC）和核安全局（ASN）发布。《放射性材料和废物管理规划法》还要求发布关于落实废物管理计划的内阁法令（decree）。因此，随着每个版本的废物管理国家计划一起发布的还有内阁法令。

PNGMDR 以《国家放射性材料和废物存量报告》为基础，对放射性废物管理政策进行具体部署，旨在建立放射性废物长期管理体系。依据《放射性材料和废物管理规划法》规定，PNGMDR 应当说明目前放射性材料和废物的管理模式，对现有的放射性物质和废物管理模式进行评估；识别并列出未来贮存或处置设施的可预见要求，详细说明这些设施的所需的容量及相应的贮存要求；对于没有最终管理模式的放射性废物，确定要实现的目标。

PNGMDR 涉及所有放射性废物，即：核活动产生的废物；所有由涉及操作放射性材料但豁免监管控制的活动产生的废物（这些废物的放射性浓度显著或量大，因而需要特殊处理措施，例如烟雾探测器）；因人类活动导致放射性浓度增高，从辐射防护角度考虑不能忽视的天然存在放射性物质；环境保护类设施处置的铀矿石加工所产生的残留物和废矿石。

PNGMDR 最初每三年更新一次，自首版（2007—2009 年）发布以来，目前已发布 5 版。自 2023 年初发布的第 5 版（2022—2026 年）起，计划涵盖 5 年期。

2.3 专门的放射性废物管理机构

法国放射性废物管理局（ANDRA）是一个工业和商业机构（EPIC），负责为法国放射性废物寻找、部署和保证安全管理解决方案，以保护今世后代免受这种废物带来的风险。

该机构职责由三个连续的法案确定：1991 年 12 月 30 日关于高水平长寿命放射性废物管理研究的法案成立了该政府出资机构，赋予其高、中水平寿命放射性废物深地质处置研究的使命；2006 年 6 月 28 日法令扩大并加强了该机构及其活动领域和作用；2016年7月25日的法令详细说明了建设可逆性深地质处置库的条件。

该机构由负责能源、环境和研究的多个部门负责，独立于放射性废物生产商。根据《环境法典》第 L.542-12-1 条规定，ANDRA 获得国家补贴，以资助完成其为了公共利益的任务。该机构是执行放射性废物管理公共政策的国家营运商，其职责主要包括：在奥贝省运营两个地面处置设施，即专门用于低水平和中水平短命寿命废物（LLW/ILW-SL）处置的奥布处置场（CSA），以及极低水平废物收集、贮存和处置工业中心（Cires）；管理法国第一个低水平和中水平放射性废物地面处置设施（芒什处置场）的关闭；研究和设计尚未具备处置方案的废物类型，即低水平长寿命废物（LLW-LL）和高水平、中水平长寿命废物的处置方案；寻找和研究优化放射性废物管理的解决方案，以更好利用作为稀有资源的放射性废物处置设施。此外，该机构还履行公共服务使命：收集个人持有的旧放射性物品（旧发光手表和钟表、医疗用含镭物品和某些矿物等）；清理受放射性污染的场地；每三年一次编制《国家放射性材料和废物存量报告》。

2.4 良好的放射性废物处理、处置工业能力

2.4.1 放射性废物处理、整备和贮存

法国建设和运行了颇为齐全和完备的放射性废物处理、整备和贮存设施，具有良好的放射性废物处理、整备和贮存工业能力。

（1）法国电力集团

核电厂运行产生的废物基本上是极低水平、低水平或中水平短寿命废物，分为工艺废物和技术废物。对于技术废物，处理方案之一是在核电厂将废物装入 200 L 桶预压，然后送往 CSA 进行压实，最后在 450 L 桶内灌浆后处置；某些不可压实的技术废物则装入 5 m^3 或 10 m^3 金属箱；放射性最高的那部分废物在核电厂用水泥箱包装后在 CSA 处置；可燃且放射性低的废物用塑料桶装运至低放废物处理和整备中心（CENTRACO）的焚烧车间，而低污染金属废料装在金属容器中送到同一工厂的熔炼车间，CENTRACO 加工产生的废物根据活度最终在 CSA 或 Cires 中处置。

对于工艺废物，除小部分蒸发浓缩液外均用槽车运至 CENTRACO 焚烧处理；离子交换树脂则在核电厂的辅助厂房或流出物处理厂用水硬性胶凝材料封装，EDF 使用 Mercure 工艺（环氧树脂包覆）对离子交换树脂进行最终整备。

CENTRACO 位于靠近加尔省马库尔场址的 Codolet 市，由 Cyclife 法国公司营运，目的是通过焚烧或熔炼处理低水平或极低水平放射性废物。在该设施，一些低水平或极低水平的金属废物可以循环利用，用作包装其他放射性水平更高的混凝土外包装的金属屏蔽。

法国在核电厂低水平、中水平短寿命废物最小化方面取得相当大的进步，单堆的平均年废物量从 1985 年的 360 m^3 下降为 110 m^3 左右。

（2）欧安诺集团

欧安诺设施运营产生的废物管理采取及时原则，直接运往 ANDRA 的处置场，以最大限度地减少废物的贮存量。对于没有可用处置路线的废物则进行贮存。表 1 为阿格场址的主要废物管理设施。

阿格场址上建有颇为完备的固体废物处理、整备设施，对 α 固体废物进行管理。这些设施主要包括 α 废物集中处理设施（UCD）、固体废物整备设施（AD2）和固体废物压实设施（ACC）。位于马库尔场址的混合氧化物燃料制造厂（Melox）产生的不适合地表处置的废物也送往阿格后处理厂处理和整备。

2.4.2 放射性废物处置设施

芒什处置场于 1969 年投运，1994 年停止运行，共处置废物 527 000 m^3，目前处于退役阶段（关闭前的准备阶段）。

奥布处置场位于奥布省的 Soulaines-Dhuys 镇，于 1992 年投入运行，该处置场的批准处置容量为 100 万立方米。截至 2019 年 12 月 31 日，该处置场共处置废物 375 000 m^3。该处置场的年接收废物量为 15 000 m^3，而其设计年接收能力为 30 000 m^3，处置场能够运行到 2060 年之后。根据国家放射性废物存量数据，CSA 能接纳目前在运行和批准退役的核设施运行和退役产生的低、中水平短寿命废物。

极低放废物处置场（Cires）于 2003 年投运，批准处置容量 650 000 m^3，截至

2019 年底，共处置废物 396 000 m^3。

为了研究高放和中放长寿命废物地质处置，法国于 1999 年开始建设地下实验室（Bure），2001 年开始实验室进出通道钻孔，自 2002 年以来开展了大量实验，取得重要进展。在实验室工作的基础上，2023 年 1 月 ANDRA 提交了高放和中放长寿命废物地质处置（Cigéo）项目的建造许可申请。

表 1　阿格场址主要放射性废物管理设施

名称	设施类型
E/D EB	α 废物贮存 / 回取
MDS/B	废溶剂矿化（热解）处理
R7，T7	裂变产物玻璃固化
ACC	包壳和端件压实设施
UCD	α 废物集中处理设施
ECC	包壳和端件废物包贮存设施
AD2	工艺废物整备设施
E/D EDS	废物贮存和回取
E/EV	玻璃固化体贮存设施
E/EV/LH，E/EV/LH2	玻璃固化体扩建贮存设施

说明：E/D EB 和 MDS/B 属于 BNI 118 液体流出物和固体废物处理厂（STE3），R7 和 UCD 属于 BNI 117 UP2-800 后处理厂，其余属于 BNI 116 UP3-A 后处理厂。

2.5 放射性废物处理设施共享

法国原子能与可替代能源委员会的一些放射性废物管理（处理、包装和贮存）设施由 CEA 研究中心共享，例如马库尔场址的流出物处理厂和卡达拉舍场址的固体废物处理厂。欧安诺集团特里卡斯坦场址的 Trident 项目的目的是建造一个极低放废物处置共享设施。Cyclife 法国公司营运的低放废物处理和整备中心是一处集中式废物管理设施。

3 我国放射性废物管理现状与需求

我国建立了放射性废物安全管理的法律法规体系，适应放射性废物管理的需要。在国家法律方面，2003 年通过的《中华人民共和国放射性污染防治法》和 2017 年通过的《中华人民共和国核安全法》明确了放射性废物管理的安全要求。除国家法律外，还制定了适用于放射性废物管理的行政法规、部门规章、管理导则和参考性文件。

截至 2024 年 4 月，中国大陆共有在运核电机组 55 台，在建核电机组 23 台。核电厂、核燃料循环设施和研究堆营运单位建设了放射性废物处理和贮存设施。已有 4 座低、中放固体废物处置场投入运行，还有 1 座极低放废物填埋场（不包括场址自用的）已投入运行。

我国的老旧核设施，包括研究设施，有一部分处于退役阶段，其中主要包括反应堆、后处理厂及配套的废物管理设施。这些核设施在运行过程中积累了相当数量的放射性废物，退役过程中也会产生放射性废物。我国老旧核设施的历史遗留废物和退役废物得到了安全管理，设施所在场址建造了放射性废物处理、整备和贮存设施，对这些放射性废物进行处理。放射性废物，尤其是大量放射性液体废物得到处理、整备，转化为更为安全的形式，老旧核设施的安全风险持续下降。我国已实现了高、中、低放废液的工程化处理，但有一些类别的废物，例如中放泥浆、α 固体废物、高放沉积物的处理和整备还存在技术缺口，距离工程应用还有一段距离。

民用核电厂和核燃料循环设施配套的放射性废物处理设施总体满足了核设施运行需要，但核电厂的可燃废物需要外运焚烧以实现减容，随着更多的核电机组投入运行，对放射性废物焚烧处理的需求将增加，需要扩建或新建以焚烧、超压为主要处理技术的废物处理设施。我国核燃料采取闭式循环策略，将推进动力堆核燃料后处理项目建设，并产生 α 废物和高放废液的处理需求。

我国的放射性废物处置具备了一定能力，但年接收的废物总量不大，核电厂前期积累了一定废物需要处置，随着核电的持续发展，对低、中放废物的处置需求将增加，处置接收量不足将增加核电厂的场内贮存压力。中放废物（长寿命）需要采取中等深度处置，目前阶段，这类废物主要来自早期核燃料循环研究和后处理厂运行及这些设施退役产生的废物，在未来，动力堆乏燃料后处理设施运行及混合氧化物燃料元件生产是这类废物的主要来源，考虑到处置场建设周期（从选址开始）长，中等深度处置设施建设颇为紧迫。我国高放废物地质处置地下实验室建设正在实施，将为后续建设工程处置设施提供科学和技术基础。

4 我国放射性废物管理探讨

根据《中华人民共和国国民经济和社会发展第十四个五年规划和 2035 年远景目标纲要》，我国核电运行装机容量在 2025 年将达到 7 000 万千瓦，核电的持续发展将带来放射性废物处理、处置需求的增加。我国老旧核设施退役与遗留放射性废物治理取得积极进展，但还面临一些挑战。法国在放射性废物管理方面的实践经验可以给我国放射性废物管理工作一些启示。

一是加强放射性废物存量数据的收集和使用。在信息化、数字化和人工智能时代，数据的作用和价值越发凸显。法国 ANDRA 的一项职责是编制法国放射性材料和放射性废物存量报告。我国相关部门针对放射性废物存量数据的收集和利用建设了数据库，并开展放射性废物量数据的收集和汇总，为放射性废物存量数据的利用打下了坚实基础。这方面也可参考和借鉴法国的一些做法，例如，加强对未来产生的各类放射性废物的预测。在我国，未来产生的废物的来源一方面是老旧核设施退役，另一方面是核电厂运行。可以根据核电厂运行和建设的情况及核设施退役情况，对未来可能产生的放射性废物进行预测，按类别进行分析、汇总。涵盖各类放射性废物并按类别分列的存量数据是编制放射性废物管理国家计划的基础，是规划和建设放射性废物处理、处置设施的重要资料。

二是加快遗留放射性废物处理。我国遗留放射性废物处理和整备取得了重大进展，但中放泥浆、α 固体废物、石墨废物还没有工程处理设施，尽快完成这些废物的处理乃至处置具有重要意义，通过解决过去的问题可以为核能未来发展注入信心。可在开展相关技术研究的基础上尽早确定这些废物的处理技术路线，启动处理设施建设和运行项目。

三是开展放射性废物处理关键技术和装备研发。考虑到我国放射性废物处理的近期和未来需求，当前可推进石墨废物、中放长寿命废物的处理、整备技术及整备废物性能的研究。我国正推进动力堆乏燃料后处理厂建设，高放废液玻璃固化技术及装备国产化也是一个重点方向。我国实现了高放废液的工程化处理，但其关键设备陶瓷熔炉从德国引进，从管控项目风险考虑，我国应拥有独立自主的高放废液玻璃固化技术及关键装备制造能力。因此，应在我国首个玻璃固化工程成功运行的基础上积极开展高放废液玻璃固化技术及装备的国产化工作。

四是加强放射性废物处理、处置工程应用能力。在这方面，一是新建或扩建集中式共享的低、中水平（短寿命）放射性废物减容、整备设施；二是新建或扩建低、中水平废物（短寿命）放射性废物近地表处置设施；三是推进中水平废物中等深度处置技术的研究及处置场选址和建设。

第一作者简介

任勇，工程师，长期从事核科技情报研究。近年来，开展了国外放射性废物玻璃固化技术与工程应用、国内外核退役治理市场等情报研究。参与《核设施退役管理实践》《核设施退役研发与创新需求》和《高放废液玻璃固化工程应用》等专著、译著的编写、翻译。

事故容错燃料研发现状及后续建议

张显生　薛佳祥　严　岩
（中广核研究院有限公司）

摘　要:核燃料是反应堆的关键核心技术,关系着反应堆的先进性、安全性、可靠性和灵活性。水冷堆是目前商用核电厂的绝对主力堆型,为进一步增强其事故耐受能力,日本福岛核事故后国际核燃料界提出研发事故容错燃料（ATF,Accident Tolerant Fuel）的解决方案。经过十多年的研究开发和筛选聚焦,近期改进型ATF方案已经进入先导燃料组件（LTA）的商用堆辐照考验阶段,远期革新型ATF方案也已进入原型燃料小棒（Rodlet）的研究堆辐照测试阶段。本文旨在总结ATF研发现状,并在分析探讨中提出一些粗浅建议,为我国自主品牌燃料组件的开发提供参考。

关键词:水冷堆;核燃料;燃料组件;事故容错燃料;发展建议

核电因全寿期碳排放量少、能量密度高和可全天候运行等优势,已成为我国建设“清洁低碳、安全高效”的现代能源体系和实现“碳达峰、碳中和”国家目标的重要依托。在统筹应对气候变化和保障能源安全的背景下,国际社会也对核电开发寄予厚望。2023年12月,包括美国和法国在内的22个国家在《联合国气候变化框架公约》第28次缔约方大会（COP28）期间联合发布了《三倍核能宣言》,呼吁到2050年将全球核电装机容量增加至2020年的三倍。上述目标的实现,绝大部分将依靠技术和产业链成熟、工程和运营经验丰富的水冷堆。面对全球庞大的装机规模，考虑到 40 ~ 80 年的服役周期，如何在全寿期内不断提升水冷堆的安全性、经济性和可靠性，不断提升商业核电的市场竞争力，将是核燃料研发人员未来半个世纪内最重要的工作使命。日本福岛核事故后，国际核燃料界提出研发事故容错燃料（ATF，Accident Tolerant Fuel）的解决方案，代表了核燃料研发的一种趋势和方向。迄今，ATF 研发已有 10 多年的历史，有必要总结其研发现状，为后续工作提供参考。

1 ATF 研发现状

1.1 候选方案围绕工程应用目标实现筛选和聚焦

ATF 概念提出初期，候选方案百花齐放，但在工程应用目标导向下很快就实现筛选聚焦。目前，近期改进型 ATF 方案主要包括技术成熟度较高的铬涂层锆合金包壳和大晶粒 UO_2 芯块，远期革新型 ATF 方案则主要包括高风险高收益的 SiC 复合材料包壳和高铀密度芯块。

法国原子能与可替代能源委员会（CEA）提出的铬涂层方案率先通过 ATF 筛选试验验证和可行性评估，之后主要核电企业的涂层方案开发均集中到该方向。各家均采用自主品牌锆合金，包括 M5、ZIRLO、Optimized ZIRLO、AXIOM、MDA、E110、HANA-6、N36 和 CZ2 等。涂层涂敷主要采用工业上成熟的高功率磁控脉冲溅射、冷喷涂和电弧离子镀等工艺。大晶粒 UO_2 芯块在高燃耗、长换料周期下具有很大的应用潜力，其研发始于 20 世纪 90 年代初，20 世纪末就已经在商用堆中开展辐照考验。法马通公司、西屋公司、全球核燃料公司（GNF）、韩国核燃料公司的大晶粒 UO_2 芯块掺杂物分别为 Cr_2O_3、Al_2O_3-Cr_2O_3、Al_2O_3-SiO_2、La_2O_3-Al_2O_3-SiO_2（LAS），法马通公司和韩国核燃料公司的大晶粒 UO_2 芯块还采用了双倒角结构设计。

高铀密度芯块主要指 U_3Si_2 和 UN，它们在水冷堆中均存在耐水腐蚀性能不足的本质缺陷，短期内预计无法攻克。U_3Si_2 芯块与 SiC 复合材料包壳搭配时，还存在瞬态工况下芯块熔化的风险。考虑到高铀密度芯块开发的不确定性，UO_2 芯块也是与 SiC 复合材料包壳相搭配的选项。实际上，国际上仅有西屋公司在远期革新型 ATF 方案中考虑防水型 UN 芯块，法马通公司远期革新型 ATF 方案中只包含 SiC 复合材料包壳。

此外，美国和日本还在研发 FeCrAl 先进不锈钢包壳，主要目标是应用于沸水堆，目前已在商用堆中开展辐照考验。俄罗斯在核动力破冰船燃料包壳和 VVER 反应堆中子吸收棒包壳研发经验基础上，研发了铬镍合金包壳（42 X H M），目前也已进入商用堆中开展辐照考验。法国近年开始研发热导增强型 UO_2 芯块，目前初步方案已进入研究堆开展辐照测试。

1.2 近期改进型方案实现先导燃料组件入商用堆

西屋公司在 Byron 2 号机和 Vogtle 2 号机开展了“铬涂层锆合金包壳 + 大晶粒 UO_2 芯块”先导燃料组件的商用堆辐照考验。Byron 2 号机项目于 2019 年 4 月入堆，原计划辐照 3 个换料周期，一直持续到 2023 年秋季。为了实现高燃耗（75 MWd/kgU）辐照考验目标，西屋公司计划在 2023 年秋季通过燃料棒重组的方式增加一个换料周期，辐照考验将持续到 2025 年春季。

与 Byron 2 号机项目只有几根燃料棒为“铬涂层锆合金包壳 + 大晶粒 UO_2 芯块”不同，Vogtle 2 号机先导燃料组件中只有 1 根燃料棒不带铬涂层，其余均为带铬涂层的燃料棒。为了开展高丰度辐照考验，Vogtle 2 号机项目的 4 组先导燃料组件中，每组均有 4 根燃料棒带有富集度为 5.95% 的大晶粒 UO_2 芯块。Vogtle 2 号机项目于 2023 年秋季入堆，计划辐照 2 个换料周期，并可根据需要增加换料周期以实现高燃耗辐照考验。

除了在美国本土之外，西屋公司还在比利时和法国开展先导燃料组件的辐照考验。比利时 Doel 4 号机项目于 2020 年 6 月入堆，计划辐照 3 个换料周期。该项目采用铬涂层锆合金包壳和密度稍大的 UO_2 芯块（$>$ 96.0%TD，主要考虑抵消铬元素的寄生中子俘获）。西屋公司在法国电力公司（EDF）的铬涂层锆合金包壳先导燃料组件辐照考验项目计划 2023 年入堆。

法马通公司在 Vogtle 2 号机（美国）、Gösgen（瑞士）、ANO 1 号机（美国）、Calvert Cliffs 2 号机（美国）和 Blayais 3 号机（法国）开展了“铬涂层锆合金包壳 + 大晶粒 UO_2 芯块”先导燃料组件的商用堆辐照考验，上述项目分别于 2019 年 3 月、2019 年 6 月、2019 年 11 月、2021 年和 2023 年入堆。Calvert Cliffs 2 号机项目先导燃料组件的所有燃料棒均为铬涂层锆合金，其他项目先导燃料组件则只包含几根“铬涂层锆合金包壳 + 大晶粒 UO_2 芯块”燃料棒。ANO 1 号机项目包含设置在围板射流区域的铬涂层锆合金包壳燃料棒（装有惰性芯块），希望考察围板射流对铬涂层锆合金包壳服役性能的影响。法马通公司还在美国 Monticello 核电站（沸水堆）开展“铬涂层锆合金包壳 + 大晶粒 UO_2 芯块”先导燃料组件的辐照考验，该项目于 2021 年入堆，2023 年开展第一循环后的辐照后检测。

除了西屋公司和法马通公司之外，俄罗斯原子能公司（ROSATOM）、中核集团等也都实现了铬涂层锆合金先导燃料组件的商用堆辐照。韩国核燃料公司和日本三菱核燃料公司的铬涂层锆合金先导燃料组件也在准备中，暂未见入堆的报道。

GNF 在耐磨蚀涂层研发经验基础上开发了名为“ARMOR”的 ATF 涂层方案。国际上，GNF 最早开展了 ATF 涂层锆合金先导燃料组件的商用堆辐照考验，但遗憾的是其涂层方案选型出现重大失误，目前正在对重新设计的涂层方案进行筛选优化。GNF 在美国 Hatch 1 号机和 Clinton 1 号机分别开展了首批次（2018 年 3 月入堆）和第二批次（2019 年 10 月入堆）ARMOR 涂层锆合金先导燃料组件辐照考验。因为入堆后辐照性能不佳，上述先导燃料棒在堆芯内分别经历了 2 个和 1 个换料周期后均被卸出。GNF 燃料组件开发针对的是沸水堆，西屋公司和法马通公司两家铬涂层锆合金包壳在沸水堆的考验情况目前未见报道，沸水堆服役环境是否需要不同的涂层设计目前不得而知。

1.3 远期革新型方案实现原型燃料小棒入研究堆

2010 年，美国就在橡树岭国家实验室（ORNL）的 HFIR 研究堆开展了“SiC 复合材料包壳 +UN 芯块”和“SiC 复合材料包壳 +UO_2 芯块”原型燃料小棒的研究堆辐照。公开报道显示，ORNL 已经对 ~ 20 GWd/MTHM 燃耗的“SiC 复合材料包壳 +UO_2 芯块”原型燃料小棒开展了辐照后检测，但因材料、连接、设计和操作等多方面因素的影响，该原型燃料小棒辐照后检测未能获得足够的有效信息。

近年来，在 ATF 项目资助下，通用原子能公司（GA）、法马通公司等又在爱达荷国家实验室（INL）的 ATR 研究堆、TREAT 研究堆和麻省理工学院的 MITR 研究堆开展了系列原型燃料小棒的研究堆辐照测试。2019 年 10 月和 11 月，INL 在 TREAT 研究堆开展了“SiC 复合材料包壳 +U_3Si_2 芯块”原型燃料小棒的反应性引入事故（RIA）测试，测试结果表明 SiC 复合材料包壳保持了结构完整，但气密性很可能会因裂纹的存在而丧失。2023 年 4 月，GA 提供的 6 根不带燃料的 SiC 复合材料包壳燃料小棒在 ATR 研究堆开启了水回路辐照测试，在经历 120 天的辐照后（ ~ 2 dpa）于 2023 年 9 月卸出开展辐照后检测。与此同时，GA 还提供了 6 根带钼芯块的 SiC 复合材料包壳燃料小棒，准备在 ATR 研究堆开展回路辐照测试，入堆前该批燃料小棒在西屋公司高压釜腐蚀测试考验中取得良好结果。后续 GA 还将在 ATR 和 HFIR 开展带燃料的 SiC 复合材料包壳原型燃料小棒的更多研究堆辐照测试。2022 年 11 月，法马通公司在 MITR 研究堆也开启了其 SiC 复合材料包壳原型燃料小棒的研究堆辐照，2024 年还将在 ATR 研究堆开展 SiC 复合材料包壳原型燃料小棒的研究堆辐照。

2015 年，日本室兰工业大学在挪威 Halden 研究堆开展了纳米瞬态共晶相（NITE）工艺制备的 SiC 复合材料包壳管的研究堆辐照测试，该测试采用带有锆合金端塞的锆合金包壳管，通过 Ag–Cu–Ti–In 或 Ti–Zr–Cu 焊料焊接实现锆合金管与 SiC 复合材料管之间的连接密封。该项目原计划装载 UO_2 芯块，但因经费削减而未能实现，总体上试验样品与原型燃料小棒还有距离。此外，法马通公司还在瑞士 Gösgen 核电站利用阻流塞组件开展了 SiC 复合材料包壳样品的商用堆辐照，该项目于 2016 年 6 月入堆，计划辐照 5 个换料周期，每个换料周期长 12 个月，主要用于获取 SiC 复合材料的辐照性能数据。西屋公司和 GA 合作，计划在 Byron 1 号机开展类似的辐照研究项目，测试样品中包含用于气密性和端塞连接强度测试的 SiC 包壳密封小棒。该项目计划辐照 1 个换料周期，最新计划是希望在 2025 年春季能实现入堆。

2 关于 ATF 研发现状的思考

2.1 ATF 当前定位是形成新的先进燃料特征

目前已开展的 ATF 先导燃料组件辐照考验项目均是基于成熟的燃料组件设计，包括 VANTAGE+ OFA、PRIME OFA、HTP、AFA 3G、GAIA、ATRIUM 11、GNF 2 和 TVS-2M 等。ATF 近期改进型方案并不是要去开发一款新的燃料组件，而是在已有燃料组件产品上增添 ATF 特征，是定位为技术特征包的解决方案开发。ATF 解决方案的研发应用和品牌打造需要处理好与燃料组件产品开发的衔接，这方面西屋公司和法马通公司提供了优秀的参考案例。

西屋公司主要通过打造先进技术特征包凝聚新技术。西屋公司在 20 世纪 70 年代形成了标准型燃料组件设计（SFA）和优化型燃料组件设计（OFA），20 世纪末又推出了健壮型燃料组件设计（RFA），OFA 和 RFA 最终成为西屋公司燃料组件产品的基础设计。OFA 和 RFA 之后，每隔一段时间西屋公司又会将一些设计改进整合成先进燃料技术特征包，典型案例包括 VANTAGE5、VANTAGE5H、VANTAGE+、Performance+ 和 PRIME 等，给运营商的燃料组件产品典型描述形式为 VANTAGE+ OFA 和 PRIME OFA 等。以 PRIME 为例，它主要整合了低锡 ZIRLO 锆合金中间格架 / 中间搅混格架、导向管减震强化、水力设计优化和防异物改进下管座等先进技术特征，可适用于 OFA、RFA 等燃料组件产品。

法马通公司主要通过谱系化发展凝聚新技术。法马通公司在引进西屋公司 SFA 燃料组件的基础上提出了先进燃料组件（AFA）设计，在第一代设计基础上，后续新设计改进均以尾缀的形式进行区分，先后形成了 AFA 2G、AFA 2GE、AFA 3G、AFA 3GAA 和 AFA 3GLE 等系列。根据市场竞争需求，AFA 系列品牌老化后，法马通公司近年才推出新的燃料组件品牌 GAIA。20 世纪末，法马通公司也曾试图推出新的燃料组件品牌 Alliance，但未获成功。

ATF 近期改进型方案的成果交付形式将类似于西屋公司 PRIME 先进燃料特征包。核燃料供应商可以根据技术和市场发展趋势选择性地在已有燃料组件产品上部署这些先进特征,核电运营商也可以根据其自身的现实需要选择性购买带有这些先进特征包的燃料组件产品。对于 ATF 远期革新型方案，SiC 复合材料包壳未来有可能会形成新的燃料组件产品与燃料组件品牌,但现阶段的技术成熟度距离工程应用还有距离。

西屋公司和法马通公司分别于 2017 年和 2018 年正式推出了各自的 ATF 解决方案品牌 EnCore 和 PROtect，GNF 则只是在 2018 年针对 FeCrAl 先进不锈钢和涂层锆合金分别推出了 ATF 包壳品牌 IroClad 和 ARMOR。EnCore 和 PROtect 相当于 ATF 技术特征包。在 ATF 解决方案开发中,法马通公司改变了以往的做法,直接推出了 PROtect 品牌进行 ATF 解决方案的运营推广,预计可形成 PROtect AFA 系列和 PROtect GAIA 等燃料组件供货方案。法马通公司和西屋公司的燃料组件供应全球多个国家的多个核电机组,这种解决方案的品牌推广方式有利于其强调和推广 ATF 设计特征。

经过多年的自主研发,我国已经初步形成 CF、STEP 和 SAF 三大自主品牌燃料组件,目前的工作重心是尽快让第一代自主品牌燃料组件走向规模化工程应用,形成我国的基础组件设计。我国自主品牌燃料组件推出时间较晚,自主品牌和基础设计均需要一定的时间来培育和维护。在第一代产品的基础上,后续新的设计改进（包括 ATF 近期改进型方案）建议在现有燃料组件品牌型号基础上以后缀的形式进行区分。对于技术改进较大的设计（比如 ATF 远期革新型方案),则建议适时推出新的燃料组件产品品牌。

目前，ATF 特征已愈发成为下一代燃料组件的标配。由于 ATF 是从堆芯燃料组件上提高安全性,这就有可能成为关系核安全的新标准。ROSATOM 直接在其年报中宣称,开发 ATF 是满足下一代核安全标准的需要,并认为 ATF 对于进一步提高核电整体安全性和可靠性至关重要。国际原子能机构（IAEA）也将在有关堆芯设计的安全导则（SSG52）中考虑 ATF 的影响。对于这种趋势,我们既不能视而不见,也不能忧心忡忡。

《中华人民共和国核安全法》第 8 条规定“国家从高从严建立核安全标准体系”，并规定“核安全标准应根据经济社会发展和科技进步适时修改”。确保核安全绝无一失，实现最严格的安全标准和最严格的监管，持续提升在运在建机组安全水平，是我国核电行业全体从业者的共同责任和共同追求。在这种国际最高核安全标准的要求下，一方面，我们要特别关注 ATF 这种有可能成为新标准的技术，新技术可能会带来新的优势及新的市场准入门槛；另一方面，我们在任何新技术的应用上都应特别谨慎，新技术也可能引入新的问题，必须开展全面的工程验证。与美国老旧的核电机组相比，我国核电机组普遍处于青壮年，我们有充足的时间去进行充分的研究论证，完全可以不受外部影响地按照自己的节奏去开展审慎的工程应用。

2.2 ATF 方案安全性提升后的应用路径设想

现有燃料组件经过长期的工程应用考验，技术成熟可靠，是商业核电厂稳定运行的基础。ATF 的初心是研发出耐事故能力更好，其他工况下燃料性能至少相当的解决方案。假设这种安全性提升已经得到了工程上的全面验证，在安全性提升后其应用可能有三种路径。

（1）路径一：直接在现有燃料组件产品中增加 ATF 特征，提高反应堆的安全性，但这种部署方式往往会带来燃料成本的增加。同时其收益往往无法确定和准确计算，因为严重事故后果影响大，但其发生概率非常低。运营商往往更加关注后果较小但发生频率较高的预计运行事件。因此，这种路径的成功，需要同步挖掘好正常运行和预计运行事件下采用 ATF 后的确切好处，否则其部署可能将需要依赖国家强制性的行政命令要求。

（2）路径二：向安全要效益，将 ATF 的安全性提升释放的安全裕量用于反应堆经济性的提升。比如，在采用 ATF 的基础上，进一步提高燃料富集度（高丰度），提高燃料组件的平均卸料燃耗（高燃耗），延长反应堆的换料周期，允许反应堆进行功率升级或更加频繁的功率调节等。七十年来，燃料组件的平均卸料燃耗一直在提升，ATF 的出现为进一步提升燃耗提供了新思路。短期内，增加 ATF 近期改进型方案特征成为继续提升燃耗的可能路径之一。面向未来,可以考虑以 ATF 远期革新型方案为基础研发新的燃料组件以实现更高燃耗。

(3)路径三:在新堆设计中采用带有 ATF 特征的燃料组件,对系统进行全面改进和优化,以增强新堆型的设计卖点。早期研究希望 ATF 能允许降低或减小部分安全系统的等级或部署规模,以此降低电厂运维成本,现在看来这种方案在现役反应堆上缺乏可实施性,可以在反应堆功率升级改造等场景中进一步研究。与燃料组件定期更换不同,现役反应堆的其他系统基本是全寿期固定不变的。在没有确定的安全收益和经济收益时,很难对其进行改造升级。

前两种路径针对的是在现役反应堆中的部署。美国目前选择的是第二种路径,最新目标是希望 2027 年实现压水堆“ATF+ 高丰度高燃耗”燃料组件的批换料。但是需要客观看待美国这种路径选择,美国的选择不一定就最适合其他国家。进入 21 世纪以来,随着页岩气的规模开采,美国核电机组日益面临廉价天然气发电竞争的压力,核电在美国市场环境下缺乏成本优势。受此影响,叠加机组老旧和延寿的压力,美国曾出现多个核电机组提前关停的情况,在近两届政府的财政补贴和税收减免政策下,美国核电才重新获得可观的竞争优势。因此,提高核电经济性在美国市场被提到了关系生死存亡的高度。ATF 研发初期,美国国会的要求集中在提高安全性。2019 年通过的《核能创新与现代化法案》(NEIMA)则直接把提高经济性上升到与提高安全性同等重要的位置,要求 ATF 既要让现役反应堆更加耐受严重事故的影响,更要降低全寿期内的发电成本。同时,受防止核扩散的政治决策影响,美国目前仍实行一次通过的核燃料循环政策,尤卡山地质处置库关停后,中间存储成为美国核电处理乏燃料的唯一现实选择。在这种政策下,延长换料周期,减少全寿期燃料组件数量在美国市场就显得更具成本优势。但在实施闭式核燃料循环的国家,高丰度高燃耗是否仍是优选方案值得进一步研究,高丰度高燃耗带来的不确定性,消耗了 ATF 带来的安全收益,还有待全面的工程考验来验证其可行性。实际上,除美国主导的 ATF 研发项目已开展多个循环的先导燃料组件辐照考验之外,法国、比利时和俄罗斯等国本土的 ATF 先导燃料组件辐照考验工作才刚刚开始,日韩等国尚未实现先导燃料组件入堆。我国 ATF 近期改进型方案已经实现先导燃料组件入堆，这个节奏在国际上并不慢。对于美国主导的将 ATF 与高丰度高燃耗相结合的做法是否会成为新的趋势，还有待更多观察。

欧洲、日本、韩国和俄罗斯等国家和地区目前倾向于选择第一种路径，并且在环境—社会—公司治理（ESG）相关的政策方面已有所反应。比如，欧盟同意将核能纳入其可持续金融分类目录（EU-Taxonomy）的一个非常重要的前提就是补充规定，2025 年后新建机组和老旧机组的延续运行需要使用 ATF。韩国紧随欧盟步伐，也在其可持续金融分类目录（K-Taxonomy）修订版中规定，2031 年核电机组要采用 ATF。韩国的目标是在 2029 年递交 ATF 执照申请报告。ATF 研发起源于日本福岛核事故，因为这层原因，日本国内对 ATF 研发特别关注，但因福岛核事故的善后处理压力和国内核燃料研发基础设施条件限制，其 ATF 研发还未进入先导燃料组件考验阶段。日本方面预计 ATF 将在 2030—2035 年间实现商业化应用。

第三种路径目前还处于研究探讨中，需要与新堆型设计相结合进行系统考虑。比如，日本三菱重工（MHI）在 2022 年新推出了革新式压水堆设计（SRZ-1200），其燃料组件将带有 ATF 特征（铬涂层锆合金）。美国能源部也曾资助采用 ATF 的一体化固有安全大型轻水堆（I^2S-LWR）的研究，并调查能否在小型模块化反应堆（SMR）中使用 ATF。

2.3 ATF 研发十多年备受关注的背景和意义

ATF 概念诞生于福岛核事故这样的全球热点事件之上，注定其将备受关注。研发之初，美国能源部牵头建立了 ATF 筛选指标，并按照国会要求的目标制定了紧凑的研发路线图，中间又经 IAEA 和经合组织核能署（OECD/NEA）的推介，使得 ATF 概念很快就在全球核燃料界传播开来。自 2012 年起，ATF 研究连续成为核燃料领域顶级国际会议（TopFuel/WRFPM）的常设议题。西屋公司和法马通公司高度重视 ATF 的宣传报道。西屋公司称 ATF 是竞争规则改变者，将其比肩世界上第一座压水堆核电站（Shippingport）这样创造核能历史的重大事件。法马通公司则将 ATF 称作核燃料的又一次革命，并在公司官网的宣传之外，额外申请注册专用域名,开辟独立网站专门用于 ATF 解决方案的推广。ROSATOM 也在其 ATF 方案的首次商用堆辐照宣传中声称, ATF 是全球核电行业的大趋势,将使核电安全性提升到新的水平。

在西屋公司和法马通公司推出 ATF 解决方案品牌之后,随着商用堆辐照考验项目的展开, ATF 研发吸引了更多关注。2019 年, ATF 技术被写入达沃斯世界经济论坛十大新兴技术报告,美国 NEIMA 法案对 ATF 研发目标和安审取证提出新要求。2020 年,美国核燃料工作组(NFWG)报告提出要以 ATF 技术强化美国核燃料的出口和替代,英国国家核实验室将 ATF 置于其核燃料循环研发路线图的首位。2021 年,美国能源部发布战略愿景,其中希望 2025 年实现 ATF 的商业化应用,并在 2030 年实现大范围部署。2022 年,欧盟和韩国分类法纷纷写入 ATF。2023 年,韩国发布基于自主技术的 ATF 解决方案。2024 年,美国国会通过《加速部署清洁能源所需的多功能先进核能法案》(ADVANCE),其中包含促进 ATF 的测试示范和许可审批的要求。

虽然 ATF 研发处于热点之中,但也不是没有争议。在给美国核管会(NRC)的反馈意见中,有人认为现有燃料组件已经是最佳选择,并认为 ATF 既然做不到抗熔毁,增加 1 ~ 2 小时的事故应对时间缺乏实际价值。乃至 ATF 最初的英文名称"Accident Tolerant Fuel"也受到质疑,被认为应改名为"Accident Delaying Fuel",以致于后来 ATF 的全称又增加了"Advanced Technology Fuel"的表述。在美国 2012 财年拨款法案中,国会希望 ATF 应具有耐高温、抗熔毁等特征,目标是能显著减少堆芯熔化的风险,但在技术上,这是非常具有挑战性的,在国会要求的时间节点下几乎是不可能完成的任务。2012 财年拨款法案要求美国能源部在 90 天内制定 ATF 研发路线图,但能源部一直拖延到可行性论证阶段基本结束的 2015 年才拿出路线图,整整拖延了 3 年。这期间国会连续督促能源部反馈该任务的进展,能源部都置之不理。在 2016 财年拨款法案中,美国国会就已经注意到 ATF 现有方案并不能显著减少堆芯熔化的风险,但仍然选择继续投入资金支持 ATF 研发。可见关键还是要在技术上证明 ATF 的可行性,即使不能显著减少堆芯熔化的风险,只要能有所减少,对现役核电厂的安全性提升也是有益的,也是值得投入的。

抛却上述争议,我们更应该看到的是,即使没有 ATF 这个概念,也依然会有 ATF 技术。早在 1991 年，Herbert Feinroth 就提出在轻水堆中采用陶瓷基纤维增强复合材料包壳抵抗类似三哩岛这类的严重事故,并明确指出金属包壳高温下强度不够、锆水反应产氢和放热等缺点,这些缺点正是 ATF 概念提出后美国能源部在 2012—2014 年间建立的 ATF 筛选属性所指明的主要改进方向。西屋公司主导的高铀密度燃料研发实际上在 21 世纪初就已经开始。大晶粒 UO_2 芯块更是在 20 世纪九十年代就开始了广泛的研究。从公开资料看,铬涂层锆合金包壳似乎是目前筛选聚焦的 ATF 方案中唯一一个在福岛核事故后启动研发的概念,但在福岛核事故前美国轻水堆可持续性研究项目（LWRS）已经启动了耐磨蚀和缓解锆水反应的涂层研发,包括 TiN、ZrN 和 SiC 等多种选型。核燃料研发的总体目标在于提升反应堆的综合性能、强化安全性、提高铀资源利用效率、减少废物产生,核燃料研发需要结合核燃料循环全面考虑这些系统性的总体目标。在不同环境时期所强调的重点可能有所不同,也就形成了特定时期的热点主题。福岛核事故后,“ATF”这种特性受到了更多关注。

重要的是，ATF 概念的提出为美国轻水堆燃料研发争取了十多年的稳定资金支持,以企业为主导的研发团队实际上提前完成了十年内实现先导燃料组件入商用堆辐照的目标。在 ATF 项目帮助和推动下，NRC 建立了核燃料研发加速取证范式。2018 年 9 月，NRC 推出 ATF 审评计划 1.0 版,建立加速取证范式。2019 年 10 月和 2021 年 9 月,分别推出 ATF 审评计划 1.1 版和 1.2 版,完善了对高燃耗和高富集度的考虑。2020 年 1 月,推出铬涂层包壳临时监管导则。2022 年 5 月,发布“ATF+ 高丰度高燃耗”取证法规适用性评估和取证路线图。目前,美国 ATF 研发已经实现高丰度、高燃耗项目先导燃料组件的入堆。

更为重要的是，ATF 研发牵引和带动了美国核燃料研发基础设施的升级。典型代表包括:TREAT 研究堆在停堆 20 多年后实现重启运行,使美国重新获得燃料开发的瞬态测试能力;ORNL 的严重事故测试站,可开展辐照后样品的整体冷却剂丧失事故（LOCA）测试;MITR 研究堆和 ATR 研究堆建设了新的辐照回路。这些基础设施及配套的人才队伍将为美国现役燃料的改进和新燃料技术的研发提供坚实的基础。正如美国先进燃料项目（AFC）总监所言，核燃料研发梦想的领域才刚刚开始，ATF研发的实践、研究积累、能力建设（包括模拟分析能力）不仅将为现役反应堆的性能改进提供支持，也将为其他先进堆燃料的研发赋能。日本原子能机构（JAEA）常务理事也曾表示，如果仅考虑短期内的经济性，可以考虑从美国购买ATF燃料组件，但考虑到维持核燃料研发基础设施和人力资源的中远期需要，独立研发日本自主的ATF技术是必须的。面对中国未来庞大的装机规模，燃料组件这样的关键核心技术不能受制于人，必须开展前瞻性预研，必须实现自主且能不断改进，而这一切都需要强大的基础设施和配套的人才队伍。

3 关于我国ATF研发的建议

自主品牌燃料组件是支撑我国核电机组持续稳定运行、打造核电自主品牌和核电走出去的需要。开展ATF研发，是在自主品牌燃料组件走向工程应用之后，进一步改进和优化自主燃料组件性能的备选路径，也是国外ATF特征成为标配时我国核电走出去的必需。

在开发ATF特征的同时，应围绕反应堆功率升级改造、延长换料周期、增强负荷跟踪能力、降低燃料组件破损率、提高抗震能力、减小一回路源项和提高铀资源利用效率等需要，开展燃料组件设计改进，持续研发整合新的设计特征，形成多种先进燃料技术特征包，形成多元化的解决方案，以此不断提高我国燃料组件的产品竞争力，为我国和国外核电运营商提供经济适用的高性能燃料组件选择。

同时，我国核燃料研发不应受国外方案选型及概念定义的制约，应围绕我国核电市场的需要，继续探索一切可能的先进技术，包括满足ATF理念的先进技术。比如，应继续探索热导增强型UO_2芯块作为储备技术，不断提高其技术成熟度以供未来芯块选型考虑。对于技术成熟度较低但具有高收益前景的远期革新型ATF技术，应持续推动SiC复合材料包壳燃料开发，以为水冷堆及其他先进核能系统的燃料组件设计提供颠覆性技术方案。

最后，为促进我国核燃料事业的长远可持续发展，建议瞄准工程应用目标，以创造价值为导向，构建企业主导的核燃料先进技术交流平台。通过常态化的技术交流，整合国内高校和研究院所的力量，不断推动核燃料新技术研究及新兴技术在核燃料领域的应用。为支持核燃料研发的辐照测试和考验，建议加大对研究堆及其配套热室设施的建设投入，尤其是回路辐照设施和瞬态辐照设施。短期内，还应优先加强辐照后检测设施的建设，并利用商用堆开展部分材料级辐照测试，弥补研究堆辐照资源的不足。

第一作者简介

张显生，现为中广核研究院工程师，主要从事核燃料研发设计和知识产权分析研究。

核应急管理信息化平台发展实践与智能化提升

王　强　李浪欣　贺　蓉
（福建福清核电有限公司）

摘　要：核电厂营运单位的核应急响应效率很大程度上取决于其应急管理信息化水平，现结合国内核电厂核应急管理信息化平台历年发展实践经验，通过阐述建设应急管理平台的意义，简要分析现有应急管理平台总体框架及系统各模块功能组成，重点针对现有平台存在的问题提出可行性解决方案，研究建立更加智能化、信息化的核应急管理综合平台，希望有助于进一步提升核电厂核事故应急响应能力，筑牢核安全“最后一公里”防线。

关键词：核应急管理；响应效率；信息化；系统功能；智能化

一、建设核应急管理信息化平台的意义

当前，应急管理信息化的建设与发展已经成为世界各国顺应时代潮流的必选题目，无论是发达国家还是发展中国家，都将应急管理信息化的建设作为应对各类突发事件的重要举措。核电厂进入核应急的响应是复杂而持续的响应过程，涉及大量的电厂信息收集、组织、人员、物资、决策和信息报送等工作任务，面对突如其

来的响应工作,需要有效的管理手段。核应急管理平台是提高应对核事故能力的重要手段,是核事故应急响应期间重要的信息交换和指挥平台,高水平的核应急管理平台能够为电厂的核应急准备管理、事件的处置响应、应急指挥决策提供强有力的支持。

在核事故中,核电厂营运单位成功实施应急响应是缓解事故进程、控制事故后果,保护人类健康和环境安全的关键途径。我国是核电大国,为践行国家核安全观,我们务必重视核与辐射事故应急响应效率的提升,在这个过程中,核应急管理信息化平台的建设实践与研究尤为关键。

二、核应急管理信息化平台发展历程

核电厂核应急管理信息化平台是整个电厂应急体系建设中的重要基础,为满足核电厂运行实际需求,在降低应急管理工作负担、提高应急管理质量、减少管理成本的同时,全面提升核电厂应急响应有效性、可靠性,利用新技术、高科技促进核电厂应急准备与响应工作的转型升级,做好核安全“最后一公里”保障,核电厂在前期建立的仅拥有机组数据传输功能的应急辅助决策系统基础上,逐步开始致力于应急指挥决策所需各类数据的传输与展示、应急准备业务功能与应急响应流程的电子化,以及各类应急专业软件系统的集成运用等方面的建设,最终基于以上信息化项目的成功运用及智能化集成,开发形成了适用于多台机组的综合性应急管理信息化系统。

系统日常主要运用于年度综合应急演习、场内外联合应急演习,以及电厂各类大小规模的专项演习,极大地帮助电厂检验了应急组织机构的完整性、应急人员的响应能力、应急设备物资文件有效性、应急培训演习的实战性,不断提升着电厂应急响应能力。

三、现有核应急管理信息化平台总体架构及主要功能特点

（一）总体架构

核电厂核应急管理平台在系统实现上基本分为三层:底层是数据接口层,实现

数据交换功能，包括数据获取和数据外发；中层是数据存储层，实现数据库管理和服务功能，包括应急数据库、业务数据库和数据管理服务；上层是功能业务层，包括人机接口、应急评估支持功能、应急决策支持功能、模拟应急响应行动支持功能，系统架构如图1所示。

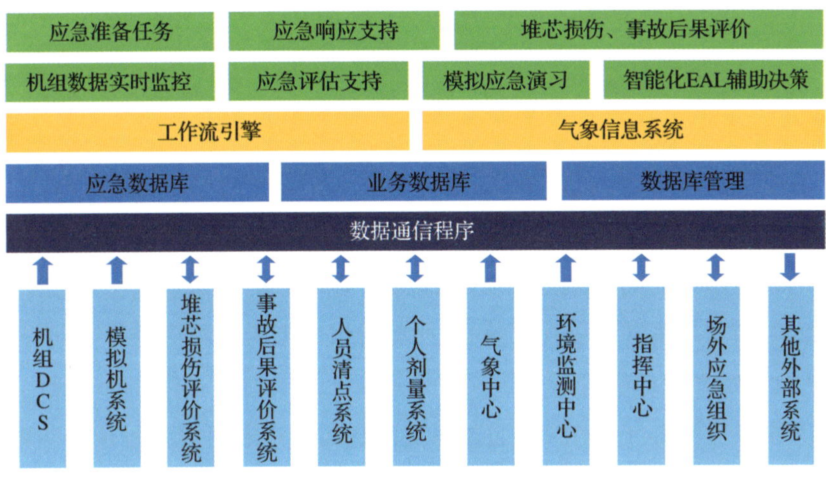

图1　系统架构图

（二）主要功能特点

现有应急管理信息化平台主要应用计算机技术、信息集成技术、信息管理技术和辅助决策技术等，使应急管理部门及应急人员能够运用现代化手段，掌握重大事故信息变化情况，满足电厂应急组织管理、应急设备物资文件和应急培训演习使用需求，满足应急过程中信息录入传输、辅助决策和指挥、应急通知报告及经验反馈，使应急指挥决策科学化、智能化、数字化，使应急管理和救援指挥工作准确、快捷和高效，有助于提升核电厂应急响应水平和效率。

现有应急管理信息化平台功能模块一般主要包括两大部分：应急准备与应急响应，其中应急响应包括演习响应和应急响应模块，具体包含各类实时数据存储和传输、电子化的应急响应信息单、基于GIS地图集成的应急一张图、日常应急文件管理和应急组织机构及人员管理等主要功能模块。同时平台可实现与电厂DCS

系统、模拟机、国家核安全局、国家和地方核应急办、地方气象部门、集团内上级单位、电厂 KRS 系统、严重事故、视频监控、短信平台、传真服务系统、堆芯损伤评价系统和辐射后果评价系统等建立数据通信。

四、福清核电现有应急平台主要功能和存在问题

（一）主要功能

1. 基于群堆管理的多机组数据采集与传输应用

福清核电核应急管理信息化平台已实现对 1 ～ 6 号机组实时工况参数及模拟机的实时数据采集与统一存储管理，所有机组数据具备数据分类查询与显示功能，包括数据组态及趋势分析等。同时采用嵌入式实时数据采集 / 可视化图形方式开发系统流程画面（见图 2），通过系统流程画面查看机组实时工况参数，满足

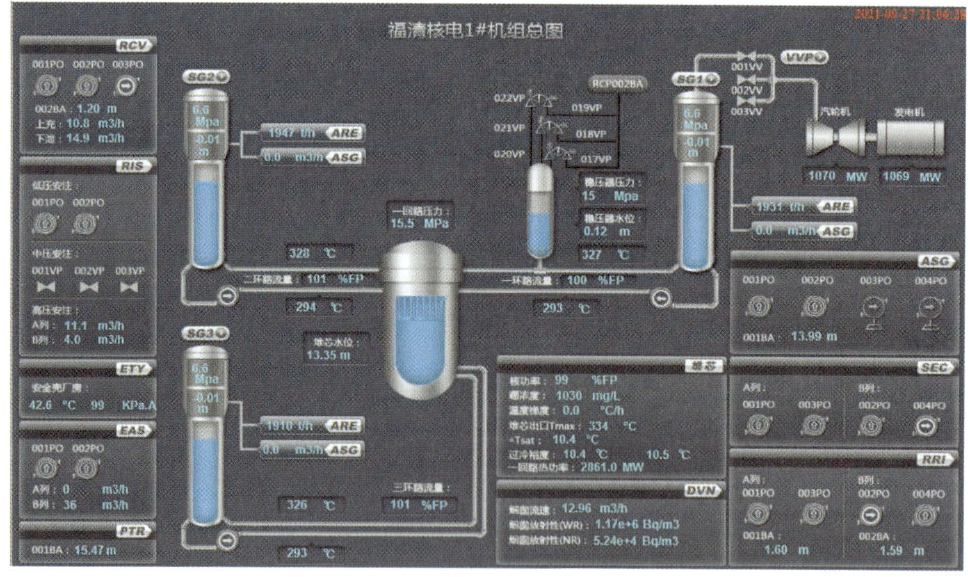

图 2　机组系统流程图画面

1 ~ 6 号机组事故工况下应急指挥决策需求。此外，通过核应急信息化平台可将福清核电 1 ~ 6 号机组实时工况参数传输至国家核安全局、国家核应急办和福建省核应急办等监管单位，当机组数据传输网络异常时系统也将自动发送报警提醒，有效落实国家核应急管理要求。

2. 专家支持系统数据集成与展示

平台已与福清 1 ~ 6 号机组相关的其他应急专业系统建立接口，具备快速可靠的信息采集、分析能力，便捷的信息整合、准确、直观的展示和发布能力，全面多类的指挥通信能力，确保应急指挥过程中信息及时沟通、准确、全面和便捷，做到正确研判和及时指挥调度，为应急指挥决策提供重要数据支撑，包括堆芯损伤评价系统、事故后果评价系统、应急行动水平辅助决策系统、严重事故管理系统、集合清点和视频监控系统、EM 门禁系统、KRS 系统和台风气象数据等。通过数据整合，将专家系统关键业务功能的主要结果数据在应急平台上进行展示和利用。其中，通过可视化技术，已实现 KRS 数据，台风、风场、气象塔数据，辐射评价、集合清点和视频监控数据等在 GIS 地图上集成展示为应急一张图，为应急响应及应急指挥部的指挥决策提供更直观的判断依据。平台数据链路架构如图 3 所示。

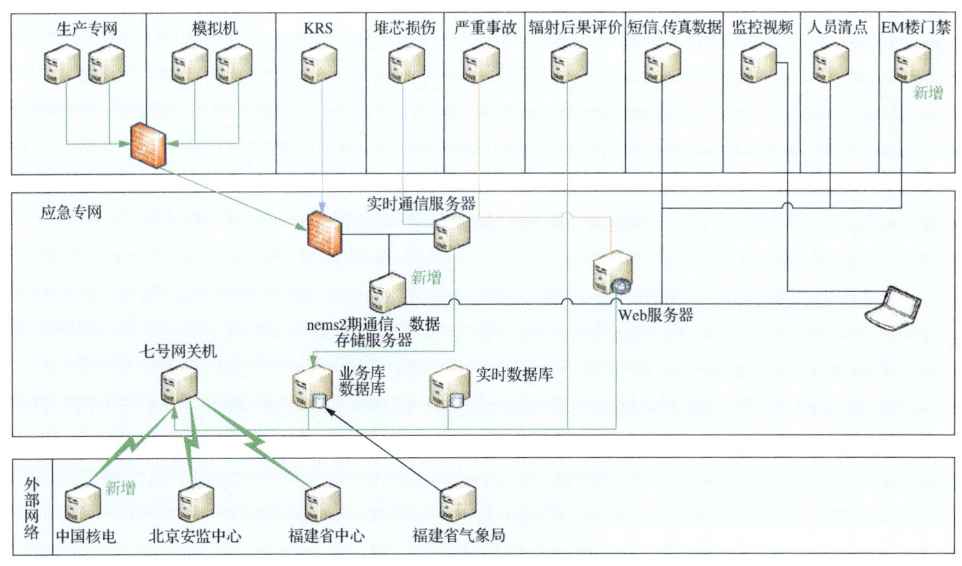

图 3　数据链路架构图

3. 电子化应急响应信息流程

为有效落实国家核安全局关于进入应急状态、应急状态等级发生变更或应急状态终止后 15 分钟内发出应急通告的要求，福清核电应急平台结合相关集成数据，通过应急响应信息单电子化编校审批及传真一体化流程，可有效减轻主控室运行人员及指挥部在应急初期的工作量，确保电厂能有效按照上级监管部门要求落实应急报告制度，具有良好的同行借鉴意义。此外，在整个应急响应过程中，电子化应急信息单流程（见图 4）都发挥着极其重要的作用，相较于线下编校审批及手动传真流程，可节省大量人力物力，有效提升应急响应信息上传下达的效率，为核事故应急处置有效性提供重要保障。

图 4　电子化应急响应信息单

（二）存在问题

1. 福清核电 1 ~ 6 号机组已全面建成，随着电厂装机容量及内外部监管要求的逐渐提升，平台整体信息容量及功能不断增加，现有应急平台自身固有的软硬件局限性及稳定性也面临着一定的挑战，平台智能化、信息化程度不够高，不能适应快速、高效的应急准备和响应的需要。

2. 目前应急平台仅满足单线任务的流转要求，在应急辅助决策智能化、应急抢修任务等多线程任务自动关联流程、应急通知与启动等应急响应流程智能化程度不高。

3. 现有智慧化项目成果集成应用、机组数据传输和监测、事故后果、人员清点及严重事故管理等信息集成和可视化程度不足，指挥部对现场状态信息掌握不足，影响应急准备工作和应急响应期间指挥决策效率的提升。

五、核应急管理信息化平台智能化提升方向及展望

经过对现有核应急管理信息化平台现状的分析，并充分考虑现实需求和未来系统扩充和优化，核电厂应急平台在功能全面性及智能化方面需要进一步提升和完善，需要在原有信息化功能基础上，为电厂开发满足多堆型多机组应急准备和事故响应需求的兼容、稳定的智能化应急管理信息化平台。主要实现人工智能的应急设备物资文件管理、应急培训与演习管理、应急组织机构及人员信息管理、应急值守与核查管理、应急通知与启动、应急响应信息单等流程，以及数据传输监测预警、应急行动水平辅助判断、人员清点及监控视频展示、多方视频会议系统运用及严重事故管理等智能化功能模块。

（一）开发基于在线仿真数据驱动的智能化 EAL 辅助判断功能

核应急响应情况下，主控室人员工作量较大，一方面要全力执行相应的事故规程，开展机组状态控制；另一方面要保持对机组各状态和参数的关注，一旦事故发展达到或满足相应的应急行动水平，需要及时进行判断和提出进入相关应急状态的建议。

开发智能化的 EAL 辅助判断功能，流程示意如图 5 所示，将 EAL 按照不同的识别类进行划分，每一个识别类对应一个矩阵表，矩阵表中不同的应急行动水平对应于各自的应急状态。基于在线仿真系统接口提供的机组数据、模型算法和趋势预测，系统自动提示应急人员可能进入的应急状态，实现辅助判断，能够在一定程度上为主控室人员控制机组提供有力的支持并有效提升响应效率。同时实现 EAL

条款的电子化查询和手动预置参数，可以在应急、日常培训／演练等工作中广泛应用，提升人员的综合应急能力水平，应急状态展示效果如图 6 所示。

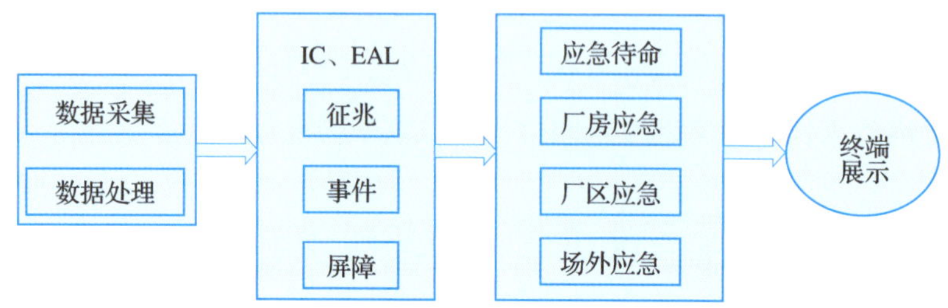

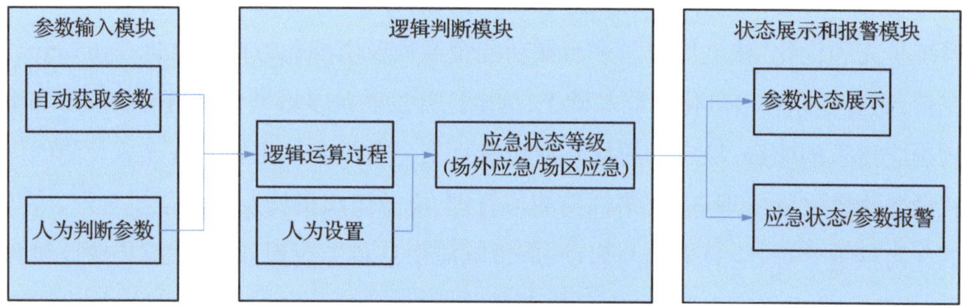

图 5　EAL 辅助判断流程示意图

当前应急状态等级：场区应急　当前运行模式：RRA冷却正常停堆模式(NS/RRA)　7:00:00进入应急待命；2021-11-03 10:30:00进入厂房应急；2021-11-03 15:00:00进入厂房应急；

识别类 \ 应急状态等级	场外应急(G)	场区应急(S)	厂房应急(A)	应急待命(U)
A类 异常辐射水平和放射性流出物排放	A-G	A-S	A-A	A-U
F类 裂变产物屏障降级	F-G	F-S	F-A	F-U
H类 影响核电厂安全的灾难和其他事件	H-G	H-S	H-A	H-U
S类 系统故障	S-G	S-S	S-A	S-U

应急事件列表

序号	条目编号	应急状态等级	初始条件(IC)索引	点名	实时点值	阈值	触发时间
1	EAL1-SS12	场区应急	热阱故障(热态)	—	—	—	2021-11-03 15:00:00
2	EAL1-FAL	厂房应急	裂变产物屏障降级	—	—	—	2021-11-03 13:30:00
3	EAL1-SUS	应急待命	反应堆冷却剂系统压力边界降级	—	—	—	2021-11-03 07:00:00

图 6　应急状态展示效果图

（二）实现全范围智能化应急响应流程

目前国内核电基地多为分期建设的多机组厂址，电子化表单完整性存在不足，同时在应急响应流程方面主要考虑的是单机组或双机组事故。对于多机组厂址来说，需要基于最新流程引擎技术设计开发基于双机组 / 多机组事故响应需求的信息化流程响应系统，实现电子化流程全覆盖。梳理完善现有手动响应流程，如增加化学取样数据结果上传反馈、严重事故管理交接流程等电子化自动触发和任务流转，实现化学取样 / 堆芯评价 – 源项输入 – 事故后果评价及结果展示 – 应急防护行动建议提出的全过程电子流程无缝衔接，减少人工接口反馈耗费的时间，提升响应效率。

对于分期建设的厂址，需要及时新增电子化表单，搭建基于特定应急岗位的编、校、审、批流程，使得应急响应信息单流转到相应岗位后，该岗位的所有人员均有处理权限，避免人员交接班后表单无法审批。基于 EAL 的智能辅助判断 / 报警提醒，提前触发抢修方案的准备，并实现关联相关抢修规程、文件的查阅及工器具备件的准备，全面完善应急响应电子流程，提升应急响应效率。同时，基于在线仿真的三维模型，实现对重要维修作业预演、厂房辐射场动态展示和应急抢修抢险最优路径导航等的仿真推演与辅助指导，流程示意如图 7 所示。

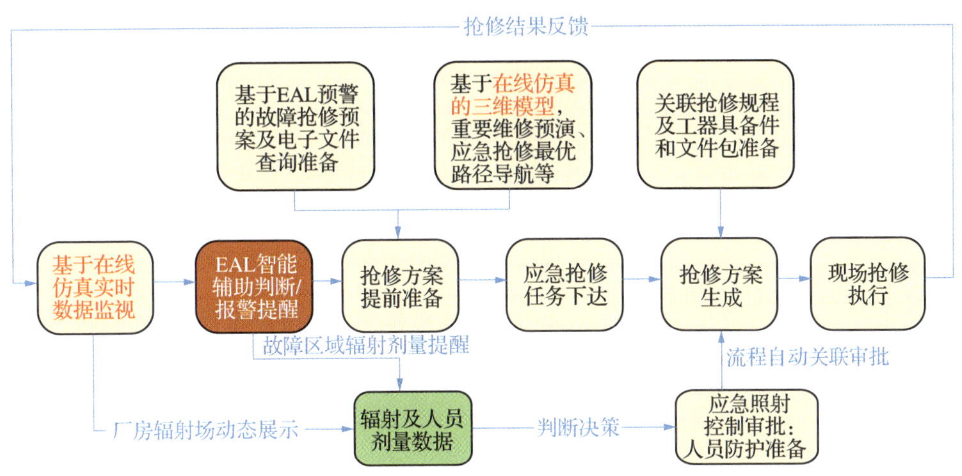

图 7　应急抢修全过程电子流程示意图

此外，应急广播、短信语音通知等也可以进一步实现智能化、信息化。通过开发应急通知与启动流程，将应急广播、声警报、应急短信和语音追呼等通知与启动流程集成到平台统一操作与显示。在触发相关应急状态响应流程后，能够通过一键操作的方式，对应急广播、声警报和短信语音等实现人工智能播报与发送。

（三）采用 3D 虚拟技术呈现立体化数据监视画面

目前部分电厂应急平台集成了机组流程图、事故后果评价、堆芯损伤评价和严重事故等数据监视画面供应急专业组及应急指挥部展示查看，总体来说能够满足使用要求，但是多以静态、二维的画面进行展示。画面上可以采用 3D/ 虚拟技术等进一步立体化展示，以提升展示和观看效果（见图 8）。

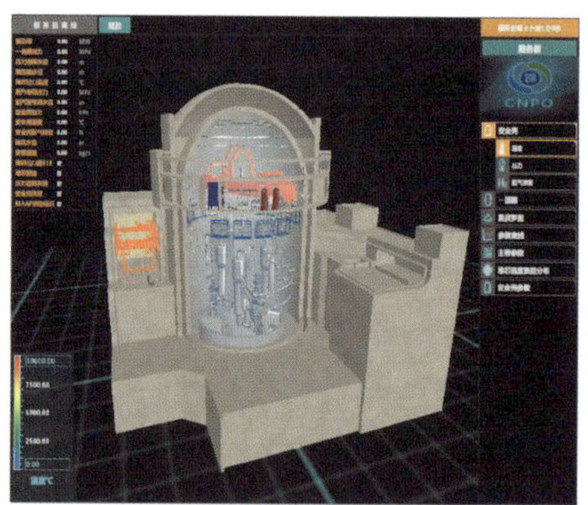

图 8　3D 事故场景展示界面

其中可采用三维形式实现辐射后果画面可视化，实现事故后果评价的立体动态演示。同时开发基于 3D 虚拟技术的事故场景展示界面，实时显示严重事故时核电厂关键设备或系统内的状态及现象，提高相关人员对严重事故现象的形象、直观的认识。

（四）构建全方位多元化的应急指挥通信体系

目前出现核事故应急情况下，电厂应急指挥中心对各主控室及厂房内部实时画面信息的了解不够直观高效，主要通过手机、电话等语音方式进行信息描述传递，一定程度上影响着应急指挥决策的有效性，可通过在各主要应急设施内建立应急多方视频会议系统（见图 9），联合 5G 终端和厂房内部监控画面一并集成到应急指挥平台，应急指挥部能全方位、直观掌握机组及事故现场信息，有助于提升应急指挥决策效率。

图 9　场内外应急就位点多方视频会议展示

项目建成后，将实现所有基于在线仿真系统扩展应用提供机组数据、建模平台、运行环境、模型算法、趋势预测和数据信息智能管理的应急业务和响应流程的管理，以及模块化建设、集中可视化显示控制的应急响应功能为应急响应提供技术保障。同时，平台主要功能也将实现与企业内部上级单位，以及地方核应急办、国家核应急办和国家核安全局等上级监管单位信息化平台间的接口与运用，让电厂应急管理信息化充分融入到行业、地方和国家应急信息化管理建设中去，形成互联互通的应急信息网，全面提升应急响应水平和信息化管理效率。

六、结语

本文阐述了核应急平台在应急工作中的意义及发展历程，对核电厂现有的基于群堆管理的应急平台主要架构和功能进行了介绍。同时对存在的不足进行了分析，从智能化应急辅助判断及场内外通知通告、多机组应急任务信息化流程响应和流转、多维数据可视化展示，以及多元化立体应急通信等角度，提出了信息化和智能化改进提升方向和效果展示。总体而言，核应急管理信息化平台建设对于提升应急准备与响应水平发挥着重要作用，但想要充分发挥其关键性作用，还需结合应急需求实际，认真研究开发各类智能化功能，在提高电厂核应急管理系统稳定性、智能性的基础上，有效提升应急准备与响应信息化、智能化水平，最终保障电厂运行安全。

第一作者简介

王强，福建福清核电有限公司环境应急处处长，高级工程师，长期从事核电厂安全应急及环境管理工作。参与编制《国产核电三代建设项目安全管理模式创新与实践》并获国防科技工业企业管理创新奖；参与编制《基于“双向驱动”机制的核电厂环境风险防控体系构建和实施》并获中核集团管理创新奖；参与编制《核电厂综合应急演习情景库开发及实践》等。

核电厂核事故应急组织核心能力分析模型的研究

冯明志[1]　朱晓军[2]　胡思衡[3]　倪志勇[1]　田　彬[2]
（1. 中广核核电运营有限公司；2. 大亚湾核电合营有限责任公司；
3. 辽宁红沿河核电有限公司）

摘　要：核电厂核事故应急组织是核电厂核事故情况下的主要响应力量，它的核心能力强弱是直接影响核电厂核事故处置成功与否的重要核心因素之一。通过溯源分解核电厂在核事故情况下的组织职责、应具备的能力及其培养方法，从而系统性地建立核电厂核事故应急组织核心能力分析模型，协助核电厂确定核事故应急组织及岗位核心能力需求，提高核事故应急组织及岗位核心能力，加强核应急事故应急响应能力。

关键词：核电厂；核事故；应急组织；核心能力；分析模型

一、引言

（一）背景

随着社会发展和技术革新，一次能源消耗日益增加，由此造成的全球气候变暖，是目前地球和人类生存最为紧迫也最为严重的威胁因素之一。核能作为清洁能源，是减少一次能源消耗、有效降低温室气体排放、缓解能源供给危机的主要措施之一。尽管人类在核电厂的设计、建设及运维等阶段都采取了各类手段，有效降低了核电厂发生核事故的概率。但由于核能的特性，这些措施均无法从理论上完全规避核电厂核事故的发生。因此，国际上各个国家对核设施运营单位均明确提出其应开展核事故应急准备工作，以确保核设施备有场内和场外应急计划，并定期进行演习，并且此类计划应涵盖一旦发生紧急情况将要进行的活动。

核电厂作为核设施的营运单位，在首次装料前须向国家核事故应急（以下简称为“核应急”）监管单位递交场内核事故应急计划，以承担其应急准备及响应职责。其中，核应急组织是在核电厂发生核事故期间应急响应的主体，其核应急响应能力的强弱是直接影响核事故处置成功与否的关键因素之一。

（二）问题提出

国内相关法律明确要求，各核电厂应制定具体应急预案，建立核事故应急组织，并明确国家层面对核电厂核应急组织的主要职责，推荐核动力厂典型的应急组织结构框架详见图 1。

此外，法规还规定了核电厂应为保持核应急组织应急响应能力开展培训及演习活动，以确保核电厂核事故情况下的核应急组织的响应能力。

虽然相关法律法规明确定义了国内核电厂典型的核应急组织设置及国家层面的相关职责要求，但结合目前国内核电厂核事故应急预案的实际编制及核应急准备情况，发现现有核电厂核应急准备仍停留在满足国家法规的基本要求上。应急岗位能力不足仍然是核事故应急演习过程中存在的主要问题。造成这一现象的主要原因是核电厂对核应急组织及岗位核心能力需求分析缺少系统的方法论，造成核电厂核应急准备中对核应急组织和岗位的核心能力及其培养途径缺乏有效手段。

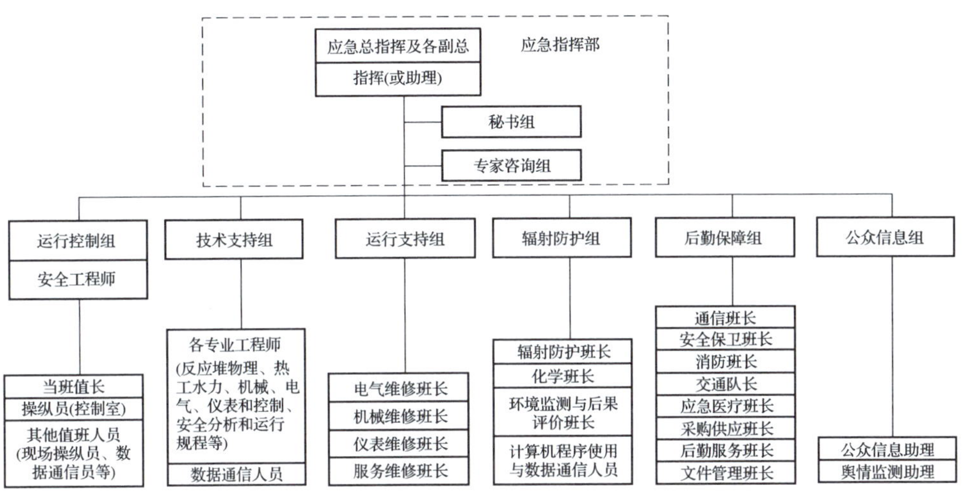

图1 核动力厂典型的应急组织结构框架举例

（三）国外相关研究成果

根据调研的结果，法国国家电力公司（EDF）及美国核电运行研究院（INPO）均存在类似的核应急组织及岗位能力模型的研究。由于涉及知识产权问题，无法获取相应的核心能力分析模型信息。

二、研究方法

核电厂核应急组织及岗位的核心能力建设与各应急组织和岗位的核心能力需求直接相关。如无法确定核事故情况下核电厂核应急组织及岗位的核心能力需求，则能力建设如空中之楼阁、水中之月，无从谈起。

我国核事故应急管理体系（见图2）设置国家、省级和核设施营运单位（核电厂）三级：国家设立核事故应急协调委员会，组织、协调全国的核事故应急管理工作；省、自治区、直辖市人民政府根据实际需要设立核事故应急协调委员会，组织、协调本行政区域内的核事故应急管理工作；核设施营运单位负责制定本单位场内核事故应急计划，做好核事故应急准备工作，统一指挥本单位的核事故应急响应行动。

因此，结合我国核应急管理领域的实际情况，本文推荐采用溯源分解法，确定核事故情况下核电厂核应急组织的总体职责。通过与法律法规对标，并结合核电厂的实际情况，明确核电厂核应急组织各应急专项小组职责，进而确定各应急专项小组和应急岗位的职责、配置数量及其管理责任单位。结合应急岗位管理责任单位的日常行政职责，确定各应急岗位核心能力需求及其培养方式，详见图3核电厂核应急组织和岗位核心能力分析模型图。

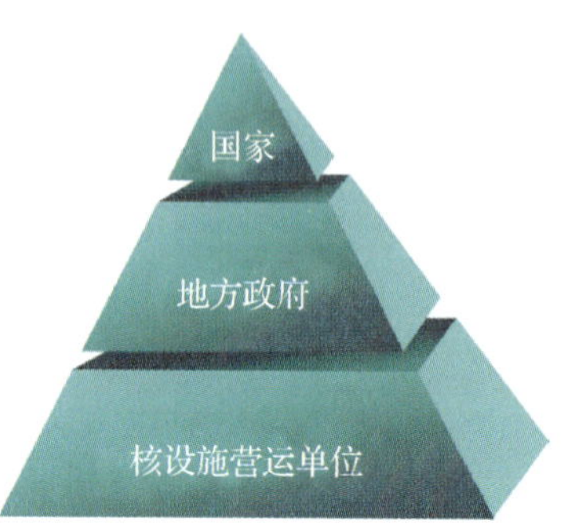

图2　国家核事故应急体系

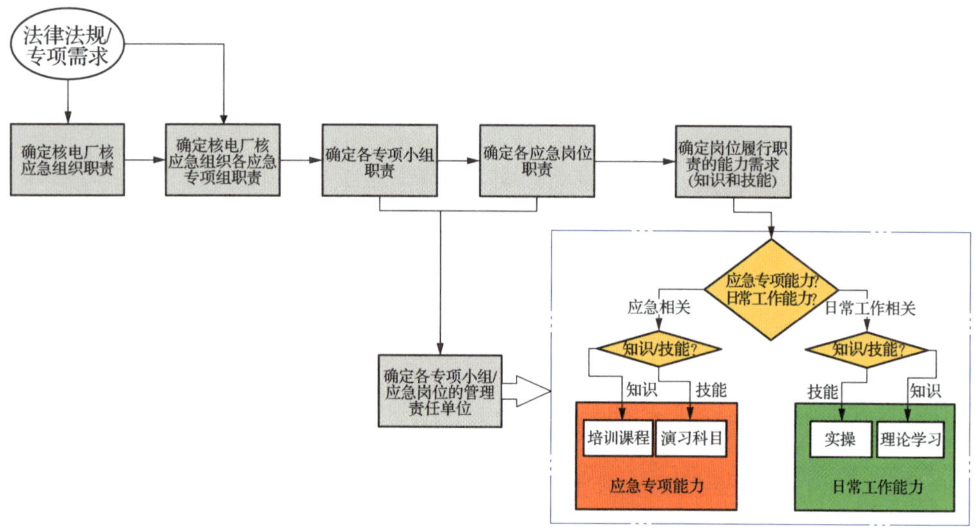

图3　核电厂核应急组织和岗位核心能力分析模型图

三、研究方法的应用

本文以国内某核电集团下属某核电厂为例，介绍核电厂核事故应急组织及岗位核心能力需求分析过程。

（一）核电厂核应急组织总体职责及专项小组职责的确定

1. 核电厂核应急组织总体职责确定

核电厂在核事故情况下，除了做好核电厂核事故本身的处置外，还需结合外部主管单位和监管单位的相关需求，确定核事故情况下核电厂的总体职责。目前国内核应急领域对核电厂核事故情况下的应急职责主要在《核电厂核事故应急管理条例》（HAF002，2011 年修订）、《核动力厂营运单位的应急准备和应急响应》（HAD002/01—2019）、《核电厂应急计划与准备准则　第 6 部分：场内应急响应职能与组织机构》（GB/T 17680.6）中进行了明确定义。法规要求的核电厂核应急组织应急响应职能详见表 1 。

表 1　法规要求的核电厂核应急组织应急响应职能

法律法规名称	核电厂核事故应急管理条例（HAF002）	核动力厂营运单位的应急准备和应急响应（HAD002/01）	核电厂应急计划与准备准则　第 6 部分：场内应急响应职能与组织机构（GB/T 17680.6）
核电厂核事故应急组织总体职责	（1）执行国家核事故应急工作的法规和政策； （2）制定场内核事故应急计划，做好核事故应急准备工作； （3）确定核事故应急状态等级，统一指挥本单位的核事故应急响应行动； （4）及时向上级主管部门、国务院核安全部门和省级人民政府指定的部门报告事故情况，提出进入场外应急状态和采取应急防护措施的建议；	（1）执行国家核应急工作的方针和政策； （2）制定、修订和实施场内核应急计划，做好核应急准备； （3）规定应急行动组织的任务及相互间的接口； （4）确定核应急状态等级，统一指挥本单位的核应急响应行动； （5）及时采取措施，缓解事故后果； （6）保护场内和受营运单位控制的区域场内人员的安全； （7）进行场内的辐射监测，必要时进行场外的辐射监测；	（1）应急管理：为确保在应急状态下及时有效地进行应急响应，营运单位应维持和控制所有的人力、物力资源和技术力量及水平。 （2）核电厂操作：及时有效地采取应急行动，阻止事件升级，把反应堆置于并维持在安全状态。 （3）应急评价：应对核电厂内、外，过去和现在的实际情况和电厂状态进行评价，估计电厂未来的状态，确定应急状态等级。上述评价指导应急响应人员努力缓解核电厂紧急状态、制定防护行动建议并评价环境后果。

续表

法律法规名称	核电厂核事故应急管理条例（HAF002）	核动力厂营运单位的应急准备和应急响应（HAD002/01）	核电厂应急计划与准备准则　第 6 部分：场内应急响应职能与组织机构（GB/T 17680.6）
核电厂核事故应急组织总体职责	（5）协助和配合省级人民政府指定的部门做好核事故应急管理工作	（8）及时向国家和省（自治区、直辖市）核应急组织、主管部门和国家核安全监管部门及规定的部门报告事故情况，并保持在事故过程中的紧密联系； （9）提出进入场外应急状态和场外采取应急防护措施的建议； （10）配合和协助省（自治区、直辖市）核应急组织做好核应急响应工作，并指定一名负责应急指挥部与场外组织联系的代表	（4）防护行动：根据事故后果可能对场区内、外人员造成的辐射剂量水平的分析预测，根据 GB 18871 的要求，实施场内应急防护行动方案和提出场外公众防护行动建议。 （5）技术支持：为实现上述功能提供各种支持。支持职能的范围取决于应急状态等级和应急组织体制。应急计划应说明支持职能的内容和责任。应保证应急设施和设备在执行支持工作时可用

综上，国内某核电集团下属某核电厂在事故情况下的主要职责主要包含：

（1）贯彻执行国家关于核事故应急工作的方针、政策和法规；对核安全负全面责任。

（2）制定和修订统一的场内核应急预案，建立统一的应急组织，做好场内应急准备。

（3）确定核事故应急状态等级，统一指挥核电基地的应急响应行动，并向省核应急指挥部提出进入场外应急状态和采取公众防护行动的建议。

（4）发生核事故时，按规定及时向国家核事故应急办公室、生态环境部（国家核安全局）、能源局、集团公司和省核应急委员会（办公室）及业主公司等有关部门报告事故情况，提供必要的资料。

（5）配合和协助地方应急组织的应急准备和应急响应。

（6）规定应急行动组织的任务及相互间的接口。

（7）及时采取措施，缓解事故后果。

（8）保护场内和受营运单位控制的区域内人员的安全;现场核事故应急响应人员和其他人员都应当在辐射防护人员的监督和指导下活动,尽量防止接受过大剂量的照射。

（9）根据要求进行环境辐射监测。

（10）做好公众信息收集、舆情应对的工作。

2. 核电厂核应急响应组织专项小组总体职责确定

结合核电厂的日常行政组织的实际情况,根据核应急总体职责范围,国内某核电集团某核电厂建立统一的应急响应组织,其组成详见图 4,完成核应急响应组织各专项小组的职责划分,并明确管理责任单位。建立统一的核应急响应组织的基本原则是:

（1）所有应急功能均被分配到相应的应急响应组和应急岗位。

（2）所有应急响应组和应急岗位均赋予明确的应急功能。

（3）各应急响应组和应急岗位的功能不交叉重复。

（4）应急响应组织与正常行政管理组织相互兼容。

（5）每个应急人员承担的应急功能与日常行政管理的职责基本一致。

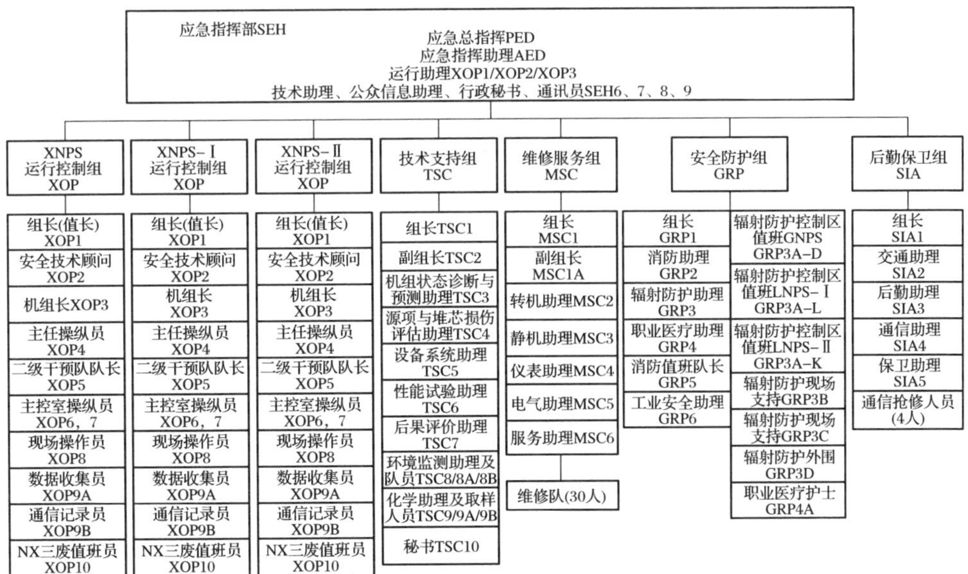

图 4　国内某核电厂核应急组织组成

结合某核电厂的实际组织结构，核应急组织专项组的主要职责示例详见表2。可以看出，国家法规要求的核电厂在核事故情况中管理应急状态下所需的应急设计、建造、施工和工程抢险工作因核电厂的实际情况，被统一调整至集团核应急组织的工程设计及协调组，同时增加了设备与系统损伤的探查、控制、检修、故障的排除、实施应急防护行动方案、电厂技术厂房内失踪人员的搜寻和救援、实施现场去污等职责。此外，专项小组的名称调整为“维修服务组”。

表2　核电厂核应急组织专项组总体职责示例（运行支持组）

应急组织	国家法律、法规、管理条例核应急组织专项组职责	核电厂核应急组织专项组职责
运行支持组（维修服务组）	1. 管理应急状态下所需的应急设计、建造、施工和工程抢险工作； 2. 负责专业维修，组织队伍、配备足够的专业人员，并及时投入、补充、替换人员，对系统、设备进行维护、修理、故障的排除	1. 制定应急维修方案，组织应急期间所需要的应急维修队伍，确保维修方案得到实施； 2. 设备与系统损伤的探查、控制、检修、故障的排除； 3. 参加工程抢险和抗灾行动，实施应急防护行动方案； 4. 电厂技术厂房内失踪人员的搜寻和救援；实施现场去污

3. 核电厂各核应急岗位职责、能力需求及培养方式

结合运行支持组（维修服务组）的小组职责，确定维修服务组的各岗位应急职责及配备数量，如图5所示。同时结合岗位的应急职责，梳理需要的核心知识与技能，并制定能力获取的方式、考核周期和完成标准等，如图6所示。

应急组织	岗位		应急值班人员
维修服务组 MSC	组长	MSC 1	维修专业经理、副经理、经理助理、电厂维修经理
	副组长	MSC 1A	维修专业副经理、经理助理、科长、主任工程师
	转机助理/转机维修队	MSC2/2A–G	转动机械工程师/技术员
	静机助理/静机维修队	MSC3/3A–F	静止机械工程师/技术员
	仪表助理/仪表维修队	MSC4/4A–I	仪控相关工程师/技术员
	电气助理/电气维修队	MSC5/5A–F	电气相关工程师/技术员
	服务助理/服务维修队	MSC6/6A–B	现场服务相关工程师/技术员

图5　某核电厂支持组（维修服务组）组成

应急岗位所需知识技能分析（维修服务组）									培训方式及考核办法				
序号	应急岗位	岗位代码	负责部门	应急岗位职责	担当岗位	执行应急响应任务需要的核心知识与技能	对应课程	课程编码	培训方式	培训频次	考核方式	完成标准	备注
1	维修服务组组长	MSC1	OMM	1、负责应急响应维修服务组人员的到岗情况； 2、负责确认事故电厂和事故机组，并向本组人员通报事故情况；及时报告任务完成的情况或出现新问题； 3、根据电厂应急总指挥（PED）或事故电厂运行控制组的抢修指令，负责组织相关专业的助理制定抢修实施方案，执行应急抢修任务；与安全防护人员讨论，提供预估抢修时间及人数，确认应急抢修活动是否需要进行应急照射控制，根据应急照射控制方案合理组织参加应急抢修活动的人员； 4、进入场区或场外应急状态时，负责下达确过滤器通风系统	机械部、电气部、仪控部、服务部、设备管理部部门经理、副经理	掌握严重事故管理导则知识	严重事故管理导则一级培训(SAMG-1)		理论培训	每人每2年1次	闭卷考试	≥80分	张树林
						掌握PFM移动操作应急专项	PFM移动设备操作培训		实操培训	每人每2年1次	--	签到单	
2	维修服务组副组长	MSC1A	OMM	1、负责应急响应维修服务组人员的到岗情况； 2、2、负责确认事故电厂和事故机组，并向本组人员通报事故情况；及时报告任务完成的情况或出现新问题；	机械部、电气部、仪控部、服务部、设备管理部部门经理、副经理、经理助理	掌握严重事故管理导则知识	严重事故管理导则一级培训(SAMG-1)		理论培训	每人每2年1次	闭卷考试	≥80分	张树林
						掌握PF设备的基本情况	PF改进项专项培训		理论培训	每人每2年1次	--	签到单	
3	转机助理	MSC2		1. 接到应急响应到岗通知及时到岗，并联系本专业应急人员	机械部转机主管工程师或科长以上岗位	掌握PFM移动柴油机操作（PFA专项）	大亚湾核电站PFM移动设备操作培训		理论培训	每人每2年1次	闭卷考试	≥80分	祝彦飞
4	静机助理	MSC3	机械部	1. 确认本维修队人员到岗情况（静机维修队人员）； 2. 了解事故电厂和事故情况，向维修服务组提供静机专业的技术评估意见和建议；	机械部静机主管工程师及以上岗位	掌握事故规程中静机相关操作	静机专业应急设施复训		理论+实操	2/年	考核	≥80分	莫玉峰
						掌握PFM移动设备操作	PFM移动设备操作培训		理论+实操	2/年	考核	≥80分	
5	仪控助理	MSC4	仪控部	1. 开启KEG010室内视频会议系统终端设备，保持与RM206及各专业组的联通状态； 2. 熟悉机组状态，向维修服务组提供仪控专业的技术评估意见和建议； 3. 根据维修服务组长的命令，组织本组维修人员前往抢修地点，必要时担任现场抢修指挥，并安排对其它专业的配合工	仪控部主管工程师及以上岗位	掌握RPR/TXS/ GCT-A（知识+实操）系统知识和逻辑线路知识	事故工况下保护专业配合运行执行的行动		理论+实操	1次/4年	闭卷考试	≥60	杨铁成
						掌握RGL机柜和KIT操作	事故工况下系统专业配合运行执行的行动		理论+实操	1次/4年	闭卷考试	≥60	
						掌握数复合器和GCT-A知识和实操、KCP、KIC相关操作	事故工况下控制专业配合运行执行的行动		理论+实操	1次/4年	闭卷考试	≥60	

图 6　核电厂核应急专项小组核心能力需求分析清单示例（维修服务组）

针对各应急岗位应急响应过程中涉及的知识与技能，由该应急岗位的责任单位负责建立与维持；各应急岗位应急响应过程中涉及的知识与技能包含开展日常行政工作需要的知识与技能，以及专项应急知识与技能两个部分。

日常行政工作需要的知识与技能由各责任单位负责开发课程，并开展相应的培训与考核工作；专项应急知识与技能的培养与维持需根据其特点，由指定的单位开发相应的课程或演习，并由岗位责任单位负责组织实施。其中，知识类的能力统一通过培训及考核的方式进行培养；技能类的能力统一通过演习或实操等方式进行培养。

4. 实际应用反馈

本模型在国内某大型核电集团下属核电厂应用后，已完成 16 个行政组织、8 个应急组织和 81 个应急岗位核应急能力需求分析，梳理出 187 项核心技能，经整合后完成 68 门应急岗位核心能力培训课程及 53 门演习科目的开发。同时各应急岗位责任部门将相关应急岗位专业技能培训管理要求及培训课程纳入本部门岗位培训大纲体系中，充分落实各级行政组织的应急职责。通过培训及演习工作，每次演习总结的反馈项“应急岗位人员技能不足”已不再成为应急演习的主要问题，极大提高了应急组织的应急响应速率和效率。

此外，结合实际的应用反馈，本能力分析模型在企业常规应急的应急组织能力建设和评估分析方面进行了应用尝试，也起到了明显的指导作用，为某核电厂常规应急组织和核事故应急组织的整合及各应急岗位能力建设提供了研究方向和方法论，成效显著。

四、结论

通过应用核电厂核事故应急组织核心能力需求分析模型,成功在国内某核电集团下属核电厂建立了核电厂核应急组织及岗位核心能力模型,构建了各核应急组织及岗位的能力培养体系,完成了相关应急能力课程的开发及应用,有效提高了核电厂核应急组织及岗位应急能力。

核事故应急组织核心能力需求分析模型在新建核电厂核事故应急组织建立和成熟核电厂提升核事故应急岗位核心能力过程中具有广阔应用前景,填补了国内核电厂核事故应急组织及岗位核心能力模型分析方法的空白。

核事故应急组织核心能力需求分析模型同样可针对企业的同类常规应急组织和岗位的能力建设、评估工作,给予研究方向的指导。

第一作者简介

邴明志,高级工程师,国家核应急智库专家,先后从事核电厂设备维修领域和核事故应急管理工作,发表了《核电站应急柴油机润滑油系统温度高故障分析》《柴油机机载燃油泵失效分析及改进措施》等文章,并较长时间研究应急管理领域应急体系建设、能力培养及维持和信息化转型等。

浅析我国核能公众沟通“五位一体”工作模式

杨　波
（中国核能行业协会）

摘　要：本文从理论和实践的角度阐述了我国核能公众沟通“五位一体”工作模式的内涵及相互之间的关系。同时，也总结了我国核能公众沟通“五位一体”主要工作经验，为开展核能公众沟通工作提供借鉴参考。

关键词：核能；公众沟通；工作模式；内涵；经验

日本福岛核事故极大地影响了公众对核能风险的认知和接受性，导致了彭泽、江门、连云港三起反核邻避事件的发生，对各级政府涉核项目建设的决策造成了相当大的影响和压力，严重阻碍了我国核能健康发展，公众沟通已成为制约我国核能事业发展的瓶颈问题。

我国核能行业积极迎接挑战，经过探索和实践，在充分借鉴国际公众沟通良好经验，结合新时代我国社会主义现代化治理制度优势的基础上，形成了以保障公众权益、促进核能项目建设为主要目标的核能公众沟通新内涵，构建了“中央督导、地方主导、企业作为、社会参与”的公众沟通工作机制，形成了“科普宣传、公众参与、信息公开、舆情应对、融合发展”五位一体的公众沟通工作模式，探索出了一套适合我国国情的公众沟通的方式方法，走出了具有中国特色的公众沟通之路。

从“五位一体”的工作模式来看，我国核能公众沟通通过有计划、有步骤地开展科普宣传、公众参与、信息公开、舆情应对、融合发展五个方面的工作，构建了核能公众沟通工作模式和内涵。这五个方面的工作内容互为基础、互为条件，紧密联系、缺一不可。科普宣传是信息公开、舆情应对、融合发展的基础和条件；信息公开和公众参与是公众沟通的关键内容，是公众信任核能和支持核能的基础，亦是国际上核能公众沟通的核心；公众参与是保障公众“三权”的具体实施措施，为核能行业法治规范发展提供强大支撑；舆情应对是防范化解社会群体事件、科学理性认识核风险的有效方法，为有序推进核能发展保驾护航；融合发展则是近年来公众沟通工作最为关注的内容，它以核能与地方社会和经济共同发展为目标，致力于使核能为当地社会经济发展作出贡献，而当地公众接受核能、支持核能发展，形成和谐共赢协调发展局面。

我国核能“五位一体”公众沟通内涵极为丰富，既包含核科学普及和提升公众核认知，又涉及信息透明和决策过程的公众参与，还涉及到极端情况社会稳定因素的管控和应对，以及多方利益共同体的形成。其目标是通过系统、深入和多方参加的沟通协商过程，消除公众对核的恐惧和担忧，增加对核能的信任，解决核能项目建设引起的问题，实现核能与当地社会经济共同发展。“五位一体”的公众沟通有其深厚的理论内涵和深远的现实指导意义。

一、科普宣传是公众正确认识核能风险的唯一途径

科普宣传是核能公众沟通的基础，是破解公众对核能非理性认知和“恐核心理”的有效手段，也是树立科学理性安全观的基础。树立正确的安全观首先需要使公众了解核能的科学原理、冗余的专设安全设施、极其严格的安全标准；感知到核能项目具备成熟的设计、高质量的建造和运维管理；感悟到从事核能工作人员“严慎细实”的核安全文化工作作风。其次，需要让公众认识到核能开发利用既给人类带来了重大利益，也带来了安全的风险。任何技术的利益总是和风险相伴而生，但并不意味着风险会变成不可接受的核事故，全球核能利用开发安全记录表

明,人类可以驾驭核安全风险,尤其是随着科学技术的进步发展,核安全是有保障的。最后,需要让公众充分看到核能发展的价值和利益,不能因噎废食,要坚持安全与发展并重,只有实现安全保障,核能才能实现可持续的发展,只有实现更好发展,才能真正管控安全风险。

当然,如何有效开展核科普教育、讲清楚核能的安全性,是全世界核能行业面临的难题。近年来,我国推进公众宣传常态化,多渠道、广范围开展工作,采用公众喜闻乐见的方式,通俗易懂地讲好故事,充分发挥媒体作用,增强公众科学素养,不"恐核""惧核",积累了许多具有成效的方法经验。这些方法总结起来包括:第一,以简洁明了的方式传达信息,将复杂的核科学和技术概念转化为易于理解的语言,避免使用过多的专业术语,帮助公众更好地理解;第二,使用多种宣传渠道,利用传统媒体、社交媒体、公众演讲和工作坊等多种方式与公众进行交流和宣传,鼓励公众参与讨论和决策过程;第三,开展针对不同受众群体的核科学教育和培训活动,提高公众的科学素养,增强他们对核能的理解和认知;第四,邀请公众参观和访问核能设施,与核能工作人员近距离交流和联系,体验核文化,增强对核能的信心,从实践效果来看,这一方法最为有效;第五,做好当地有影响力知名人士的工作,让他们成为核能科普大使,讲核能,讲安全;第六,对中、小学生开展核科普,长期坚持不懈,在全社会营造学习科学理性核知识的良好氛围。

二、信息公开是公众接受核能的基础

核能行业历来的神秘感是造成公众"恐核心理"的一个重要因素,及时规范的信息公开是核能界首先要尽的责任和义务,是让公众理解的基础,也是建立公众对核安全信心的载体。

涉核信息公开贯穿涉核项目选址、建造和运营全过程。如果涉核信息不公开、不透明或公开不及时、不到位,势必造成信息不对称,导致公众心理准备不足,为邻避冲突埋下伏笔,公众还会由此产生被隐瞒、被蒙蔽的心理,增加对涉核项目的抵触情绪。及时公开相关信息，依法依规公开公众应该知道的信息，保证公众能够及时、全面并真实地了解情况，不断提高公众对核能利用的认知感和认同度，是防范和化解邻避效应的首要环节，同时也是公众接受核能的基础。

2018年施行的《中华人民共和国核安全法》第五章“信息公开和公众参与”中，规定了政府有关部门，包括核安全监管部门、核设施运营单位依法公开核安全相关的信息内容、公开方式和获取权力，从法律上要求核能项目的选址、建设、运行和退役中涉及安全和环境的信息对外公布，保障公众的知情权。

随着一系列信息公开的法律法规出台，涉核政府部门依法加强了政务公开，建立新闻发言人制度和媒体定期座谈交流制度，开展核安全重大政策信息解读，及时发布许可审批、监督执法、总体安全状况、辐射环境质量和事故事件等权威信息，增强政府工作透明度。涉核企业严格执行法规要求，主动及时公开核安全管理规章制度、核设施安全状况、流出物和周围环境辐射监测数据及年度核安全报告等重要信息，发布社会责任报告和生物多样性保护报告，建立新闻发言人制度，积极回应公众关切。核能相关信息公开的法制化、规范化极大地增加了核能行业的透明度，消除公众的“恐核心理”，增强了公众对核能的信任和信心。

三、公众参与是保障公众权益的重要手段

公众参与是现代社会的重要标志之一，是保障公众“三权”的重要手段，也是涉核项目建设决策的法律要求及必要环节。依据法规要求，地方政府和核设施营运单位应坚持平等、广泛、便利原则，通过问卷或网络调查、听证会、论证会和座谈会等形式，就事关公众利益的重大核安全事项充分征求意见，保障公众知情权、参与权、监督权。

2003年施行的《中华人民共和国环境影响评价法》中提出，“国家鼓励有关单位、专家和公众以适当方式参与环境影响评价”。2008年发布的《国务院关于落实科学发展观加强环境保护的规定》指出，“对涉及公众环境权益的发展规划和建设项目，通过听证会、论证会或社会公示等形式，听取公众意见，强化社会监

督”。核能工程作为可能造成不良环境影响并直接涉及公众环境权益的项目，必须按照上述法律法规开展环境影响评价公众参与，使公众了解核能建设情况，反映自己的诉求，保障自己的权益，实现社会监督。

在积极推动核能项目公众沟通和参与过程中，除严格按照国家相关法律法规执行以外，新建涉核项目在“两评”前引入地级市人大审议制度是一个新的创举。依靠代表人民的人大代表，把核能项目建设决策列入当地法制程序，更能反映公众的意见和参与，提升民主协商、社会协同、公众参与、法制保障的社会治理能力。此外，核能工程项目未经社会稳定风险评估不得进入重大决策程序，在社会稳定风险评估中为高风险或中风险的须停建或缓建，再次加强了公众参与和协商过程，防范化解矛盾，确保涉核项目平稳落地并造福公众、实现社会和谐。

四、舆情应对是核能公众沟通的重要内容

在新媒体信息时代，网络媒体以其公开性、透明性、快捷性、广泛性的突出特点，拓展了广大公众的公共空间和选择网络信息的自由，给予所有人发表意见、参与相关事件的评论及参议政事的便利。但同时，负面风险信息、不实言论甚至谣言，尤其是涉核信息，很容易引起舆情，波及面广、破坏力强、危害大，给社会稳定和核能行业发展带来极为不利的影响。近年来，我国核能行业因对涉核邻避效应应对不力、处置不当，导致一些群体性事件和网络舆情危机的发生，严重透支政府公信力与项目建设单位信用，造成巨大经济损失和社会稳定风险，对社会发展造成了相当程度的影响。因此，做好舆情应对工作是核能公众沟通的重要内容。

从核能项目实践来看，舆情应对工作充分利用我国社会主义制度优势，依靠核能项目所在地政府，紧密协同涉核相关单位，嵌入地方政府社会治理体系，发挥社会各方面的力量，共同构筑核能项目社会稳定和治理新局面。

核能项目舆情应对由涉核项目所在地的省、市各级人民政府及有关部门、涉核企业共同参与实施。核能项目所在省、市宣传部门，省（市、县）人民政府相关部门及涉核项目建设企业充分调动资源，建立舆情监测队伍，通过新闻网站、论坛和

微博等各类平台进行舆情监测、分析和研判，对于不同诉求的公众，采取针对性的舆情处置与应对策略。通过舆情引导机制，及时回应，正确引导网络出现的负面舆论，规避负面舆情带来的不利影响。通过舆情处置机制，统一高效、及时有力进行舆情处置，科学化解舆论危机，维护社会稳定。

五、融合发展是核能公众沟通的根本着力点

公众不仅是科普的对象，更是涉核项目直接或间接的利益相关者，让公众都成为利益获得者是解决项目落地并长远发展的根本之法，也是当地政府和公众理解核能和支持核能的关键因素。

近年来，涉核企业与地方政府积极探索涉核项目与周边融合发展的方式方法，取得了显著成效。从公众的切身利益出发，改善基础设施和硬件配套工程，提升其生活质量。为地方人口提供就业岗位，有力提升了当地民众的幸福感。依托涉核项目，打造核电工业园区和核电城，创建核电研发中心，形成集研发、设计、设备制造和运营服务于一体的核能产业集群，助力当地产业结构升级和综合实力的提升。通过涉核项目建设和长期运营，带动周边社会经济发展，真正体现“建好一个项目、带动一方经济、造福一方百姓”。

当然，践行融合发展过程中，在利益平衡方面也遇到了一些挑战。涉核企业、公众与当地政府是核能项目的三方利益主体，一方面，当地政府、公众和核能企业都是核能项目建设的受益者，是利益共同体；另一方面，企业、地方政府、公众三者的经济利益一定程度上是相互排斥的，地方和公众的利益倾斜多了，企业的利益自然就少了，反之亦然。寻找利益的平衡点，应在公众、地方和企业对利益统筹安排可接受的限度内，寻找三方的“最大公约数”，否则，三方利益将会共同受损。因此，融合发展的关键是在核能项目尽快落地建设并保障安全高效运行的前提下，三方进行协商，平衡各方利益，制订融合发展中长期规划，建立利益补偿长效机制，利用税收、财政和利益回馈等手段，完善周边公众的补偿机制，让公众分享项目发展收益。同时制订融合发展定期滚动规划，形成工作沟通和协商机制，邀请多方共同参

与协商,并将规划贯穿项目落实到前期、建设和运营等全过程。

经过多年的实践表明,我国“五位一体”公众沟通工作模式完全适合核能项目的公众沟通实际,成效显著,保证了核能项目建设平稳推进,构建了核能与地方社会经济和谐共同发展的局面。在核能公众沟通过程中,要始终坚持“五位一体”工作模式,把握其核心内涵,结合核能项目当地的社情民情和文化习惯,创新工作方法和策略,依靠政府,统筹协力,不断深化公众沟通工作,为积极安全有序发展核能发挥重要作用。

作者简介

杨波,中国核能行业协会副秘书长,分管协会核能重大课题研究、核能技能大赛、核安全文化建设、核能相关的培训、核能技术咨询服务及核能公众沟通等工作,在核能领域工作30年,具有丰富的核能相关领域管理经验。作为主要参与人参与的《“十三五“及中长期核电安全高效发展问题研究》获得国家能源局能源软科学研究优秀成果奖。主持和参与涉核公众沟通和邻避效应研究课题及核电公众沟通咨询,主持开发了核电公众沟通同行评估及沙盘推演方法。独著的《公众核电风险的认知过程及对公众核电宣传的启示》《福岛核事故对公众核电态度影响的初探》和《核与辐射风险信息沟通是公众接受核电的关键环节》等文章在核能领域的重要杂志上发表;主编《涉核邻避问题防范化解方法研究》专著。

“双碳”背景下多渠道开展核电公众沟通

许 佳 胡依婷

（中国核能电力股份有限公司）

摘 要：核电产业健康发展离不开公众的支持。“双碳”背景下，清洁能源比重迅速增大，公众对核电的关注与好奇心也随之增强，为新型公众沟通提供了难得的机遇。本文立足于国内核电发展形势与当前公众沟通工作现状，分析可能的工作方向，提出产业化、多渠道开展公众沟通的新模式，以对未来核电产业公众沟通工作推进提供参考与支持。

关键词：双碳；核电；新时代；公众沟通

一、综述

在党的二十大报告中，习近平总书记列举我国核电技术等领域系列重大成果，指出我国已“进入创新型国家行列”。我国核电发展已经成为我国科技创新的“名片”，在建核电项目加快推进，核能产业正迎来前所未有的发展机遇。但关注国内产业发展环境，核能行业也面临着确保核安全、公众核安全关注度和敏感度持续增加的挑战。

造成此种局面的因素很多，从认知层面看，三哩岛、切尔诺贝利及福岛等核电站重大事故的发生，以及事件发生后，由于“核”的政治性，各层面对于事故不同的解读，各种的宣传及影响的后果模糊性，引发了公众对核电的不信任；尤其是福岛核事故后，受政治等因素影响，德国、瑞典等多个欧洲发达国家宣布放弃核电发展，进一步加深了公众对核的不信任。从行业自身特点层面看，潘自强院士等认为，核行业的特殊性使得公众对核电产业了解不足，主要包括中国核行业较强的保密性和长期的封闭性，使公众对核行业了解较少；公众对核电厂接触较少，较为陌生；核电技术知识复杂，难以理解。

目前国内核行业内部，核电公众沟通工作主要分为两类：一是国家法律法规对在核电项目落地前公众参与工作有明确规定，2015 年，原环境保护部（国家核安全局）联合国家能源局、国防科技工业局出台《核电项目公众沟通工作指南（试行）》，明确核电项目应建立健全公众沟通机制，编制公众沟通工作方案，并开展包含公共宣传、公众参与、信息公开、舆情管理“四位一体”的公众沟通工作。各核电企业内部均有对应的实施流程，并形成了一系列操作指南。二是增加公众对核电的认知，以达到公众了解、支持核电的目的，单一渠道工作的开展，主要依托各核电企业因地制宜进行策划和推进，并取得了较多成果，如中核集团的“核你在一起”公众开放周、“魅力之光”青少年科普夏令营、辽宁核电“科普大篷车”等。

二、“双碳”背景下核电公众沟通态势分析

当前，在我国进入“高质量”发展的大背景和“绿色”发展的要求下，新的信息传播生态给公众沟通带来了新的机遇与挑战。

（一）“双碳”目标给核电公众沟通带来难得的机遇

“双碳”目标助推了社会各界对新能源类型的关注。首先，直接影响生活方式，包括周边生态环境的改善、代步工具的更新、家居用品节能升级换代、高耗能行为成本升高的直观感受；其次，带来了新的经济增长点，近年来，风电、太阳能面板制造和储能技术等行业相继成为公众投资热点；最后，带来新的就业渠道，未来城市中诸多新的岗位被造就出来。以上相关的变化强化了社会各界对“双碳”目标的

关注，新能源作为“双碳”目标的重要组成部分，也将得到公众日益的关注，客观上正是一种信息的传递与沟通。

公众对各能源形式的认识更加理性全面。没有一种能源形式是真正“完美无缺”的，不同的能源形式都有不一样的“短板”，相关能源形式占比较小时，公众对其关注度不高，并不会全面认识其优劣势。新形势下，这些能源形式相关的报道与知识更加全面真实地展现在公众面前，促使公众更加科学、全面地认识各种能源形式，也认识到“没有完全完美的能源形式”这一现实。从长远来看，这将会使公众在能源形式选择上更加理性，进而也将会使其更加科学和理性看待核电产业。

“素质教育”助推了公众对科技知识的渴求。随着中小学素质教育的不断推进，新生代家长教育理念和消费水平升级，在培养目标方面，会愈加重视隐性素质和面向未来的能力的培养，这将推动素质教育内容广度大幅度延伸。

（二）新时代为企业宣传提供了诸多选择

经济社会发展使体系化沟通成为现实。包括各政府机构在内的涉核行业人员正越来越清晰地认识到，公众沟通可能成为核能行业发展的关键，公众沟通已经不是可以选择做或可做可不做的事情，而是必须做好的事情。2018 年，中国核能行业协会组织召开涉核公众沟通交流大会，会议指出，目前已初步建立起“中央督导、政府主导、企业作为、社会参与”的公众沟通工作机制。

新时代为核电知识传播提供了多种依托。融媒体平台的出现为核电知识传播提供了多种渠道。互联网技术带动新媒体技术发展日新月异，融媒体作为电子商务与文化创意产业发展的重要动力，集中广播、电视、网络媒体、无线通信、数字杂志、数字广播和报纸等多种媒体共有优势，积极引导正面宣传。同时在国家政策的大力支持下，已成为政府企业对外宣传的主流方式。我国制造体系的高度发达为核电宣传提供了多种产品依托，得益于数字化设计、虚拟化技术、3D 打印和 5G 技术等新技术的应用，在工业 4.0 概念的加持下，使单一企业所需的个性化产品能够被快速、有效、低成本地响应，甚至可以为单一活动或单一行动目标定制个性产品，这为核电公众沟通打下了坚实的物质基础，使核电公众沟通工作可以更加快速响应特定目标与事件。同时通过各种活动中所得到的反馈，低成本构建有广泛接受度的个性化公众沟通产品库，并在此基础上形成可服务于社会公众的公共商品。

（三）新形式下应有新的核电公众沟通思路

应以新的思维看待公众沟通。综合上文分析可知，当前媒体形势下，传统的信息传递思维亟待调整。构建公众兴趣点，提升公众关注度这一方向值得进一步关注。党的二十大报告提出“幼有所育、学有所教、劳有所得、病有所医、老有所养、住有所居、弱有所扶”，这为我们构建公众关注度与兴趣点提供了新的思路，即切实肩负起企业社会责任，围绕人民关心的痛点问题解决开展工作，实现与国家、人民长远利益及短期利益的“利益相关”。在核电公众沟通中，应关注通过各种手段，构建与公众的利益相关，如以环境保护为主题关联生活品质提升，以教育竞赛为主题关联子女教育，以产业发展为主题关联周边群众生活，以工业旅游为主题关联诗和远方，使相关公众沟通信息的传递，从传统的填鸭式灌输，向兴趣点创造转变。

应以新的思维策划公众沟通。坚持“利益相关”原则，破除部门壁垒，打碎“公众沟通的重心在于宣传”这一观念，构建“媒体引流，实体巩固，协同推进”的体系化公众沟通格局。发挥媒体平台矩阵优势，以丰富的展示形式，突破时间、空间限制向社会公众展示核电产业知识、产品供应信息及商业机会信息，为后端各环节带来流量及客户群体。各产业部门需协同推进，以多样的实体化产品服务巩固、提升、扩大交流成果，如提供精致的文创产品、具有丰富知识的工业旅游体验、可实现共赢的商务合作机会和规范可靠的就业岗位等。通过以上产品及服务交换，在无形中传递核工业“责任、安全、创新、协同”的核心价值理念，通过高质量产品服务，传递、巩固核电清洁、安全、可信的品牌形象，进而提升对核电的价值认同。

三、具体实践

（一）“魅力之光”焕发新光彩

“魅力之光”全国核科普系列活动由中国核电与中国核学会共同主办，从2013年连续开展至今，央视网、凤凰网、科普中国及网络大V等媒体多次报道，通过云直播、微博大V、线上沙龙同步传播，提升影响力，传播效果显著。2023年，第十一届“魅力之光”活动首创“魅力之光+乡村振兴+人才培养”整合模式，启动环节有效嵌入国家安全教育日核安全北京主场活动，报道成功登陆央视新闻联播和朝闻天下、人民日报等权威媒体。2024年，第十二届“魅力之光”核科普活动启动仪式暨弘扬科学家精神专家讲座活动以“传承两弹一星精神发扬科学报国传统”为主题，邀请了杜祥琬、叶国安、王亚平、彭洁作主题演讲，邀请方新、唐立梅、白响恩、杨义平、彭靖等各行业女性科研人员开展专题讲座和主题对话，北京市300余名中小学代表和各主流媒体参加活动，央视网、凤凰网、人民日报、新华社、科普中国、新浪微博等媒体力量参与活动，录播当天观看量超过107万，“魅力核能 美丽中国”“科学家是我们要追的星”等话题阅读量超过500万。

截至2024年6月，覆盖全国2 840所中学的青少年参与核知识竞赛，大量营员走遍了中国核电旗下的所有核电厂，累计参与人数超过500万。通过坚持每年在全国范围内开展核科普知识竞赛、院士专家报告会、核科普夏令营、核科普讲解大赛和核科普短视频大赛等系列活动，建立了全国涉核企事业单位通力合作、沟通共赢的机制；提升了全民核科学素质，弘扬了“两弹一星”精神和科学家精神，影响力、传播力和公信力逐年增强；展示了我国核科技、核工业和核能发展的突出成就，获得了上级单位及全行业的广泛支持、认可，成为首屈一指的全国核科普品牌，对消除公众对核的误解，营造核能发展的良好氛围发挥了积极作用。

（二）“核电文创”展现新形象

近年来，随着“文创”这一概念逐渐兴起，核电企业也加入这一行业。一款具有亲和力和实用性的文创，能够迅速拉近核电与民众的关系。中国核电将各成员单位具有代表性的动物形象，如秦山核电 – 白鹭、江苏核电 – 猕猴和三门核电 – 赤腹松鼠等打造为“双 C”萌宠 IP（Colourful CNNP），并发挥规模化采购优势，与国内高端文创设计、制造工作室联合开发文创产品，制定中国核电通用文化宣传品清单，从萌宠公仔、钥匙扣、套装杯子和文具盒等多维度推出文创产品。

2022 年双十一期间，国内首个核电文创网店上线，开展直播卖货；2023 年核电文创商城总销售额突破 40 万元，进一步拉近与公众的距离，展示中国核电为实现“人与自然和谐共生”的愿景而团结协作、共同进取的立体形象，同时以可爱的萌宠形象唤起公众的守护之心，呼吁利益相关方携手同行，共同保护生物多样性。

（三）“核谐之美”探索新跨界

当前，全球生物多样性急剧丧失、生态系统功能受到严重影响。中国核电充分认识到生物多样性保护的重要性和迫切性，始终把保护生态环境、推动绿色发展作为重要使命责任，深入学习贯彻习近平生态文明思想，坚定贯彻新发展理念，高度重视生物多样性保护工作，创新打造“核谐之美”品牌，以可持续的方式利用自然资源，以清洁能源服务生产生活、提升生计福祉，以全过程的生物多样性保护实践保护物种生境，减缓生物多样性丧失，实现生物多样性保护和核能高质量发展双赢，全方位助力经济社会绿色发展和美丽中国建设，为全面建设社会主义现代化国家贡献核能智慧和力量。

连续三年开展“核谐之美”生物多样性保护艺术作品征集大赛，设置活跃生灵组、苍翠草木组、蓬勃山水组和乡村振兴等组别。吸引社会公众广泛参与，共征集高品质照片 1 400 余幅，并在第四届可持续艺术节、第 20 届中国 – 东盟博览会上展出，将核能科技与生物多样性、现代艺术、传统文化有机融合、跨界传播。让公众置身自然，发现自然生态之美，并通过成果展，让更多人记住核电与大自然和谐共生的精彩瞬间，呼吁公众保护自然生态。2024 年 4—6 月，中国核电不断创新宣传形式方法，在北京地铁站开展“魅力核能、美丽中国”生物多样性保护公益活动海报宣传活动，生动展现中国核电落实习近平生态文明思想的精彩故事。

四、核电公众沟通体系的新思考

新的时代特点为信息传播与核电公众沟通带来了新的可能，全面科学认识我们面临的新时代、新特点，创新开拓，顺势而为，将可以形成新的产业公众沟通格局。

（一）成立专门组织机构系统谋划核电公众沟通体系建设

成立专门组织机构，系统谋划推进核电公众沟通体系建设工作。该部门初期可作为核电企业总部下设部门，人力及资源依据总体规划推进需要分阶段配备，在适当阶段，可独立公司化运作。

需关注其职责：一是核电企业媒体矩阵构建与维护，主要筹划建立、维护核电企业自身媒体矩阵，构建与领导成员单位媒体矩阵，做好企业整体宣传工作策划与实施工作，维护外部媒体关系等；二是公众沟通总体规划的谋划与跟踪落实，主要负责相关政策的跟踪与研究，公众沟通体系化建设方案的制定与分解，结合核电总部总体规划，有重点有节奏推进计划的落实工作；三是教育类产品谋划与对外合作，依据行业整体态势与地位，结合行业实际因时因地制宜推动教育类产品发布及竞赛类活动对接与组织。

强化文创产品策划与管理。负责核电文创产品研发、IP 开发、IP 打造与授权管理、电子商务平台打造与维护。强化核电相关旅游产业开发。负责推动各核电基地景区资质申请、研学资源统筹分配、特色旅游线路打造和盈利模式开发等。

（二）核电 + 媒体

以体系化公众沟通为目的，远期、近期目标相结合，构建一体化、矩阵化媒体平台体系，为核电公众沟通奠定坚实的知识平台基础，同时形成高效的“前端”引流平台。

一是自有发布平台应一体化谋划，矩阵式运作，整体策划媒体矩阵建设目标定位，制定统一的管理制度与内容分发机制。二是需要更加精细化的内容目标策划及引流路径策划，从横向整合、纵向整合、拓展收入来源方面增加收益。三是更精细筹划与外部媒体的互动，更加目标导向，精准策划专项宣传行动。

（三）核电 + 教育

素质教育早已被倡导多年，市场规模不断增长，2015—2019 年，素质教育市场规模从 2 642 亿元增长到 5 286 亿元。打造具有核工业特色的核科技创新大赛，抽调相关专业骨干人员科学策划竞赛科目，集中研发基础教材与辅导书目，适时推出课程包、材料包等，与师范类大学、科研院所联合，共同推进校企合作，推出高端机械模型与轻量化科学教具，普及核电科技知识。

组织青少年参与核电科学技术创意设计、工程施工技术实践、核电基础知识竞赛和数字化控制等多领域综合性学科创新，推动核电科学技术的普及和推广。同时，竞赛带来的产业化开发从长远来看也将带来较为丰厚的收益。

（四）核电 + 旅游

当前各核电基地的规划，为工业旅游这一沟通方式提供了极强的可行性。一是依托现有设施功能拓展开发工业旅游基地服务功能。二是依托地方旅游资源，形成规模性旅游线路，核电基地往往地处偏远，在难以独立支撑游客旅游兴趣点时，强化与地方旅游规划部门的联动，形成较为丰富的旅游线路。三是适时拓展新的教育增长点，与核电 + 教育产业相互融合，将一部分教育成果的落地放在各核电基地，如组织现场核电模型拼装、应急素质拓展、防人因操作体验和“黄金人”面对面等，以“现场感”“体验感”增强吸引力与知识性。

（五）核电 + 文创

一款高性价比的科普纪念品能够在开展核电前期工作过程中迅速拉近与民众

的关系，在科普工作中迅速聚集目标群体。近年来，随着“文创”这一概念逐渐兴起，核电企业也要加入这一行业，并发挥规模化采购优势，与国内高端文创设计、制造工作室联合开展文创产品及精品 IP 打造等。相关产品推广活动可与日常公众沟通活动相结合，使文创与公众沟通活动相互促进。

五、结论

党的二十大报告提出“推动战略性新兴产业融合集群发展，构建新一代信息技术、人工智能、生物技术、新能源、新材料、高端装备、绿色环境等一批新的增长引擎”，为核电发展带来了新的机遇，新的社会舆论场也为产业发展带来了新的挑战，我们只有顺势而为，把握时代脉搏，以“利益相关”的思路，各领域协作，灵活运用各种手段，构建起核电与公众的关联关系，使核电产业发展与个人生活品质提升的正相关关系逐渐形成，使相关公众沟通信息的传递从传统的填鸭式灌输向兴趣点创造转变。沟通过程必须强化公众敏感且关注的核安全内容，改善公众对核安全的认知，提升公众接受度。同时向公众传递核工业“责任、安全、创新、协同”的核心价值理念，为我国核工业的发展创造良好的发展环境。

第一作者简介

许佳，高级政工师、副研究馆员，长期从事核电领域国企党建、宣传等工作。近年来参与的多项政研课题多次获得中国核工业政研会年度课题研究成果一等奖、二等奖，中国电力思想政治优秀成果一等奖等。近年来有 20 余篇、10 余万字作品公开发表于《人民日报新安全》《科技日报》《国企党建》《中国核工业》《三门湾》等杂志报刊。担任中国核工业集团有限公司应急专家库专家、中国社会学会企业社会责任研究专业委员会常务委员。

公众视角看核能:沟通与理解

姜子英
(中国原子能科学研究院)

摘　要:核能是清洁、高效的基础负荷电力供应能源,已经在全球范围得到了广泛应用,是实现气候目标和支持能源安全需求的现实有效选择。然而,核能的发展并非一帆风顺。公众对核能的认知不同于专家,公众对核能的看法复杂多样,既有期待赞许也有好奇质疑。在不同历史时期,公众对核电的接受性有所差异。如何增进公众对核能的理解和信任,已成为促进核能可持续发展的关键按钮。本文从公众视角,分析影响公众核能接受性的主要因素,阐述公众关切的核安全问题及相关重要改进,探讨信息时代涉核公众沟通的新特点,提出增进公众对核能理解与信任的对策建议。

关键词:核能;公众接受性;公众沟通;核事故;核安全

1　公众接受核能是清洁、低碳能源

核能产生了全世界约四分之一的零碳电力,已经成为应对气候变化和向净零过渡的主要能源。相比于传统的化石燃料,核能在发电过程中不产生温室气体和大气污染物排放。从整个生命周期视角(即核燃料生产、加工、贮存和后处理等活动，以及相关设施建造、运行和退役等活动），对各种发电技术的环境影响比较来看：除了用水，核能所占用的土地面积比其他低碳能源（水电、风电、光伏发电）低1 ~ 2个数量级，单位电力生产所需的建造材料（混凝土、钢材、铜、铝等）更少（低1 ~ 3个数量级）。由于核电厂需要大量的水来冷凝驱动主汽轮机的蒸气，因此要比燃煤电厂消耗更多的水（其热力学效率较低）。

放射性是天然存在的，不是核能所特有的。比如煤中含有微量的天然放射性物质（^{238}U 系、^{232}Th 系和 ^{40}K），煤燃烧时其中一部分（主要伴随烟尘和飞灰）将排放到环境中对公众产生附加的辐射照射。燃煤电厂的辐射影响是核电厂的约30倍。我国核电生产和核燃料循环设施的运行实践表明，其辐射影响是极低的，且远低于天然辐射水平（约低3个数量级），如表1所示。

核能不仅具有环保效益，还是推动经济和社会发展的重要引擎。核能项目建设需要大量的资金、技术和人力等资源投入，直接创造大量就业机会，推动技术创新和人才培养。改革开放40余年以来，我国核能发展取得了举世瞩目的成就。公众对核能接受性在这一过程中也不断变化（见表2）。

表1　核能与燃煤的辐射环境影响比较

设施	公众的归一化集体剂量（人·Sv/GWa）		
	气态途径	液态途径	合计
核电厂	2.99×10^{-2}	3.45×10^{-2}	6.44×10^{-2}
核燃料循环 1)	1.49×10^{-2}	9.95×10^{-4}	1.60×10^{-2}
燃煤电厂 2)	^{235}U 系核素	^{232}Th 系核素	合计
	1.33	4.05×10^{-1}	1.74

注：1）这里包括铀纯化转化、铀浓缩、燃料元件制造；2）200 MW 及以上典型燃煤机组平均值。

表 2　我国核电发展与公众接受性演变

时期	核电发展	影响因素	公众接受性
20 世纪 80 年代	核电起步，规模小	不明显	普遍缺乏了解
1994—2003 年	秦山、大亚湾核电站	经济效益好、带动城市建设、改善区域环境	较普遍接受
2003—2011 年（福岛事故前）	核电发展规模扩大 东部沿海向内陆拓展	能源消费快速增加、环境持续恶化，温室气体减排压力 核电运行业绩良好，积极发展核电方针	核电所在地及周边地区核电接受度高（达 80%）
2011（福岛事故后）至“十三五”时期	强化安全检查，调整核电政策，下调发展预期 “十二五”不安排内陆核电决定、“十三五”核电发展低于预期	全球核安全疑虑增加，核能支持度下降 一些国家关停、放弃核电，另一些国家维持核电发展	支持与反对、信任与怀疑并存。总体核电接受度（约 50%）
“十四五”时期至今	加快构建清洁低碳、安全高效现代能源体系 积极有序推进沿海三代核电建设	最高安全标准、核安全水平提升 核电良好运行实践，经济社会和环境效益	公众接受度明显“回暖”

2 核事故和核安全风险引发公众担忧

公众对核能的质疑和担忧，主要是历史上三次严重核事故，分别是 1979 年 3 月的美国三哩岛事故、1986 年 4 月的苏联切尔诺贝利事故和 2011 年 3 月的日本福岛事故。

严重核事故造成了广泛深重的社会、经济和心理影响，主要表现在：（1）由于撤离 / 避迁等应急响应措施，周边人群流离失所、生活受到直接影响。（2）经济代价巨大。首先直接造成核电行业严重损失，其次是旅游业、相关的农产品、食品和农副渔业等遭受严重影响，再次是污染地区的清污和修复费用，最后是巨额的事故赔偿支出。（3）人们的心理和精神压力、患忧郁症和心理障碍增多。（4）社会上核谣言增加，公众对核能的信任度下降、反核意识增加。（5）短期内政治受震荡，由于核事故引发公众对政府的质疑和批评，迫使核能政策发生转变（见表 3）。

表 3　三次严重核事故的后果影响

影响	三哩岛事故	切尔诺贝利事故	福岛事故
辐射影响			
事故等级（INES）	5	7	7
放射性释放 /Bq 大气 ^{131}I	5.5×10^{11}	1.76×10^{18}	1.6×10^{17}
放射性释放 /Bq 大气 ^{137}Cs	–	8.5×10^{16}	1.5×10^{16}
放射性释放 /Bq 海洋	–	–	约 10^{16}
辐射致死 （工作人员 / 公众）	0/0	28/0	0/0
急性放射病	0	134	0
社会经济心理影响			
撤离、搬迁	15 英里 14.4 万人	1986 年 11.6 万人，之后 22 万人撤离	2012 年 16.4 万人 2023 年有 2.6 万人
心理和精神影响	美国公众极大恐慌 群众集会反核游行 纽约最大规模反核示威（100 万人）	大量移民群体精神焦虑辐射恐惧 社会谣言“8 000 人死于核辐射、动植物畸形” 公众猜疑反核	福岛居民忧郁症和心里障碍增多 儿童对新活动缺乏兴趣，感到腹痛或头疼“状况”
社会经济影响	清理工作耗时 14 年 清理费用 10 亿美元	乌克兰、白俄罗斯和俄罗斯付出巨大经济成本 乌克兰投入占政府开支 5% ～ 7% 白俄罗斯累计支出超 130 亿美元 农业和林业生产遭到重大冲击 受灾地区经济倒退、失业率飙升、居民生活水平大幅降低	核电行业直接亏损 3.6 万亿日元 农产品、食品渔业出口受限禁止 2011 年访日外国旅客人数、消费额同比减少三成 至少 1 万亿日元用于核污染地区清污 2023 年赔付已达 11 万亿日元 公众对政府广泛质疑和强烈批评

目前很多公众对核能的认知仍然滞留在三次严重核事故影响，主要是惧怕辐射，而不是实际受到的辐射剂量。实际上，三次严重核事故对公众的辐射影响非常有限。国际上对三次严重核事故进行了长期跟踪和科学研究，结论为：（1）三哩岛核电厂堆芯熔化，大量裂变产物进入安全壳；但安全壳保持完好，有效包容了产生的放射性物质；没有造成人员伤亡，对人体健康及环境造成的影响微乎其微。（2）“切尔诺贝利事故立即造成了很多严重辐射影响。134 人受到高剂量照射（0.7 ~ 13.4 Gy）并患放射病，其中有 28 人在头 3 个月中死亡，另外有 2 人在事故中由于其他原因立即死亡。约 20 万名恢复工作人员受到的剂量为 0.01 ~ 0.5 Gy。除儿童时期受到照射之后出现甲状腺癌症增加外，没有观察到可归因于电离辐射的各种癌症发生率或死亡率的上升。白血病的危险没有表现出增加，也没有发现一些其他的非恶性疾病与电离辐射有关的证据”。（3）“福岛核事故参与抢险的近 2 万名工作人员中，数百人的累积剂量超过正常水平，其中 6 人超过监管机构设定的允许限值（250 mSv），在 309 ~ 678 mSv 之间，但没有人患有急性辐射综合征。周边居民身体健康没有受到辐射照射的直接伤害。受照人群的辐射相关疾病发病率不可能出现‘可察觉的’上升”。

3 向公众准确传递科学信息的重要性

核能涉及复杂的技术和专业知识，公众对核能的了解程度较低。在缺乏科学认知时，公众更容易受到外界信息左右，产生疑惑或误解。随着各种媒体和社交平台逐渐成为公众获取信息的主要渠道，由于传媒主体的多元性，报道核能议题时可能存在片面性或夸张性，使得公众认知出现偏差。此外，涉核公共事件会受到政治扰动，例如日本福岛核污水排海，引起国际社会广泛关注和强烈反应，多国政府和官员表态各异，而普通民众受访的态度则普遍表现出担忧和愤怒，呈现出科学问题和政治问题并存的特点。可见，准确传递科学信息是增进公众对核能认知和理解的关键，应明确探讨相关安全问题，并向公众说明过去与现在所做的改进，以及阐述客观的科学事实。

实际上，世界核电技术历经四个代次的发展，从第一代至第四代核电技术，核电的安全性逐步提高。历史上三次严重核事故的共同点，采用的都是早期（20 世纪六七十年代）的第二代核电技术，其设计本身存在缺陷，而且最重要的是缺乏可靠的严重事故应对措施。目前，第三代核电技术已成为我国的主流核电技术，其重要安全特征是完善的事故预防和缓解措施。从衡量核电厂安全性的两个指标——堆芯损坏概率和大量放射性释放概率来看，第三代核电技术的要求分别为 10^{-5}/（堆年）和 10^{-6}/（堆年），部分堆型（如“华龙一号”）甚至可达到 10^{-6}/（堆年）和 10^{-7}/（堆年），要比第二代核电技术降低 1 ~ 2 个数量级。而第四代核电技术向着更高安全性发展，比如我国投入商运的石岛湾高温气冷堆核电站，已通过安全性实验验证了“停堆后的剩余发热不需要应急冷却系统，通过自然散热即可实现固有安全”。

从安全标准来看，核事故后的改进促进形成了新的安全设计技术要求。目前，我国核电厂采用与世界最高安全标准接轨的核安全标准。只要严格遵守核安全法规标准，核电厂正常运行工况下环境影响在天然本底涨落范围内，严重事故工况下核电厂环境安全风险可控，可达到“实际上消除严重事故条件下放射性物质大量释放到环境的可能性”，“无需永久迁居、核电厂周边地区无需紧急撤离、只需为有限的人员提供庇护所、无需长期限制食品消费”的要求。而且，三次严重核事故客观上促进了核安全文化、核应急理论和技术发展（见表 4）。

表 4　严重核事故后核安全文化和核应急的发展

	核安全文化	核应急理论和技术
三哩岛事故	概率风险评价（PRA）得到重要发展 反应堆安全研究重点从设计基准事故分析（DBA）目标转为反应堆严重事故研究	核电厂详细应急计划的制定 提出公众应有得到信息的权利 强调公众中扩大核能知识重要性

续表

	核安全文化	核应急理论和技术
切尔诺贝利事故	“核安全无国界”理念受到重视、核安全意识广泛传播 核电厂设计、建造、运行、监管中预防核事故发生发挥重要作用	国际上重新审议了相关标准和法规 应急计划的基本概念范围重新评定 应急计划区划分标准、剂量后果评价、干预水平等取得较大进展
福岛事故	各国组织核电安全性重新评估和全方位安全检查 设备可靠性、操作员培训等方面做出一系列重大改进	福岛事故核应急响应行动积极有效 福岛事故核应急管理有所欠缺（对事故认识不清、未在第一时间做出注入海水冷却决策） 加强公众沟通策略和内容储备 优化应急管理和应急队伍建设 加强应急技术和装备研发 开展多重协同的辐射监测 建立不同事故情况应急预案 开展不同层级的联合演练

4 信息时代涉核公众沟通的新特点

数字技术让信息得以快速、高效地存储、传输和处理，当今社会已迈入信息时代。信息获取和分享变得前所未有的便捷，而舆论的形成和传播也更加迅速和广泛。新媒体的发展，使得信息传播从传统的线性模式转变为瞬间爆发的模式，各种声音、观点和情绪可以迅速汇聚，形成强大的舆论力量。

大数据、人工智能技术已经渗透到生活中各个方面。一方面，信息成为一种资源，利用人工智能技术可以对海量信息进行深度挖掘和分析，更准确迅速地把握舆论走向和趋势。另一方面，恶意行为者也可能利用人工智能技术进行信息的篡改或传播虚假信息，例如“深度伪造”就是一种备受争议的新型技术，它利用人工智能算法，能够合成高度逼真的视频、音频和图像内容，将虚构的情节“植入”现实世界中，其潜在的负面影响引发广泛关注。

在此背景下，如何筛选和鉴别真实和科学的信息，是涉核公众沟通中的重要问题。在涉核公共事件中，首先是及时、有效地传达科学信息，防止谣言的产生和扩散（因为谣言产生的本质在于不知情，而且谣言往往比真实的信息传播更快）。例如：2013 年网站上一篇“空气中含有放射性元素铀是国内大范围雾霾的原因”的帖子引起公众广泛关注，并迅速传播成为舆论热点，此后经专业研究机构采样监测的权威数据证实：“核雾霾”是无稽之谈。而且，当今社会人们已经对切尔诺贝利核事故死亡人数谣言、福岛核事故后“抢盐”谣言等有所认知，确保向公众及时、准确和可信地传达信息，就可以实现核能可持续发展与公众沟通的良性互动。需要注意的是，应尤其避免使用模糊不严谨而具有煽动性语言，干扰混淆公众视听，如“放射性污染是人类目前最难对付、尚无办法解决的污染”，“核电站反应堆产生的放射性物质除具有极强放射性外，还具有毒性大的特点”等。

5 总结与建议

（1）核能对环境安全影响是公众接受性的重要影响因素。核能从业者应明确探讨相关安全问题，并向公众提供客观的科学信息，尤其是核能科技发展与安全持续改进的实践历程。

（2）增进公众对核能的理解和信任，是促进核能可持续发展的关键按钮。政府和核能从业者应站在“人民的立场”，积极主动地与公众沟通。对于涉核公共事件，应及时、准确、可信地解答和澄清公众疑虑或误解，要避免假消息的产生和传播。例如，2013 年江门和 2016 年连云港的核循环项目“邻避”事件，反映出公众明显缺乏认知、政府和核能从业者主动性与公众沟通策略准备不足等问题。

（3）信息时代背景下，国家主流媒体应正确引导公共舆论，对人工智能技术加工处理信息加强必要的审管。尤其应避免涉核信息被解读为完全违背意愿的情况。例如核应急管理作为保障核安全的重要措施，是为了控制核电站事故、缓解核电站事故、减轻核电站事故后果而采取的紧急行为。如果被解读为“核电站周围不安全，出事需要紧急疏散”，则对于公众认知有很大负面影响。

（4）核科普宣传务求科学客观。避免使用过于专业的术语，用简单明了的语言解释核能对生态环境和经济社会效益，使公众能够理解和正确认知。例如，应向公众阐述基本的科学事实，即“放射性是天然存在的，不是核能特有的”，“核电产生数量很少的放射性废物和流出物，一部分气态和液态放射性流出物在经过处理和监测下排放到大气和水体中，其放射性活度被严格控制在远低于天然本底的水平，而固体废物进行封闭处理，没有向环境中排放”。

作者简介

姜子英，中国原子能科学研究院研究员，长期从事能源环境安全、碳排放核算与战略研究、放射性废物最小化研究等。先后承担《不同发电能源的温室气体排放》《不同能源排放的放射性影响评价》《高温气冷堆废物最小化策略研究》《核事故风险的外部成本》等课题。

稳定同位素在核能中的应用和发展建议

周红艳　蔡　伟　陈俭月
（核工业理化工程研究院）

摘　要：稳定同位素被广泛应用核能、医疗、电子、基础科研等不同领域，本文介绍了核能领域的几种稳定同位素产品、应用形式、作用以及由此产生的益处，并分析了稳定同位素未来发展趋势，提出了稳定同位素产业发展建议。

关键词：稳定同位素；核能；应用；发展建议

现已经发现的天然同位素中有约300种稳定同位素，根据使用情况，大体可分为三类：广泛用于生命科学的稳定同位素，简称为轻元素的同位素，如碳、氮、硫、氧和氢等元素的同位素；作为核燃料和核工程材料用的稳定同位素，如铀、锂、硼、氢等元素的同位素；在核物理及其他方面应用的稳定同位素，如原子序数从12到82的多核元素的同位素，简称重元素同位素。随着科学技术的不断发展，特别是分离技术、分析检测技术和仪器的不断进步，给稳定同位素的生产和应用提供了良好的条件，大大促进了稳定同位素的生产和应用。本文主要介绍富集^{10}B、^{11}B、^{184}W和贫化^{64}Zn、^{95}Mo等稳定同位素产品在核能中的应用和发展。

1 稳定同位素产品在核能中的应用

1.1 富集 ^{10}B 的应用

硼有两种稳定同位素，即 ^{10}B 和 ^{11}B，天然丰度分别为 19.78% 和 80.22%。促进硼同位素分离迅速发展的主要原因就在于硼同位素对热中子吸收截面的巨大差别上：^{10}B 对热中子的吸收截面为 3 837 barn，而 ^{11}B 仅为 0.005 barn，天然丰度的硼对热中子的吸收截面接近于 750 barn。因此富集 ^{10}B 对热中子的吸收截面是天然丰度硼的 5 倍还多，是石墨的 20 多倍，是作为中子防护材料的混凝土的 500 多倍。正是由于对热中子的强烈吸收倾向使得富集 ^{10}B 成为非常有用的材料，在核能方面的应用广泛。

核电领域中，通过调整堆内裂变速度来控制反应堆功率。压水堆反应性控制的一个重要手段就是通过对硼酸（H_3BO_3）浓度的调控来进行控制。压水堆核电站过去一直采用在一回路的冷却水中溶入天然硼酸，作为全方位可流动的热中子吸收剂。天然硼酸为了满足堆芯后备反应性的调控要求，需要使硼酸维持在较高浓度，为了控制一回路系统腐蚀，就需要同步加入相应量的氢氧化锂（LiOH）以提高 pH，而反应堆控制则不希望在高锂（Li）、高硼（B）情形下进行。富集的 ^{10}B 以 ^{10}B 硼酸的形式加入核反应堆，控制核反应的速度，使核反应堆稳定、安全地运行；与锂、铬等元素制成控制棒，对反应堆起应急和保护作用；或者以元素硼、炭化硼或者硼酸铝的形式用于反应堆的防护材料。富集 ^{10}B 在吸收中子上的应用极大的改善了核燃料的运作状况，使燃料的使用寿命增加和循环周期延长，单循环消耗量减少；后处理费用降低；反应堆服役年限延长。

欧洲一些压水堆核电厂已开始使用富集 ^{10}B 的硼酸替代天然硼酸的反应堆水化学控制，各国第三代压水堆技术都倾向于使用核级富集 ^{10}B 的硼酸。为了满足堆芯后备反应性调控和堆芯腐蚀控制要求，近几年，富集 ^{10}B 的硼酸替代天然硼酸的反应堆水化学控制研究已取得完整研究结果，且使用富集 ^{10}B 的硼酸无需对现有设备作任何修改。除了最新设计的欧洲 EPR 压水堆，采用富集 ^{10}B 酸进行改进的欧洲核电厂还有 Grafenrheinfeld（1 345 MW）、Grohnde（1 430 MW）、G ŏ sgen（1 020 MW）、Philippsburg 2（1 424 MW）、Brokdorf（1 440 MW）、Isar 2（1 440 MW）、Emsland（1 363 MW）。

在核动力装置方面，^{10}B 主要用于装置中碳化硼－锆可燃毒物棒芯块，采用高丰度 ^{10}B 制成的硼铅聚乙烯屏蔽体是狭小空间内实现中子、伽马射线屏蔽的优质材料和发展方向。

^{10}B 大量用于热中子通量测量，如 ^{10}B 补偿电离室，用于 β 计数管的制作，在军用核动力装置、反应堆、核科学研究中有广泛的应用。

硼同位素是重要战略物资，广泛用于核能领域，硼同位素需求巨大，与应用前景形成反差的是，我国 ^{10}B 同位素分离技术研发相对滞后，大规模自主化的应用未能实现，富集 ^{10}B 同位素产品主要依靠进口。为了增强对热中子的吸收性能，就需要进一步提高 ^{10}B 的丰度，而高丰度的 ^{10}B 只有通过高难度的同位素分离技术获得。在倡导低碳经济的世界大背景下，核电、新型核技术等在国家能源结构中的地位不断攀升，硼同位素的需求量必将越来越大。

1.2 ^{11}B 的应用

在未来能源领域，核聚变作为一种高效、清洁、安全的终极能源，一直是全球科学家的关注重点。在众多受控核聚变技术方案中，氢－硼的聚变技术路线也有重要的候选路线。

氢与硼的核聚变，即 p–^{11}B（质子－^{11}B）反应，质子与 ^{11}B 原子核相互作用，生成三个 α 粒子（氦核），并释放出大量的能量。相较于其他核聚变反应，氢与硼的核聚变具有较低的中子产生，这意味着它产生的辐射污染更小，更加环保。同时，原料来源相对容易和广泛：氢和 ^{11}B 都是地球上丰富的元素，超高丰度 ^{11}B 的获取，可以通过离心法获得，大批量生产没有技术障碍。

为了实现氢与硼核聚变，必须满足一定的条件。首先，质子和 ^{11}B 原子核需要达到足够高的温度和压力，以克服它们之间的库仑斥力。这通常需要将反应物加热至数百万摄氏度。其次，需要保持足够的密度以及反应时间，以便于反应物充分地碰撞和反应。国内和国际均有相关研究机构开展激光技术来点燃氢硼聚变反应。

1.3 ^{184}W 的应用

^{184}W 同位素是航天航空及深空探测的关键同位素材料，主要用于空间核动力堆上。

钨的熔点非常高，钨是反应堆燃料棒的涂层优选材料。钨的五种稳定同位素及其天然丰度分别为：^{180}W—0.13%、^{182}W—26.3%、^{183}W—14.3%、^{184}W—30.7%、^{186}W—28.6%，平均热中子吸收截面 19.2 barn，而 ^{184}W 热中子吸收截面最低，仅有 1.8 barn。因 ^{184}W 的中子吸收截面小，采用高丰度 ^{184}W 同位素作为空间堆发电元件涂层，能大大减少中子吸收率，从而降低对核燃料富集度的要求，提高空间堆发电效率，延长空间堆使用寿命，提高空间探测装置的续航能力。

由于高丰度的 ^{184}W 同位素极难获取，因此其价格非常昂贵。更重要的是，星际探测属于高科技前沿领域，宇宙飞行器的高速续航能力对于一个国家的军事尖端技术的发展至关重要，它是未来组建太空军事基地和“天军”的基础。浓缩 ^{184}W 同位素作为空间堆的关键核心材料之一，各国出于自身安全和利益考虑，产品和获取技术都会限制出口，所以很难从国外大批量购买。因此，开展钨同位素分离技术研究，掌握高丰度 ^{184}W 同位素材料的制备技术，对打破进口受限，实现关键核心材料的自主可控，促进我国在空间探测领域的发展和进步具有十分重要的意义。

1.4 贫化 ^{64}Zn 的应用

天然锌有五种稳定同位素，锌的五种稳定同位素及其天然丰度分别为：^{64}Zn—48.63%、^{66}Zn—27.90%、^{67}Zn—4.10%、^{68}Zn—18.75% 和 ^{70}Zn—0.62%。离心法是目前所知的规模化分离锌同位素的最佳方法。国际上曾采用电磁分离法、化学交换法，最终未能建成规模化生产装置。

在核能领域，贫化 ^{64}Zn 同位素以氧化锌或醋酸锌的形式注入反应堆的一回路冷却水中，可在结构材料表面置换出钴、镍和其他放射性核素，形成更稳定的氧化膜，降低材料的腐蚀速率和腐蚀产物的释放速率，从而降低堆芯外的辐射场。

反应堆注锌技术始于 20 世纪初，贫化醋酸锌 -64（^{64}Zn 丰度 < 1%）被广泛应用于压水堆一回路中冷却系统，可以阻止设备表面沉积的 ^{60}Co 向水中释放，注入到反应堆的载热体中，在防止一回路腐蚀开裂的同时，可以使核电站中伽马辐射剂量强度中源于 Co 的部分降低 4–20 倍，减少辐射积聚，从而进一步降低核电站工作人员所受的辐射，同时提高反应堆材料耐腐蚀性。

1994 年美国 Farley 2 机组第 9 个燃料循环开始实施一回路加贫化醋酸锌 -64，是世界上第一个加贫化醋酸锌 -64 的压水堆，到第 14 个循环 ^{58}Co 比加锌前降低了 56%。至 2018 年全球已有约 100 台机组实施一回路加贫化醋酸锌 -64，加锌对辐射场的降低效果明显，国内 AP1000 机组使用了贫化醋酸锌 -64，该材料全部依赖进口。

2021 年之前，俄罗斯和欧洲具有贫化锌醋酸锌成熟生产技术，我国全部依赖进口，其价格昂贵，且供应链不稳定，存在供货卡脖子问题。为保障核电用关键材料的自主化供应，2021 年，核理化院联合相关核电业主开展了国产核级贫化醋酸锌 -64 产品的研制和应用研究，获得贫化醋酸锌 -64 并成功应用到核电一回路注锌。国产贫化醋酸锌 -64 丰度指标和杂质指标均优于或等同于进口贫化醋酸锌 -64，满足国内核电应用要求。

现在，国内其他 AP1000 业主均开始使用国产贫化醋酸锌，同时华龙一号等自主核电技术也开始立项研究国产加锌技术及使用国产贫化醋酸锌 -64 同位素产品。根据调研，截至 2022 年年底，全球在运的核电站 422 台，在建 57 台。加锌的机组占比超过 35%，且逐年呈上升趋势。

1.5 贫化 ^{95}Mo 的应用

钼作为一种用途广泛的金属元素，其同位素在核工业、医学、物理学等方面有着广泛的应用。在核工业中，钼也是一种重要的金属，由于其高熔点和化学性质稳定的性质，在反应堆材料中得到了大量的应用。在快中子反应堆、磁约束聚变 – 裂变混合堆等多种未来新概念反应堆中，铀钼合金由于其性质也有望得到应用。

天然钼有七种稳定同位素，钼同位素的基本性质如表 1 所示。

表 1　钼同位素的基本性质

钼同位素	天然丰度 / %	相对原子质量 / u	热中子吸收截面 / barn	共振积分 / barn	半衰期及衰变类型
^{92}Mo	14.77	91.906 8	0.019	0.81	稳定
^{94}Mo	9.23	93.905 1	0.015	0.82	稳定
^{95}Mo	15.90	94.905 8	13.4	111	稳定
^{96}Mo	16.68	95.904 7	0.5	17	稳定
^{97}Mo	9.56	96.906 0	2.5	14	稳定
^{98}Mo	24.19	97.905 4	0.137	6.9	稳定
^{100}Mo	9.67	99.907 5	0.199	3.8	7.30×10^{18}a，双 β^- 衰变
天然钼	100	95.95	2.52	24	—

钼在核工业中得到大量应用还有一个较大的障碍，就是天然钼的热中子吸收截面较大。目前商用核电站核燃料常用的结构材料多为锆合金；而研究用反应堆的核燃料则多用铝、硅等作为结构材料，它们的共同特点是热中子吸收截面小（硅、锆、铝的热中子吸收截面分别为 0.17 barn、0.19 barn、0.23 barn）。相比之下，天然钼的热中子吸收截面 2.52 barn，较硅、铝、锆等要大一个数量级，导致反应堆中的钼会吸收较多的中子，这不仅会给含钼材料在辐照后带来较多的放射性，更重要的是会使反应堆内热中子利用系数降低。天然钼同位素中，^{95}Mo 的热中子吸收截面和共振积分分别为 13.4 barn 和 111 barn，远大于其他钼同位素；^{95}Mo 占天然钼的热中子吸收截面和共振积分比例分别达到了 84.9% 和 73.4%。因此设法降低钼中 ^{95}Mo 的丰度是解决钼吸收热中子问题的关键。

钼同位素分离属于多组分分离，最有效的分离方法为气体离心法。掌握钼同位素分离技术，制备新式钼合金核燃料组件，核燃料组件耐高温性能提升明显。同时，对于开展 RERTR 计划（降低研究用核反应堆铀燃料富集度计划）及新概念反应堆设计，提高在国际相关项目合作中的参与度、增加话语权都具有十分重要的意义。

2 稳定同位素产业发展建议

稳定同位素是核工业的基础，也是基础性、战略性材料，已形成百亿级规模的市场。迄今为止，国家层面和各地区均无针对稳定同位素产业发展的相关政策和指导文件，也没有形成产业规模和产业集群。

长期以来，稳定同位素的产品市场基本被发达国家垄断，欧美和俄罗斯则是我国的主要供应国。而今，美国已限制欧美各国向我国出口稳定同位素产品，给我国核工业、电子半导体、临床医疗等领域的发展带来了巨大的挑战，迫切需要开发自主核心技术，实现国产化替代。

核理化院作为国内最早开展分离稳定同位素的科研单位，先后开展了碳、氙、锌、钼、钨、硅、锗、镍等元素的数十种稳定同位素的研究工作。针对大、中、小质量同位素的分离，掌握了核心分离技术，研发了专有型号的专用设备，形成了完整分离技术研发谱系；掌握了的级联设计技术，具备了完整的级联建设水平；掌握了工质转化及纯化技术，具备高丰度和高纯度检测能力，可提供质量稳定可靠的同位素产品。

为加快稳定同位素产业发展，提出建议：

优化产业布局，加快形成先进稳定同位素产业集群：实施稳定同位素产业示范工程，以稳定同位素产业园建设、稳定同位素综合生产体系落地为突破口，探索产业深度融合发展的新模式、新机制。

完善开发体系，协同突破稳定同位素生产技术壁垒：明确我国同位素产业在原料与技术领域存在“缺失”“薄弱”环节，协同相关研究院、高校、生产企业和用户单位共同构建稳定同位素产业技术创新体系，加快突破制约产业发展的关键技术，研究制定质量评价共性技术方法，形成一批有自主知识产权和市场前景的新技术、新产品。

拓宽适用空间，着力打通稳定同位素市场应用途径：加强稳定同位素市场需求与供给分析，由政府部门牵线搭桥与研发企业自身推广形成合力，重点聚焦稳定同位素在核能、电子行业、医学等领域的用途，从终端用户出发，在优化应用中不断提高研发水平和技术能级，打破国外产品垄断中国市场的局面。

第一作者简介

周红艳，高级工程师，长期从事核能氟化物材料和稳定同位素材料的研究开发、推广及产业化工作。先后主持和参与了多个科研、产业化项目，满足了重大项目、民用、出口的需要，经济效益和社会效益显著。先后发表学术论文5篇，申请、授权国家发明专利和实用新型专利10余项，公开发布的国家标准、行业标准5项。现担任国防氟材料创新中心理事和全国标准化技术委员会含氟气体分委员。

全球核能制氢发展现状及技术分析

兰　洋　李仲春　张　玥　杨　莎
（中国核动力研究设计院）

摘　要：在全球“碳达峰、碳中和”及能源转型大背景下，氢能凭借其能量密度高、清洁和可持续的优势，成为未来最有希望得到大规模利用的清洁能源。而核能制氢是未来氢气大规模供应的重要解决方案之一，为可持续发展以及氢能经济开辟了新的道路。研究了美、俄、英、法、加、日、韩等多个国家的核能制氢规划及技术路线，针对我国现阶段面临的技术挑战和技术选型做出系统分析，并结合我国现状提出了建议。

关键词：低碳；核能制氢；技术路线；高温电解

引言

地球变暖、气候异常成为人类共同关注的热点。氢能作为二次能源，具有零碳、高效、可持续、可储能、安全可控等显著优势，是推动多元能源结构的重要载体，也是深度脱碳的重要选择之一。

多个权威机构预测认为，全球氢能产业强势增长。国际能源署（IEA）预测，到 2030 年，全球氢能需求将达到 1.5 亿吨，并在 2060 年突破 4 亿吨，其中，2030

年之后的新增供给将主要来自绿氢。根据国际氢能委员会与管理咨询公司麦肯锡联合发布的分析报告《氢能洞察 2023》显示，到 2030 年氢能直接投资额有望达 3 200 亿美元。中国产业发展促进会氢能分会发布的《国际氢能技术与产业发展研究报告 2023》预测，未来 10 年将是全球氢能产业“黄金发展期”，到 2030 年全球氢能需求将超过 1.5 亿吨；2050 年全球氢能需求将增至目前的 10 倍，氢能产业链产值将超过 2.5 万亿美元。

目前，全球制氢产业中，主要采用煤、天然气或工业副产品制氢，这些方式中真正能带来零排放的绿氢比重仍然较低。在“双碳”目标下，越来越多的目光开始聚焦“绿电 + 绿氢”模式，将在未来能源转型起到关键作用。而核电作为一种低碳电力，是世界能源结构转型、替代化石燃料的重要基负荷选项。核能制氢将二者优势结合，可实现氢气全年不间断、高效、大规模、无碳排放制备，而且充分利用反应堆热量，实现更高效率，是未来大规模制氢的重要实施路径。因此，本文研究并分析了国外核能制氢经验、我国技术挑战及技术选型，为我国的核能制氢发展提供参考思路，助力“双碳”目标实现。

1 核能制氢发展现状

世界范围内开展了大量核能制氢工作的研究，美、英、法、日、韩等国均开展了核能制氢相关技术研究。

1.1 美国

美国是核能制氢技术的先行者，在能源部设置专门氢能办公室进行统筹管理。2023 年 10 月，美国能源部投资 70 亿美元，计划在本土建设七个区域清洁氢中心，核能制氢是这一计划的重要组成部分。美国的核能制氢研究主要通过核能制氢启动项目（NHI）、下一代核电站计划（NGNP）和核 – 可再生能源综合系统（IES）等项目持续支持推进。

核能制氢启动项目：主要用于开展基于高温堆的制氢技术商业示范技术研究，主要包括核能制氢发展战略、热化学循环、高温蒸气电解制氢、氢气系统集成发展等内容。

下一代核电站计划：重点研发满足核能制氢要求的高温反应堆技术，比较了棱柱型和球床型高温气冷堆两种技术方案，最终推荐使用棱柱型高温气冷堆方案。

核 - 可再生能源综合系统：采用高温和低温电解两种技术路线，基于现有大型核电站核能制氢示范项目，为促进未来核能制氢大规模商业化奠定技术基础。能源部投资了四个核电站制氢示范项目，计划均在 2024 年年底前投运，包括戴维斯 - 贝瑟核电站（低温电解）、普雷里岛核电站（高温电解）、帕洛维德核电站（低温电解）、九英里峰核电站（低温电解）。其中，九英里峰核电站制氢设施已于 2023 年投运，目前每天可以生产氢气 560 千克。

1.2 法国

"法国 2030 计划"中明确提出大规模利用核能制氢，是为实现 2050 年"碳中和"目标及维持核能领导地位的重要举措。根据法国氢能国家战略规划，至 2030 年，开发高效电解制氢项目，到法国通过可再生能源与核能制得"清洁氢气"的产能要达到 60 万吨，扩展至工业规模以实现盈利。2022 年 4 月，法国电力公司启动核电制氢项目，投资 20 亿至 30 亿欧元，目标是到 2030 年建成 300 万千瓦电解槽。

目前法国重点采用基于压水堆发电的电解制氢技术，同时也在发展基于高温气冷堆的核能制氢技术。基于压水堆的电解制氢技术方面，重点在于电解制氢技术的工业化应用，主要包括碱性水电解和基于质子膜电解（PEM）等方式。基于高温气冷堆的核能制氢技术方面，法玛通公司推出基于蒸气循环的高温气冷堆反应堆（SC-HTGR）的设计方案。SC-HTGR 反应堆可以耦合热化学碘硫循环及高温电解等过程，实现供热制氢和发电等多种用途。2021 年 5 月，法国电力公司和俄罗斯原子能公司联合开发采用高温蒸气电解和甲烷重整制氢与碳捕集相结合的核能制氢项目。

1.3 英国

2021 年 5 月，英国《氢能路线图》获英国核工业委员会通过。该路线图设定了到 2050 年英国核能制氢的目标，即 1/3 的氢需求（75 太瓦时 / 年）由核能生产。2022 年 7 月，启动“先进模块化反应堆研发示范计划”（B 阶段），提出开展出口温度达 750 ℃、可满足制氢的微型模块化高温气冷堆研发设计。2024 年 1 月，英国政府发布《民用核电路线图》，明确在 2040 年部署先进模块化反应堆，除电力供应外，也可用于制氢、供热。

目前，英国正在开展希舍姆核电站制氢示范项目，计划在二号机组（575MW 先进气冷堆）通过电解槽技术实现制氢，并已从技术和安全角度验证了核能制氢的商业可行性。预计到 2035 年，英国核反应堆未来电解槽容量约为 550 MW，氢产量可达 220 吨 / 天，生产成本低至 1.89 英镑 / 千克（约合 2.44 美元 / 千克）。

1.4 俄罗斯

2020 年 6 月，俄罗斯发布《2035 年能源战略》，提出积极推进核能制氢应用。2021 年 8 月，发布《俄罗斯氢能发展概念》，将核能制氢作为一项优先发展技术。2024 年，俄罗斯国家原子能公司（Rosatom）明确表示，拟扩大核能制氢规模，计划在 2024 年年底前 就国内首座核能制氢电厂建设项目做出最终投资决定，并开始着手启动该项目。

俄机械工程实验设计局（OKBM）研发了额定热功率 600 MW 和 250 MW 的 MGR–T 反应堆，采用棱柱型高温气冷堆技术方案，以支持核能制氢技术发展。此外，在科拉核电站进行制氢试点，2022 年 12 月，俄罗斯国家原子能公司表示，已在科拉核电站的一个新的电解装置上生产出氢气，氢气纯度为 99.99%。

1.5 日本

2019 年，日本修订了《氢 / 燃料电磁战略路线图》，提出三步走氢能技术发展、使用的战略。日本原子能委员会提出的核能研发路线图，将核能制氢定位为“支持将核反应堆用作热源的候选技术”，并明确了要启动商用核能制氢装置的原型示范。1997 年，日本原子能机构为碘 – 硫（IS）循环建造了一个概念验证设施（产氢率为 1 NL/h）和 2004 年建成产氢率为 50 NL/h 的台架规模设施，并成功地实现设施的持续运行。

1.6 韩国

2021 年 10 月，韩国政府发布“氢能领先国家愿景”，力图到 2030 年构建产能达 100 万吨的清洁氢气生产体系，并将清洁氢能比重升至 50%。韩国目前正在开展核氢开发示范计划，目的是利用超高温气冷堆进行大规模制氢，并计划获得核能制氢开发和示范的运营许可证。为此，韩国政府启动了“发展核氢关键技术”项目，支持两种模块式超高温气冷堆设计，每年生产 3 万吨氢气，该气冷堆已于 2014 年完成工程设计。2021 年 12 月，韩国斗山集团启动基于“压水堆 + 固体氧化物高温电解”核电制氢大型示范项目，通过利用核电厂高温蒸气生产绿氢，有望以较低价格进行大规模制氢。

1.7 中国

2019 年，氢能首次写入《政府工作报告》，2020 年 12 月，《新时代的中国能源发展》白皮书发布，强调应用加速发展绿氢制取、储运和应用等氢能产业链技术装备。在核能制氢方面，我国在高温气冷反应堆及耦合制氢工艺方面均开展了相关的研究。

在高温反应堆研发方面，清华大学在国家“863”计划支持下，于 2001 年建成 10 MW 高温气冷实验反应堆，2003 年达到满功率运行。以此为基础，200 MW 石岛湾高温气冷堆商业示范电站建设项目已被列入国家科技重大专项，由清华大学、华能集团及中核集团共同参与研发建设，将具备核能制氢条件。2023 年 12 月，石岛湾高温气冷堆核电站正式投入商业运行。

在核能耦合制氢技术方面，清华大学核研院于 2004 年开展核能制氢方法的可行性研究论证。2014 年完成了实验室规模的高温水蒸气电解制氢实验系统的设计、建造和运行调试。浙江大学于 2010 年建成实验室规模的碘硫制氢系统，打通了系统流程，于 2020 年建成产氢率 5 m^3/h 的碘硫循环方式制氢系统，为未来耦合多种热源制氢奠定基础。

此外，中广核、国电投等积极布局氢能产业。中广核设立了专门的氢能投资基金，重点投资于氢能及燃料电池领域。国电投于 2017 年设立氢能子公司，在氢能技术研发、基地建设、市场开拓等方面持续发力，相关基础设施建设完成后，将具备开展核能制氢的条件。

2 我国核能制氢面临的挑战分析

当前我国氢能及核能制氢技术正处于起步阶段，氢能基础设施建设、关键技术研发、产品推广应用等正在积极布局，力争抢占氢能领域发展的领先地位，尽管具备巨大前景和优势，但也面临不少挑战：

首先是氢能产业基础设施尚未完全建立，大规模应用的时间存在一定不确定性。氢能产业涉及到制氢、储氢、运氢及应用尚未形成完备高效的产业链。在储运方面，国内车载高压储氢和运氢技术基础相对较差，加氢站等基础设少。加氢机、氢气压缩机、氢气检测等关键技术设备与核心零部件与国外先进水平相比，存在一定差距。在应用方面，目前主要以氢燃料电池形式应用于交通领域，技术瓶颈导致成本高，氢燃料电池汽车的产业化推广应用难度大。氢能应用于储能及工业领域目前仍然处于探索研发阶段，应用前景尚不明朗。因此，氢能产业大规模应用及清洁制氢的时间存在一定不确定性，将影响对于产业的发展。

其次是超高温气冷堆耦合高温制氢技术还有诸多关键技术尚待攻克。基于超高温气冷堆的核能制氢方式，能够在满足制氢需求的同时，也可以拓展至极高温度工业供应，且温度越高效率越高，应用领域越宽，经济性越好。根据初步评估结果表明，当堆芯出口温度高于 850 ℃时，高温气冷堆耦合制氢将体现出经济性优势。目前我国的高温气冷堆出口温度为 750 ℃，将温度提升至 850 ℃以上时，将面临耐高温燃料材料等关键技术研发，运行性能及可靠性等诸多问题，具有一定的难度和挑战性。

基于高温气冷堆高温供热耦合热化学循环 / 高温电解技术，是与核能耦合制氢的优选方式，但目前仍然处于实验室小规模验证阶段，尚未实现工作化应用，面临复杂化工过程中材料腐蚀、工艺系统热效率等关键问题尚待解决。

3 启示及建议

3.1 国外技术经验分析

综上，为满足未来氢能发展需求和巨大的市场潜力，美国、俄罗斯、法国、英国、日本、韩国等国家已将氢能纳入国家能源发展战略。同时，结合各国根据自身资源和已有技术基础，形成各自的核能制氢发展战略及技术路线，见表 1。

表 1　各国核能制氢技术路线

国家	技术路线	堆型	状态
美国	压水堆耦合低温电解制氢	戴维斯－贝瑟核电站	准备工作及相关工程进行中
		普雷斯岛核电站	已启动工程和规划工作
		帕洛维德核电站	2021 年 10 月启动项目
	沸水堆耦合电解槽制氢	九英里点核电站	制氢设施已在 2023 年 3 月投运
	高温气冷堆高温蒸气制氢	先进反应堆示范计划	拟建示范堆
		下一代反应堆计划	方案设计

续表

国家	技术路线	堆型	状态
俄罗斯	压水堆耦合低温电解制氢	科拉核电站制氢项目	技术开发中（已试产）
	模块化高温气冷堆核热制氢	模块式高温气冷堆	2033 年首台机组实现制氢应用
英国	压水堆耦合低温电解制氢	希舍姆核电站制氢示范项目	完成小规模验证
	模块化气冷堆核热高温制氢	“先进模块堆”示范计划 U-Battery	方案设计
法国	压水堆耦合低温电解制氢	已有压水堆	计划
	模块化小堆	Nuward 项目	概念设计阶段
	棱柱形高温气冷堆	SC-HTGR	方案设计
日本	多功能高温气冷堆	GTHTR300	完成基本设计
韩国	压水堆高温蒸气制氢	APR1400	固体氧化物电解池开发中
	超高温气冷堆	NHDD 计划	关键技术研发中，已完成工程设计

3.2 技术选型分析

（1）核反应堆选型分析

核反应堆的选择随制氢工艺的不同而不同，不同的堆型可以在不同的温度范围内提供制氢所需的热和 / 或电能。适合堆型的参数及制氢工艺如表 2 所示。

表 2　不同堆型的参数及制氢工艺

堆型	出口温度 /℃	适合制氢工艺
轻水堆	280 ～ 325	水电解
重水堆	310 ～ 319	水电解
超临界水堆	430 ～ 625	水电解、热化学循环
快堆	500 ～ 800	水电解、热化学循环、甲烷蒸气重整
熔盐堆	750 ～ 1 000	水电解、蒸气电解、热化学循环、甲烷蒸气重整
气冷快堆	850	水电解、蒸气电解、热化学循环、甲烷蒸气重整
高温气冷堆	750 ～ 950	水电解、蒸气电解、热化学循环、甲烷蒸气重整

热化学循环、甲烷蒸气重整、高温蒸气电解需要较高的温度，主要适用于后续四代堆型，水直接电解制氢适合各种堆型，但常规电解制氢综合效率低（约 25%），当高温气冷堆的出口温度高于 850 ℃时，制氢效率可达 45% ～ 50%，经济性更优。

我国核电在能源体系中占比低，已有核电厂重点在于维持电力输出，大规模用于核能制氢的可能性低。而发展高温气冷堆，采用热电耦合的方式提高制氢效率，成为满足我国未来低碳氢能的大规模供应的重要选项。

目前世界针对高温气冷堆的研究，按燃料形式分主要有两种：一种是棱柱型高温气冷堆，另一种是球床型高温气冷堆。球床堆虽然可在线换料，运行因子高，但堆芯阻力大，且压气机耗功多，经济性较差，但在线燃料系统操作复杂。目前，高温气冷示范堆工程热功率为 200 MW，出口温度仅为 750 ℃，尚未达到制氢所需要的温度。相较于球床型高温气冷堆，棱柱型高温气冷堆等效热导率较高、堆芯阻力低、综合经济性更好、运行性能更好、放射性废物少、无直接碰撞粉尘产生量少，是大功率规模高温制氢的优选堆型。棱柱型与球床型高温气冷堆对比情况见表 3。

表 3　棱柱型与球床型高温气冷堆比较

	棱柱型	球床型
经济性	★★★★★	★★★
安全性	★★★★★	★★★★★
可维修性	★★★★★	★★★
燃料后处理	★★★★★	★★★
可设计性	★★★★★	★★★
运行因子	★★★★	★★★★★

（2）制氢方式选型

核能制氢是将核反应堆与先进制氢工艺耦合，基于核能的电或热生成氢气，主要包括如下四种方式：

1）常温水电解——通过将核电站产生的电力从电网转移到电解槽，在常温下将水分解为氢气和氧气。该工艺包括碱性电解和质子膜电解等方式，是目前技术最成熟的，但制氢成本高，仅占水电解制氢仅占总制氢量 4% 的份额。

2）高温蒸气电解——是采用核电站产生的高温蒸气和固体氧化物电解技术结合，将蒸气电解生成氢气和氧气，是氢燃料电池的逆过程。和常温电解相比，由于部分电能需求被热能需求所取代，高温电解效率更高，成本更低。当蒸气温度达到 800 ℃时，蒸气电解的总制氢效率超过 50%，是常温水电解的两倍，且随着温度的增加，效率可进一步增加，但目前正处于技术研发中。

3）热化学循环——是指通过热化学方式，将水分解成氢气和氧气，可以将原本需要 1 700 ℃以上的水裂解温度降低，从而可以和核能热相结合，实现大规模低碳制氢，制氢效率可以达到 40% ~ 60%。学术界共提出了上百种热化学循环方案，具有潜在应用前景的主要包括碘硫循环、钙溴循环和铜氯循环等。当采用热化学循环制氢时，反应环境相对复杂，在工艺和材料方面仍需进一步研发。

4）甲烷蒸气重整——基于核电的废热可以代替化石燃料为蒸气重整过程提供高温，从而生成氢气和二氧化碳。基于重整化石燃料制氢的方式是目前最为主要制氢方式，技术最为成熟，价格也相对便宜，但存在碳排放，一般需要考虑碳捕获和储存。

从制氢技术上看，常温水电解和甲烷蒸气重整技术成熟度高，可实现大规模应用，将是短期内主流，高温蒸气电解和热化学循环的效率更高，但目前尚未实现商业化应用，是未来技术的重点发展方向。核能制氢不同工艺优劣对比见表4。

表 4　核能制氢不同工艺优劣对比

制氢工艺	优势	劣势
常温水电解	氢气纯度高，效率高，可模块化组合	耗电量大，电价对氢气的成本影响很大，电极寿命短
高温蒸气电解	效率更高，成本低	技术仍然处于研发，尚未实现大规模应用
热化学循环	可利用低品位热量，耗电量较常规电解有所降低	反应环境复杂，在工艺和材料方面仍需进一步研发
甲烷蒸气重整	原料容易获取，价格低廉，工业应用经济丰富	二氧化碳排放量高，受天然气价格波动影响较大

3.3 选型建议

核能制氢是我国未来低碳氢能的大规模供应的重要来源。国外开展了大量的核能制氢相关技术研发，但目前氢能产业体系还不成熟，超高温反应堆及耦合制氢方法上有关键技术问题尚待解决。以棱柱型超高温气冷堆耦合高温蒸气电解或热化学分解为代表的核能制氢技术，是满足2030年后工业部门深度脱碳的重要选项，具有广阔的发展前景。

第一作者简介

兰洋，中国核动力研究设计院副研究馆员，长期从事核领域战略研究与咨询以及知识管理工作。近年来，先后担任《国外核能研究机构》《医用同位素市场供需研究分析》等多个课题的负责人。同时承担多个知识管理和数字化转型项目负责人。

我国核工业大模型研发现状、主要挑战与发展策略思考

邹来龙
（中国核能行业协会）

摘　要:探讨我国核工业大模型的研发现状、面临的挑战及发展策略。核工业作为国家安全和高科技战略产业,其智能化升级对于提升核工业安全性和经济性至关重要。AI 技术的应用,特别是大模型技术,正在推动核工业向更安全、更高效的方向发展,同时促进核技术在多个领域的应用。核工业数据的保密性和复杂性、大模型研发的技术难题以及核安全领域的应用约束等挑战亟待解决。通过行业层面的战略规划、产学研用协同创新、建立标准体系和评估认证机制、加强国际合作等措施应对这些挑战,推动核工业大模型技术的发展,培育形成新质生产力,实现产业现代化升级的战略目标。

关键词:新质生产力;核工业;大模型;AI 应用;产业转型升级

引言

核工业作为高科技战略产业,是国家安全的重要基石和大国地位的重要标志。我国核工业的发展始终受到党中央的高度重视,成为国家综合实力的关键体现。

核工业不仅为国防安全提供了坚强支撑，还为经济社会发展贡献了重要力量。随着“华龙一号”等核电自主创新成果的涌现，我国核工业在国际舞台上展现出强大的竞争力和影响力。此外，核技术在医疗、能源、环保等领域的应用，也显著提升了人们的生活质量，有效助力实现“碳达峰、碳中和”目标，为解决全球能源和环境问题提供了中国方案。

AI技术的发展，推动核工业向更安全、更高效和智能化的方向发展，为核能的和平利用和核科技的进步提供强大动力。例如，中核集团正推进人工智能与核科技产业的深度融合，旨在通过AI技术提升核工业的生产力和创新能力。可以设想，AI技术在核工业中的应用前景广阔，其潜在影响深远。例如，AI技术可以优化核燃料勘探采集，通过大数据分析和机器学习提高勘探效率，减少采矿时间和成本；在核电设计和装备制造领域，AI能够辅助进行复杂的模拟和仿真，提升设计精度和效率；AI在核电站的运行维护中也显示出巨大潜力，能够实现设备状态的快速预测和诊断，提高核电站的安全性和可用度。

核工业作为国家安全的重要基石，其科技创新直接关系到国家综合实力和国际竞争力。核科技创新是强化国家战略科技力量的重要支撑，有助于加快建设新型能源体系，推动能源革命和保障能源安全。此外，核科技创新还是探索科技前沿的重要领域，能够为核能的和平利用、核科技的进步提供强大动力。加大核工业大模型的研发投入，积极布局前沿技术，对于提升核工业智能化水平、实现高质量发展具有深远影响。

1 核工业大模型研发现状

核工业大模型是指专门为核工业领域设计的具有大规模参数和复杂计算结构的机器学习模型。这些模型通常由深度神经网络构建而成，拥有数百亿甚至数千亿个参数，旨在提高模型的表达能力和预测性能，能够处理更加复杂的任务和数据。核工业大模型的应用可以推动核工业领域的数字化转型，打破数据孤岛，构建数字工程师，提高知识管理效率，降低人力成本，增强安全分析能力，提升核工业的整体智能化水平。

最新公开资料显示，我国核工业 AI 技术应用正逐步深入，在大模型研发方面也取得进展。宁德核电的“锦书”大模型，展示了 AI 在提升核电站运行效率、安全分析和知识管理等方面的应用潜力。此外，AI 技术在核燃料设计、核电站设计审查、机器人技术、智能监控和预测性维护等领域的应用也在不断探索和实践中，推动着核工业向智能化、高效化方向发展。

1.1 中广核宁德核电自主研发的“锦书”大模型

据报道，宁德核电自主研发的“锦书”大模型，其参数规模达到 720 亿，是目前可知的全球最大的核工业预训练大语言模型之一。应该说，这是核工业领域的一项最新成果。该项目自 2023 年 5 月启动，旨在应对核电行业的知识管理不足、低脑力劳动过多和安全分析能力提升等挑战。

“锦书”大模型包括锦书 –34B–Chat 和锦书 –72b–Chat 两种参数规格，依托超过 20 亿 token 的核工业语料库进行训练。该语料库覆盖核运行、核物理、核燃料等多个领域，以及规程、系统设计书等十余种工作文件，为模型提供了丰富的专业知识和实践经验。宁德核电团队开发的 Nuclear–embedding–v1–base–cn 词向量模型和 Nuclear–reranker–v1–base–cn 模型，在 nuclear benchmark 数据集上展现了卓越性能，召回率指标优异。基于“锦书”模型，宁德核电推出了国内首个核工业大语言模型应用平台“云中锦书”，集成了智能培训系统、个人岗位晋升系统、PPT 生成等应用，能显著提升企业效率。“锦书”还包括核工业首个多模态 AI 讲师书锦，通过文字、图像、语音的多模态交互，实现了 AIGC 技术与 SAT（系统化培训方法）的结合，为一线工程师提供全天候的答疑和课程讲解服务，极大提高培训效率。

“锦书”大模型不仅有利于提升核电行业的工作效率，还可以影响行业的数智化转型。“锦书”被核电从业者视为人工智能时代的蓝图和核电行业的情书，强调大模型和生成式 AI 在实现人员降本增效和挖掘新业务价值方面的重要性。随着技术的持续进步，“锦书”大模型预计将在核工业乃至更广泛领域发挥更大作用。

1.2 中核集团“龙吟·万界”平台

中核集团推出的“龙吟·万界”平台是国内首个专注于核领域的数字生产力平台，旨在构建从基础设施、算法工具、智能平台到解决方案的大模型赋能产业生态，聚焦于核工业数字工程师应用。目前，与秦山核电合作研发的核反应堆控制保护数字工程师在“龙吟”2.0 的基础上进行了升级。这些进展显示中核集团在利用 AI 技术推动产业生态发展方面迈出的重要步伐。该平台是响应国务院国资委“AI 赋能 产业焕新”战略的成果，旨在加速核工业领域新质生产力的形成。

“龙吟·万界”平台的创新之处体现在多个方面。首先，它构建了产业多模态优质数据集，为核工业提供了丰富的数据资源，包括公共知识、特有知识以及核运行、核物理、核燃料等专业数据，为大模型训练提供了坚实基础。其次，平台致力于打造一个从基础设施到解决方案的大模型赋能产业生态，使企业和研究机构能够便捷地利用大模型技术，加速科技创新和成果转化。此外，平台推出的 Nu Copilot ™系列数字助理，为核工业工程师提供了智能对话、信息检索、数据分析等服务，有效提高了工作效率和学习效率。数字工程师的应用则通过智能对话形式，解决了高技能人才经验流失等问题，为工程师提供了高效、便捷的业务信息支持。平台还提供一站式企业级服务，主攻核工业场景化解决方案，可大幅提高工程师的工作效率，降低人力成本。

“龙吟·万界”平台的实践价值明显。它不仅推动了核工业的数字化转型，提升了生产效率和安全性，还加速了科技创新，提高了整体技术水平。平台的数字助理和数字工程师应用有助于核工业人才的培养，提高了人才培养效率和质量。同时，平台的推出有助于提升我国核工业的国际影响力，吸引国际合作伙伴，共同推动全球核工业发展。

1.3 国家电投集团大模型智能审查系统

国家电投上海核工程研究设计院自主研发的我国核能领域首个大模型智能审查系统，是数字员工“智汇星”新技能的成功拓展应用，它标志着核能领域数字化转型发展取得了新的突破，并为我国核能产业的发展注入了新的活力。

智能审查系统采用了超过 130 亿参数规模的国际先进大模型人工智能技术，具备自主学习能力，并能理解核电设计领域的法律法规。该系统能够在多专业、多学科的智能审查库构建基础上，快速准确地识别设计文件中的潜在错误和瑕疵，有效解决设计文件审查过程中的问题，如高度依赖资深工程师经验、设计文件复杂、安全要求高等。与传统的人工审核模式相比，智能审查系统审核速度提高了约百倍，单项目可节约成本超过 1 000 万元。

上海核工院一直致力于核能人工智能领域的前瞻性布局和推进。继去年发布由公司主导制定的核领域首个人工智能国际标准后，又发布了 AI 数字员工“智汇星”系列，为员工提供服务，包括科研助手、财务助手、采购助手、设计助手等，它们在各自的岗位上为核电设计安全、智能设计水平提升、核能领域数字化转型发展提供有力支撑。目前，正继续着力于其他场景的应用研发，如智能审查与安全性评估、故障诊断与预测、优化运行与管理，以及辅助设计与模拟，以便进一步提高核电站的安全性、可靠性和经济性，推动核电领域的技术进步和发展。

1.4 同方知网与华为合作打造的华知大模型

华知大模型是由中核集团支持，同方知网与华为合作打造的人工智能大模型。它代表了中核集团在响应国家“人工智能 +”战略方面的重要布局，旨在通过先进的 AI 技术推动核工业的智能化改造和数字化转型。

华知大模型基于华为的昇腾算力和昇思 AI 框架，确保了强大的计算能力和高效的模型训练过程。华知大模型在核工业公共知识和特有知识领域的广泛应用，提升了核工业知识管理的效率和准确性，能够实现核工业领域相关知识的问答，提供即时的信息检索和决策支持，已在企业级 AI 知识库中得到应用，支持构建个人知识库，提高工作效率。

随着模型参数和训练方式的不断优化，华知大模型在核工业领域的应用表现预计将进一步提升。虽然目前专注于核工业，但大模型的技术和方法有望扩展到其他行业，实现更广泛的应用。华知大模型有望推动核工业及其他重工业领域的智能化水平，提高生产效率，降低运营成本，有助于推动核工业及相关行业的技术进步和创新发展。

1.5 核工业机器人技术的研究进展和应用情况

核工业机器人技术正成为提升核电站安全性、减少人员辐射暴露和提高运维效率的关键。我国在“十二五”期间已实现多项关键技术突破，包括辐照环境下的视觉处理、精确定位、抗辐照加固和防污去污技术。研发的多功能机器人，如换料机器人和水下爬行机器人，已在核电站的检查、维修和核燃料更换中展现潜力。智能化和自主性方面，机器人正通过深度学习和机器视觉实现自主导航和任务执行。

现场应用案例不少，例如：在核工业待清洗区域，去污机器人能够自主对墙面、地面残留的液体或粉末污渍进行视觉识别，并采用合适方法进行去污作业。这种机器人通过远程遥控 AGV 运动到指定工作区域，结合 3D 相机和视频监控深度信息，实时视频画面搜索寻找目标核污染区域，并执行清洗任务；在核原料生产和处理中，热室是主从机械臂广泛应用的场所。这些机械臂能够在高辐射活性物质及强腐蚀气氛环境中进行操作，通过自整角电机随动系统或基于手柄、串联微型指令机构的人机交互接口实现遥操作；以及在大亚湾核电基地等核电站，经过验证的核反应堆专用系列机器人已开展工程示范应用。这些机器人在核心设备的检测与运行维护中提供了重要的技术支撑，提升了核电站生产的安全保障水平。智能运维的推进，如数字核电和智慧核电建设，利用 AI 技术提高故障诊断和预测能力，增强了核电站的安全性和可用度。

应该说，核工业机器人技术的研究和应用正快速发展，预计未来将在保障核电站安全、提升运维效率和推动核工业智能化转型中发挥更大作用。

1.6 我国核工业大模型技术的竞争力和发展趋势

在全球核工业智能化的浪潮中，我国的核工业大模型技术正展现出巨大的发展潜力。与国际相比较，我们可以看出我国在这一领域的数据资源优势以及应用场景的广泛性。我国核工业大模型技术，如宁德核电的“锦书”模型，显现出我国在核工业大模型研发上的技术创新和应用潜力。此外，我们拥有庞大的核工业语料库，覆盖了核运行、核物理、核燃料等多个专业领域，可以为模型的准确性和实用性提供坚实基础。在应用场景方面，我国的核工业大模型技术已在智能培训系统、个人岗位晋升系统、智能检修、设计研发等多个场景中展现出良好的潜力，有助于提高工作效率并促进知识的整合与共享。

可以相信，我国的核工业大模型技术预计将朝着技术深化与优化、跨学科融合、国际合作与交流以及安全性与可靠性提升等方向发展。技术的不断迭代和微调将使模型在理解复杂核工业问题和提供精准解决方案方面展现更高能力。同时，跨学科的融合将推动核工业智能化转型，而国际合作将进一步提升我国在全球核工业大模型技术领域的竞争力。可以说，我国的核工业大模型技术在保障核电安全、提升运维效率以及推动核工业智能化转型中将发挥越来越重要的作用。随着技术的持续进步和应用的深入，我国有望在全球核工业智能化的进程中占据领先地位。

2 面临的主要挑战

2.1 核工业数据的保密性与获取难度

由于核工业涉及国家安全和敏感技术，数据的保密性要求极高，导致相关数据难以获取。这一方面限制了大模型训练所需的数据量和质量，另一方面也增加了数据预处理和清洗的复杂性。此外，核工业数据的多样性和格式复杂性，如 PDF、扫描件、EXCEL、PPT 等，使得数据清洗和转换为适用于模型训练的格式变得比较困难。因此，如何在确保数据安全的前提下，有效获取和利用核工业数据，成为核工业大模型研发亟待解决的关键问题。

2.2 核工业知识体系的复杂性对大模型训练的影响

核工业具有高度的技术复杂性和专业性，涉及的知识体系庞大且包含大量专业术语和专有知识。这些特点使得大模型在理解和处理核工业数据时面临难题，尤其是在预训练阶段，模型需要准确捕捉和学习核工业特有的概念和逻辑关系。

2.3 核工业大模型的研发和应用挑战

核工业大模型的研发和应用面临多重挑战，包括数据的标准化、模型构建、数字化氛围营造、人才培养、技术实现复杂性以及高安全性和可靠性要求。数据的多元异构性增加了标准化和统一架构规划的难度，而构建准确描述核工业业务的数据模型也颇具挑战。数字化转型需改变传统业务模式，提升员工的数字化参与度。同时，需要培养具备业务和技术能力的复合型人才，以解决业务痛点。核工业大模型需处理专业化和技术密集型知识，对模型的理解和学习能力要求高，且必须确保数据和操作的准确性和安全性，以避免严重后果。

2.4 核安全领域的应用存在一定的约束

人工智能在核安全领域的应用虽然展现出巨大潜力，但也存在一定的限制。核工业对安全性和可靠性的要求极高，因此在采用新技术时倾向于使用成熟且经过验证的技术，这限制了人工智能在核领域的深度应用；人工智能系统的决策过程可能缺乏透明度，这对于需要高度可解释性的核安全领域来说是一个挑战；人工智能技术可能被恶意利用，例如通过网络攻击手段对核设施造成威胁，这将增加核安全的风险；人工智能系统的训练和优化需要大量高质量的数据，而核工业数据的获取和处理可能受到限制，尤其是在保密性要求高的场合；人工智能技术在处理复杂物理现象和进行精确预测方面仍有待提高，这在核反应堆的监控和维护中尤为重要。因此，尽管人工智能技术在核安全领域具有辅助和支持作用，但在实际应用中仍需谨慎，并需要进一步的研究和开发以确保其安全性和有效性。

3 发展重点与战略方向

3.1 核工业大模型自主研发的战略目标和技术路径

核工业大模型的自主研发与创新是提升我国核工业竞争力和智能化水平的关键。国家安全和战略需求是推动这一发展的主要理由，确保关键技术自主可控，增强我国在核领域的战略竞争力。此外，大模型通过大数据分析和机器学习提高核工业智能化，优化运行管理，提升安全性和经济性。科技创新是驱动发展的核心，大模型技术进步促进核能高效利用和可持续发展。同时，大模型需要应对设备维护、故障诊断、安全分析等复杂挑战，提高运行效率。

对应这一主题的主要任务包括：构建核工业大模型安全应用技术体系，整合数据资源，开发智能化应用，进行全面的安全性与可靠性评估，以及加强人才培养与国际合作。这些任务旨在确保大模型的准确性、可靠性和安全性，同时推动技术创新和跨学科合作，提升国际影响力。

3.2 核工业数据资源整合与共享的重要性和实施策略

核工业数据资源的整合与共享对于提升核工业的整体竞争力、促进技术创新和产业升级具有重要意义。核工业数据资源的整合能够为决策提供全面、准确的数据支持，提高决策的效率和精确性。通过大数据分析，可以预测和规避潜在风险，优化资源配置，提升核工业的整体运营效率；数据资源的整合与共享有助于推动核工业技术创新，加速新技术、新工艺的研发和应用。同时，通过共享数据资源，可以促进产业链上下游的协同发展，推动产业升级和转型；在全球核工业竞争日益激烈的背景下，整合和共享数据资源能够提升我国核工业的国际竞争力。通过构建统一的数据平台，可以更好地参与国际合作与竞争，提升我国在全球核工业中的话语权。

统一数据标准和格式，建立共享平台，推动数据开放合作，加强数据安全和隐私保护,培养专业人才,实施数据治理和质量控制是实现这一目标的主要任务。

3.3 核工业人工智能应用的安全性评估和监管机制建设

核工业人工智能应用的安全性评估和监管机制建设是确保核安全、促进技术创新和提升国际竞争力的关键。核工业具有高风险性,安全是核工业的生命线。人工智能技术的应用能够提高核设施的安全性,通过智能监测和预测性维护减少人为错误,提升核电站的安全运行水平;随着人工智能技术的快速发展,其在核工业中的应用已成为必然趋势。通过智能化技术,可以优化核工业的设计、运行、维护和退役等各个环节,提高效率和安全性;在全球范围内,核工业的竞争日益激烈。建立有效的安全性评估和监管机制,能够确保我国在国际核工业中的竞争力,同时满足国际核安全标准和要求。

主要任务包括:建立安全性评估框架,确保 AI 系统在核工业中的安全使用;构建完善的监管机制,包括法规、标准、审查流程和监督执行;开发风险管理工具和应急响应计划,确保紧急情况下的迅速有效应对;鼓励技术研发与创新,注重安全性和可靠性;加强人才培养和教育,提升从业人员的安全意识和专业技能;积极参与国际交流与合作,学习国际经验,提升国际影响力。

3.4 核工业人工智能人才培养和跨学科团队合作的模式

核工业人工智能人才培养和跨学科团队合作是推动核工业大模型发展的关键。技术创新的需求促使核工业与人工智能领域的结合,以提升安全性和效率。跨学科融合成为必然趋势,需要核科学、工程学、计算机科学等多学科知识的整合。同时,对具备核工业和人工智能双重背景的人才需求不断增长,凸显了人才培养的紧迫性。

主要任务包括:建立跨学科教育和研究平台,促进专家学者和学生之间的交流合作;制定人才培养计划,培养能够将人工智能技术应用于核工业的高素质人才;推动产学研用合作,通过项目合作和实习实训让学生和研究人员掌握跨学科知识;

构建多层次人才培养体系，满足不同层面的人才需求；加强国际交流与合作，引进国际先进教育理念和技术，提升人才培养的国际水平。

4 对策建议

4.1 加强行业层面的顶层设计和战略规划，确保研发方向与国家需求相匹配

行业层面的顶层设计和战略规划对于核工业大模型研发的成功和核工业可持续发展具有不可或缺的重要性。核工业大模型的研发是涉及国家安全、经济发展和科技创新等多重层面的复杂任务。加强行业层面的顶层设计和战略规划对于确保研发方向与国家需求相匹配至关重要。首先，核工业作为国家战略性产业，其大模型的研发需与国家安全战略保持一致，以增强自主控制能力和战略竞争力。其次，大模型作为科技创新的体现，需与国家科技创新战略相协调，优化研发资源配置，推动核能的高效利用和可持续发展。

此外，大模型的研发有助于核工业的智能化转型和产业升级，行业层面的顶层设计确保研发方向与产业发展趋势相匹配。资源优化配置避免重复投入和资源浪费，提高研发效率。在国际合作与竞争方面，顶层设计有助于提升中国核工业的国际竞争力，并与国际核安全标准对接。同时，顶层设计确保研发活动在安全和伦理框架下进行，有效控制风险，保护公众利益。长远规划和顶层设计保障核工业大模型研发活动的连续性和稳定性，为核工业的长远发展提供坚实基础。

4.2 研究和构建适合高安全要求的核工业大模型分层解耦安全应用架构

核工业企业设计和实施大模型系统的分层解耦安全应用架构非常重要和必要。通过详细的需求分析、技术选型、数据准备、模型开发、系统集成、安全实施、性能测试、部署上线、培训与支持以及反馈迭代等步骤，构建一个既满足高安全标准

又具备高效性能的大模型系统，通过分层解耦安全应用架构，可以提高大模型系统研发应用的灵活性、可维护性和可扩展性。该架构通过将系统分解为独立的模块和层次，实现对复杂性的管理，同时促进安全和性能的最优化。此外，该架构的设计允许企业根据业务需求和技术进步，灵活地调整和升级系统，而不影响整体的稳定性和安全性。其中，最关键的是深入理解和把握好大模型与小模型、通用模型与专业模型、开源模型与闭源模型、判别式 AI 和生成式 AI、企业内网与外网以及互联网之间的区别和联系。分层解耦安全应用架构的目标就是支持核工业企业有效保障数据质量和安全，满足高可靠性和实时性要求，同时保持合适的投入产出比。

4.3 加强产学研用协同创新，构建开放合作的创新生态系统

核工业大模型的研发需要产学研用协同创新和开放合作的创新生态系统，这对推动科技创新和产业升级至关重要。协同创新整合了企业、高校、研究机构和用户的需求与资源，优化资源配置，提升研发效率。这种跨界合作有利于促进技术交流和知识共享，加速新技术和方法的研发应用，解决关键技术问题。同时，协同创新有利于加快科研成果的转化，使企业能直接参与研发，满足市场需求，加速产业化。

在全球化的核工业竞争中，开放合作的生态系统吸引国际人才和技术，提升我国核工业的国际竞争力。协同创新汇聚各方智慧，共同应对核工业面临的复杂挑战，实现可持续发展。协同创新为科研人员和学生提供实践平台，培养具有创新精神和实践能力的人才，为行业储备人才。协同创新模式的实施需要政策和制度的支持，推动政府和相关部门创新科技管理机制，制定有利于创新的政策和法规。总之，协同创新和开放合作是核工业大模型研发成功的关键，可为核工业的可持续发展提供强有力的支撑。

4.4 建立完善的核工业人工智能标准体系和评估认证机制

核工业人工智能标准体系和评估认证机制的建立，对于保障技术安全、规范行业发展、提升国际竞争力、保障数据安全、支持政策制定和推动技术创新具有深远影响。建立完善的核工业人工智能标准体系和评估认证机制对于确保技术的安全、有效和可持续发展至关重要。核工业的高安全性要求意味着人工智能系统必须通过严格的评估认证，以确保其在自动化监控、故障预测等应用中的安全性和可靠性。统一的标准体系有助于确保不同系统和平台之间的兼容性和互操作性，促进数据共享和技术整合，提升整体效率。

此外，标准体系和评估认证机制对于规范行业发展、防止市场混乱具有重要作用，为企业提供明确的发展方向。这不仅提升国内技术水平，也增强国际竞争力，促进国际合作。同时，标准体系中的数据质量管理和隐私保护规定，确保数据的准确性和安全性，保护企业和用户隐私。标准体系还支持政策制定和法规遵守，为人工智能技术发展提供技术支持，帮助企业和研究机构更好地遵守法律法规。最后，完善的评估认证机制激励技术创新，确保可持续发展，通过标准化评估推广最佳实践，推动行业技术进步。

4.5 加强国际交流合作，对标先进技术和管理经验，提升国际竞争力

加强国际交流合作对于我国核工业大模型的研发和国际竞争力的提升具有重要意义，有助于技术创新、产业升级，并提升我国在全球核工业领域的地位和影响力。核工业大模型的研发需要强调加强国际交流合作，对标先进技术和管理经验，以提升国际竞争力。这一策略基于全球视野和资源共享的考虑，通过国际合作共享最新研究成果和技术，加速我国核工业技术创新和管理升级。技术对标有助于缩短研发周期、降低成本，并推动自主创新，形成具有自主知识产权的核心技术。

国际交流合作还能引进先进的管理理念，提升管理水平和效率，优化管理体

系。同时,对接国际标准和规范,提升我国核工业产品和服务的国际认可度,拓展市场。在全球化竞争中,国际交流合作增强我国核工业的竞争力,避免重复错误,提高研发效率。此外,国际合作为人才培养提供平台,培养具有国际视野和专业能力的人才,为核工业大模型研发提供人力支持。在复杂的国际政治与经济环境中,国际交流合作有助于构建稳定的国际关系,为我国核工业发展创造良好外部环境。

5 结论

核工业大模型是高科技战略产业的重要组成部分,对国家核科技实力的提升和产业高质量发展具有深远影响。可以说,核工业大模型的研发和应用是核工业新质生产力打造的有效突破口之一,有助于推动核科技创新,并在核能及其他领域如医疗、农业、环保等实现广泛应用。

尽管核工业大模型目前还处于探索和起步阶段,但中广核、中核和国家电投等单位在这一领域的探索实践和进展成果,显示了核工业大模型研发的海量数据优势和丰富的应用场景优势。通过集成和分析大量数据,能够加速新技术的研发,优化变革生产流程,显著提升效率和质量,有效降低运营成本。最核心的是, AI 大模型的深入全面应用,将显著提升核工业全行业产业链各环节从业人员的知识、技能和生产能力,支持核工业科研、设计、建设、运营和维护各环节新质生产力的打造,进一步提高核工业的安全性和经济性,推动核工业全产业向更智能、更高效、更安全和更环保的方向发展。

可以相信,随着技术的成熟和推广,核工业大模型将推动核工业快速向数智化转型,为核工业新质生产力的打造和高质量发展提供突破性跨越式的技术支撑,有助于确保我国在全球核科技竞争中保持领先地位,实现产业现代化升级和国际竞争力的提升。

作者简介

邹来龙，曾任中广核数字化产业公司副总经理兼首席信息安全官、中广核集团网信办副主任、中广核集团网络安全和数字化技术研发中心主任、中广核成员公司专职董事等职，高级工程师，长期从事核电集团和核电企业网络安全和数字化规划、建设、运维和管理工作，编著《网络安全评估实战》和《网络安全评估标准实用手册》。

核电集约化数据技术平台的架构设计研究

杨　强

（核电运行研究（上海）有限公司）

摘　要：为从数据基础角度支撑核电数字化转型，本文提出了集约化管理下的数据技术平台总体架构、数据架构、建设路径以及运营策划。首先，针对传统信息系统建设方法存在的问题，提出了统一的云化基础设施建设方案。其次，阐述了数据平台总体架构，包括平台保障层面和体系保障层面的组成，以及数据处理、分析和共享开放等模块。接着，详细描述了数据平台的技术架构，从数据源、数据集成、数据存储与计算、数据服务到数据应用等五个层次进行了说明。在数据架构方面，根据核电行业的业务类型进行了分类，并提出了相应的数据集成方案。接着文章给出了数据平台建设的三个阶段，描述了各阶段的主要建设内容和目标通过本文的阐述。文章阐述了核电数字化转型中数据基础建设的重要性以及如何通过统一的云化基础设施和标准化信息系统来实现数据的集成、管理和应用，有助于推动核电行业的数字化和智能化发展。

关键词：集约化；数据技术平台；数据湖；架构设计；数字化转型

引言

目前，大部分核电企业已基本完成了整体信息化改造，建立了比较完善的信息系统用于支撑生产与运营。这些信息系统产生的大量数据，可以作为分析的来源。然而，传统信息系统建设方法一般基于对业务流程的支撑进行设计，并未考虑数据联合分析的需求，导致数据之间关联性不强，多维度分析比较困难。造成这个问题的原因主要由于重视流程对生产经营活动的支撑，大量的业务流程就在部门内部形成了自闭环，形成以职能为中心的流程孤岛，分散的系统产生了数据割裂，不利于对生产运营状态进行及时的干预与复盘。分子公司不同企业独立建设的数据平台、数据治理现状差异比较大。部分企业已经自主完成了数据标准、数据平台的建设工作，并开始了常规的数据运营。但这种标准是主要服务对象还是基地内部，尚未在板块层面形成统一的平台和数据模型。此外，不同的分子公司信息系统建设的基础情况差异也比较大。

核电数字化转型的重要核心抓手之一是数据基础，通过统一的云化基础设施，为标准化信息系统及数字核电智能化应用提供部署及运行环境，为数据的分析处理提供计算及存储资源。结合业务标准化工作和“集约化”统筹，逐步以业务标准统一、架构自主可控的统建标准系统替代各单位非标异构的自建信息系统，形成标准信息系统清单目录及标准运营规则。发挥集约化管控优势，打造一体化、专业化、常态化、资产化的数据治理新模式，建立健全统一的数据治理组织、流程、制度、标准、考核及运营策略。以数据湖 / 数据中台为核心的数据基础技术平台是企业管理类业务数据技术平台建设方案的数据基础设施，平台内管理的大数据及对其开展的采集、分类、治理、开发、利用等业务是对数据价值挖掘的关键所在。

1 总体架构

集约化管理下数据技术平台的目标是形成覆盖生产过程数据、结构化业务数据、非结构化文档数据等全类型数据的统一数据湖平台，支撑多应用开发。综合业务需求现状，指标体系建设总体技术架构由云资源、研发体系、数据公共层、多用户前端等部分组成，实现全局统筹统建和整体把控运营。平台与数据研发体系遵循标准数据服务体系进行构建，对数据公共层基于标准流程进行抽象，同时满足指标体系应用按权限进行隔离。总体架构如图 1 所示。

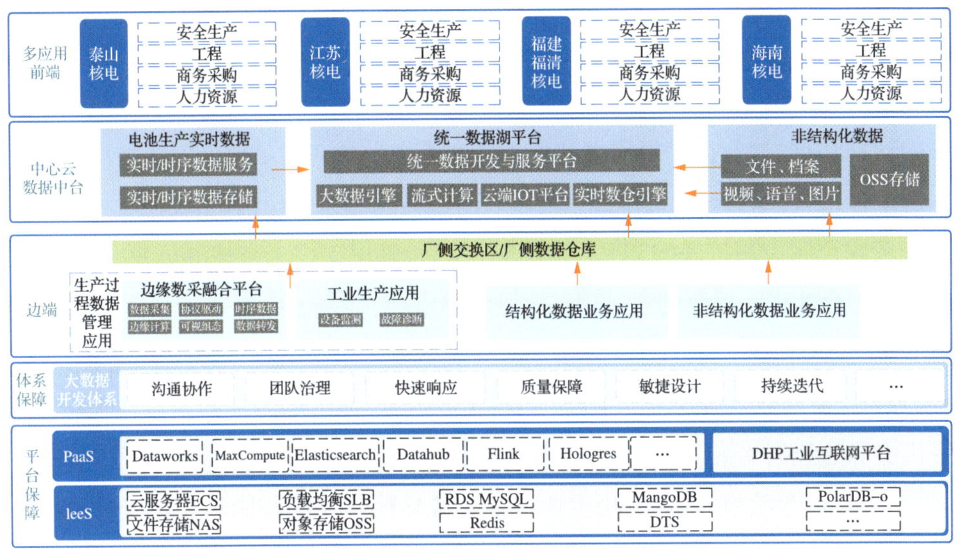

图 1　数据平台总体架构

平台保障层面由 IaaS 和 PaaS 组件构成，IaaS 由云服务器 ECS、负载均衡 SLB、RDS MySQL、MongoDB、PolarDB、文件存储 NAS、对象存储 OSS、Redis、DTS 等构成；PaaS 包括 DataWorks、MaxCompute、ElasticSearch、Datahub、Flink、Hologres 等数据治理组件，同时包括工业互联网平台提供专用工具。体系保障层面基于大数据开发治理平台提供数据集成、团队治理、沟通协作、快速响应、数据运维、数据分析、数据共享等功能。边端完成针对各类型数据向中心云平台的数据传输，包括对生产过程管理数据的采集、对各类结构化业务应用以及非结构化业务应用的数据集成。通过厂侧交换区 / 厂侧数据仓库实现向中心云数据中台的数据接入或者离线 / 准实时的数据采集。中心云数据中台集成各电厂生产实时数据、各业务系统的结构化业务数据和各类非结构化数据，基于大数据引擎、流式计算、

IOT 平台组件、实时数仓引擎集成形成统一数据湖平台，提供统一的数据开发与服务。多用户前端应用通过在统一的数据中台之上实现权限隔离，提供各类应用支撑各领域的业务开展。

数据技术平台集成结构化、半/非结构化以及实时/时序等多种类型数据资源，为更高层次的大数据分析及机器学习平台提供数据支撑，也为其他业务领域的数据需求提供数据来源，是开展大数据与人工智能分析应用的基础资源平台。平台包含各类源系统数据的原始副本，以及用于数据可视化、数据分析和机器学习等任务的转换数据，如数据建模样本和分析样本等。平台在满足核电厂各类数据的数据全量接入、存储计算的需求的条件下，在技术路线、系统架构、系统性能等方面需充分考虑今后应用扩展的需要，不断迭代发展，确保支撑未来核电厂 60 年的数字化和智能化建设。平台的主要功能模块划分为：

1）数据采集模块：该模块主要负责各类数据的采集，包括运行参数数据、设备状态数据、业务结构化数据、各类非结构化数据等，为后续的数据存储、处理、分析提供准确的数据支持。

2）数据存储模块：该模块主要负责多源异构数据的存储和管理，包括实时/时序数据、关系型数据、非结构化数据、文档数据、图数据等。

3）数据处理模块：该模块主要负责数据的处理和清洗，包括数据的转换、整合、过滤等。通过该模块，对原始数据进行预处理，提高数据的质量，构建数据仓库、数据集市模型，为后续的数据分析提供准确稳定的数据支持。

4）数据分析服务能力模块：该模块主要负责数据的分析和挖掘，包括数据的查询、统计、预测等。通过该模型，可以从大量的数据中提取出有价值的信息，为各层级领导决策提供支持。

5）数据服务与共享开放模块：该模块主要负责数据的提供和应用，包括数据的共享、发布、应用等。通过该模块数据湖中的数据提供给各个消费方，满足各方的数据需求。

6）数据安全模块：该模块主要负责数据的安全保护，包括数据的安全存储、访问控制、分级分类、安全脱敏，防止数据的泄露和滥用。

7）数据资产管理模块：该模块主要负责数据的管理和维护，包括数据的分类、标识、描述、评估等，实现对数据的全生命周期管理，提高数据的价值和使用效率。

平台的关键技术包括：

1）实时数据接入技术：利用数据湖的流处理工具，实现对数据源的实时数据采集、实时数据处理（模型预测、窗口统计、复杂事件、指标计算等），支撑前端实时应用展示（大屏指标展示、风险控制应用等），支撑实时分析和实时决策等场景。

2）离线 / 准实时数据处理：利用 CDC 实时数据同步技术、可视化的数据集成工具以及任务调度功能，对结构化 / 非结构化等不同格式数据、异构数据库、文件系统进行数据采集，并加载到数据湖中，结合 ETL 技术，实现数据入湖、数据湖内轻度治理、数据湖仓内标准化治理与数据整合，形成支撑业务应用的标准化基础数据集和专题应用数据集。

3）湖仓一体化技术：数据湖平台的关键组件包括面向宽表的数据存储、关系数据存储、时序数据存储、全文检索存储、流处理引擎的统一计算引擎、统一 SQL 解析技术，需实现面向用户的核电数据中心统一 SQL 开发、统一接口，在保证数据湖技术底座能力的丰富性的基础上，降低数字化场景的开发和使用难度，为规模化的数字电厂应用稳定可靠的底座。

2 数据架构

根据核电行业的业务类型，分为核电基地、技术服务型节点和分布式场站三种类型。根据具体厂侧类型的规模，数据平台需要采取不同的数据集成方案。数据平台既能够接入业务系统常用的关系型数据库（例如：Oracle、MySQL 等）中的数据，也能够接入各基地自建的数据仓库（例如：Hive）中的数据。数据平台根据模型计算得到的指标数据，一方面可以通过报表平台对外提供可视化展现，同时也可以应各基地的要求，计算好的指标数据同步回各基地，方式有两种，一种是直接采用 DataWorks 的数据集成（DI）功能数据直接写入各基地事先准备好的数据库中，另一种是通过 API 接口的方式对外提供数据服务。

对于核电基地，设置厂侧交互区，实现与业务系统、生产控制系统、自建系统的数据集成，依托统一的数据标准建设，实现对结构化数据的离线处理、生产过程数据的实时数据分析、非结构化数据的分析处理，从而支撑标准化业务应用的开发，提供统一的数据服务。对于技术服务型节点，通过小规模厂侧数据仓库实现对各类数据的集成。对于分布式场站，通过标准化统一化的数据接入应用实现对相关数据的集成。具体如图 2 所示。

铅锌混合精矿

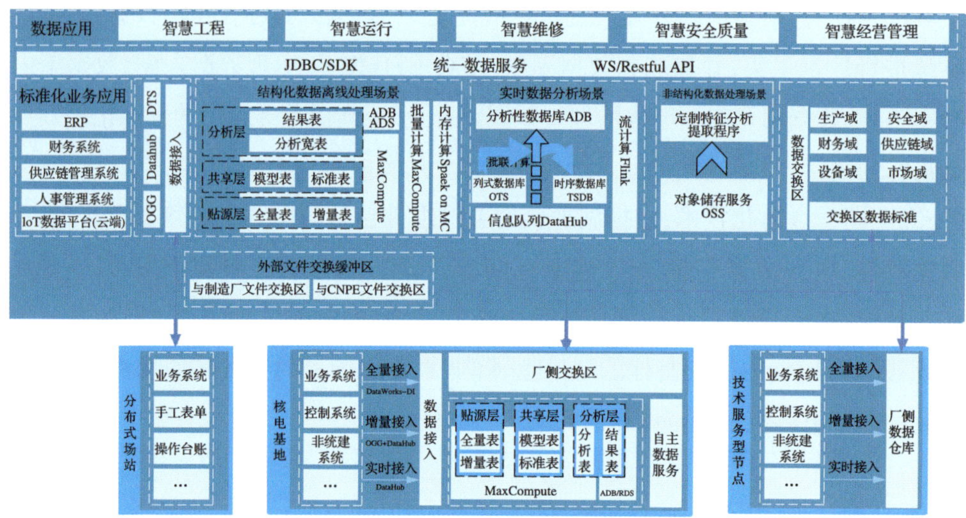

图 2　数据集成架构图

3 技术架构

数据平台主要管理的是结构化数据，从下至上分为五个层次：

1）数据源：承载数据源的技术组件。如存放业务数据的关系型数据库，各电厂自建的数仓、日志数据、对象数据、数据接口 API 等。

2）数据集成：分为离线数据集成和实时数据集成，其中 DataWorks 既支持离线数据集成、又支持实时数据集成。实时数据集成的另一个方案是数据存入 DTS/

Datahub 中,采用实时计算引擎 Flink 读取数据。

3)数据存储与计算:DataWorks 作为结构化数据管理与分析的主要技术平台,提供对数据分层架构管理,实现集中的建模与数据管理;数据平台中数据存储和离线计算采用 MaxCompute 计算引擎;实时计算采用 Flink+Hologres。

4)数据服务:数据平台生成的数据以接口文件的方式或预存至 RDS 数据库供报表侧和各电厂使用,也可以使用 API 对外提供数据服务。

5)数据应用:使用 QuickBI 报表工具实现各种定制数据报表分析需求;使用 DataV 数据可视化平台实现数据大屏,使用 DataPro 管理全域数据资产。

技术架构如图 3 所示。

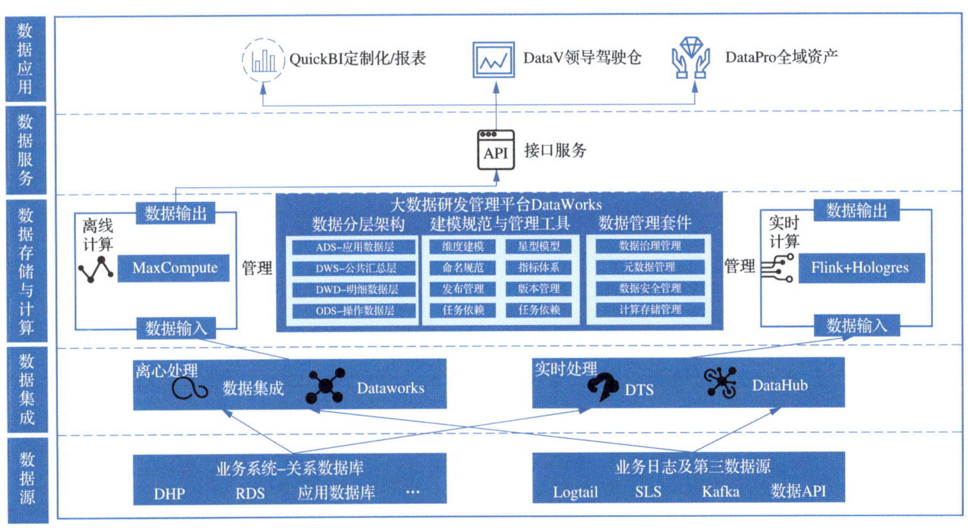

图 3　结构化数据技术架构图

数据平台对结构化数据分类存放并加工处理,同时从逻辑上规划设计分层结构,实现大数据的有序组织管理和加工治理。分层结构设计如下,包括缓冲层、贴源层、明细层、汇总层、应用层。伴随全过程的数据治理、数据全生命周期管理,最终生成面向业务应用的指标体系、标签体系以及专题应用数据集市。数据模型采用分层设计的思路进行模型设计共分为 4 层:数据贴源层 ODS、明细数据层 DWD、汇总数据层 DWS、数据集市层 ADS,技术架构如图 4 所示。

1）ODS：Operational Data Store，数据贴源层，在结构上其与源系统的增量或者全量数据基本保持一致。保存了原始业务数据的记录以及历史变化，其主要作用是把原始数据引入到数据平台中，同时在此基础上增加一层数据标准化层，对贴源数据进行标准化处理，包括主键唯一性，状态类码值、期日等字段的标准化。

2）DWD：Data Warehouse Detail，明细数据层。采用维度模型方法作为理论基础，更多地采用一些维度退化的手法，维度退化至事实表中，减少事实表和维度表的关联，提高明细数据表的易用性。

3）DWS：Data Warehouse Summary，汇总数据层。采用维度模型方法作为理论基础，更多地采用一些维度退化的手法，维度退化至事实表中，减少事实表和维度表的关联，提高明细数据表的易用性；同时在汇总数据层，加强指标的维度退化，采取更多的宽表化手段构建公共指标数据层，提升公共指标的复用性，减少重复加工。

4）ADS：应用数据层。存放数据产品个性化的统计指标数据，根据 CDM 层和 ODS 层加工生成。

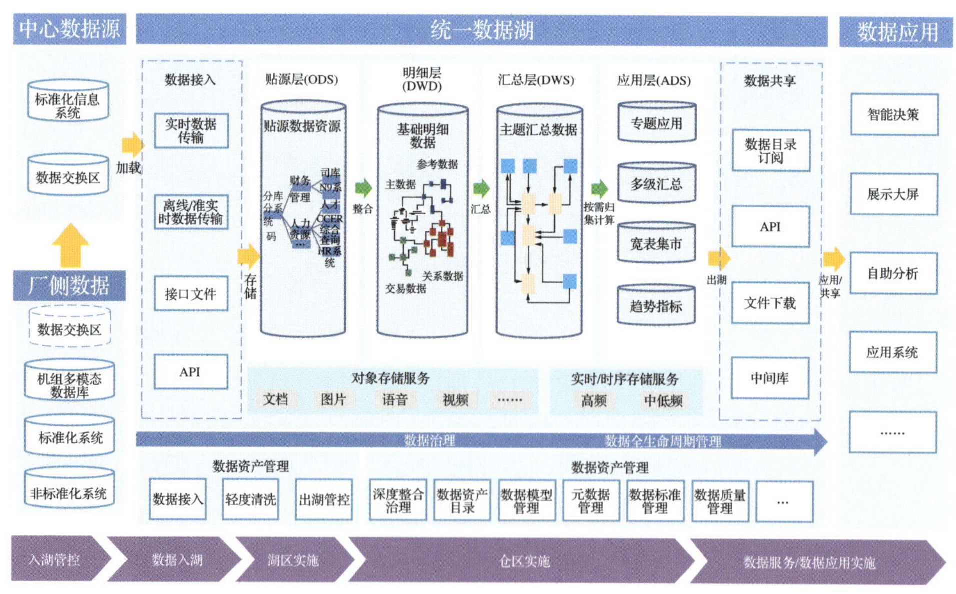

图 4　数据平台分层架构

4 建设路径

数据平台的建设分为三个阶段,稳步实现业务数据化,数据资产化,资产服务化,服务业务化的闭环。

4.1 第一阶段——集中化、标准化

在该阶段,通过把更多的数据集成到数据中台,以及进行数据标准化和统一建模,打造一个公共的基础数据层。主要通过以下方面的建设:数据上云,集成更多系统的表进入云平台(即使这些表目前没有数据应用需求),通过这样的大规模主动集成:一方面通过提前准备这些数据,一旦有数据需求的情况下,可以及时提供数据;另一方面,可以支持数据治理工作的展开(例如:元数据、数据质量、数据资产管理等)。建设标准层、明细数据层和公共汇总层,把数据仓库的整合模型层和中间层在数据中台上重构,以打造一个数据中台的公共基础数据层。除了批量的数据集成外,开始使用实时技术,进行实时数据集成和实时计算。并通过实时大屏进行数据展示;基于数据中台提供统一的数据入口,满足业务用户的数据分析、数据探索等需求。

经过第一阶段建设,数据仓库被完全替代,形成由大数据平台,支撑各种数据应用的数据需求。通过更广泛的数据集成和数据标准化全面落地,相关业务分析用数逐步都由数据中台提供,简化其数据源、统一数据标准,提高该业务部门的数据获取效率;通过数据中台统一的数据标准,让各业务部门,获取数据中台的数据之后,无需再进行标准转换等操作,提高其数据开发和使用效率。在数据服务层,新增 DataHub 消息订阅和 API 的方式提供实时数据,满足实时大屏等应用的数据需求;通过 DataWorks 的 API,把标签、指标或其他 MaxCompute 中的数据,以数据服务 API 接口的形式对外提供,满足云内、云外系统的数据需求;新增通过 OSS 进行文件数据共享的形式,满足下游业务系统的数据需求。

4.2 第二阶段——在线化、智能化

在该阶段，主要进行更多的实时应用和人工智能应用建设，让数据中台从离线数据应用到实时和智能应用的飞跃。主要通过以下方面的建设：引入报表分析数据服务形式，以进行数据可视化展示和自助分析；引入人工智能引擎，通过离线模型训练，支撑一些智能预警等应用；引入决策引擎，通过决策引擎，加速AI模型的数据产出效率；通过新增报表分析数据服务形式，以进行自助分析，满足各部门对数据自助查询、分析的需求，降低业务部门进行数据查询、分析的门槛，同时逐步替换之前的报表平台；基于数据中台的实时计算能力和新引入的人工智能引擎，进行大规模的实时应用和智能化应用建设。通过第一阶段的数据标准化，以及本阶段人工智能引擎和决策引擎的引入，提高决策的智能化、实时和自动化程度，同时尽量屏蔽上游变化带来的影响，为各场景应用提供有力的技术和数据保障。

4.3 第三阶段——全面化、价值化

经过前两个阶段的建设，已经集成了内外部的各种结构化、非结构化数据，同时具备了实时计算和AI能力。在第三阶段，主要聚焦在提供更加多种化的数据服务形式，深挖数据价值，让数据应用全面开花。主要通过以下方面的建设：引入知识图谱引擎，建立画像以及关系图谱，这样能对其进行更加精细化的管理；引入行为洞察引擎，分析各种流量日志；继续进行数据湖、批量数据应用和实时数据应用建设。经过第三阶段的建设，核电数据平台全面上云。通过云承担所有大数据存储和处理需求，发挥云在安全性、高可用性、扩展性等方面优势。通过云上丰富的数据存储、计算能力，多样的数据服务能力以及数据应用生态，助力核电数字化应用。

5 平台运营

中央数仓是一个中心化的数据存储和管理平台，其主要职责是确保数据的安

全、一致性和可用性，其角色不包括直接支持数据服务应用，而是为数据服务应用提供数据基础。中央数仓成为各成员单位的数据来源之一，包括数据同步、数据资产管理、数据质量维护以及数据交换协议的制定，且中央数仓以数据表级别提供数据支持。为了跟踪和管理数据资产，在中央数仓上建立数据资产管理系统。这个系统包括数据目录，其中列出了可用的数据表和其描述，以及数据血缘关系，展示了数据的来源和去向。此外，系统还生成数据质量报告，帮助识别数据质量问题。最重要的是，该系统设置严格的数据访问权限，以确保只有经过授权的用户可以访问敏感数据。

中央数仓为二级单位提供数据表级别的数据支持。包括：数据表提供，中央数仓为每个数据表提供数据表定义和描述，包括字段名、数据类型、数据来源等信息；数据提取，二级单位使用标准化的数据提取工具，选择所需的数据表，指定提取条件，并执行数据提取操作；数据传输，中央数仓确保数据表的数据按照规定的频率和方式传输给二级单位，以满足他们的数据消费需求；数据表元数据和文档，中央数仓提供数据表的元数据和文档，包括数据表定义文档，每个数据表附带详细的文档，包括数据表的名称、用途、数据来源、数据更新频率以及包含的字段信息，中央数仓维护一个数据字典，其中包含所有数据表的字段名和定义，以帮助用户理解数据；中央数仓为每个二级单位创建一个独立的用户空间或者项目空间。这个用户空间是该单位的数据仓库，用于存储和管理其数据资产，该数据资产可直接服务于各二级单位所需的数据服务应用。创建用户空间的过程包括：为二级单位分配独特的标识符或命名空间；设置权限和访问控制规则，以确保只有授权的用户能够访问和管理该用户空间；建立存储结构，包括数据表、文件夹和目录，以组织数据。

根据二级单位实际情况，选择自建数仓产品或者使用中央数仓。自建数仓产品的二级单位中央数仓会为其提供数据及数据的传输服务。使用中央数仓的二级单位，中央数仓会为其创建一个单独的用户空间供其使用和消费数据。

6 总结与展望

本文提出了统一的云化数据技术平台的建设方案。以架构设计方法为主线，阐述了数据平台总体架构，阐述了平台保障、数据处理、分析和共享开放等模块的构成；详细描述了数据平台的技术架构，从数据源、数据集成、数据存储与计算、数据服务到数据应用等五个层次进行了说明。在数据架构方面，根据核电行业的业务类型进行了分类，并提出了相应的数据集成方案。给出了数据平台建设的三个阶段，描述了各阶段的主要建设内容和目标通过本文的阐述。

展望未来，随着技术的不断进步和应用场景的不断拓展，统一的云化数据技术平台将会发挥更加重要的作用。随着核电行业数字化转型的深入，数据的规模和复杂性将进一步增加，因此数据平台需要不断优化和升级，以应对不断增长的数据需求。随着人工智能技术的发展，数据平台将有望实现更加智能化的数据分析和应用，例如基于机器学习的预测和优化模型，以及智能决策支持系统的开发。此外，随着数字化技术在核电行业中的广泛应用，数据平台还将扮演着推动行业智能化、自动化和可持续发展的关键角色。后续将进一步持续完善数据平台的功能和性能，探索新的数据分析技术和应用场景，促进数据平台与核电生产运营系统的深度融合，以实现核电行业的数字化和智能化转型。

作者简介

杨强，高级工程师，长期从事核电厂的数字化转型。近年来，获40余项省部级奖项，专利授权2项、受理4项，主编标准2项，参编标准1项。获中核集团科技进步奖三等奖1项；国家档案局科技成果三等奖2项；能源创新奖三等奖2项；中国核能行业协会科技成果三等奖1项；中电联电力创新奖一等奖1项、二等奖2项；中国电力发展促进会科学技术三等奖1项；大数据创新应用成果二等奖1项、三等奖2项。

核电文档知识管理探索与实践

詹超铭
（中核国电漳州能源有限公司）

摘　要:提升文档知识管理工作水平对促进企业数字化管理和健康、持续发展具有重要研究意义。以中核国电漳州能源有限公司为对标企业,对核电文档知识管理进行探索与分析,采用自然语言处理、文档知识集成等人工智能技术对核电文档知识进行关联,构建核电文档知识管理体系,建设漳州能源文档知识管理系统,同时依托文档知识管理系统进行“文档+业务”的创新性融合,建立文档与业务双向驱动的核电文档知识管理长效机制。通过对核电文档知识管理系统的投入使用,系统有效地解决了文档检索定位慢、检索效果差、上下游程序间无法关联的问题,提高了信息查询、知识共享的效率。

关键词:知识管理;人工智能;检索

在推进“双碳”目标工作的时代背景下,党的二十大报告提出要积极安全有序发展核电。当前,随着科学技术的飞速发展,大数据和人工智能已经成为引领时代的两大核心力量。文档工作作为核电企业的一项基础性支撑性工作,就必须主动适应开启全面建设社会主义现代化国家新征程的要求,坚持“科技是第一生产力”,将档案工作融入科技革命的浪潮,深入探索大数据和人工智能在档案工作中的应用,贯彻落实好习近平总书记“四好”“两服务”的重要指示批示。

核电文档知识管理，就是核电企业在档案信息化建设过程中，不断融合知识管理的新产物。在推进“双碳”目标工作的时代背景下，本文以中核国电漳州能源有限公司（下文简称漳州能源）为例，探析核电企业在核电文档知识管理中的创新与实践。

1 文档知识管理的研究现状

随着人工智能的快速发展，文档领域的信息化建设越来越注重人工智能技术对电子文档的管理的智能化提升与优化，并取得了一定的研究成果。邢高生采用实体识别、关系抽取、知识表示等技术对HKBZ领域的文档进行数字化转换，提升了文档数据的检索效率与质量，并构建了完整的文档知识管理体系，提高了文档的利用率，实现知识的关联与共享。杨强、胡心宇等人基于图像识别技术对电子文档进行文字识别，从而辅助文档管理人员进行日常管理，即通过图像识别技术拆分文档中的原始信息，并与文档录入信息进行自动对比，保证了文档的准确性，提升了员工的工作效率。华为对其档案管理工作的重视程度，提出了“四位一体”的全球化文档管理框架，即一套规则、一套流程、一站式平台、一套组织和一套运营体系，其目的是简化业务流程，促进企业合法合规运行。推进了文档知识数字化管理，有效提升档案管理工作水平，对于充分发挥文档知识信息资源的作用具有重要的现实意义。

虽然文档知识管理在企业管理过程中有较为突出的研究，但面对核电领域庞大的知识体系，核电文档知识管理的研究仍然存在较大的问题。例如：核电企业业务系统多，系统集成少，大量的数据、信息和文档分散在各个系统中，容易形成“信息孤岛”，不利于信息查询；中核在文档知识关联方面比较薄弱，程序计划的编制、审批和变更以及程序生效后的培训等业务流程都是在线下进行，程序之间的关联弱，上游程序的变动在人工未干预的情况下无法触发下游程序的升版，无法有效落实核安全文化强调的相关要求。

2 核电文档知识管理的实践现状

在数字经济时代，新技术的成功应用为我国核电企业开展文档知识管理研究实践提供了参考和借鉴。

首先，江苏核电新一代信息技术在文档管理中的应用。江苏核电以支撑公司发展战略为目标，打造高效便捷、全流程贯通的文档管理体系，围绕文档管理内部外用户的实际需求，利用大数据、人工智能、移动技术、云计算等先进科学技术来实现文档管理的标准化、高效化和智能化。实现了信函智能分发、文档资源整合利用、移动上架、业务系统文件自动归档、工程文件自动交换等应用场景，为后续智慧档案馆建设奠定基础。其次，三门核电基于机器学习的核电文档个性化推荐系统建设。三门核电面向提升文档利用及服务水平的需要，采用基于机器学习的个性化文档推荐方式来提升用户使用文档的便利性，让系统可以根据用户历史的输入或者行管岗位人员的输入以及用户对于搜索结果的反馈来综合推荐出用户想要的搜索结果，变被动搜索为主动推荐，实现知识的快速获取，最大化发挥文档资源的价值。最后，福清核电基于机器人技术在文档管理中的应用。福清核电将“AI+RPA”技术引入文档管理领域，打造“文档管理、综合利用、数据分析”服务型、智慧型机器人，以服务档案业务、数据采集、数据管理、数据分析。以“华龙一号”建设运营阶段文档数据为基础，尝试使用文档智能机器人对核电行业使用最广泛的文种进行智能化管理的探索和研究，实现对纸质文档、电子文件等不同来源的文档数据原料的采集及预处理，将日常文档管理中繁琐、重复性的工作，遵照成熟的技术规范与标准，通过智能机器人的“眼 + 脑 + 手”技术达到全部或部分取代的效果。

总之，江苏核电、三门核电、福清核电对于文档知识管理的研究实践切实提高了文档管理效能，有利于文档资源的检索利用，具有一定的推广价值，但研究内容局限于文档工作本身，与核电其他业务的融合度不高，赋能业务作用有限。

3 漳州能源文档知识管理的探索与实践

漳州能源初步构建了核电文档知识管理体系，建设了漳州能源文档知识管理平台——“华龙智库”知识管理系统（下文简称华龙智库），为员工提供学习、共享知识的平台，并依托华龙智库建设推动文档与业务创新融合，以核电程序体系管理为试点，探索建立文档与业务双向驱动的核电文档知识管理长效机制。

3.1 顶层设计

漳州能源围绕研究目标，制定了“统筹规划、以点带面、分步实施”的文档知识管理实施总体战略，以满足对核电数据的全生命周期管理为主线，结合文档知识管理过程，从数据、技术、知识、应用四个维度进行分析，制定了“一线四核”的技术路线（见图 1）。

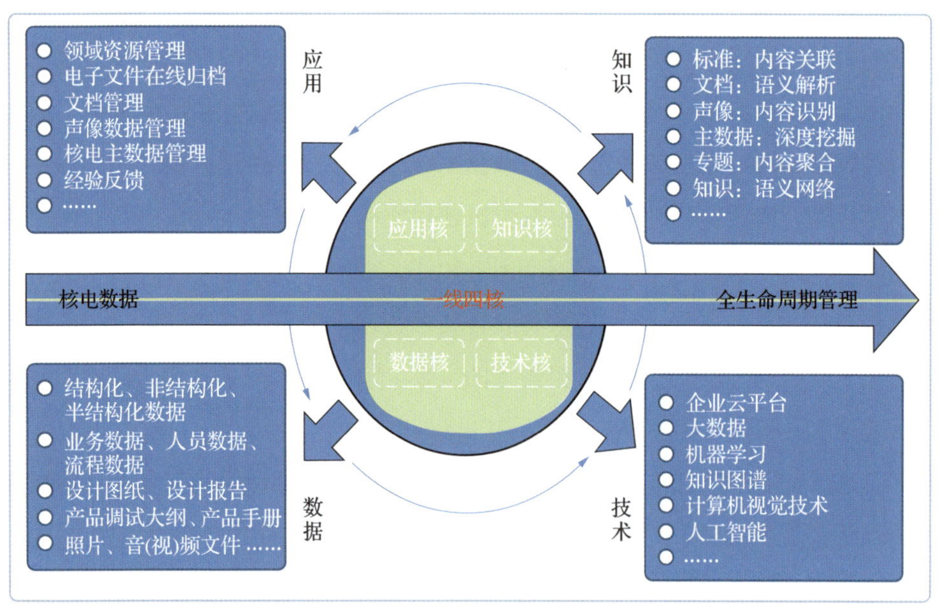

图 1　技术路线图

以需求为导向。在华龙智库的顶层设计上，漳州能源充分调研了用户需求、市场需求和技术趋势，将分析结果转化为系统的设计需求，并对华龙智库的业务架构、应用架构、数据架构和技术架构进行了详细规划。业务架构主要关注系统的业务逻辑和流程，数据架构主要关注数据的结构、数据之间的关系以及数据的存储、访问、管理和保护等方面，应用架构主要关注系统有哪些子系统、子系统之间如何分工和合作，技术架构主要关注系统的高可用、高性能、可扩展、安全性和稳定性等非功能性特征。先形成业务架构，再根据业务架构，做出相应的应用架构，最后技术架构落地实施。

3.2 系统功能

系统功能是用户使用系统时最直接、最关键的体验。华龙智库具有智能检索、程序智库、知识地图三大功能模块。

3.2.1 智能检索

智能检索是华龙智库的核心功能，但要实现智能检索，首先需要整合、构建一个全面的、结构化的知识库。

3.2.1.1 知识库

整合、构建知识库需要对大量的文档数据进行清洗、分类、归集和存储，这就需要运用到自然语言处理、数据挖掘、信息抽取等人工智能技术（见图 2）。华龙智库采用自然语言处理技术，将业务系统中已有结构化和非结构化的文档数据进行解析提取，通过数据同步技术将解析后的数据定期同步存储，通过数据挖掘和信息抽取等技术将文档数据的实体、属性、关系进行抽取，利用算法推理技术挖掘数据之间的关系（例如文档与文档间的关联关系，如参考文件、依据文件等），构建出知识图谱（见图 3），最终以图数据库的形式将知识进行存储，形成知识库。

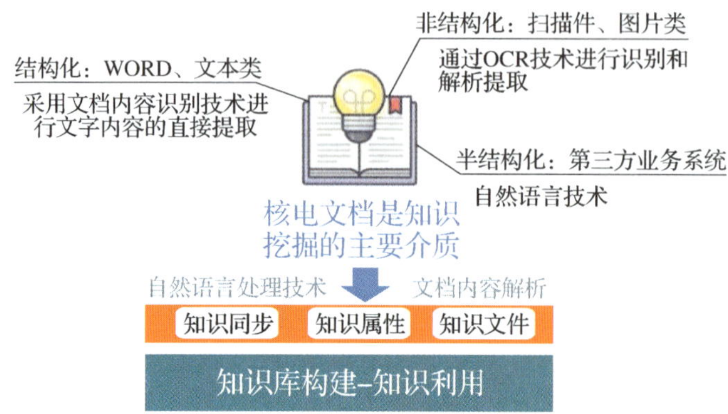

图 2　知识库构建

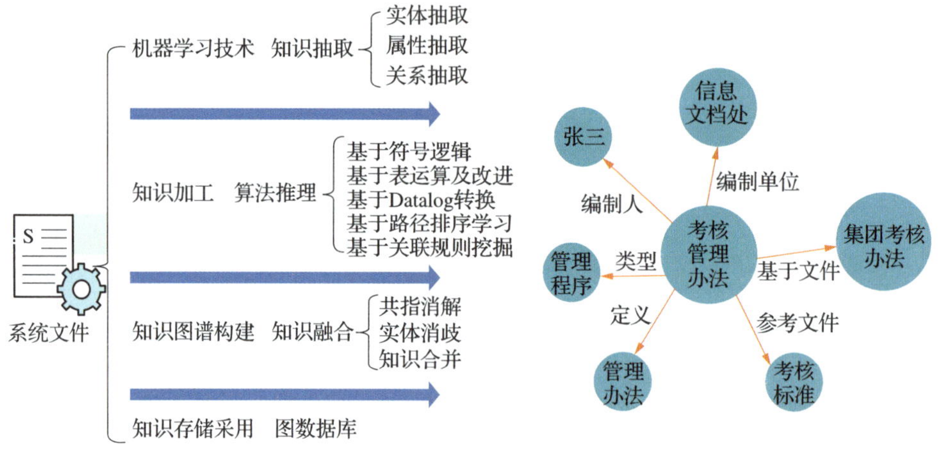

图 3　知识图谱构建

3.2.1.2 检索引擎

知识检索引擎要根据知识库进行开发。基于 Elastic Search 搜索框架、大数据分析引擎和已建立的知识图谱，将海量数据在搜索引擎中进行搜索模型构建、快速索引、智能分词和模型调优，零代码嵌入现有业务系统，解决系统文档查询速度慢的问题。

大数据分析引擎可以对系统采集的海量的用户行为进行分析计算，结合协同过滤算法和系统设定的规则，实现基于用户行为的智能推荐（见图 4），用户检索次数越多，系统智能推荐的文档越准确。

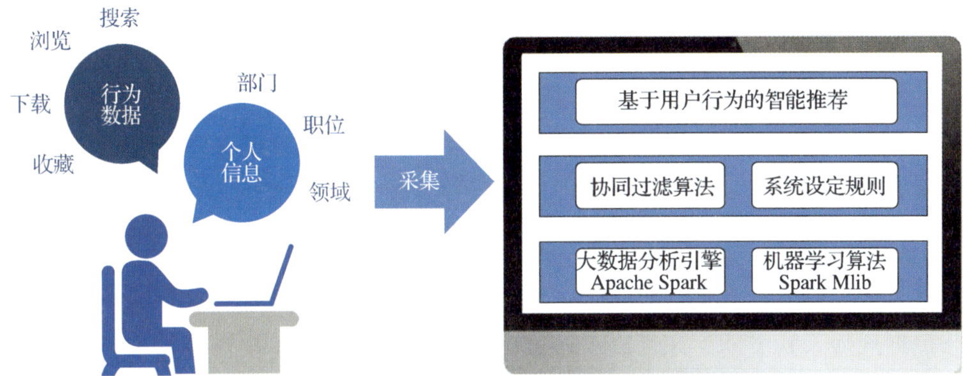

图 4　基于用户行为的智能推荐

3.2.2 程序智库

华龙智库开发的程序智库业务模块，功能包括程序的计划管理、编制管理和上下游关联关系管理，程序生效发布后的培训管理、变更管理和定期审查管理，实现了程序从编制到升版内循环的闭环管理和全流程电子化管理，以文档 + 业务的模式推进程序体系管理提升，实现程序业务一体化、程序编制智能化、程序培训信息化、数据统计自动化、文件变动关联化、意见系统专业化和程序管理敏捷化。

3.2.3 知识地图

基于文档知识库和知识图谱，华龙智库创建了知识地图模块，便于用户浏览和寻找自己所需的知识。用户进入知识地图以后，可以选择按核电领域或程序层级展示程序体系，再通过点击体系地图中的节点查询该程序的相关知识。根据知识管理试点范围，目前仅开发公司管理制度体系这一类基于概念的知识地图，同时具备扩展功能，用于后续开展其他类型的知识地图开发。

3.3 实践的创新性

3.3.1 构建文档知识关联关系，实现文档知识高效检索

华龙智库通过知识抽取、算法推理、知识融合等技术，建立了文档和数据之间的知识关联模型，为用户提供了定义检索、关键词检索、组合检索、全文检索等多种检索方式，同时，华龙智库会采集用户的行为数据（检索、查看、收藏、下载等）和个人信息（部门、职位、领域等），通过大数据分析引擎和机器学习算法，结合用户偏好为用户智能推荐文档知识。此外，华龙智库自动提取了文档的目录结构，并根据规则关联了依据文件、参考文件等上游文件和文档的附件，为用户提供了快速定位文档章节和一键跳转浏览关联文件的功能，大大提升了用户文档浏览体验。

通过构建文档知识关联关系，华龙智库实现了文档知识检索效率质的飞跃。用户进行文档检索时，可以通过定义搜索、组合筛选和全文检索的方式得到更为精确的检索结果，系统会结合用户行为数据和个人信息智能推荐其他文档知识；用户在线浏览文档时，可以通过点击目录章节快速跳转浏览页面，快速查看和下载关联上游文件和文档附件。相较于 ECM，华龙智库从检索速度、结果准确度和文档关联度三个维度实现了检索效率的提升，不仅解决了用户的痛点，还提升了用户对于文档知识的浏览体验。

3.3.2 建设核电企业级知识库，实现文档知识高度归集

华龙智库将 ECM 系统、ASP-1 系统、经验反馈系统等所有会形成文档的业务系统作为知识挖掘的主要对象，进行文档知识库的集成，并通过自然语言处理等人工智能技术，将企业结构化、半结构化和非结构化的数据进行整合和解析，构建了核电企业级知识库。

通过建设核电企业级知识库，华龙智库集成了漳州能源主要形成文档的业务系统，针对性地实现了文档与经验反馈的知识互联互通。用户在开展业务工作时，

可以通过华龙智库快速获取与该业务工作相关的管理程序、技术文件和经验反馈等文档知识。华龙智库高度归集了漳州能源各业务系统的文档和知识,统一了用户文档知识的检索平台,结合搜索引擎和知识模型实现了对知识库的高效整合利用,为后续建设服务于公司全局的系统性知识库奠定了坚实的基础。

3.3.3 推进程序体系管理电子化，实现文档 + 业务创新融合

华龙智库将程序计划的编制、审批、变更和程序文件的编制、审批、分发、培训、升版等程序体系管理全流程进行了电子化,并基于数字孪生概念构建了程序体系知识地图,强化了上下游程序之间的关联关系,地图在程序体系发生变更时会自动更新。此外,华龙智库在浏览页面中设计了程序意见反馈栏,促进用户个人隐性知识显性化。

通过推进程序体系管理电子化,华龙智库将文档工作与体系管理进行了基于数字孪生概念的创新融合。用户在编制程序时,华龙智库会根据编制或导入的程序计划自动为用户生成程序编制任务,并提供一键排版和协同编辑等程序文件编制功能,当程序的上游文件发生变化时,华龙智库会自动识别并触发分析任务至编制处室,确保程序始终满足上游管理要求;用户在查阅程序时,可以通过页面中的意见反馈栏反馈程序存在的问题,将个人隐性知识显性化。华龙智库不仅实现了程序体系管理业务流程电子化,也为建立文档与业务双向驱动的核电文档知识管理长效机制提供了有效范例。

4 应用情况及前景

4.1 应用情况

华龙智库是漳州能源开展核电文档知识管理探索与实践的核心成果,为用户提供更加智能的文档知识服务。华龙智库上线后,文档及知识浏览量超过 550 人次,直接取代了 ECM 系统成为漳州能源文档和知识检索利用的核心系统,运行、维

修和技术支持等生产部门的系统访问量遥遥领先。随着用户的使用、技术的改进、业务的融合，华龙智库系统将持续不断积累数据，勾勒用户画像，完善系统功能，为员工提供更加智能的知识服务。

漳州能源通过小成本研发，有效解决了原先的文档系统查询慢、文件打开慢的问题。原先在ECM系统中检索某个文档中某个定义知识，需要先检索文档，再打开文档，从文档中查阅到该知识，平均需要2分钟的时间，现在通过华龙智库系统检索该知识，仅需5秒钟，从120秒缩短到5秒，员工检索效率提升了20余倍。华龙智库在为企业积累宝贵智力资产的同时，提高了员工工作效率，提升了企业管理效能，助推了漳州能源的数字化转型和高质量发展。

4.2 项目前景

华龙智库获得中核集团、同行电厂以及外部学术研究机构和社会组织认可，具有广阔的成果转化前景和显著的推广价值：

2023年5月，中国核工业集团有限公司科技质量与信息化部组织召开了“华龙智库知识管理平台”项目科技成果鉴定会，参会专家认为该项目具有自主知识产权，技术自主可控，该项目所具有的独创性、实用性、技术先进性，达到了国内先进水平，具有良好的社会、经济效益，并一致同意该项目通过科技成果鉴定。同月，基于本项目成果申报的“基于系统工程的核电文档知识管理体系构建研究”获批中华人民共和国国家档案局2023年科技项目成功立项，将进一步利用新技术的迭代升级和优化本系统，推动核电知识管理创新发展。

2023年8月，华龙智库获评2023年度中国档案事业发展十佳档案技术创新案例。

2024年2月，华龙智库入选2024电力企业信创替代典型案例。

目前，漳州能源已联合核电运行（研究）上海有限公司进一步开展技术升级和优化，建设中国核电知识管理系统，该系统完成开发后将推广至中国核电及其他成员单位，华龙智库相关成果将作为该系统研发的重要参考。

5 经济及社会效益

5.1 经济效益

采用单项因素直接测定法（MTP），成果实施后在成果效益计算年度内实测效益数据与该成果实施前一年度的实际或定额进行对比的差量，折算为价值量，再扣减成果实施所需费用后而得出的成果效益。计算公式为：$E_m=(Q_1-Q_0)r-(\sum C+I)-F$。

(Q_1-Q_0)为公司员工在系统上线前后检索知识所花费时间差，上线后系统知识检索时间由 120 s 提升至 5 s，效率平均提升 115 s，日均知识浏览量 550 人次，每工作年（250 个工作日）为 137 500 人次，全年可节约 4 392 h，约 549 个工作日；

r 表示公司人均年劳动生产率约 47 万元，$(Q_1-Q_0)r$ 为 103.21 万元；

C 按照机组建设及寿期平摊为 1.5 万元；

I 实施成果损失费根据项目总额 97.1 万元和 2.75% 银行年利率测算为 2.67 万元；

F 非本成果实施所产生的效益为 0；

最终得出 E_m=99.04 万元。即 2023 年经济效益为 99.04 万元，随着系统用户的增加和检索量的增加，经济效益将逐年递增。

5.2 社会效益

5.2.1 促进知识共享和沟通

华龙智库可以使得核电企业内部的知识和信息能够更快速、方便地共享和交流，从而提高企业内部的沟通效率，减少信息丢失和重复性劳动。这种内部效率的提升，间接促进了核电企业对外服务的质量和效率，从而对社会产生积极影响。

5.2.2 提升核电企业的运行和维修能力

核电企业通过知识管理，可以在运行和维修领域实现显著效益。例如，在事故报警情况下，如果利用知识管理产生的成果及时消除报警，能够避免机组非计划停堆或者出现更严重的后果。这不仅对核电企业自身的经济效益有重大影响，也对保障社会能源供应的稳定性和安全性有重要作用。

5.2.3 推动核电企业的创新与发展

通过实现企业内部的数据交换和知识文档的创建及应用覆盖全公司，华龙智库可以消除各部门之间的信息壁垒，提高信息利用率和工作效率，从而解决信息孤岛等问题，推动核电企业整体的创新与发展。核电企业的创新与发展，不仅可以提高自身的竞争力，也可以推动整个核电行业的进步，从而对社会产生积极影响。

6 不足与改进

6.1 问题与不足

漳州能源知识管理实践成效显著，但实践过程中也存在着以下问题和不足：

一是前期缺乏明确的知识管理策略。知识管理项目团队对于知识和知识管理的认知不统一，导致知识管理工作一度推进缓慢，这个问题在明确项目负责人，统一思想后得到解决。

二是知识管理流程尚不规范。知识管理需要规范化的流程来确保知识的有效传递和利用，漳州能源以程序为试点推进知识管理工作，华龙智库上线以后，程序仍可以通过 ECM 进行审批，未制定明确的业务流程切换时间点，导致用户在使用过程中产生疑惑。

三是知识库数据同步不及时。根据策略，知识库会在每天零点同步业务系统的数据，受 ECM 的权限设置影响，有些文档分类下的文档和知识无法下载，导致数据同步失败,用户在访问这些文档时就会跳转到 ECM。

四是知识共享意识有所不足。在知识管理实践中,知识共享是至关重要的,漳州能源作为在建电厂,正面临 1、2 号机组生产准备, 3 号机组即将开工的工程建设紧张时期,同时又处于中国核电集约化改革时期,导致员工忙于日常工作,在知识共享方面有所欠缺,导致知识无法有效传递和利用。

6.2 改进方向

漳州能源未来的知识管理改进方向应包括新技术的迭代升级和优化,提高数据抽取的质量,建立标准化和规范化的知识管理流程,进一步统一和明确管理要求,并制定激励机制,鼓励员工分享自己的知识和经验,促进知识的有效传递和利用,依托国家档案局科技项目——“基于系统工程的核电文档知识管理体系构建研究”继续推进漳州能源文档知识管理工作。

7 总结

随着国家治理活动的丰富,文档工作正通过各种方式,为党和国家各项事业建设与发展提供真实凭据、历史经验、记忆媒介、文化源泉、信息支撑,为国家立足当下和面向未来提供战略性信息资源、基础性文化资源、支撑性知识资源、特殊性经济资源、工具性治理资源等支持,促使档案工作成为国家治理体系和治理能力现代化的基础性、支撑性和保障性力量。在推进“双碳”目标工作这样的时代背景下,漳州能源通过开展文档知识管理探索与实践,提出了一种基于人工智能的核电文档知识管理系统,建立了文档与业务双向驱动的核电文档知识管理长效机制,有助于核电企业更好地管理和利用企业自身的知识资源,提高知识的共享和利用率,从而增强自身的竞争力和创新能力,助推企业的数字化转型和高质量发展。

作者简介

詹超铭，副研究馆员，现任中核国电漳州能源有限公司文档科科长，福建省档案学会理事、科技档案分会副主任委员。长期从事核电厂的文件控制、档案管理、信息资源管理和知识管理等工作。

近年来，先后负责公司科研项目和国家档案局科研项目各1项，在中国核能行业协会组织的《核电项目档案管理规范》《核电行业知识管理第2部分：实施》等团标制定中担任主编，在中国核电知识管理系统建设专项工作组担任业务组组长。

国际原子能机构小堆开发部署工作及对中国小堆发展的启示

赵成昆[1]　李汉辰[2]　章庆华[1]
（1. 中国核能行业协会；2. 中国核电工程有限公司）

摘　要：随着先进核能成为实现“双碳”目标的必然选择，近年来国际原子能机构正在大力推动小堆创新开发部署工作。2022 年国际原子能机构（IAEA）小堆开发部署工作机制经历了重大改革，为此有必要梳理 IAEA 小堆技术管理工作发展情况、借鉴相关经验，结合当下我国小堆发展需要，合理规划布局，明确下一阶段工作重点与对策，为我国小型模块化反应堆的发展提供有力支持。

关键词：国际原子能机构；小型模块化反应堆；小型模块化反应堆及其应用平台；核能协调与标准化倡议

引言

随着全球能源需求不断增长，传统能源消耗带来的生态环境问题日趋显著，气候变化成为 21 世纪人类面临的重大挑战。自《巴黎协定》签署、联合国“2030 年可持续发展议程”决议通过以来，核能作为低碳清洁能源越来越受到世界各国的高度重视。核能发电是全球实现“净零排放”的重要手段，发展核电已成为我国实现“双碳”目标的必然选择。

近年来，国际原子能机构（IAEA）正逐步加大对小型模块化反应堆（SMR，以下简称“小堆”）及其应用部署的推广力度，先后出台了一系列指导文件、技术报告、多边倡议，旨在推动成员国核能发展，实现新一轮能源革命。近年来，无论是传统核工业强国，或是尚未发展核电的国家，越来越多的国家正在表现出对发展小堆的兴趣和意愿。

我国正在经历从“核电大国”到“核电强国”的重要转型，同时又是小堆技术持有者和实际投入部署较早的国家，有必要梳理 IAEA 小堆发展计划，借鉴国际经验，深度参与国际规则制定，推动我国小堆技术快速发展，形成品牌核心竞争力，提升小堆领域国际影响力和话语权。

1 国际原子能机构小堆开发部署计划的时代背景

IAEA 早在 2004 年 6 月启动革新型中小型堆（Evolutionary Small and Medium sized Reactors（SMRs））开发计划，成立“革新型核反应堆”协作研究项目，成员总数已超过 40 余个，涌现出多种革新型中小型反应堆概念。2011 年，IAEA 进一步提出在革新型中小型堆中推动“小型模块化反应堆”（Small Modular Reactors（SMR）），即设计上采用模块化技术通过批量化的工厂制造和缩短建设周期提高经济性的小型反应堆。

近年来，小堆成为美俄等核能发达国家研发的热点，主要目的是确保其核大国地位，满足国家能源需求和保障国防安全。美俄等国家有关部门一方面支持已取得研发成果的先进小堆开展工程示范验证；另一方面高度重视并大力支持革新性小堆的概念设计与关键技术攻关。在美俄等国的大力带动下，日本、加拿大、英国、法国、韩国、南非和阿根廷等国都在投资开发自身的小堆品牌。新兴市场国家积极考虑利用小堆，国际上小堆开发呈现活跃的态势。

IAEA 从 2012 年起每隔两年发布一版《小型模块化反应堆技术开发进展》报告，2018 年—2022 年报告中收录的小堆型号分别为 56 个、72 个、83 个，呈现快速上升趋势，从侧面反映出世界各国对发展小堆的认可和重视。

与大型反应堆相比，小堆具有以下显著优势：

1）堆芯装量较少，安全设计理念先进以及应急要求大大简化，特别适宜作为供热领域的热源；

2）体积小，在选址方面具有较大的灵活性，可根据用户需求灵活设计和配置；

3）前期投资费用较低，可以更灵活地与其他清洁能源整合，或用于老旧小火电机组替代，形成综合能源系统；

4）适合开展核能综合利用，如城市区域供热、工业园区供热供汽、核能海水淡化、偏远地区及孤网热电联供、水电联供、制氢和其他特殊用途等。

降低建造周期、使小堆的成本优势最大化，依赖于一体化、模块化设计和批量化工厂制造、现场组装，因此共同的法规标准、工业规范和执照审批要求是发展小堆必要的基础条件。为此，国际原子能机构开展了一系列行动，推动小堆协调发展。

2 IAEA 小堆工作机制与规划

如前文所述，从“旧 SMR(Small and Medium sized Reactors)”到“新 SMR(Small Modular Reactors)”概念的变迁由来已久，IAEA 开展相关小堆技术与管理工作已有多年的丰富经验，并积累了相应的研究成果。其中，主要工作开展于 2010—2020 年间，形式多以成立技术工作组、编写年度技术发展报告等为主，辅以个别专题研究。

2022 年前后，IAEA 小堆工作机制与规划经历了重大变革，秘书处大力推动了一系列资源整合，并在原有工作基础上提出了诸多新举措，旨在集中资源与力量，推动成员国小堆开发部署。

2.1 小堆工作历史沿革

改革前的小堆相关工作主要由核能部下属核电司负责，核电司下设的核电技术开发处（Nuclear Power Technology Development Section，NPTDS）是主要责任部门之一。核电技术开发科职责是促进先进核反应堆技术的信息交流和合作研发，向机构成员国提供关于先进反应堆系统及其应用技术现状和发展趋势情况。

小型模块化反应堆开发是该部门诸多工作中的一项，在开展具体工作时，会根据任务不同的目的和性质，以协同研究项目（Coordinated Research Project，CRP）、技术工作组（Technical Working Group，TWG）等形式开展。

2.1.1 协同研究项目（CRP）

国际原子能机构在其批准的计划和预算中列出了若干项目、子项和研究计划，通常以协调研究项目（CRP）的形式实施。秘书处相关部门将来自不同国家的研究机构聚集在一起，签署联合研究协议，共同研究具有共性的课题。

协同研究项目一般具有以下特点：

1）已建立的每个协同研究项目由 10 ~ 15 家机构共同参与研究，这些研究机构在项目建立后的 3 ~ 5 年内协同工作，获取和传播新知识。

2）研究合同通常授予发展中国家或转型期国家的机构，并提供一定资金以支持相关研究工作；

3）国际原子能机构将为各方出席研究协调会议提供必要支持。

IAEA 已开展过大量协调研究活动，近年来以小型模块化反应堆为重点的协同研究项目数量明显增多。表 1 列举了部分与小堆直接相关且有代表性的项目。

表 1 部分小堆协同研究项目一览

序号	CRP 编号	标题	获批时间	研究周期	中方参与
1	2222	制定确定小型模块化反应堆部署应急规划区技术基础的途径、方法和标准	2017.5.19	2018.2.9—2021.8.8	是

续表

序号	CRP编号	标题	获批时间	研究周期	中方参与
2	2147	多机组/多反应堆场址的概率安全评估（PSA）基准研究	2017.7.13	2018.2.14—2022.2.15	是
3	2012	先进小型模块化反应堆中非能动工程安全设施的设计与性能评估	2017.7.19	2017.7.19—2021.12.31	是
4	2172	推进水冷堆严重事故分析中的不确定性与敏感性方法实践	2018.12.19	2019.6.7—2024.6.6	是
5	2241	小型模块化反应堆项目的经济评价：方法学与应用	2019.12.12	2020.10.30—2024.12.31	是
6	2289	推动用于SCWR原型设计的热工水力学模型和预测工具	2021.3.24	2022.2.9—2026.4.30	是
7	2290	核能－可再生能源混合能源系统技术评价与优化	2021.3.24	2022.2.20—2026.4.29	是
8	2303	核热电联产在可持续发展中的作用	2022.3.23	2023.3.6—2026.6.29	否
9	2230	提高小型模块化反应堆竞争力和早期部署的技术	2022.3.20	2023.6.27—2026.9.1	是
10	2238	小型模块化反应堆乏燃料管理的挑战、差距和机遇	2022.12.14	2023.11.7—2028.11.8	是
11	2398	增强小型模块化反应堆和微型反应堆的计算机安全性	2023.12.6	—	—

2.1.2 小堆技术工作组（TWG-SMR）

小堆技术工作组专注于小型模块化反应堆的技术开发、设计、部署和经济性，促进发展中国家和新兴国家的电力和/或工业供热的生产。小堆技术工作组主要在以下领域为国际原子能机构小堆相关方案规划和实施提供咨询和支持：

1）研究、技术开发和创新；

2）为特定国家制定通用技术要求；

3）先进 SMR 设计的技术评估方法；

4）可靠性、核保障能力和施工建造能力；

5）结构、系统和部件的软件和设计标准化；

6）SMR 产业化，涵盖设计、工程、制造和供应链等；

7）厂址特征；

8）经济竞争力、财务考虑、市场需求和成本分析；

9）国家发展及扩大核电规模的能力构建；

10）国际合作。

小堆技术工作组的主要职能之一是提供咨询和指导，并在感兴趣的成员国中争取支持，以实施国际原子能机构有关的方案活动。工作组还将就制定成员国发展路线图提供指导，评估其部署小型模块化反应堆的设计成熟度。

美、俄、中、英、法、等 14 个成员国和欧盟委员会、经合组织－核能署两个国际组织作为受邀观察员参与了小堆技术工作组。目前还有部分成员国正在策划加入。

为进一步凝聚共识、扩大合作，根据分工，小堆技术工作组下设三个子任务组，分别完成相应任务：

SG-1：通用用户需求和标准开发；

SG-2：研究、技术开发和创新；程序和标准；

SG-3：产业化、工程设计、实验、制造、供应链以及施工建造技术。

小堆技术工作组还将专门解决小堆非电力应用以及与可再生能源的耦合问题。

截至目前，清华大学核能与新能源技术研究院与中国核动力研究设计院先后代表中国参与了前后两期 TWG-SMR 工作。

通过协同研究项目和 TWG-SMR 的情况可以看出，中方单位参加了国际原子能机构具有代表性的两项小堆技术工作，对该领域保持了适当的跟进，为下一步参与到相关规则制定奠定了良好基础。

2.2 改革后的小堆工作管理机制

2022年前后，国际原子能机构小堆工作机制与规划经历了重大变革，秘书处大力推动了一系列资源整合，旨在集中资源与力量，在原有工作基础上提出了诸多新举措。

2.2.1 小堆平台的整合与运作

应成员国对小堆发展的需求，国际原子能机构开展了全面且系统的部署，在以往小堆多个领域的工作成果基础上，于2021年开始建立小型模块化反应堆及其应用平台（以下简称“小堆平台”）。该平台旨在对内协调机构在小堆及其应用方面的全部活动，对外促使各成员国和其他利益攸关方之间的合作与协作，更好地了解小堆技术、安全性和经济竞争力，为成员国和利益相关方提供小堆发展领域的“一站式服务”，实现全球小堆的安全部署。

小堆平台通过联合各方共同编制小堆发展中期战略等工作，支持成员国尽早部署小型模块化反应堆，加速技术开发和示范，提高准备就绪程度，并分析小堆与其他清洁能源技术的竞争力。

小堆平台将完成以下主要任务：

1）制定和定期审查IAEA关于支持成员国开发和部署小型模块化反应堆及其应用的战略；

2）审查和确定相关方法，以确保IAEA在小型模块化反应堆及其应用方面规划和活动的一致性、协调和优化；

3）审查成员国和国际组织在小型模块化反应堆及其应用领域向IAEA提出的请求，并确定以协调的方式处理该请求的最佳方案和机制；

4）促进IAEA与核组织和非核组织之间的国际合作；

小堆平台由国际原子能机构总干事发起，工作组由指导委员会（SMR-SC）和平台实施小组（SMR–PIT）组成。主管核能部的副总干事出任指导委员会主任。指导委员会共 9 名成员，其中 7 名由副总干事或部门级负责人担任，1 名观察员来自总干事办公室，1 名科学秘书为核能部核电技术开发科科长。指导委员会每季度或根据需要召开专项会议（见图 1）。

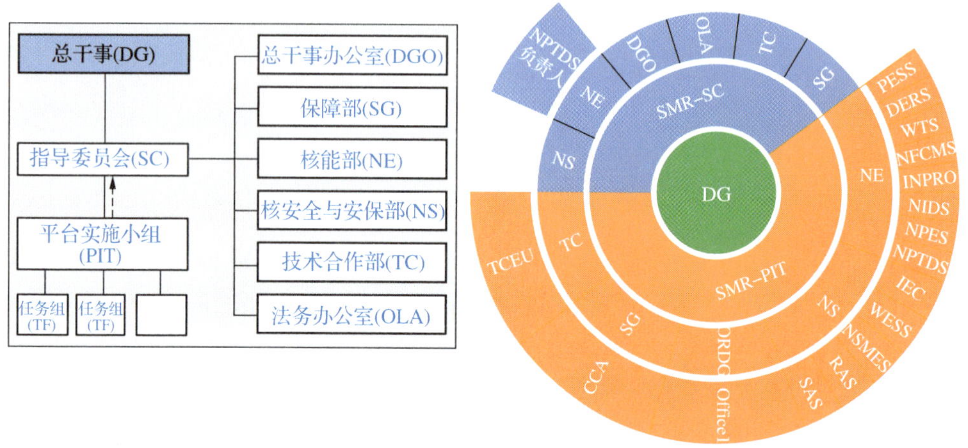

图 1　小堆平台工作组织机构示意图

平台实施小组（SMR–PIT）成员由各相关处室负责人组成，核电技术开发科科长兼任小组组长，小组成员由各部门总干事提名。平台实施小组通过“全体会议 + 特定专题任务组”的方式开展日常工作。专项任务组专家根据需要来自各个领域，平台实施小组每月召开会议。

为了提升工作效率，加强机构与成员国在小堆领域的沟通交流，小堆平台创建了专有的网站。通过该网站可以看出，平台集成了机构所有与小堆相关的工作内容和成果，主要分为以下几个板块：

通过以上资源调度和工作安排可以看出，国际原子能机构正在大力推动小堆创新开发部署工作。机构超半数部级部门参与了小堆平台工作，以往工作成果、当前工作项目以及未来发展规划都集中在该平台。小堆平台已成为国际原子能机构在小堆及其应用领域活动的协调中心，提供了来自整个机构的一系列服务，包括技术援助、能力建设、信息共享和协调研发工作，涵盖与小堆的开发、早期部署和监督

有关的所有方面（见图 2）。

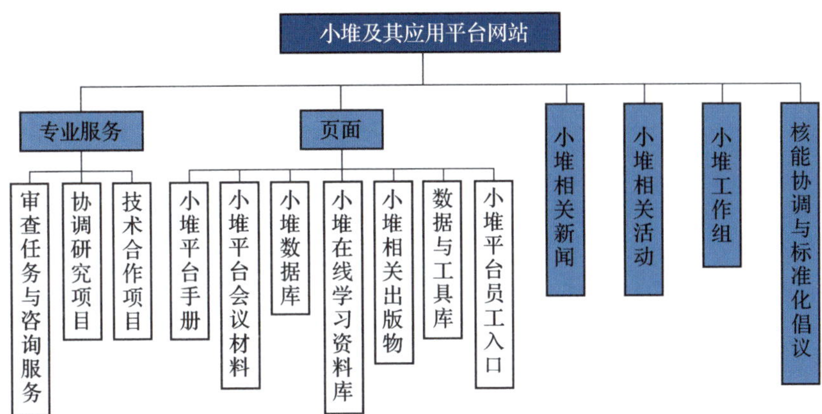

图 2　小堆平台网站架构（截至 2024 年 2 月发布）

2.2.2 核能协调与标准化倡议（NHSI）

国际原子能机构于 2022 年正式提出核能协调与标准化倡议（以下简称“NHSI 倡议”），旨在加速推进小型模块化反应堆的安全部署，助力 2050 年碳减排目标的实现。

目前，NHSI 倡议下的相关工作内容已划入小堆平台内，作为对全球小堆开发和部署的有力支持。在总干事领导下，NHSI 倡议以机构核能部和核安全与安保部为主共同实施。NHSI 倡议由两个独立且互补的领域组成：

1）核能部负责 NHSI 产业组，产业领域的目标是为小堆制造、建设和运营、开发、标准化的产业方法，从而缩短执照申请周期、降低投资成本并最终缩短部署小堆所需时间。产业组面向技术持有者、运行方与终端用户，以及国际组织和团体，重点关注四个主题：① 高级用户需求协调；② 法规标准信息分享；③ 实验与模型验证；④ 小堆基础设施加速实施。

2）核安全与安保部负责 NHSI 监管组，通过加强监管合作，避免不必要的重复审查，提高效率，并促进在不损害核安全和国家主权的情况下达成共同监管立场。监管组面向监管方和政府，重点关注三个主题：① 共享信息框架构建；② 取证前国际监管评审；③ 他国监管方法经验借鉴。

在上述两个分组中，生态环境部核与辐射安全中心参与了监管组“取证前国际监管评审”等工作；中核集团下属中国核电、核动力院等单位参与了产业组相关工作。在产业组重要成果《国际原子能机构小型模块堆通用用户要求文件》中，中方单位争取到 20 项政策编制任务中的 7 项，与美国并列第一，为最终政策出台提供了重要支持。

2.2.3 小堆中期战略（SMR MTS）

为了解小堆最新技术进展，确定机构下一步行动方向，核能部审查了过去几年举行的主要技术和咨询会议，对会议主题和建议进行了详尽的分析，并调查跟踪了多个成员国和国际组织正在进行的倡议及其进展。在此基础上小堆平台实施小组制定并发布了针对不同对象的《国际原子能机构支持成员国在小型模块化堆及其应用方面的中期战略》（SMR MTS）文件。

文件内容涵盖了 2022—2029 年期间为小型模块化反应堆及其应用开发所需要做的工作，重点是推动先进反应堆技术的近期部署（即到 2030 年建造首堆或示范电站，并在未来十年实施商业运行），兼顾长期发展考虑。

中期战略报告中列出了以下战略目标：

1）支持成员国成为有核能发展见解的客户，并基于小堆就是否启动或扩大核电规模做出知情决策；

2）支持小堆及其应用的工业准备工作，包括相关的燃料循环；

3）促进研发与创新；

4）支持建立体制、法律和监管框架，确保小堆的安全部署、运行、关闭和退役，包括乏燃料和废物的管理；

5）准备有效和高效的机构保障措施；

6）支持小堆国际合作；

7）通过技术合作提供有效的知识 / 技术转让。

从前文梳理可以看出，国际原子能机构正在将小型模块化反应堆作为下一阶段的工作重点，全方位动用所有资源支持小堆开发部署工作。与此前的小堆相关工作相比，当前规划更为全面、系统，既充分利用了前期工作成果，又进行了适当补充，并且加强了技术层面与监管层面之间的关联，相互促进。

3 IAEA 小堆工作对中国发展小堆的启示

3.1 小堆工作所面临的挑战

近年来，国内小堆领域发展收获了实质性成果。海南昌江多用途模块式小型堆科技示范工程开工建设、山东石岛湾高温气冷堆核电站示范工程投入商业运行，证明了两种小堆设计方案成熟可行，积累了模块化小堆建造和运行经验。但与此同时，结合 IAEA 相关工作经验可以看出，当前国内小堆开发还面临一些挑战，主要集中在以下两方面：

1）小堆发展缺乏顶层规划，政策协调引导有待加强

《“十四五”规划和 2035 年远景目标纲要》和《“十四五”能源领域科技创新规划》中提出了推动模块化小型堆示范和发展各类型小堆技术等要求，但与美国、俄罗斯等国在小堆开发规划情况相比，我国目前缺乏清晰明确的小堆用户需求、开发目标和战略指引。相关部门对小堆在国家能源体系内的发展定位、小堆与大堆关系等方面仍需加强协调与政策引导。

2）小堆法规标准需进一步补充完善，立项审批流程有待优化

目前国内尚未形成一套完整的、适用于小堆发展的法规标准，涉及项目安全评审、核应急和核安保等领域，对小堆发展具有一定制约；项目核准和安全许可管理程序周期长、过程不确定性大，对小堆项目工期与成本具有不利影响。

3.2 对策建议

综上所述，中国应当重视国际核能行业发展动向，密切跟踪小堆国际发展形

势，充分发挥当前我国核电领域的特有优势，制定相应对策，提升小堆研发设计，拓展核电海外市场。

为推进小堆在我国实现“双碳”目标和保障能源清洁低碳转型方面发挥重要作用，本文尝试提出相关建议如下：

1）制定小堆顶层发展规划，明确小堆开发目标，加强政策协调引导，促进小堆型号有序开发部署。

2）完善小堆相关法规标准体系的研究和制定，编制小堆发展计划，实现小堆安全、有序、批量化和标准化发展。

3）优化小堆立项程序，推行标准化设计审查，减少后期项目的不确定性，缩短审查周期。

4）加强小堆与可再生能源的协同互补发展和耦合机制研究，形成相互补充、灵活应用、多品种保障的能源供应体系。

5）加强政府统筹协调，开展小堆设计标准化，加强行业共性问题研究，指导小堆用户要求文件制定。

6）加强政策引导，适时建立小堆发展联盟，统筹考虑小型堆研发、设计、装备制造、建造、技术服务、退役全寿期、多用途等方面，完善小堆一体化产业链体系。

7）加强国际合作，紧密跟踪小堆国际发展形势，制定合理可行的海外市场拓展计划。

第一作者简介

赵成昆，1966 年 1 月毕业于上海交通大学船舶核动力工程专业，1981—1983 年美国哥伦比亚大学访问学者。现任中国核能行业协会专家委员会常务副主任。曾任中国核动力设计研究院院长、国家核安全局局长、中国核能行业协会副理事长等职。

韩国核电“走出去”经验总结与启示研究

李言瑞　胡　健
（中核战略规划研究总院）

摘　要：韩国自 2007 年获得阿联酋 4 台核电订单后，于 2022 年 8 月获得埃及埃尔达巴核电项目设备供货和设施承建合同，同年 10 月底还与波兰签署了 4 台核电机组初步协议，近期又获得保加利亚 2 台 AP1000 承建唯一谈判资格，核电“走出去”成绩亮眼。从国际市场看，韩国异军突起，已成为全球重要的核电技术供应商。在俄乌冲突严峻的地缘形势下，韩国能够与俄罗斯开展核电第三国市场合作，并独立拿下国际订单，对我国核电“走出去”既是挑战，同时也有一定的借鉴意义。本文从国家体系、政策、技术、装备等方面总结分析了韩国核电“走出去”的经验，并在政府和企业两个层面提出了对我国核电“走出去”的启示与建议。

关键词：核电技术；核电装备；走出去；政策建议

韩国能源匮乏，严重依赖进口，韩国将发展核电作为摆脱对国外能源依赖的重要措施。核电是韩国能源电力的支柱产业，为韩国提供了重要的能源电力保障。韩国是全球重要的核电产业和技术发展国家，韩国在运核电机组数量和装机容量均位于世界第 5 位，仅次于美国、法国、中国和俄罗斯。韩国是全球五个掌握第三代核电技术的国家之一，新古里核电站 5 号机组采用韩国具有自主知识产权的第三代核电技术 APR1400，这是全球首台投入商业运行的第三代压水堆核电技术。APR1400 实现了批量化建设，还出口到阿联酋。韩国在小型模块化反应堆、研究堆、裂变堆核燃料循环研发、聚变堆前沿技术等方面也取得世界核行业瞩目的成绩。韩国将核电作为对外出口的重要技术产品，获得了阿联酋 4 台核电机组，与波兰达成出口 4 台 APR1400 机组的初步协议，还与俄罗斯共同建设埃及埃尔达巴核电站，近期又获得保加利亚 2 台 AP1000 承建唯一谈判资格。韩国部分核电主设备在我国三门和海阳核电站实现应用。韩国与沙特联合研发 SMART 小型堆技术，向约旦出口了高通量研究堆。韩国在核电技术、成套装备、主要核级设备、厂房设计等方面实现了出口，得益于国家出口体系、部门间协同支持、企业联合、技术持续优化、合作利益捆绑、国际间灵活合作模式、维持人才队伍等方面。文章从这些方面分析了韩国核电“走出去”经验，并在政府和企业层面给出了相关建议。

1 韩国核工业概况

韩国核工业起步于 20 世纪 70 年代，至今已有 50 多年的历史。根据韩美协定，韩国不能发展核军工，但其民用核工业，尤其是核电产业，取得了较好的发展成就。

1.1 韩国为保障能源安全积极发展核电

韩国化石能源紧缺，煤炭、石油、天然气基本全部依赖进口。为保障能源安全，韩国积极发展核电，目前在 4 个核电基地共运行 26 台机组，总装机容量 2 582.9 万千瓦；在建 2 台机组，总装机容量 268.0 万千瓦。2022 年，韩国核能发电量为 1 657.1 亿千瓦时，占全国总电量的比例为 30.4%。韩国计划到 2030 年核电装机容量达到 3 200 万千瓦，核电发电量占比提高到 33%。

1.2 韩国通过引进消化吸收再创新模式研发出自主知识产权的大堆核电技术

与我国相似，韩国起初引进国外技术建造大型核电机组。在西屋 System 80 技术基础上，通过消化吸收再创新，韩国形成KSNP技术，并进一步固化为KSNP+技术，对外称 OPR-1000，成为其目前在运二代核电主流机型。在 System 80+ 基础上又形成自主三代核电技术 APR-1400，并实现国内外商业部署。韩国还在研发百万千瓦级 APR-1000 技术和超大堆 APR+ 技术。韩国早期还引进了加拿大重水堆技术。

1.3 韩国在小堆和特种反应堆技术上加大研发力度

韩国自主研发的 SMART 陆上小堆电功率 10 万千瓦，换料周期 3 年，设计寿命 60 年，单位造价 6 万元 / 千瓦以上，具备海水淡化等功能。BANDI 海上小堆适用于浮动核电站。韩国计划 2028 年建成池式钠冷原型堆 PGSFR。韩国铅冷快堆有 3.5 万、30 万和 55 万千瓦三种概念型号，其中 3.5 万千瓦型号主攻移动型小堆方向。韩国计划 2030 年前实现超高温气冷堆规模化制氢，同时还在研究与石化和钢铁等产业的耦合。韩国已建成热功率为 3 万千瓦的 HANARO 高通量试验堆，并实现出口。韩国大型超导托卡马克 KSTAR 聚变装置取得多项全球领先的试验成果。

1.4 韩国核燃料循环相关环节也取得一定的亮点成绩

韩国是贫铀国家，铀资源主要来自哈萨克斯坦、尼日尔、加拿大、澳大利亚等国家，支撑了国内核电的发展。韩国压水堆和重水堆燃料元件产能分别达到 700 吨 / 年和 400 吨 / 年，可以满足国内需求，并还在研发耐事故燃料、环形燃料和三层包覆颗粒燃料等先进燃料。韩国实行开式燃料循环政策，按照 705 美元 / 千克收取乏燃料深地质处置基金，核燃料制造公司也缴纳部分基金。韩国建成月城中低放废物处置库用于处置中低放废物。韩国采用选址—实验室—处置库的模式处置乏燃料和高放废物。

2 韩国核电海外出口情况

2.1 核电反应堆技术出口情况

韩国电力公司（简称“韩电”）韩国唯一负责核电站设计、建设、运维和出口的企业，积极在全球布局核电技术。

2.1.1 阿联酋核电项目

2009 年 12 月，阿联酋基于造价、可靠性和时间进度等因素考虑，与韩国签署了 4 台 APR-1400 机组合同，外加 10 年运维和管理服务，总造价 244 亿美元。阿联酋巴拉卡核电站 1-2 号机组目前已经投运，运行状况良好，3 号机组于今年 10 月并网，4 号机组也完成热试。需要指出的是，韩国核电出口也受到了美国的竞争和打压。为限制韩国向阿联酋出口 APR-1400 技术，西屋公司曾对韩电提起知识产权诉讼，直到韩国向西屋提供了技术咨询费，才换取了美国和西屋的支持。直到现在，美国还在限制韩国向美国、中国等大型核电市场出口 APR-1400 技术。

2.1.2 波兰核电项目

2022年10月31日，波兰与韩国签署建设4台APR-1400核电机组的意向协议，总价预计超过 200 亿美元，厂址选择在 Patn ów 煤电厂址上。在获得该订单之前，韩电一直在与西屋竞争波兰第一核电项目合同（6 台机组，总造价 400 亿美元）。最终，波兰政府决定由西屋负责建造第一核电项目。

2.1.3 沙特大堆和小堆项目

在大堆方面，韩国进入沙特核电潜在供应商名单，竞争实力不可小觑，已成为我方主要竞争对手。在小堆方面，韩沙签署建设 2 台 SMART 小堆谅解备忘录，首台 SMART 小堆估价 10 亿美元。韩沙两国还将联手向其他中东国家推广 SMART 小堆技术。

2.1.4 约旦 JRTR 研究堆项目

韩国击败中国和阿根廷等竞争对手向约旦出口了以 HANARO 高通量堆为参考堆型的约旦研究堆（JRTR）。2009 年 12 月，JRTR 堆开工建设，2016 年 4 月达到临界。约旦政府为 JRTR 堆提供 1.6 亿美元费用，韩国提供 7 000 万美元的贷款，利率为 0.2%，还款期 30 年。

2.2 核级装备和承建能力出口情况

2.2.1 保加利亚 2 台 AP1000 核电机组承建项目

2024 年 2 月 16 日，保加利亚发布声明，韩国现代工程建设公司成为科兹杜洛伊核电站 2 台 AP1000 机组承建项目的唯一谈判商，将与该项目的业主进行工程、采购、建设和调试合同谈判。

2.2.2 埃及埃尔达巴核电项目参与工作

2022 年 8 月，韩电与俄罗斯核电建设出口公司（ASE）签署 25 亿美元合同，为埃尔达巴核电站供应辅助设备并承建 80 多个建筑设施，占项目总合同额的 8.7%。韩电在 2021 年 12 月被选为该项目单独协商对象，俄乌冲突爆发后，韩国外交部、通商资源部等政府部门牵头，与美国和埃及政府开展了多轮会谈，最终得以签署合同。

2.2.3 为中国建造 AP1000 核电机组供货项目

2008 年 6 月，斗山重工与西屋签署为美国沃格特勒核电站 2 台 AP000 机组提供压力容器和蒸汽发生器的合同，价值 1.95 亿美元。同年，西屋选择斗山重工为我国三门和海阳核电站的 AP1000 机组供应 2 台压力容器和 4 台蒸汽发生器。

3 韩国核电“走出去”体系

韩国核电发展历程与我国十分相似，但其“走出去”从市场开发角度来说，成效优于我国。韩国核电“走出去”之所以能成功，主要得益于其建立了一套自上而下的核电“走出去”体系。

3.1 建立国家领导人推动核电出口的顶层战略体系

韩国历届政府重视核电“走出去”，尹锡悦总统上台后，提出到2030年获得10台海外订单的目标，并将核电纳入高访议程。韩国原子能委员会是其核能发展的最高决策机构，负责核电出口的决策、部门间协调和指导监督等工作。韩国原子能委员会主席由总理亲自担任。

3.2 成立由政府部门主导的核电出口中间协调层

为推动核电出口，韩国成立核电出口战略推进委员会，由通商资源部、教育与科学技术部、财政部、外交部、国家科技委员会等9个部门，韩电等10家企业，贸易协会等9家民间机构和有关专家组成，委员会主任由通商资源部部长担任（见图1）。

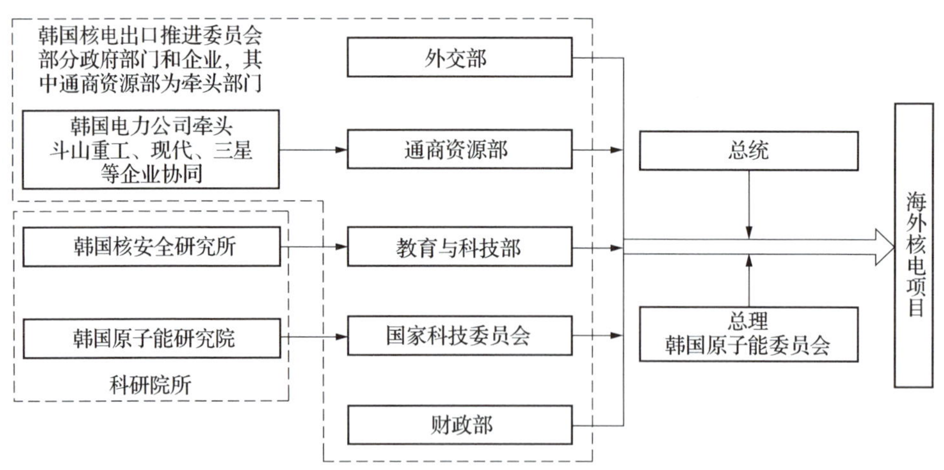

图1　韩国核电“走出去”体系

3.3 形成以韩电牵头的企业联合执行层

韩国相关企业在海外核电市场开发中形成了以韩电牵头、其他企业协作的模式，避免了内部竞争，提高了海外开发效率，充分发挥了韩国企业的整体竞争优势。韩电总体负责海外市场开发活动，包括谈判和签订合同等工作，合作伙伴有斗山重工、现代和三星等大型企业，配合韩电在设备供货、建筑施工等方面发挥作用。

4 韩国核电出口的战略和策略

4.1 韩国具有坚定的核电出口战略决心

根据韩国《核能振兴综合计划》，韩国计划到2030占据全球20%的核电市场份额，成为全球第三大核电出口国，将核电打造成为继汽车、半导体、造船之后的第四大创汇行业。

4.2 韩国采取灵活的核电出口策略

4.2.1 韩国与美国进行技术捆绑同时又不屈服于美国

韩国核电技术来源于美国，用于出口的APR-1400技术还有部分知识产权受制于美国，为此与美国进行技术捆绑共同开发第三方市场，同时又和美国竞争波兰第一核电项目，在捷克、保加利亚、沙特等核电市场上韩美也形成竞争关系。通过技术捆绑和项目竞争的模式，韩国本质上是为了牵头获得海外核电订单，同时借助美国在全球的影响力避免较多的地缘政治问题和目标国的后顾之忧。

4.2.2 韩国核电企业与军贸企业联合出海

韩国与波兰核电协议是波兰副总理萨辛在访问韩国订购军贸时达成的，并写入了两国谅解备忘录。波兰为了支持俄乌冲突中的乌方，向乌克兰提供了大量武器，这些武器很多购自韩国。2022 年，波兰向韩国购买了总价超 150 亿欧元的军事装备，韩国利用武器出口机会，不失时机地将核电与军贸捆绑，让波兰接受韩国核电。

4.2.3 对于他国控股核电项目韩国采取积极参与的策略

韩国在没有获得核电技术出口合同时，积极输出核电相关服务。韩国承建保加利亚 2 台 AP1000 机组，为核电国际合作提供了很好的范例。韩国获得埃及埃尔达巴核电项目的合同额度虽然不大，但并未因此而摒弃。相比为美国核电提供运维服务、为美中核电项目提供部分设备，韩国在承建埃尔达巴核电项目的辅助设施方面取得突破，合同额也实现了 12 倍的增长。

4.2.4 韩电海外开发公司多措并举保持队伍稳定

在没有获得海外核电订单时，韩电海外收入下降，占公司总收入的比例很低。为了维持队伍的稳定，海外项目开发人员转变发展思路，转向销售设备、开发水电、培训等工作获得收入，同时也没有停止海外核电项目开发。

4.2.5 坚定不移推进技术自主化和优化赢得国际订单

韩国坚持核电技术自主化，在引进技术基础上依次研发出 APR-1400 等技术，并将西屋公司的技术使用许可协议修订为技术合作协议，目的是实现技术完全自主化和设备 100% 国产化。通过不断优化，APR-1400 设计造价为 1.4 万元 / 千瓦，建造工期 48 个月，APR+ 设计建造工期更是缩短为 36 个月，非常具有竞争力。

5 对我国核电“走出去”的启示与建议

5.1 政府层面

一是推动核电“走出去”纳入高访议程。核电“走出去”具有浓厚的政治属性，除核电企业要加大市场开拓力度外，更需要国家政治、外交、金融等软实力协助。我国可借鉴目前核电“走出去”较成功的国家的模式，将核电议题纳入到领导人高访议程中，并写入双方合作谅解备忘录，采取“自上而下”和“自下而上”相结合的模式推动核电“走出去”。

二是推动政府主管部门打造核电“走出去”新格局。核电“走出去”成功的国家（俄罗斯、韩国），都是由其核工业主体企业牵头统一对外。目前我国核电技术分散在几个核电企业中，在海外市场开发中存在竞争的局面。为促进我国核电出口，建议核电主管部门确立由国家核工业主体企业（如中核集团）牵头的海外开发主体，其他核相关企业和装备制造企业互相配合、各司其职，构建一个主体、凝聚一个声音，形成统一对外新格局，打造核电“走出去”一面旗帜。

三是推动金融单位给予核电出口优惠贷款政策。核电项目建设周期长、投资大，国外财政部门设有专门的核电“走出去”低利率贷款政策。建议政府层面出台专门针对核电项目的优惠融资政策，加强出口信贷和信保政策支持；设立核电产业投资基金，重点支持核电“走出去”项目；建立银企协调机构，指导银企间的合作机制和模式。

5.2 企业层面

一是提升核电核心竞争力和品牌效应。持续优化核电技术的经济性，压缩建造周期，降低单位造价。利用各种国际平台、巡展和新媒体等提升“华龙一号”“玲龙一号”等自主知识产权核电技术的品牌效应，提高自主核电技术的国际认可度。积极推进先进堆、小型模块化反应堆等型谱化产品发展，加强核能综合利用研发，满足国际用户多元化需求。

二是创新思路，联合国内外国际经营成绩突出企业抱团出海。国内企业方面，加大与军工、能源、粮食、农业等关乎国计民生企业的合作力度，在潜在目标国对我国某一领域有需求时，将核电捆绑一起出海，并与该领域企业建立利益分配机制，做到利益共享。国外同行方面，如法电、俄原、西屋、韩电等，加大合作力度，采用参股、提供设备、建筑服务等多种形式共同开发第三方市场。

三是采用灵活的方式为国外客户提供一站式服务。目前集团公司核电“走出去”主要采用 EPC 总承包模式，建议根据目标国实际需要，探索股权投资、建设—拥有—运行（BOO）、建设—拥有—运行—移交（BOOT）等模式。在没有获得核电订单时，采取输出核电服务的方式，维持核电国际合作队伍。同时，针对我国出口核电机组产生的乏燃料，明确乏燃料处置政策，支持乏燃料运回国内再利用，展示我负责任大国形象。探索为相关国家建立或健全整套核工业体系的模式。

四是加强“小而美”产业发力，助推核电“走出去”。坚持在以核电为龙头全产业链“走出去”的基础上，可通过推动其他产品“走出去”，带动核电出口。如推动新能源、核技术应用等产品出口到东南亚、中东、非洲等区域，在当地营造良好环境后，推动核电在目标国落地。

五是认识知识产权和标准的作用，加强认证主动权。借鉴韩国与美国在知识产权上的经验，做好“华龙一号”海外认证工作，组织“华龙一号”的技术、品牌、商标、标准等知识产权相关资产在海外的经营管理。加强与 IAEA、ASME 等国外认证机构的国际合作，得到这些权威机构的认证。同时，发挥中国先进压水堆用户要求文件（CUR）认证作用，使其成为与美国 URD、欧洲 EUR 比肩的权威认证文件，体现我国认证体系的实力。

第一作者简介

李言瑞，副研究员，中核战略规划研究总院科技带头人。长期从事核工业战略规划研究和核电产业开发研究工作，牵头或作为骨干研究人员参与国家级、省部级、中央企业级核能开发研究课题近 20 项。近年来，公开发表中英文论文 60 余篇，合作编写著作 16 部，获得软件著作权 5 项，获得省部级和中央企业级等各类科技奖励 30 余次。

日本核聚变创新产业发展的分析与启示

赵 宏 王 墨 罗凯文
（中核战略规划研究总院）

摘 要：近年来，核聚变领域研究在全球范围内受到广泛关注。日本在核聚变领域的研究起步较早，经验丰富，技术水平居世界先列，近年通过《2050碳中和绿色增长战略》《核聚变能源创新战略》等文件的发布，将核聚变发展逐步提升到战略高度，并在吸引民间企业参与、加强国际合作的基础上，积极推进核聚变产业化布局。本文将系统梳理日本核聚变技术发展脉络，结合最新出台的相关政策战略性文件，对日本核聚变创新产业发展进行分析研究，提出启示建议。

关键词：核聚变；日本；创新战略

日本是国际热核聚变实验堆（ITER）计划的重要参与国之一，核聚变相关研究起步较早，研发经验丰富，技术水平居世界先列。近年来，日本将核聚变发展提升到战略高度，加大创新研发投入，实施产业化布局，强化国际合作，积极提升该领域国际竞争力。

1 日本核聚变技术发展概况

1.1 发展历程

日本的核聚变相关研究工作始于20世纪50年代。1957年2月，日本内阁办公室下属的日本原子能委员会（JAEC）召开了第一次核聚变反应会议，讨论了日本核聚变研究战略。1958年2月，日本成立“核聚变研究协会”，后发展为日本等离子体科学核核聚变研究学会（JSPF）。1958年4月，日本原子能委员会成立“核聚变专家委员会”；1959年5月，日本科学委员会（SCJ）成立了“聚变特别委员会”，进一步开展受控核聚变的规范化研究。

在受控核聚变的发展方向上，日本科学家与工程师存在分歧，理论物理学家认为应集中于基础等离子体的研究，而实验物理学家和工程师们则认为应该尽快建造一个可与西方国家相媲美的聚变研究实验装置。20世纪60年代中期，日本教育、文化和科学省（MOE）领导的理论基础研究派和日本科学技术厅（STA）领导的实验物理研究派，各自独立开展受控核聚变研究。为了集中资金使研究效率最大化，日本在1989年5月成立了国家聚变科学研究所（NIFS）。

21世纪初，MOE与STA合并为文部科学省（MEXT），但核聚变的基础研究框架并未改变，日本原子能机构（JAEA，前身为日本原子能研究所JAERI）进行核聚变能源的研究和开发，国家聚变科学研究所（NIFS）从学术角度开展核聚变研究。

1.2 主要技术路线

目前，世界范围内存在5种主要的核聚变技术路线，分别是磁约束聚变、惯性约束聚变、磁－惯性约束聚变、静电混合与介子催化聚变。其中，磁约束聚变与惯性约束聚变为世界主要研究路线。日本在两条技术路线上均有布局。

1.2.1 磁约束聚变

日本两个主要核聚变研究设施都属于磁约束聚变，分别为国家量子科学与技术研究院（QST）的托卡马克装置 JT-60SA 和国家聚变科学研究所（NIFS）的仿星器装置 LHD。

（1）托卡马克装置 JT-60SA

20 世纪 60 年代末，在前苏联用托卡马克装置实现超过 1 千电子伏特（keV）的等离子体约束后，日本建造了托卡马克装置 JFT-2，并于 1972 年 4 月开始相关实验。1985 年，日本设计并制造的大型托卡马克实验装置 JT-60 开始运行，与美国托卡马克核聚变试验反应堆（TFTR），JET 并列为世界三大托卡马克装置。经多次改型，JT-60 于 2020 年升级为 JT-60SA。2021 年 2 月，JT-60SA 以 25.6 kA 的电流通电，达到其完整设计磁场。JT-60SA 全面运行时，预计能够维持 100 秒的高温氘气等离子体的平衡当量高温。相较于国际热核反应堆 ITER，JT-60SA 的尺寸大致为 ITER 的 1/2，体积大致为 ITER 的 1/8。2023 年 10 月 23 日，JT-60SA 在试验运行时首次产生了核聚变必需的等离子体；12 月 1 日，JT-60SA 开始运行。

（2）仿星器装置 LHD

LHD（大型螺旋装置）与 JT-60SA 同样运用磁约束原理，具体磁场构型为仿星器，是世界上第二大超导仿星器，仅次于德国马克斯·普朗克等离子体物理研究所的 Wendelstein 7-X（W7-X）反应堆。仿星器具有运行稳定、点燃后无需外界能量等优点，但线圈和线圈支撑结构的制造和组装复杂。LHD 使用中性束注入、离子回旋射频（ICRF）技术和离子回旋共振加热（ECRH）技术加热等离子体。

LHD 于 1987 年完成设计，1998 年开始投入运转，1999 年使用 3 MW 中性束注入，2005 年达到 3 900 s 的等离子体状态维持。2006 年，LHD 添加了新氦冷却器，截至 2018 年已累计实现 10 次长期运行，最大水平达到 11.833 kA。在 2020 年的氘等离子体实验中，成功使电子和离子温度达到 1 亿度。未来，LHD 研究团队有望研究出产生 1 亿度等离子体的方法。

1.2.2 惯性约束聚变

日本对于高功率激光器的惯性核聚变研究，始于名古屋大学的IPP合作研究，由大阪大学进一步推动，并于1983年完成高功率激光器GEKKO Ⅻ的建造，是世界上为数不多的大型激光设施之一，在激光聚变研究中发挥了重要作用。

与日本GEKKO Ⅻ同属惯性约束聚变技术路线的美国国家点火装置（NIF）2022年年底首次实现净能量增益（即反应产生的能量大于驱动反应发生的能量），并在2023年成功复现核聚变点火，使惯性约束聚变受到社会各界广泛关注。惯性约束的思路产生于20世纪60年代激光出现后，利用激光功率高、脉冲短的优势，可以在等离子体还没有来得及飞散之前，即行完成加热、聚合、燃烧等全过程聚变反应。相比作为清洁能源应用，惯性约束聚变更适合军事用途。NIF的点火过程，实际等同于由激光器引爆超小型氢弹的过程，可以在几乎没有辐射污染的情况下，研究、记录氢弹数据。

1.3 主要国际合作

1.3.1 参与ITER及BA计划

欧盟（欧洲原子能共同体）、中国、日本等35个国家和地区联合开展核聚变试验堆ITER建设和运行计划，日本负责主要设备的建造工作。截至2022年12月末，工程进度约完成78%。此外，作为ITER计划的补充，日欧通过BA计划（Broader Approach）开展广泛的联合研究，欧洲有关国家机构通过提供装置部件与服务的形式参与JT-60SA的合作项目，包括比利时核能研究中心（SCK-CEN）、德国卡尔斯鲁厄理工学院、西班牙能源、环境和技术研究中心（CIEMAT）、法国原子能和替代能源委员会（CEA）、意大利Consorzio RFX、意大利国家新技术、能源和可持续经济发展机构等。这些合作为日本核聚变由实验堆向示范堆发展提供了所需的装置和技术基础。

1.3.2 其他双边和多边合作

在核聚变领域的双边合作中，日本与美国、欧盟等建立了研究合作机制，每年召开一次会议，进行信息共享和意见交换。在多边合作方面，日本积极参加国际原子能机构（IAEA）和国际能源署（IEA）的各种国际会议，在IEA框架下积极开展研究合作和学术交流。

2 日本核聚变发展战略分析

2.1《2050碳中和绿色增长战略》首次提出日本核聚变技术发展路线图

2020年12月25日，日本发布《2050碳中和绿色增长战略》，在核能领域重点关注小型模块堆、高温堆和核聚变三个方向，首次提出了日本核聚变技术发展路线图。

根据该路线图，到2025年，日本要利用JT–60SA实验堆进行ITER补充实验，完成ITER项目的设备制造，并在国内完成示范堆的概念设计和关键技术研发。到2030年左右，ITER开始运行并开展等离子体控制实验，日本核聚变示范堆开展工程设计和实际规模的技术研发，2040年到2050年，ITER开始进行核聚变反应，开展关于氘–氚燃烧控制的工程实验和核聚变工程技术验证，日本核聚变堆进行产业化示范验证。

2.2《核聚变能源创新战略》引导日本核聚变产业化发展

2023年4月14日，日本为促进能源领域科技创新，又发布了《核聚变能源创新战略》，将核聚变的产业化发展提上日程。作为瞄准今后10年的战略，日本提出新的核聚变发展愿景，即“面向作为世界的下一代能源的核聚变的实用化，利用技术优势抓住市场先机，促进核聚变的产业化发展”。其战略意图主要体现在四个方面：一是应对日益增长的气候变化与能源安全需求；二是通过创造核聚变相关产业为经济增长作出贡献；三是在世界主要国家重视核聚变发展的背景下加大投入力度，充分参与国际竞争；四是加速核聚变所需机器设备研发，以确保其核聚变领域技术及人才优势，增强产业竞争力。该战略从产业培育、技术开发和推进体制三个方面建立了核聚变产业发展的顶层战略规划。

2.2.1 产业培育战略

当前，世界各国对核聚变的重视日益增强，投资规模增加。日本也希望抓住这一向海外市场发展的重要时机，促进民间企业参与核聚变示范堆开发，以确立未来的核聚变产业生态系统为目标，广泛构筑产学研一体化的基础。

一是加强技术人才的储备和培养。通过 ITER 计划等培养的产业技术人才是日本发展核聚变的重要人才来源之一，随着日本核聚变实验堆和 ITER 工程的研发进展，需要进一步储备和培养核聚变人才。为了确保技术力量、人才供应链，有必要构建支撑核聚变要素、技术的产业结构，特别是具有共同技术基础的核聚变加速器、原子能等领域，也要加强人才储备。

二是促进产业界对核聚变积极参与。以日本国内示范堆和 ITER 等国际合作项目为抓手，吸引包括风险投资、研发生产供应、基础设施建设在内的产业界更多参与核聚变开发，通过设定示范堆里程碑节点等手段广泛吸引投资。强调日本应加强关键技术和供应链的自主可控，梳理关键技术图谱，重视激活本国产业，建立激励机制。日本想成为核聚变技术出口国，增加核聚变示范堆研发计划主体，提升国际市场竞争力。

三是振兴核聚变相关技术产业群。以培养核聚变产业为目的设立新的工厂，促进民间企业关于核聚变的信息交换和商务匹配等，对政府主导的核聚变能源论坛进行发展性改组，计划成立核聚变产业协议会，促进政府主管机构与科研单位及相关企业的合作。重点投资核聚变相关核心技术领域，确保产供应链安全并力图凭借技术领先优势占领国际市场。同时加大对核聚变关联领域和通用领域的投入，如能源、医疗、AI 分析、模拟、大数据通信等，在扩大核聚变产业集群的同时，促进民间企业的进一步参与。

四是建立健全相关安全法规制度。在内阁设立以技术人员、法律专家、一般市民为成员的工作组,在政府指导下研究从促进核聚变产业发展的角度研讨相关安全法律法规的建设。为了获得海外市场,也要效仿在法规建设方面领先的美欧等国,通过国际协调制定核聚变相关法规并实现标准化。具体举措包括策划并参与在 Agile Nations 框架下开展的“国际核聚变法规的建立途径”工作组讨论等。

2.2.2 技术开发战略

为满足未来战略博弈需求,形成具有战略自主性的核聚变技术组合,日本除了通过实验堆和 ITER 等项目推进核聚变核心技术开发外,还支持开拓未来可能性的前瞻性研究。

一是强化对小型化等颠覆性新兴技术的政策支持。很多国家和民间企业致力于研发先进技术和多种堆型,这些独创性的新兴技术有可能成为杀手锏。鉴于此,日本从 2023 年起在核聚变技术方面也开始对开拓未来可能性的创新挑战提供政策支持,着眼于产业化和共同基础技术的形成,为促进研究机构和民间企业的合作提供帮助。

二是通过 ITER 计划 /BA 计划获得核心技术。日本在负责 ITER 主要设备的同时,通过日欧联合研发计划开展了示范堆开发所需的研究,为了继续获得核聚变的核心技术,将继续推进这两项合作。

三是加快未来示范堆研发的相关研究。为加速示范堆的设计进程,积极引入促进民间企业深入参与的机制,进一步推进示范堆的研究开发。

四是继续推进聚变能基础学术研究。聚变能是多种技术的集合,未来创新发展存在不确定性,为攻克众多尚未解决的课题,将继续推进作为广泛基础学术研究,为核聚变产业发展提供支撑。

五是以引进包括初创企业在内的民间新技术为宗旨,推进核聚变示范堆开发行动方案。以 ITER 计划等研究成果为基础制定行动方案,灵活吸收有利于技术进步和成本控制的新兴技术,根据需求引入民间企业技术研发力量或开展国际技术合作。

2.2.3 战略推进体制

为有力推动政府、科研机构和企业在核聚变领域的合作，日本特制定以下框架用于推进核聚变能源创新战略的实施。

一是建立政府高层级主导的领导机制。形成由日本内阁牵头，科技创新推进事务局主导，相关省厅配合推进的领导机制，共同推进核聚变产业化的创新战略。为应对市场变化和技术进步，将基于科学决策原则定期修订战略内容。

二是建立产学研相结合的研发体制。以开发核聚变示范堆为目标，构筑以日本国家量子科学与技术研究院为中心，各学术机构和民间企业联合开展技术研发的体制，以培养能够成为核聚变商业化主体单位的民营企业。

三是加快技术创新和人才培养步伐。在日本国家量子科学与技术研究院设立核聚变技术创新基地，立足于ITER和日欧联合研发计划中积累的技术传承，尽早开展核聚变技术转化和产业化相关工作，包括设置联络民间企业的技术协调员，以及将设施设备提供给民间企业等。有计划地加强学校和企业多梯队人才培养，广泛引进海外核聚变相关人才，加强向ITER和JT-60SA等国内外大型计划派遣科研和产业界青年人才，战略性培养核聚变研发力量，优化职业发展路径，防止人才流失。

四是广泛开展公众沟通活动。为了提高核聚变的社会接受度，推进核聚变的产业化，由文部科学省牵头组织，日本国家量子科学与技术研究院、核聚变科学研究所和相关大学的科研人员参与，将以往个别实施的宣传活动形成体系化的公众沟通机制，从战略层面加深国民对核聚变的理解。

3 日本核聚变产业化发展现状分析

3.1 国家层面：日本政府通过政策制定和配套资金大力支持该国核聚变产业化发展

在政策支持方面，前述《核聚变能源创新战略》的出台，即为日本政府为推进其核聚变产业化发展做出的重要政策支持。目前，专为核聚变产业出台国家级发展战略的国家并不多，而日本的《核聚变能源创新战略》对该国核聚变产业发展的技术创新开发、人才储备培养、安全法规制度建设等各个方面均做出全面的战略规划指导，相当于为日本相关行业共同支持核聚变产业化发展，提供了政策依据，有利于整合优势资源形成合力。

在资金支持方面，2023年，日本政府基金 JIC Venture Growth Investments 带领三菱公司、关西电力公司、J-Power、三井物产公司、日本国际石油开发帝石控股公司等公司，为日本京都大学的核聚变初创企业 Kyoto Fusioneering 提供了 C 轮融资，出资金额约 100 亿日元。资金投入对于核聚变这种前沿技术产业发展的支持作用直接且至关重要。此举既体现出日本政府对核聚变产业发展的支持态度，也能在一定程度上坚定部分民间企业发展核聚变产业的决心。

3.2 企业层面：日本众多企业积极参与核聚变创新研发及产业化发展

2018年后，全球从事核聚变研发的私营企业爆发性增长。为进一步加强创新融合发展，日本也开始大力推进核聚变产业化，在产学研环节引入民间企业，近年来已成立并运营有三家核聚变商业化公司。

日本的首家核聚变商业化公司是2019年诞生于日本京都大学的技术初创公司日本京都聚变工程公司（Kyoto Fusioneering），该公司专门为商业聚变反应堆开发最先进的技术，包括回旋管系统、氚燃料循环技术等。在被称为“回旋振荡管（gyrotron）”的先进等离子体加热装置开发方面，该公司的技术处于世界领先地位，并因此获得了英国原子能管理局的订单。另外两家公司均于2021年成立，一个是致力于建造日本第一个激光驱动商用核聚变反应堆的 EX-Fusion 公司，2022年上半年已完成1.3亿日元种子轮融资，目前还在积极争取更多资金推动其技术研发；另一个是致力于利用高温等离子体的磁约束尽早实现聚变发电的 Helical Fusion 公司，正在积极推动稳定运转螺旋型的实用化，推进零部件的开发等。

此外，为加快推动聚变产业发展，Kyoto Fusioneering、住友、Helical Fusion、日挥、古河电工等21家公司及初创企业，于2024年3月29日联合成立了日本聚变产业协议会（J–Fusion），Kyoto Fusioneering 董事长小西哲之出任协议会主席。该组织将具体开展聚变技术、产业、法规、标准、体系、人才培养等全方位的调查与研究，并向政府提出有关建议，积极推进公共宣传，与日本国内外聚变能源组织开展合作等。目前，该组织尚处创建初期，官方网站披露内容较少，但有消息称已有 50 多家公司表示有兴趣加入该组织。

3.3 国际层面：商业化部署成为日本与其他国家开展核聚变合作的重要目标

近些年，受核聚变技术研发取得的新进展鼓舞，部分国家及企业将实现聚变示范的预期时间进一步提前，日本与美欧国家在聚变领域的合作也从技术层面拓展至商业化布局。这也反映出日本对于未来的核聚变全球市场存在野心，同时已采取行动为其在可能的市场竞争中创造领先优势。

2023 年 3 月，Kyoto Fusioneering 与加拿大核实验室签署谅解备忘录，将合作加速推进聚变能商业化。双方将联合确定和研发有助于加速聚变能商业化的相关产品和服务，合作方式包括科技信息交流、技术设备和设施的共同使用、联合开展研究项目以及技术人员交流。

2023 年 7 月，日本住友与英国托卡马克能源公司达成一致，将在日本和世界范围内就商业核聚变能源的开发、实施和扩大规模进行合作。住友将为与托卡马克公司的一系列联合项目提供专业知识和投资，重点关注全球聚变供应链的规模化和产业化。两家公司将共同制定托卡马克公司核聚变技术在日本和其他国家的早期市场准入战略。双方的最终目标是共同设计、建设和运营大型核聚变电站。

2024 年 4 月，在日本首相岸田文雄访问美国期间，双方领导人宣布建立核聚变战略伙伴关系，共同加快核聚变技术的开发与商业化进程。日本此前已有与美国的技术交流基础，此次合作预计将进一步发展美国和日本聚变资源和设施之间的互补性，扩展双方大学、国家实验室和私营企业间的合作。

4 启示

根据对日本核聚变技术发展概况的梳理，以及对日本核聚变产业发展战略和现状的分析，主要形成三点启示。

一是应重视完善针对核聚变产业发展的顶层设计，从而加强资源整合协调力量，有效指导核聚变产业发展。产业能否实现健康、高质量发展，不仅在于技术水平，安全法规制度建设、人才储备培养等也是重要影响因素。日本已形成的核聚变领域创新发展顶层设计，即《核聚变能源创新战略》，为该国核聚变技术及产业未来的顺畅发展提供了良好的政策环境，日本核聚变产业或将迎来重要发展机遇期。

二是政企应联合为核聚变产业发展提供资金保障。前沿技术的产业化发展离不开资金的支持，政府与企业的资金投入相辅相成，政府的投资支持有利于提振产业发展信心，从而引导相关企业积极参与投资。近几年，核聚变领域研究在全球范围内持续升温，研发工作已出现从国家主导转向以民间为主体的趋势。包括日本在内的各国聚变商业化公司，未来一段时间或将进一步广泛吸纳社会投资，以推进核聚变产业发展。

三是应前瞻性考虑核聚变商业化发展，国际合作是推动全球商业布局的重要途径。日本的三家核聚变商业化公司对于实现聚变示范的预估时间均在 2030 年至 2035 年前后，美英等国也表示有望将实现聚变发电商业化的时间表提前至 21 世纪 30 年代，时间节点整体趋近。未来五至十年，日本或将在大力推动核聚变技术示范的同时，与美英等国进一步深化合作，加速推进核聚变在全球范围内的商业化布局。

我国也在积极开展核聚变研究，已经建成了中国环流三号、东方超环 EAST 等多个核聚变研究装置，并为 ITER 计划的实施推进做出重要支撑。面对核聚变技术在全球范围内的火热发展态势，建议从战略角度系统谋划国家核聚变产业的发展路径，及时研究制定符合我国实际情况的核聚变发展战略及路线图，引导核聚变产业高质量发展；保障资金投入及相关配套资源支持，持续发展核聚变相关领域人才力量，确保核聚变产业可持续发展；适当考虑核聚变商业化布局问题，加强双、多边国际交流与合作，扩大对我国技术能力的宣传推广，进一步提升我国在国际核聚变产业领域的影响力。

第一作者简介

赵宏，中核战略规划研究总院有限公司情报所助理研究员，主要从事国际核领域科技情报及战略规划研究。曾在《中国核工业》《中国核科学技术进展报告》等省部级期刊、学术论文集发表多篇核能行业专业论文。

俄罗斯北极战略对我国建设“冰上丝绸之路”的启示

王　墨　杨俊云　王　树
（中核战略规划研究总院）

摘　要：北极因其特殊的地缘条件和资源禀赋而具有重要战略价值，俄罗斯作为北极地区的大国，历来重视北极开发与航道建设，制定了2035北极战略，并大力发展核动力破冰船，形成对美领先优势。俄乌冲突爆发后，北极的战略地位和军事价值进一步提升，俄罗斯在该地区的利益与安全面临挑战。本文分析了俄罗斯实施北极战略的意图和举措，探讨了其对我国建设冰上丝绸之路的启示和建议。

关键词：俄罗斯；北极战略；核动力破冰船；俄乌冲突影响；冰上丝绸之路

近年来，由于北极的自然资源、航道条件和地缘政治意义越来越突出，该地区日渐成为世界关注的新焦点和权力博弈的新区域。北极在俄罗斯国家战略中的重要地位日趋上升，俄与其他北极国家间的战略博弈和利益争夺也更趋激烈。在此背景下，俄罗斯在以往一系列北极开发政策的基础上制定了“2035北极发展战略”，其核动力破冰船技术的领先优势成为落实战略目标的重要保障。俄乌冲突作为俄与美西方之间战略对抗的爆发点，对俄北极战略以及北极态势带来了深刻影响，也为我国深度参与北极开发创造了战略机遇。我国是北极事务的重要利益攸关方，俄北极政策的系列举措对我国建设“冰上丝绸之路”具有借鉴意义。

1 北极的战略价值与治理格局

1.1 北极的战略价值

由于全球变暖导致冰盖消融，北极开发的难度也逐渐减小，在资源能源、海上航道、军事威慑等方面的战略价值迅速凸显，北极周边诸国竞相加强部署对北极的深度开发，其意义不仅在于挖掘其巨大经济价值，更在于前瞻性把握其地缘战略价值。

1.1.1 自然资源优势

北极地区拥有优秀的自然资源禀赋，油气及矿产资源储量都极为丰富。调查显示，该地区石油储量至少 900 亿桶，占世界待开采石油资源量的 13%；天然气储量达 47 万亿立方米，占世界待开采天然气资源量的 30%；煤炭储量预计为 7 800 亿吨，约占世界煤炭资源总量的 9%。此外，北极还大量保有上万亿美元的金、银、钴、镍等矿产资源，风力水力等可再生能源和林业渔业等发展潜力。北极的能源矿产约有 60% 位于俄罗斯境内，资源的开采、运输和贸易以及燃料、能源、冶金和化学等产业的发展很大程度上都依赖于北极地区航道的开发和破冰船舶的发展。

1.1.2 航道发展潜力

随着全球气候变暖，北极冰层加速融化，北冰洋夏季海冰面积持续缩减，为北极航道的全面开通大大增加了可能性。北极的航道主要由中央、西北、东北三部分构成，前两条航线因气候和冰层等因素限制均不适宜正常航运，只有东北航线最具有通航可行性和运输能力。东北航线西起挪威北角附近海域，东至白令海峡，是北极最主要的航运通道，其主体部分在俄罗斯境内，被称为北海航道（Northern Sea Route）。北海航道是从中国绝大部分地区到欧洲的最短航线，与苏伊士运河等传统航道相比，航行距离缩短 20%~30%，里程约缩短 7 000 千米，航行时间缩短 10~15 天，不仅可节约通行成本，且具有更加稳定的、安全的航行环境。据估计，中国的货船经由北海航道供货至欧洲可以提前 15 天交货，每次航行可以节约费用约 50 万美元。

1.1.3 地缘战略价值

北约秘书长斯托尔滕贝格指出，"俄罗斯导弹或轰炸机通往北美的最短路径就是北极上空。"从距离上看，美俄双方战略导弹的最短打击路径是通过北极，如果从冰盖下发射，只需几十分钟即可打到对方本土，其威慑力可以基本覆盖北半球主要国家。从环境上看，北极厚重的冰盖又是很好的天然屏障，既可以掩护核潜艇的位置，又可以阻挡军舰的长驱直入。从地理位置上看，北极位于能源运输和海空军事通行的交通要道，在军事上有重要战略价值，是兵家必争之地。因此北极各国及周边国家围绕北极的战略博弈日趋激烈，都希望提升本国在该地区的控制力和影响力。

1.2 北极的治理格局

从前北极治理的核心机制是成立于 1996 年的北极理事会（Arctic Council），成员国包括俄罗斯、美国、加拿大、丹麦、挪威、瑞典、芬兰、冰岛。8 个北极国家依照平等协商原则处理北极事务，拥有较强的话语权。此外，北极理事会还接纳了欧洲和亚洲的部分非北极国家作为观察员，其中中、日、韩、新、印、意六国是永久观察员。这些国家属于北极的利益攸关方，在治理机制中享有发言权和项目提议权，但不具有投票权和表决权，不能参与相关北极事务的决策。

但俄乌冲突之后，北极理事会和巴伦支欧洲北极理事会等机制要把俄罗斯排除在外，北极的治理机制发生了停摆和混乱，2023 年 6 月，俄罗斯将北极理事会轮值主席国职位移交给挪威，互信问题未能解决，多项科研合作仍处于暂停状态，决策机制仍有待恢复。

2 俄罗斯的北极战略

俄罗斯在北极地区拥有天然的地理优势，其在北极绵延的海岸线覆盖了北海航道的 90%，占据了资源丰富的领海和专属经济区。但在地缘政治上，北极 8 国除俄以外都是亲美国家，尤其是俄乌冲突之后，政治上的对立对俄罗斯在北极的发展造成了一定的障碍和影响。

2.1 背景及框架

俄罗斯历来重视以顶层战略文件指导其北极开发政策及具体举措。2008 年起发表的《俄罗斯联邦 2020 年前及未来在北极的国家政策原则》等一系列文件明确了北极自然资源战略基地的地位，强调了对北极航道的开发利用，强化了在北极地区的战略主导能力。2020 年，俄罗斯总统普京批准了《2035 前俄罗斯联邦北极地区发展和国家安全保障战略》，明确了新形势下俄在北极保护领土主权完整和保障人民生活品质等主要利益，评估了俄在北极地区面临的主要威胁和挑战，并提出俄在北极地区的军事、科技及经济等方面任务。

2.2 资源及航道开发

2.2.1 能源开采

俄罗斯的 2035 北极战略提出，加大北极地区投入是俄北极资源开发的重要途径，也是俄北极战略的重要支柱性内容。加大北极能源矿产等资源的勘探及开发力度，开辟更便利安全的资源运输航道，充分发挥北极海域大面积专属经济区的地理优势，解决资源开采和利用问题。俄罗斯对北极的投资将占到全国投资总额的 10% 以上，北极地区产值占俄国民生产总值的 11% 以上，出口额超过 20%。北极的雅马尔天然气田已经成为俄罗斯重要天然气生产基地，北极开发在俄经济发展中的作用将越来越重要，北极对俄战略意义不断加大。

2.2.2 航道建设

2035 北极战略提出重点加强交通基础设施建设，加快北极港口现代化改造；大力发展北方海上运输系统，2025 年前北方海运吞吐量要达到 8 000 万吨；持续更新破冰船队，推动东北航道全年畅通。政策为北海航道发展设计了三段式路线，在 2024 年之前重点开发航道西段；2030 年实现全年全航段通航，开始建造国际转运枢纽港并执行北极河运发展方案；2035 年建成具有世界一流竞争力的北海航道运输干线，建成国际枢纽港，健全船舶和集装箱管理相关的法律法规，以实现北海航道运输业高效有序发展。

2.3 破冰船建造

大力发展新型核动力破冰船，扩大破冰船队规模，提升破冰能力，是俄罗斯 2035 北极战略实施的必要条件。破冰船是极地活动最重要的基础装备，是北极航道开辟的必要工具。俄罗斯是世界上唯一拥有核动力破冰船的国家，目前已发展四代，在役 7 艘。按照 2035 北极战略的规划，俄罗斯将于 2024 年建好 4 艘 22220 型多功能核动力破冰船（截至 2023 年已建成 3 艘），2030 年再建成 1 艘 22220 型多功能核动力破冰船和 2 艘“领袖”超级核动力破冰船，2035 年增加 1 艘“领袖”超级核动力破冰船，完成北极地区航行计划和科考船队的组建。领袖级破冰船由两座 315 兆瓦的 RITM-400 反应堆驱动，未来还可搭载武器模块改装为军舰，在后部安装反潜装置、导弹、火炮以及无线电或潜水设备特种集装箱。俄罗斯在北极战略指导下发展大力发展核动力破冰船，对其保障北极资源和航道安全开发意义重大。

2.3.1 在役及在建核动力破冰船现状

1959 年 12 月，苏联“列宁”号核动力破冰船投入运行，开启了破冰船采用核动力的时代。1975 年，“北极”号核动力破冰船投运，帮助实现了北极西部地区全年通航，使北海航道开始成为北极地区交通动脉。之后先后建造了“西伯利亚”号、“俄罗斯”号，“苏联”号等核动力破冰船。这些破冰船的建造和运行，决定了苏联和后来的俄罗斯在核动力破冰船方面的技术优势。

目前，俄罗斯现役核动力破冰船主要有 7 艘：2 艘功率为 7.5 万马力的“北极型”双堆核动力破冰船“亚马尔”号和“50 年胜利”号，排水量 2.3 万吨，破冰深度约为 2.3 米；2 艘功率为 5 万马力的“泰梅尔”型单堆核动力破冰船“泰梅尔”号和“瓦伊加奇”号，排水量 2.1 万吨，破冰深度约 1.7 米；3 艘 22220 型通用核动力破冰船“北极”号、“西伯利亚”号和 2022 年年底交付的“乌拉尔”号，排水量均约 3.35 万吨，破冰深度约 3 米。

在建的核动力破冰船主要包括 2 艘 22220 型通用核动力破冰船和 1 艘 10510 型领袖级核动力破冰船。2020 年 5 月开工建造的“楚科奇”号和同年 12 月开始建造的“雅库特”号，破冰深度均为 3 米。2019 年 3 月，俄罗斯联邦政府通过决议将在滨海边疆区建造 10510 型核动力破冰船。目前有三艘建造计划，第一艘船的合同于 2019 年 12 月签署，2020 年 11 月份开工建造，并命名为“俄罗斯”号，计划 2027 年交付。其功率达到 16 万马力，排水量 7.1 万吨，破冰深度可达到 4 米以上。

2.3.2 近期活动情况

全面开发北海航道是俄罗斯的国家战略重点。北海航线货运量的增加是实现运输和货物交付领域目标的重要先决条件。核动力破冰船的主要工作包括护送船只沿着北海航道前往结冰的俄罗斯港口，在高北极地区进行研究探险，在航道沿线的结冰地区进行救援行动，沿北海航道向亚洲和欧洲市场运输商品货物，为大西洋和太平洋地区国家之间现有的运输方式提供可行的替代方案等。

近年来，北海航道的货运量大幅增长。2021 年，俄罗斯在北海航道海域支持航行安全的破冰船共 19 艘，其中核动力破冰船 5 艘、柴油破冰船 11 艘、河流破冰船 3 艘。自 2020 年 12 月至 2021 年 6 月的冬季航行期，核动力破冰船提供船舶停靠破冰援助 553 艘次，共执行 479 次破冰任务，比上年同期增长 27%。2021 年总共有 354 次破冰航行，比 2020 年增长了 61%，工作量明显增加。2022 年，北海航道上的货运量达到 3 400 多万吨，其中核动力破冰船占 2 400 万吨。根据俄罗斯国家原子能集团数据，到 2024 年，北海航道货运量预计将达到 8 000 万吨，到 2030 年预计增至 1.1 亿吨。

3 俄乌冲突对北极战略态势的影响

俄乌冲突爆发后，北极地缘政治格局重塑，安全形势发生了急剧变化，北极地区的战略价值和军事价值进一步提升，成为大国博弈的“热土”。

3.1 地缘政治从合作走向对立

俄乌冲突爆发后，美、加、丹、芬、冰、挪、瑞 7 国联合发布声明谴责俄罗斯，将俄排除在大部分北极治理机制之外。北极地区从理事会框架下的协商合作迅速演变成俄罗斯与北极 7 国对峙的格局。2022 年 5 月，芬兰和瑞典积极申请加入北约，北约继五轮东扩后或将再次北扩，严重破坏北极政治军事平衡，动摇北极国际合作基础。芬兰和瑞典不再是缓冲地带，而成为美西方从北极方向对俄战略遏制的最前沿。紧迫局势下，控制北极航道将是俄罗斯大国博弈的杀手锏之一。俄将在北极牵制北美、欧洲两大地缘板块的注意力，为获得战略平衡，俄或将更加注重与亚太地区的合作。

3.2 美国及北约强化在北极的影响力

2022 年 10 月，美国发布了新版《北极地区国家战略》，视北极为大国博弈的要地，进一步强化在北极的战略力量投入，意在抢占北极航道，争夺资源，实现美国在北极的霸权。2023 年 2 月，美国还任命了首位北极大使，体现了其对北极事务的重视。

美国和北约还不断加强在北极的军事行动。2022 年 3 月，美海军潜艇部队举行“冰原行动”（ICEX）军事演习，涉及 4 个国家 200 多个参与方，出动了“洛杉矶”级攻击型核潜艇。同年，北约在挪威举行“寒冷反应 -2022”大型军事演习，27 国的 3 万多部队参加，是北约近 30 年来在北极附近举行的最大规模军演。这些行动加剧了北极地区安全态势的风险。

3.3 俄罗斯战略安全面临挑战

俄罗斯对北极地区的战略感知能力日渐增强，北极对俄的战略价值也在不断上升，但俄乌冲突下北极态势的新变化对俄罗斯的北极战略诉求构成威胁，在俄乌局势的冲击下，俄的北极战略将面临挑战。一是美国加强与北极地区其他国家的协调合作，加大对俄罗斯战略围堵和打击，迫使其陷入战略孤立。二是俄乌冲突的扩大化和长期化对俄经济发展产生了影响和冲击，西方的制裁与封锁政策或对俄罗斯北极油气开采、基础设施建设、贸易运输等相关项目的推进造成阻碍。2023 年 2 月，欧盟将俄罗斯国家核动力破冰船公司列入了受制裁实体名单，意图遏制其发展。三是美国及其盟友加紧对北极资源的争夺，触及俄罗斯核心战略利益，使北极军事冲突风险上升。尽管如此，俄罗斯在贯彻北极发展政策方面仍持积极态度，认为俄乌冲突不会影响俄罗斯北极战略的布局和政策引导，并采取措施吸引非北极地区国家和组织参与北极合作。

3.4 世界多国强化北极地区关注度

2022 年 3 月，印度发布了《印度的北极政策：建立可持续伙伴关系》，阐述了印北极科研、环境保护、经济和人类发展、交通和连接性、治理和国际合作、国家能力建设等方面政策目标，积极参与北极地区治理进程。同一时期，英国防部也发布了北极战略报告《英国在北极的防务贡献》，宣称北极对英国防重要性，强调北极海冰融化对英影响和挑战，称英武装部队将加强在北极行动，提升北极相关能力，为英“全政府北极政策框架”提供有力支撑。

美加日韩等国都制定了破冰船建造计划。美国2019年计划建造3艘极地防务舰及3艘中型极地破冰船,第一艘防务舰投用时间预计为2027年。2021年8月,日本政府以牵制中俄在北极的发展为目标,拨款建造具有破冰能力的北极科考船,加强在北冰洋的活动,计划2026年交付。2021年6月,韩国宣布建造新一代破冰科考船“YETA”号。破冰厚度1.5米,计划2022年开工建设,2027年运行。2021年5月,加拿大政府宣布建造两艘重型破冰船,吨位约13 000吨,计划开工时间为2024—2025年,计划2030—2031年交付。

4 我国建设“冰上丝绸之路”的前景展望

4.1 我国的北极开发政策

2018年,我国发布《中国的北极政策》白皮书,这是我国第一份纲领性的北极战略文件,将参与北极地区开发与治理上升到了国家意志层面,体现了中国在北极航道的开发与保护进程中大国的责任、使命与担当。中国是北极事务的重要利益攸关方,根据《联合国海洋法公约》以及《斯匹次卑尔根群岛条约》的规定,中国依法享有在北极地区进行科考、航行、捕鱼、铺设海底电缆和管道等相关权利。北海航道与我航运需求关联密切,是我未来战略运输的安全通道、经济通道,不仅能大幅降低海运成本,更可绕开美国控制的马六甲或亚丁湾要道,其战略意义不言而喻。自符拉迪沃斯托克港正式对华开放,成为吉林的境外中转港口以来,中国参与北海航道开发就更加具有地理位置优势,合法参与航道开发是维护自身正当利益的合理举措。北极地区能源和资源储量巨大,随着开采难度降低,北极航道对于全球能源和供应链安全的价值也直线上升。白皮书明确提出,要促进新型破冰级船舶建造等方面技术创新,鼓励企业参与北极航道基础设施建设,积极参与北极资源开发。

4.2 目前存在的问题

一是身份地位存在短板，需加强国际合作。中国是北极理事会的观察员国，仅享有发言权和提议权，没有决策权和表决权，在参与北方海航道开发和北极事务决策中存在身份地位短板问题。应抓住俄乌冲突带来的机遇期，加强与北极国家的合作，积极参与北海航道建设及相关项目的投资与开发，争取更多的话语权，保障我国在北海航道的航行和运输等权利。

二是船舶发展水平与北极战略需求不匹配。我国参与北极航道开发相对较晚，极地严酷的气候和脆弱的生态环境对船舶的材料技术装备及运行排放成本提出了更高要求，我国还需要积累更多在极地高寒地带流冰环境下的航行经验和人才储备。破冰船是北极地区发展的重要战略利器和主要开发工具，但目前的“雪龙”号和“雪龙 2”号常规动力破冰船连续破冰能力和续航能力有限，不能满足全年在中等厚度的多年冰龄环境下航行，未来应继续发展核动力船舶技术及高端制造产能，提升综合技术实力，以适应未来北极开发的需求。

5 启示建议

一是在国家层面推动建立“冰上丝绸之路”顶层设计协调治理机制。建议在现有的北极事务专门机构领导下，形成政府间互联互通的北极项目框架，国家给予专项支持，积极促成航道共同开发、北极资源开采合作项目等，尽快签署相关合作协议；开发太阳能光伏等可再生能源产品沿北方航道出口欧洲，形成能源的双向供应路径；鼓励企业参与航道基础设施建设，共建“冰上丝绸之路”。

二是积极推进核动力破冰船自主建造。核动力破冰船是北极航道开发的关键手段和工具，也是有助于达到排放限额要求的清洁能源船舶。根据 2023 年国际海事组织新规定，“自 2023 年起，所有航行船舶在 2008 年基准上至 2030 年碳排放强度降低 40%，至 2050 年温室气体年度总排放量降低 50%”。核动力船舶可发挥绿色清洁能源优势，满足极地碳排放要求。建议加强统筹协调，加大研发投入，推进核动力破冰船自主设计与建造。

三是积极筹划基于北极开发的核领域国际合作。建议利用观察员国身份积极参与北极理事会框架下的核领域科学研究、人员培训等各方面务实合作；积极探索与北极国家在破冰船建设运营上的技术引进和交流；以北海航道最大过境运输国的身份参与航道运营；积极参与港口、保障基地等基础设施建设；在人员培训、舰船维护等方面建立合作机制，全面加强在北极地区的国际合作。

第一作者简介

王墨，中核战略规划研究总院情报所副研究员，主要从事核工业战略与前沿科技情报研究。近年来先后承担《核工业国家宏观政策和重大战略研究》《我国先进核科技创新方向及前沿技术研究》等多项核领域重大专项课题，在《中国核工业》等省部级期刊上发表多篇核能行业专业论文。

法国先进压水堆研发现状与启示

霍小东 郭治鹏 王 平 范 黎

（中国核电工程有限公司）

摘 要:核能作为低碳、高效、稳定的能源形式,将为实现全球净零排放与气候目标发挥愈加重要的作用。当前全球核电发电量约占全球发电总量的10%,贡献了约三分之一的低碳电力,其中压水堆是全球核电装机与新建核电机组的主力机型,也是我国未来一段时间内核电建设的主力机型。在第二十八届联合国气候大会上,22个国家达成了《三倍核能宣言》,可以预计全球核电将迎来新的发展期。法国作为传统核电强国,一方面在EPR的基础上研发EPR2机型用于国内建设,同时研发EPR1200机型用于海外出口和更具有部署灵活性的NUWARD小堆,以实现净零排放目标与能源安全。本文综述了法国3种先进压水堆技术的研发进展情况,最后提出了我国在核燃料循环、堆型研发与海外市场布局等方面的建议。

关键词:全球核电;三倍核能;核电出口;先进压水堆

引言

为实现全球净零排放和气候目标,核能的重要性将愈加凸显,已逐渐成为全球的共识。国际能源署(IEA)曾提出,核能是世界发达经济体最大的低碳能源选项。

国际原子能机构（IAEA）则指出，核电作为一种低碳排放的电力，对全球电力系统实现低碳转型起到重要助力作用；其统计数据表明，2022年，全球核电发电量总计约达25 450亿千瓦时，占全球发电总量的10%左右，更是贡献了约三分之一的低碳电力。当前全球主要的堆型仍然是压水堆、沸水堆和重水堆，它们的装机数量总量（至2022年年底）分别占核能总装机数量的70.3%、14.0%和10.8%，新建核电机组中约84%的机组为压水堆。

在第二十八届联合国气候大会（COP28）上，22个国家达成了《三倍核能宣言》（以下简称《宣言》），《宣言》认识到核能在控制温升方面的关键作用，经合组织核能署以及世界核协会研究表明到2050年，全球核能装机必须增加两倍才能在同年实现全球净零排放的目标。《宣言》承诺共同努力推进到2050年将全球核能装机容量增加两倍，这是联合国气候大会历史上首次有发展核能的联合宣言，强调核能在未来低碳经济和社会中将起到关键作用，预计未来全球核电装机容量会有显著的增长。

法国作为核电发达国家，是全球核电发电占本国总发电量比例最高的国家，到2022年，法国核电占比约为63%。为实现2050净零排放目标，保障本国的能源安全，2023年，法国参议院和国会通过了关于加速核电发展的草案，其中取消了“2035年核电在总电量生产中的份额降低至50%”的目标。为满足法国国内市场需求，EDF在EPR机组的基础上开发了EPR2堆型，首批将新建6台EPR2机组，后续可能还将新增8台EPR2机组。除此之外，法国还开发了用于出口的EPR1200堆型，以及更具有部署灵活性的小型模块化反应堆NUWARD。

1 EPR2 研发现状与开发计划

EPR2机组设计吸取了在建的弗拉芒维尔（Flamanville）核电厂3号机组和世界各地其他EPR压水堆的经验，对上一代EPR设计进行了改进优化，建设周期更短，成本更低。EPR2机组装机容量为1 650 ~ 1 700 MW，与现有的EPR机组大致相当，堆芯能够装载30%的MOX燃料。EPR2设计的一个最重要变化是，用更厚的单层安全壳取代 EPR 反应堆的双层安全壳，并对当前在运 EPR 机组的部分功能进行了简化，如不再沿用四列安全系统冗余设计，而采用两列安全系统冗余设计。EPR2 机组的其他优化措施包括提高可施工性，依托工厂预制与模块化、标准化、数字化核电工程，优化建造施工管理，依托企业集群网络化驱动产业链协同等。

2021 年 2 月，EDF 向法国核安全局（ASN）提交申请，要求对 EPR2 机组安全性进行初步评估。2021 年 2 月 25 日，ASN 要求法国核安全与辐射防护研究院（IRSN）分析 EPR2 机组的安全措施配置，重点关注内部损坏风险。2022 年 7 月 4 日，IRSN 发布报告，对 EDF 新一代 EPR2 机组关键设备的内部损坏风险相关设计和安全措施给出了较好的评价结论。报告指出，EDF 在 EPR2 机组初步安全报告中提出了应对管道破裂、重物坠落和错装料事故及地震后设备故障等风险的安全措施，IRSN 经分析后认为措施总体上令人满意。

2022 年 2 月，法国总统马克龙在法国东部 Belfort 视察通用电气蒸汽动力工厂时，公布了确保法国能源独立和实现气候目标的能源发展战略，提出重振法国核能发展的计划：除了现有核电机组在符合安全条件前提下，将运行寿命从 40 年延长至 50 年之外，还包括新建 6 台 EPR2 机组，首台机组在 2035 年投运；开展增建另外 8 台 EPR2 机组的研究工作，目标到 2050 年新增 2 500 万千瓦核电装机容量。2023 年 3 月，法国政府正在通过立法来简化新建核电项目相关行政审批程序，以便加速部署 EPR2 新建核电项目，新法案在 3 月 21 日的国民议会表决中获大多数支持通过。

2022 年 2 月，法国政府发布报告称，前六台 EPR2 机组采用 3 期分批建设，已分别选定 3 个核电厂址，分别是诺曼底大区 Penly 核电厂址、滨海 Gravelines 核电厂址和内陆河流区域的 Bugey 核电厂址，首台 EPR2 机组预计将在 2028 年前后开工，建设工期为 8 年左右，1 ～ 2 号机组、3 ～ 4 号机组和 5 ～ 6 号机组分别拟于 2036—2037 年、2039—2040 年、2043—2044 年完工。

2022 年 2 月 18 日，法国生态转型部发布报告称，如果不考虑融资，首批 6 台 EPR2 机组的隔夜建造成本预估为 517 亿欧元（约合 586.2 亿美元）。其中有 17 亿欧元（约合 19.2 亿美元）将用于机组退役和放射性废物长期管理准备金，69

亿欧元（约合 78.2 亿美元）将作为规模项目意外风险和事故准备金，还有 38 亿欧元（约合 43.1 亿美元）则作为现仍处于基础设计阶段的 EPR2 设计准备金。此外，首期两台机组的建造成本为 169 亿欧元（约合 191.6 亿美元），二期和三期成本分别为 158 亿欧元（约合 179.1 亿美元）和 153 亿欧元（约合 173.5 亿美元）。但是到 2024 年 3 月，在不考虑融资成本的情况下，EDF 已将 6 台 EPR2 机组的造价估算提高 30% 至 674 亿欧元。

2 EPR1200 研发现状

EPR1200 是 EPR 型谱化技术的中等功率堆型，电功率为 1 200 兆瓦，旨在用于出口，专为那些受电网或冷源限制而无法建设大功率反应堆或电力生产需求更小的国家设计的“三代 +”核电技术。EPR1200 基于经过充分验证的 EPR 设计，采用三环路设计，具有优化的安全性、经济性、环境友好性、运行性能和更好的厂址适应性，可满足不同国家的监管要求。EPR1200 的主要设计参数如表 1 所示。

表 1　EPR1200 主要设计参数

参数	值
电功率 /MW	1 200
换料周期 / 月	18 ～ 24
电厂可利用率 /%	91
设计寿命 / 年	≥ 60
燃料组件数量 / 组	177
燃料	UO_2 燃料，并可使用 30%MOX 燃料
环路数量	3
负荷跟踪能力	30 分钟内 15% ～ 100% 的功率调节能力

EPR1200 主要技术特征如下：

1）建造优化：EPR1200 结合了创新的工程技术和优化的建造策略，采用工厂预制使得现场焊缝的数量减少 30%，同时大大减少各种非标零部件的数量；

2）最小化环境影响：最大限度减少放射性废物排放，限制工作人员剂量，通过堆芯设计和燃料管理实现天然铀利用率提高 15%；

3）能量转换性能：通过采用更高的蒸汽压力蒸汽供应系统设计，同时采用重反射层，可实现 24 个月燃料循环长度和更高的燃料利用率，能量转换效率可达到 37%；

4）能动与非能动安全系统：采用经 EPR 验证的能动与非能动安全系统的组合。

EPR1200 的安全特性如下：

1）采用三个独立的安全序列，可确保事故后停堆和堆芯冷却；

2）反应堆安全壳和其他核岛关键厂房可抵御商用大飞机撞击；

3）进一步提升反应堆冷却剂系统和设备性能与质量；

4）采用特定的安全措施可应对设计基准工况和极端自然灾害的可信叠加。

另外，基于 EPR 的设计与建造经验，EPR1200 的厂区布局在可建造性方面进行了优化，如图 1 所示。

图 1　EPR1200 厂区布置图

① 反应堆厂房；② 安全厂房；③ 燃料厂房；④ 汽轮机厂房；
⑤ 冷却塔；⑥ 柴油机厂房；⑦ 变电站；⑧ 废物处理厂房。

3 NUWARD 研发现状

NUWARD 小型模块化反应堆是基于法国在过去数十年中积累的压水堆设计、建设和运行经验，采用完全一体化设计的小型压水堆，满足最高的国际安全标准，单堆的电功率为 17 万千瓦，可采用两堆带一机模式输出 34 千瓦的电功率，NUWARD 机型示意图如图 2 所示，主要设计参数如表 2 所示。NUWARD 的目标是通过简化设计与优化电力生产方式提供满足日益增长的电力需求的低碳解决方案，满足用电量较高的工业部门碳中和的需求。为实现净零排放目标，NUWARD 不仅可以生产低碳电力，还可以通过多种非电应用方式助力其他行业的低碳转型，包括制氢、区域供热、热电联产、海水淡化、耦合直接空气捕集等。NUWARD 可与大型压水堆、新能源发电等共同组成低碳能源供应方案，除清洁电力之外，还可以提供绿色氢气与清洁热力，如图 3 所示。

图 2　NUWARD 机型示意图

表 2　NUWARD 主要设计参数

参数	值
堆型	一体化压水堆
热功率 /MW	2×540
电功率 /MW	2×170
换料周期	最长 24 个月
电厂可利用率 / %	＞ 90
设计寿命 / 年	≥ 60
燃料组件数量，组	76
燃料组件类型	标准 17×17 的 UO_2 燃料
燃料富集度	＜ 5%
安全系统	非能动安全系统
负荷跟踪能力	具备 20% ~ 100% 额定功率的负荷跟踪能力

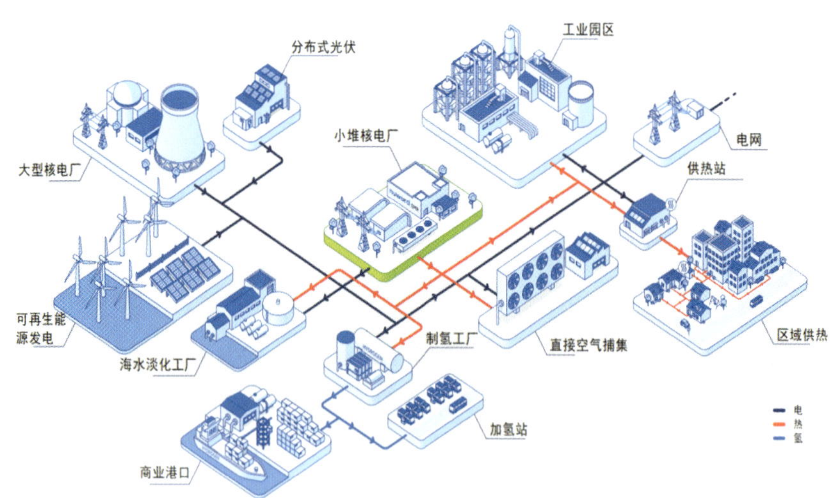

图 3　低碳能源系统示意图

NUWARD 实现了已验证技术与技术创新之间的平衡,使得 NUWARD 在可建造性、运行性能、灵活性和环境友好性方面具有更大的优势,其设计特征如下:

1)在保持最高安全水平的情况下简化设计,包括:将主设备内置在反应堆压力容器内实现完全的一体化设计;一体化反应堆可消除部分始发事件与事故序列;更小的衰变热功率与非能动安全系统保障了事故情况下不干预时间。

2)采用模块化设计与建造,包括:工厂制造的可重复性;降低现场建造(进度和质量)的风险;可根据需求增加反应堆的数量;提高反应堆支持系统与设备的通用程度。

NUWARD 于 2019 年开始概念设计,从 2023 年开始基础设计并启动法国核安全局的预取证流程,计划从 2025 年开始推动商业化, 2026 年启动详细设计并开展参考电站的前期工作,预计 2030 年开展首堆的建造。

4 总结与建议

4.1 总结

在 COP28 大会上, 22 个国家达成了《三倍核能宣言》:共同努力推进到 2050 年将全球核能装机容量增加两倍,达到目前容量三倍的目标。由此可以看出,为实现全球净零排放和气候目标,核能的重要性将愈加凸显,已逐渐成为全球的共识。

为确保法国本国的能源安全和实现 2050 净零排放目标,法国提出重振核能发展的计划,一方面对现有核电站从 40 年延寿到 50 年;另一方面新建 6 台 EPR2 机组,后续可能还将新增 8 台 EPR2 机组;同时为提高全球核电市场的竞争力,开展了出口堆型 EPR1200 以及小型模块化反应堆 NUWARD 的研发。EPR2 机组吸取了在建和在运 EPR 机组的经验反馈,进行了设计优化,建设周期更短,成本更低,首台机组预计在 2036 年投运。EPR1200 是 EPR 型谱化技术的中等功率堆型,电功率为 1 200 兆瓦,旨在用于出口,具有优化的安全性、经济性、环境友好性、运行性能和更好的厂址适应性,可满足不同国家的监管要求。NUWARD 是完全一体化设计的小型压水堆，实现了已验证技术与技术创新之间的平衡，使得 NUWARD 在可建造性、运行性能、灵活性和环境友好性方面具有更大的优势。大型压水堆、小堆、可再生能源可组成低碳的综合电力系统，通过核能制氢、工业供汽、区域供热、耦合直接空气捕集等多用途应用方式，提供能源转型的整体解决方案。

4.2 建议

根据上述调研与分析，在核燃料循环、堆型研发与海外市场布局等方面的结论与建议如下：

一是全球核电大发展的预期越来越强，将进一步强化我国发展核燃料闭式循环的紧迫性。

全球核电大发展预期造成近期天然铀供需关系的快速变化，天然铀现货价格已经从 2023 年初的 50 美元 / 磅左右上升到 2024 年 1 月份的 95 美元 / 磅左右，目前稳定在 90 美元 / 磅左右，预计未来较长一段时间天然铀价格还将持续上涨。全球天然铀需求的持续提升，将进一步加大我国天然铀的获取难度和天然铀保障的压力，建议加大国内铀矿勘探力度，进一步提升铀矿勘查采冶的综合技术水平，持续开展海水提铀技术的研发。

在当前形势与发展趋势下，建议持续落实核燃料闭式循环的策略：① 加快推进我国乏燃料后处理大厂的建设和后处理能力的提升；② 加大百万千瓦快堆与一体化快堆的资源投入，尽可能提升快堆的经济性；③ 在快堆大规模商业应用前，为匹配乏燃料后处理的发展，建议提前布局与完善压水堆燃料循环，开展压水堆 MOX 燃料、回收铀燃料等燃料技术的应用研究，提升压水堆的燃料利用率。

二是核电海外市场广阔，各国核电建设需求进一步加大，需持续提升我国核电出口的竞争力。

海外核电市场是各核电发达国家的必争之地，建议进一步加强海外市场开发，并呼吁建立核电出口顶层协调机制，推动大型压水堆、中型堆和小（微）堆的型谱化堆型产品走出去。

同时建议在海外市场开发的同时加强相关技术储备：① 开展我国自主先进压

水堆机型与三代核电用户要求的符合性评价分析，并在后续堆型研发过程中进行考虑；② 开展海外市场适应性研究，包括厂址与电网适应性、综合利用需求、目标国监管体系与要求、技术转让需求等；③ 适时开展我国自主先进压水堆机型三代核电用户要求EUR或URD的认证工作。

第一作者简介

霍小东，中国核电工程有限公司北京核工程研究设计院党委书记、副院长，研究员级高级工程师，长期从事核反应堆工程与核安全、后处理科研等工作。近年来，担任华龙一号型号总师、后处理重大科技专项副总设计师、国际标准化组织反应堆分委会副主席等职务。

国外小堆经济性评价方法浅析及实证分析

沈　迪　孔德泰　张小凡
（中核战略规划研究总院）

摘　要：小堆具有厂址灵活、固有安全、多用途使用等诸多优势，近来已被国内外核能领域高度关注。但考虑到小堆商业化使用需要以经济性作为前提，本文归纳了国内核能评价方法的基础上，发现核电评价方法的特点与小堆存在一定程度的不适用性，国际原子能机构提出了多属性研究方法，并建立了一套经济性一体化评价方法（INCAS），本次研究在深度研究 INCAS 基础上，与价值工程结合，对该方法进行实证分析，得出相关结论。

关键词：小堆经济性；评价方法；INCAS

引言

作为核能创新的典型代表，小型模块堆具有用途多元（如满足中小型电网的供电、城市供热、工业供汽、海水淡化、同位素生产等）、部署灵活、环境友好、安全性高等突出特点，具有很好的发展预期和市场前景。

据统计，全球范围内正在开发的小型堆技术有超过 80 种。中国积极参与“核能发展协同和标准化倡议”,加速先进反应堆尤其是小型模块化先进反应堆的安全部署,助力全球实现“零碳”排放。

1 现行核电财务评价方法

1.1 国内核电财务评价方法

经济评价方法的依据是《建设项目经济评价方法与参数》(第三版)和国家能源局发布的《核电厂建设项目经济评价方法》(NB/T 20048—2011)。根据两项依据,经济评价包括财务评价(也称财务分析)和国民经济评价(也称经济分析),核心内容是财务分析。财务评价是在国家现行财税制度和价格体系的前提下,从项目的角度出发,计算项目范围内的财务效益和费用,分析项目的盈利能力和清偿能力,评价项目在财务上的可行性。

1.2 商用核电经济性评价方法特征

通过以上分析,得出商用核电经济评价有以下特征。

核能行业专门性。无论国际国内经济评价方法,核电评价具有行业专门性,均为核能行业特有的经济评价方法。其他行业方法无法适用。

方法特有适用性。国内现行经济评价方法仅适用于压水堆,其他反应堆类型能否适用尚需验证。国际方法中平准化度电成本(LCOE)更适用于通过不同技术路线成本的比选。INPRO 方法更适用于以先进核能系统作为基础的项目决策,因为 INPRO 方法内包含财务评价及内部收益率、总投资等更有助于商用项目决策。

场景通用性和参数特性。无论选择何种技术路线的经济评价,对于使用场景均无特有说明,评价的场景仅为常见使用场景,如完备的电网、有效的电力市场、稳定的电力需求、有效的支持政策等。各种方法的参数选取对于评价结果影响很大,如输入参数－折现率、判据参数－内部收益率。

2 国外小堆财务评价方法研究

2.1 现行经济性评价方法与小堆适用性

目前国内尚无小堆堆型合适的费用性质标准体系，参数选取不明确。考虑到小堆与压水堆相比，小堆具备灵活布置、一体化、模块化等多重优势，在小堆核岛有诸多建造上的差异，退役比例等参数还需要结合实际情况进行调整。

目前核电厂经济评价的主要依据为能源标准，经济评价的思路为根据有关文件规定，结合目前国内商用核电站建设工程可行性研究报告编制阶段经济评价部分的习惯做法，经济分析部分以财务评价的结论为主。以核电厂作为独立的公司法人进行财务评价，在保证成本回收、履行还贷合约、合法纳税的前提下测算上网电价，计算各项经济指标，进行敏感性分析并得出结论。但评价小堆的立足点不应该是单独从核电厂的角度，而是一种技术路线选项，单独从小堆单一项目以内部收益率去测算上网电价是不合理的，灵活布置（可移动）、无人海岛或边疆、产业园区、小电网区域基荷能源等特殊使用场景溢价无法体现。采用现有核电厂的经济评价标准，无论是评价方法，还是基准数据的采用以及可行性结论的判断，都已不适用于小堆的评价。

因此对小堆的评价需要一个全新的立足点，要建立小堆适用场景和拟比选能源品种，立足于不同能源品种在场景限制下的能力，考虑其综合竞争力。因此，针对小堆，建议经济评价应专门制定新的评价标准和评价方法，不能单独从核电厂的角度去评价，甚至建议一址一评，专门问题专门分析。

2.2 适用小堆经济性评价的方法选项

目前国际原子能机构对于中小型反应堆有多种分析方法，如第四代反应堆系统的 G4-ECONS 经济评价方法、现值资本成本（PVCC）模型、降低设计复杂性的系统评价模型、考虑不确定性的模型、场景分析模型。

2.2.1 通用经济性评价模型

（1）G4-ECONS 经济评价方法

G4-ECONS 经济评价方法是第四代经济建模工作组（EMWG）在 2004 年委托开发一种基于 Excel 的工具，该工具能够以美元 /MW·h 为单位计算正在开发的多种核能系统（即反应堆和相关燃料循环）的 LUEC 根据第四代国际论坛（GIF）计划。这个整体建模系统现在称为 G4-ECONS，并且正在扩展以计算其他能源密集型产品的成本，例如核能生产的氢气和淡化水。还开发了一个版本来评价燃料循环设施的产品或服务成本。成本估算方法和算法在第四代成本估算指南和 G4-ECONS 用户手册中有详细说明。

（2）现值资本成本（PVCC）模型

小堆的许多特性可能为在能源市场中的应用提供固有优势。这些优势涵盖电厂投资和融资成本，并适用拟部署小堆的国家情况。PVCC 模型是作为工厂产能和时间决策模型的一部分开发的。在决策模型中，影响总体决策标准的三个因素是：投资、融资成本（利率水平）以及国家情况。这里介绍的 PVCC 模型专门针对成本（隔夜资本成本（OCC））和融资成本（仅针对总资本投资成本）。PVCC 模型的一个主要观点是与小堆相关的许多不同领域都可以节省成本。

（3）降低设计复杂性的系统评价模型

当小堆的设计复杂性相对于相应的按比例缩小的大堆降低时，可以提高小堆的竞争力。电厂设计简化与投资影响的评价模型，可以帮助小堆的设计单位从早期阶段开始对小堆核电设计的技术经济决策。

（4）考虑不确定性的模型

平准化度电成本可用于支持有关能源战略和投资的决策，因此在计算这些数据时提供高度的准确性非常重要。然而，由于输入变量的很大不确定性，这种准确性需要反复验证。发电厂的材料成本可能会随着时间的推移而变化，具体取决于市场条件。化石燃料的价格也表现出高度的变化；金融危机导致它们周期性上升，然后在不可预测的时间范围内下降。利率可能会随着时间的推移而发生变化，具体取决于国家的经济状况。除此之外，在大多数情况下，计划进口核技术的国家的能源投资主体对详细的成本数据难以获得。

（5）场景分析模型

场景分析模型通常与长时间的大规模能源扩张政策有关。在国际原子能机构，创新核反应堆和燃料循环国际项目（INPRO）研究了长期和大规模全球和区域核能扩张的可持续性问题。

2.2.2 中小型反应堆的经济性一体化评价方法（INCAS）研究

目前国际原子能机构主推中小型反应堆的经济性一体化评价方法即：The integrated model for competitiveness assessment of SMRs（INCAS）。该模型通过综合考虑定量和定性绩效指标的方法，对核电厂部署的给定情景进行投资分析。前者代表成本效益和盈利绩效；后者考虑了无法完全量化或非货币性的可能影响投资成功的方面。INCAS 架构是模块化的，因此允许与任何新模型或方法的接口，当它们可用时，能够为 INCAS 当前的仿真和建模能力带来更深层次的细节和可靠性。INCAS 侧重于与小堆与大堆部署方案的比较评估，而不提供与非核选择方案的比较。

本次研究最终确定以 INCAS 为主要的经济性评价方法。

2.3 国外小堆经济性评价探索方案

图 1 说明了 INCAS 的整体结构。图 1 左侧所示的投资模型基于资本定价（DCF）模型，旨在计算主要经济和金融指标，例如 LUEC、净现值（NPV）、内部收益率（IRR）和投资回收期（PBT），考虑时间分布的输入参数，这对于需要考虑研究效果、多机组共址和建设进度的核电站交错建设的场景很重要经济性账户因素。与平准化经济模型相比，资本定价（DCF）模型提供了有关投资者资本结构的全套信息，这些信息可提供投资努力的财务可持续性的信息。INCAS 资本定价（DCF）

模拟模型可以解释时间序列效应，例如从一个单元到另一个单元的现金转移：该模型让用户可以选择是否可以投资以及可以投资多少早期部署的单元产生的现金流在后期的建设中，从而减少了前期投资需求。该模型向投资决策者提供与债务存量演变和债务覆盖率相关的时间序列值。

这些信息与金融风险的概念有关。INCAS 将财务风险概念置于前台，与投资盈利能力一起，它代表了一项关键绩效指标。为了估计投资风险的全面情况，投资模型提供了一种随机方法来结合情景输入的不确定性。将适当的概率分布函数（PDF）分配给输入参数，并使用蒙特卡罗方法进行详细说明，以生成每个输入变量的随机值。输出不确定性和相关方差分析提供了有关投资项目对变化或不利情景条件的稳健性的有用信息。

图 1 右侧显示的所谓“外部”（或附加）因素的模型试图考虑一些社会和市场相关因素，例如人力资源可用性、当地行业参与的潜力、能源安全供应，以及其他可能是主观和不可量化的，但可能会对有关不同核选择的决策产生一定影响。然后建议使用层次分析法（AHP）作为一种方法，将财务评价结果和利益相关者对外部因素的判断合并在一起，以最终判断基于小堆的核选项与其他核选项相比的吸引力。

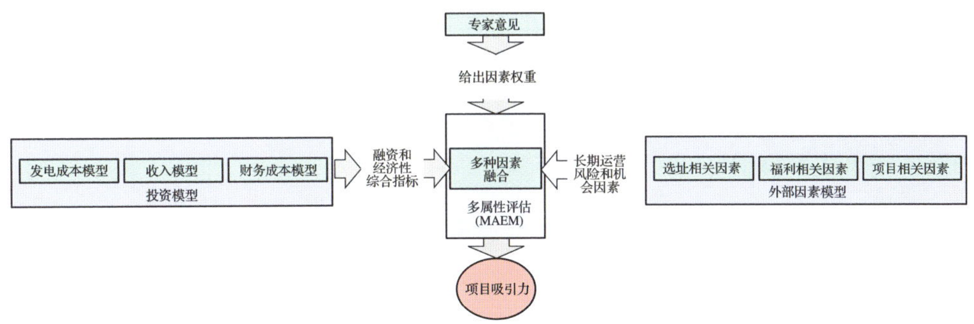

图 1　集成模型的总体框架示意图

为了适用于陆上移动核电源类似小堆与大型反应堆部署情景的比较投资风险评价，综合模型总体框架需要包括考虑影响此类评价的所有经济和外部因素的单独模型。

2.3.1 发电成本模型

发电成本模型采用平准化发电成本模型。假设总成本可以拆分为投资成本和运维成本,则可以为每个定义相对于规模或规模的成本弹性。国际原子能机构特别提出,其他因素有助于补偿小堆损失的规模化经济性:模块化、共址经济性（群堆）、基于设计的因素。

模块化建造适用于工业化制造的电厂土建工程。厂房布局适合并联和独立模块安装。模块化可以用于大堆,但小型反应堆组件和系统的较小尺寸可以更好的应用模块化。因此，INCAS 假定以较低的规模减小较高的建筑成本。共址经济性（群堆）是指在同一地点建造的多个单元之间分担固定的、与地点相关的成本。基于设计因素主要是设计的成熟度对于自上而下或自下而上方法的适用性。

2.3.2 不收入模型

收入模型的目的是预测电力需求和市场价格,以估计未来的年度现金流入。模型的要素包括:

已安装的电力容量、市场上供应商之间的竞争程度、用于电力生产的能源技术组合、电网结构和能力、电力需求的时空趋势、新建电厂采用竞争战略。

收益模型的输出是电厂在经济生命周期内的总收益,即对总流入现金流的估计。

2.3.3 财务成本模型

财务模型的目的是评价投资资本的成本。加权平均资本成本（WACC）可以通过以下方式计算:

$$\mathrm{WACC} = K_e \frac{E}{D+E} + K_d(1-t)\frac{D}{D+E}$$

其中输入参数是:投资于项目的权益金额 E;企业或组织的债务权益比率 $D:E$,称为财务杠杆;股东对股权 K_e 要求的回报率,即股权成本;债务人要求的利率 K_d;税率 t。

2.3.4 投资模型

投资模型根据前三个模型得出的成本、收入和利率对投资进行整体评价。该评价提供了以下主要指标的计算:净现值(NPV)、内部收益率(IRR)、回收期(PBT)、盈利指数(PI)、平准化发电成本(LUEC)。

核能发电的经济研究侧重于平准化发电成本计算,平准化发电成本被评为技术比较评价的合适参考值,以支持有关某些能源选择的决策。在竞争激烈、自由的电力市场中,投资决策通常由寻求最大化投资回报的商用公司做出,但要受到可接受的风险水平和监管限制。在这种情况下,产业化项目即使通过平准化发电成本分析证明具有成本效益,也可能不会进行,除非估计的财务回报足够高以确保投资者面临的市场风险。出于这个原因,本研究工作不仅从发电成本的角度,而且从更广泛的角度来估计投资的经济性,估计 PI 和其他财务指标,如 NPV 和 IRR。

2.3.5 外部因素模型

项目投资的整体评价不仅受到与投资模型直接相关的量化参数的影响,还会受到外部因素的影响,这些因素有时容易量化的。外部因素可能与以下有关:

能源项目可能的本地化程度、对当地工业的拉动作用、与土地利用有关的因素、环境法律法规(例如碳税和地方排放限制)、能源供应安全、燃料供应的战略安全、政府对核电的长期政策的强度。

其中一些因素可能与任何类型的核电厂同等相关,而其他因素可能取决于核电厂的规模、类型、建设周期、目标核电厂的总数以及所采用的部署策略。此外,其中一些因素的量化可能主要基于利益相关方的判断。

由于对这些参数的定量评价存在难度,而且这些参数与来自投资模型的定量参数没有直接联系,因此需要一种合适的方法来合并信息。建议使用层次分析法(AHP)来解决该问题,作为一种有可能评价正在分析的不同策略和解决方案的全局品质因数的方法。

2.3.6 多属性评价模型

经济和金融评价的经典技术（尤其是 DCF 模型），在某些情况下并不完全适合提供投资及其实际价值的全面情况，因为没有考虑到项目所有的优点和缺点。因为选择参数和变量不可能详细说明无形的元素。多属性评价模型就是结合多属性或多标准技术（多属性决策）来解决在给定一组不同类型的属性（包括非有形属性或非有形属性）的情况下用货币来衡量多个替代选项之间情况。

2.3.7 考虑不确定性的模型

一项投资的整体评价可能不仅受到与投资模型直接相关的量化参数的影响，而且还受到外部因素的影响，这些因素并不总是容易量化的。外部因素可能与能源项目的本地化程度、对当地工业拉动作用、与土地利用有关的因素、环境法律法规、能源供应安全、燃料供应战略安全、政府对核电的长期支持等相关。

一些因素可能与任何类型的核电厂同等相关，而其他因素可能取决于核电厂的规模、类型、建设周期、目标核电厂的总数以及所采用的部署策略。此外，一些因素的量化可能主要基于利益相关方。由于对这些参数的难以定量评价，而且这些参数与来自投资模型的定量参数没有直接联系，因此有必要找到一种合适的方法来合并信息。INCAS 的研究建议使用云模型（AHP）来解决该问题，作为一种有可能评价正在分析的不同策略和解决方案的全要素方法（见图 2）。

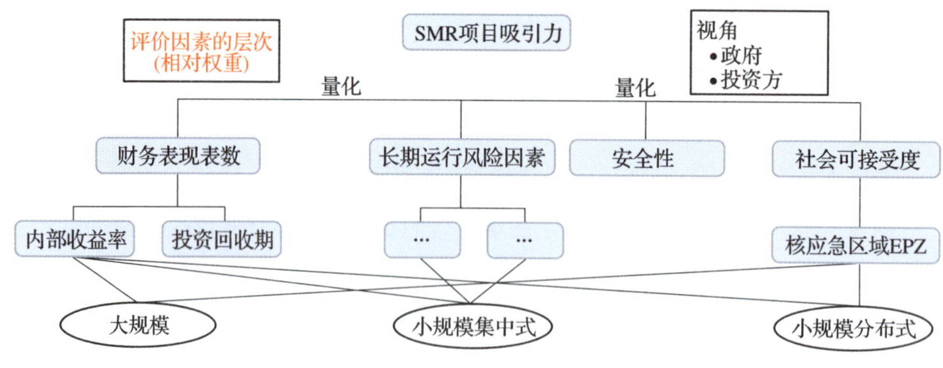

图 2　INCAS 项目吸引力模型

2.4 评价案例验证

本次研究参与采用价值工程 0–1 法确定各个功能项目的权重，价值工程 0–1 评分法的运用仅给出各功能因素重要性之间的关系，将各功能一一对比，重要者得 1 分，不重要的得 0 分。为防止功能指数中出现零的情况，需要将各功能得分分别加 1 进行修正后再计算其权重。最后用修正得分除以总得分即为功能权重。计算式为：某项功能重要系数 = 该功能修正得分 / ∑各功能修正得分。

0–1 评分法的特点是：两功能相比较时，不论两者的重要程度相差多大，较重要的得 1 分，较不重要的得 0 分。如表 1 所示。

表 1　小堆项目吸引力价值工程（0–1 法）

评价因素	财务表现	长期运行风险	安全性	社会可接受度	得分	修正得分	权重
财务表现	—	1	1	1	3	4	0.4
长期运行风险	0	—	1	1	2	3	0.3
安全性	0	0	—	1	1	2	0.2
社会可接受度	0	0	0	—	0	1	0.1

在通过综合评价得出假设方案 A/B/C 财务表现、长期运行风险、安全性、社会可接受度相对得分。财务表现由财务评价模型得出，长期运行风险、安全性由专家打分确定，社会可接受度由调查问卷确定，假设得分如表 2 和表 3 所示。

表 2　不同方案评价因素得分

	相对得分（满分 100）		
	假设方案 A– 小堆	假设方案 B– 非核化石能源	假设方案 C– 非核能源
财务表现	60	100	80

续表

	相对得分（满分 100）		
	假设方案 A- 小堆	假设方案 B- 非核化石能源	假设方案 C- 非核能源
长期运行风险	100	60	80
安全性	100	80	60
社会可接受度	80	60	100

表 3　加权总得分

方案	得分
假设方案 A- 小堆	82
假设方案 B- 非核化石能源	80
假设方案 C- 非核能源	82

通过以上方法可以用于评价小堆项目吸引力，便于决策。

3 启示与展望

3.1 总结

小堆的经济性评价方法关键在于功能定位、应用场景与适用性。目前商用压水堆的经济评价方法不适用小堆评价，在评价小堆的经济性时应充分考虑到内外部因素及各种因素权重，给出一套适用于小堆的竞争性评价体系。除了传统的财务评价、平准化度电成本方法外，小型反应堆经济竞争力评估的综合方法（INCAS）是小堆经济性评价的方法选项之一，与价值工程结合使用可以得出相关结果，给出决策参考依据。

小堆的经济性不宜仅考虑上网电价维度。对于中国实践而言，在现有能源体系内，小堆使用场景受限，如仅按上网电价核算，小堆很难与其他能源品种竞争。

小堆优势在于安全性、厂址选择灵活性、小电网良好适应性等。基于以上特性，在国内大规模电力系统情况下，商用小堆不适宜进入国内电力系统并参与电力市场竞争。

3.2 展望

财务表现在评价阶段需要设定相对可行的应用场景，比如园区、海岛、矿区、高耗能企业自备能源等，还需考虑建设运营退役全生命周期。

在考虑科研投入情况下，目前评价难点在于缺少成熟的案例，以及对于不确定因素的量化估算。如按照批量化项目进行讨论，那么科研实验投入、取证费用等应在前期项目组合理分摊。

非化石能源和储能技术发展迅速，未来的发展前景依然广阔，这些给予小堆经济性带来挑战，也为未来项目经济性比选带来不确定。

从目前来看，小堆经济性还有较大发展空间，特别是小堆投资和燃料循环费用，是未来重点优化方向。

第一作者简介

沈迪，高级工程师，现就职于中核战略规划研究总院管理研究所，长期从事技术经济、核能经济研究。近年来，承担《核能综合技术经济分析方法体系研究》《商用快堆经济评价研究》等研究工作，公开发表论文10余篇。

精细化管理对核能企业打造世界一流实践应用研究

孔德泰　沈　迪　张小凡

（中核战略规划研究总院）

摘　要:近年来,我国核能企业以落实国资委打造世界一流,推动高质量发展为主旋律,精细化管理对于企业的发展和竞争力提升具有重要的意义。通过精细化管理,核能企业可以提高生产效率、提升产品质量、提高客户满意度、降低成本费用和提升管理水平。本文梳理了精细化管理理论文献,以及华为、美的、谷歌、IBM等世界一流企业在技术创新、国际化、品牌建设等领域的精细化管理实践,并总结了相关启示,为提升核能企业精细化管理水平,推动高质量发展提供参考借鉴。

关键词:精细化管理;核能企业;世界一流

国务院国资委多次强调国有企业要实现高质量发展,打造世界一流,精细化管理是一种注重细节、高效管理的方法,它可以提高生产效率、降低成本、提高服务质量,对于企业的发展至关重要。在核工业领域,精细化管理可以帮助核能科研生产企业消除浪费,优化生产流程,提高产品质量和市场竞争力,增强企业的核心竞争力。同时,精细化管理还可以提高员工的工作效率和工作质量,促进企业的可持续发展,在核电工程质量提升、燃料生产成本降低、效率提高、核电安全生产、管理提升和产业转型升级发挥重要作用。当前,国内经济发展挑战与机遇并存,能源安全和转型升级一直是核能行业发展的重要背景,要求核能企业通过强化精细化管理水平,提升发展质量,提高产业竞争力。

1 精细化管理思想和工具梳理

1.1 精细化管理内涵和外延

所谓精细化管理,从字义上来解读:精,取其精致、精密、精确、完美、极致的含义;细,取其细小、细致、周到、周密、细节的含义;化,在此作为后缀用的时候,取其将某种事物普遍推广使用的意思。那么这里隐含着一个前提,若想达到普遍推广使用时取得良好的效果,则应当在推广之前将其进行系统化,而系统化本身包括科学化、优化,然后再标准化的过程。

结合上面的文字含义,则可以得到精细化管理的含义为:通过在事物的细节方面实施细致、周密的管理,取得精确、精致、完美效果的系统方法。

精细化管理原则上可以针对几乎所有事物,在此我们重点还是指包括农业、企业、服务业、政府等机构。针对我们这次研究的课题的范畴,主要针对企业。

精细化管理几乎可以针对任何事物,那么对于企业来说,也就可以涉及企业管理的所有方面,在此,可以从不同的维度大致说明:从层级来说,可以针对高层、中层、基层;从关注面来说,可以针对宏观、中观、微观;从职能划分来说,可以针对价值创造过程的设计和研发、采购、生产、营销等环节和支持过程的人力资源、财务、信息化、物资管理、质量安全环保、行政后勤、党政工团等;从企业管理的范畴来说,可以针对企业文化管理、战略管理、绩效管理、顾客和市场管理、过程管理、人力资源和组织管理、测量分析和改进管理等;从一家企业层级的划分来说,可以针对总部的管理、组织系统管理、事业部或专业分公司的管理等。

1.2 核能企业精细化管理体系展开分析

世界一流乃至顶级企业的精细化管理方式，具有相当的理论价值，在此作为核能企业精细化管理实践的重要借鉴。从科学管理概念的提出到戴明环，再到丰田公司全球知名的精益生产，这些理念都彰显了精细化管理的思想。

经过对相关文献的深入分析和调查研究，课题组借鉴了北京大学精细化管理研究中心的学术成果，认为要实现管理的持续优化，就必须从以下两个方面着手：以构建工作流程为核心，辅以完善管理系统。持续改进需要确保现有基础的稳定性，主要通过明确组织工作流程和员工工作程序来实现。持续改进工作的关键在于建立系统化、精细化的工作流程和程序，并不断优化完善，这就是所谓的“系统化和精细化”。

核能企业精细化管理的核心就是持续优化和完善，为了保证优化和提升的有效顺畅执行，建设一套支持精细化管理实施的体系模型非常有必要。在此，笔者经过文献梳理和相关组织单位的调查走访，得出结论，实施精细化管理的企业必须树立一个上下一致追求的共同目标其次，一套成熟的运营规范和作业流程也是非常有必要；此外，为了让员工快速接受精益管理的理念，并适应其节奏还需要对员工进行培训，同时，需要加强绩效评估，实施过程监控和事后监管；基于此，优秀的核能企业文化是精益管理必不可少的部分。经过以上思考，笔者在此借鉴和应用“ORTCC”模型，其中的五个字母分别代表着：“Objective”“Rules”“Training”“Check”以及“Culture”，意义是设立目标、制定制度和规则、实施培训和训练、有效的而检查考核、形成组织文化。这五个要素构建的精细化管理体系。这五个要素在精细化管理中扮演着重要角色，共同构成了一个完整的体系。这五个要素分别是：

O：目标。它位于系统的最初始点，是指导精细管理活动和组织所追求的中心目标的基石。建立一个组织需要实际情况和目标的结合，这些目标既可以指导组织的发展，又可以通过分析外部情况和内部问题等方法得到员工的高度认可。为了实现这些目标，需要使用一系列工具和方法，使所有成员朝着实现这些目标一致的约定协同迈进。在精细化模型中,目标是第一要务,也是衡量管理质量的首要要素。

R:制度和规则。在精细化管理中居于核心地位,是精细化管理系统承接的重要部分。在日常实践中,研究建立出简约可操作,且具有成效的制度规则是实现管理提升的必经之途,也是一个体系强化管理水平的基本功。不制定制度,无章法、无规则,精细管理理念就无从下手。在这个系统中,规则重要组成部分有两个,一是过程,二是程序。

系统化的工作安排称为程序。程序主要由工作步骤和工作标准组成,这些步骤和标准规定了员工在履行其岗位职责时必须满足的具体要求。程序的明确性直接影响人员和任务之间衔接的稳定性和可靠性。

系统化工作的规范就是程序。程序主要包括工作步骤和工作标准,并为员工在组织中实施完善的管理过程提供具体的指导。在这个过程中,从制度出发,分析组织现行制度的不足和优点,并建设性地提出优化意见。组织拥有一套可行直观的制度是落实精细化管理的基础条件,也是最关键的部分。众所周知,组织缺少有效的制度就无法保障工作的顺利开展,更无法保障工作质量,这是精细化模型中的排在第二位的要素。

T:教育和培训,在精细化管理环节是一项必不可少的要素,目的是将职位与技能相匹配。在整个系统中,培训与其他要素紧密相关,通过将精细化管理理念贯彻,促使整个系统不断自我提升,提高工作质量和管理能力。在企业的管理工作中,尤其是规划贯彻中,教育和培训要实现的目的是将集体的目标、制定的规则和制度等转化,解码成为企业职员在一般工作中的行为准则和技术能力,通过这种方式推动工作质量的不断强化。基于开展教育的培训过程,公司职员需要遵循工作制度要求及其流程,定期、由浅入深地开展教育和培训学习,使公司职员能够达到岗位专业技能等多个方面的要求。员工上岗之前,所有公司岗位的职员都务必通过接受学习教育完全掌握工作所需的必备知识和能力,从而保障公司职员可以胜任特定的职位。

C:检查考核。通过以上三个要素,管理提升得以开展,但是仍然离不开检查和评估,来保障管理提升的有效性。在精细化模型中,检查考核位于从上向下的视角,该要素作为精细化管理体系的有效性的关键功能要点,是一套必要的防线。同时,它也起到了指导作用,因为对检查和评估的强调决定了公司职员将精力投入到哪里,工作质量也相应提高。因此,检查和评估在组织中起着关键作用。

C:文化培育。该要素是系统中的最后一个,也是促进整体体系升华的要素,在精细化模型系统中,文化培育是企业精神文明的载体,是整个精细化管理系统的基石和支撑。精细管理的实施需要相应的组织文化作为基础,使员工沉浸在无形文化中,在思想中认同自己,在行动中得到支持。在精细化的管理中,只有明确的规则和制度,没有员工的内部识别,这种管理才能在短期内发挥作用。只有通过塑造组织文化,员工才能在心理上认同公司的核心价值观和行为准则,从而创造一个长期强大的组织文化。与一个明确定义的规则体系相比,组织文化可能是无形的和有形的,但在组织内部得到广泛认可,实际上起着至关重要的作用。

1.3 核能企业精细化管理工具梳理

从中观的角度来讲,精细化管理理念贯穿于核能企业管理多个领域,包括:核领域的大质量概念和理论、全面风险理论、价值链理论、项目管理理论等。从这些理论延伸出来的通用的方法工具包括:

1）系统级别层面:ISO 9000 管理体系、卓越绩效管理模式、全面风险管理体系、过程方法、项目管理方法、对标管理等。

2）单项级别层面:流程图、系统图、思维导图、因果图、WBS、PDCA 循环、头脑风暴法等。

从微观角度来说,可以先从不同的维度进行划分,然后再根据划分后的分项对应列出相应的方法工具。具体如表 1 所示。

表 1　精细化管理在应用中的具体方法和工具

序号	领域	具体方法、工具
1	设计和研发	IPD、DOE、QFD、VOC、APQP、FEMA、同步工程、项目管理、实验室认可体系、知识管理、科技攻关、全面风险管理、过程方法、对标管理、六西格玛、合理化建议、TRIZ、防差错设计
2	采购	思维导图、甘特图、系统图、网络图、成本分析、知识管理、全面风险管理、过程方法、对标管理、合理化建议
3	生产	新老7种统计工具、精益生产、流程整合、5S/6S、QC小组、质量成本管理，包括MES在内的信息化系统、可追溯性体系、知识管理、全面风险管理、过程方法、对标管理、六西格玛、合理化建议、防差错设计
4	营销	顾客与市场细分、顾客与市场定位、品牌建设与管理、VOC、QFD、流程穿越、顾客满意度调查、顾客投诉管理体系、可追溯性体系、项目管理、知识管理、全面风险管理、过程方法、对标管理、六西格玛、合理化建议
5	测量分析和改进管理	平衡计分卡，信息化系统、全面风险管理、过程方法、对标管理、六西格玛、合理化建议
6	人力资源	企业文化建设、能力素质模型、岗位说明书、心理性向测试、职业通道和职业生涯发展规划、薪酬体系、奖惩机制、培训体系、员工满意度调查、知识管理、全面风险管理、过程方法、对标管理、合理化建议
7	财务	SOX 法案控制体系、全面预算、ERP 系统、营收稽核、成本管理、目标管理法、知识管理、全面风险管理、过程方法、对标管理、六西格玛、合理化建议
8	信息化	ISO 27000 信息安全管理体系、全面风险管理、过程方法、对标管理、合理化建议
9	设备管理	TPM、知识管理、全面风险管理、过程方法、可追溯性体系、对标管理、六西格玛、合理化建议
10	物资管理	成本管理、思维导图、系统图、甘特图、知识管理、可追溯性体系全面风险管理、过程方法、对标管理、六西格玛、合理化建议
11	质量安全环保	ISO 9001、ISO 14001、ISO 45001、全面风险管理、过程方法、对标管理、六西格玛、合理化建议
12	行政后勤、党政工团	员工满意度、检查表、甘特图、WBS、思维导图、全面风险管理、过程方法、对标管理、六西格玛、合理化建议

2 世界一流企业应用相关理论工具的精细化管理实践对核能企业的参考

2.1 华为 DSTE 模型提升企业战略管理精细化

华为的管理思想受到业界广泛认可，在战略管理的精细化方面，华为公司引入了 IBM 公司的 DSTE 模型，DSTE 是华为 17 个一级流程中一个，DSTE 包括三个二级流程：战略规划流程 SP（Strategy Plan），年度业务规划 BP（Business Plan）和战略执行与监控。整个大流程的主要输入为"市场洞察"，主要输出为 SP、BP、预算、人力预算、重点工作、组织 KPI、高管绩效目标和执行与监控报告，包括了战略管理的全部阶段（在该模型中命名为战略制定、战略解码、战略执行与监控、战略评估），取得了在高科技行业世界领先的绩效（见图 1）。

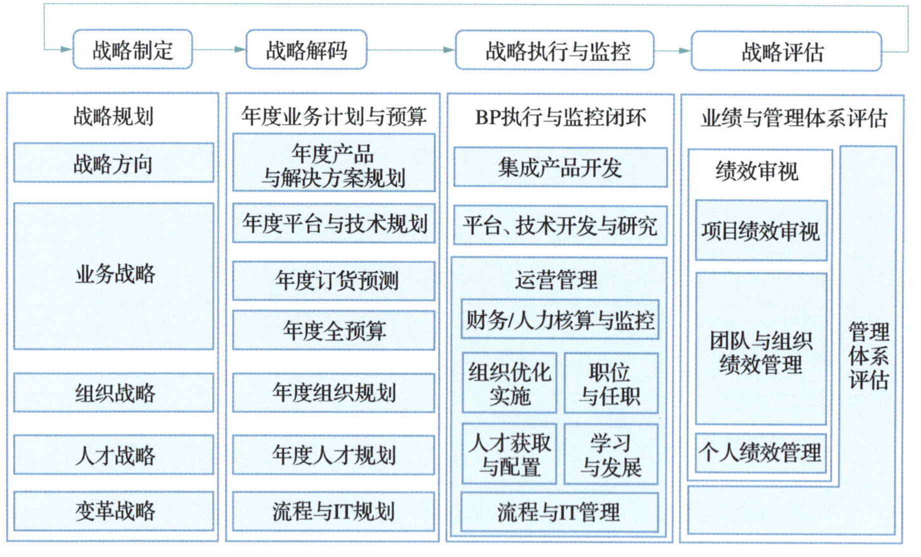

图 1　华为公司 DSTE 体系

2.2 三星公司早期应用 TRIZ 理论推动创新精细化

三星公司在早期为加强自身的技术创新组织建设，成立了三星 TRIZ，开展全员培训认证工作，从公司的管理层到研发工程师，都普遍认识到 TRIZ 对创新的重要性，公司多个部门制定了统一的 TRIZ 实施流程，使 TRIZ 在三星得到了广泛的应用和推广。在进行专利技术层面的分析时，采用 TRIZ 中阿奇舒勒矛盾矩阵分析法，将 40 个发明原理与专利的技术手段进行对应，将 39 个改善的通用工程参数与功效进行对应，从而开发出一套系统化的专利技术 – 功效分析方法。运用该精细化方法在专利技术层面分析上可以实现较为的客观的分析，也有助于进行技术方向的预测和专利布局，具有重要的应用前景和价值。

2.3 美的公司采用分步式精细化策略从“全球经营”到“全球突破”

美的公司的国际化阶段，经历了 37 年，可分为引进设备、贴牌出口、技术和资本合作三个分步式精细化步骤。一是引进设备，美的公司在 2000 年以前，便从日本引进了高速冲床，也是中国第一台高速冲床。在进行技术改造后，冲制一个电机铁芯的时间从 25 秒大幅缩短到 2 秒，极大提高了生产效率。之后几十年，美的又陆续引进了德、日、韩等国外先进设备。先设备后产品，这是制造型企业的必经之路。二是从贴牌出口到建立渠道，美的做自有品牌，是从第三世界不发达国家开始，但是建立海外分支机构，却是直接从欧美发达国家开始。三是技术和资本合作，美的先后与三洋、日立进行技术合作提升技术实力，为提升核心品类空调的技术能力，1993 年美的与东芝，正式建立技术合作关系。从技术合作开始，美的开始和海外顶尖企业进行资本方面的合作，最常见的就是成立合资公司。2023 年，美的集团位列《福布斯》杂志“全球上市公司 2000 强”排行榜第 199 位，实现“全球突破”。

2.4 谷歌通过精细化管理推动品牌建设

Google 以一种简单、实效、恪守准则的精细化经营观念塑造了其企业形象。以下是对 Google 企业形象的三个总结点：一是通过消费者体验说话：注重用户体验，通过优秀的产品和服务来树立良好的口碑，这种口碑成为推动品牌发展的重要动力，使Google成为主要依靠口碑提高知名度的成功品牌之一。二是通过简单方式展示科技的力量：Google通过采用简单而强大的设计理念，成功展示了科技的力量。这种简单性不仅提高了用户体验，也传达了科技应用的便捷性和普适性。三是恪守正确的经营原则：Google坚持恪守自己的经营原则，尤其是在对待用户隐私和数据安全方面。保持良好的经营原则有助于建立品牌的信誉和可信度，对于长期的企业成功至关重要。

3 我国核能企业应用精细化管理打造世界一流的相关启示

3.1 全员统一思想，认识精细化管理体系及其对核能企业安全生产、降本增效的发展的重要意义

实现精细化管理需要建立和完善一套由五个相互支撑、相互约束的子系统构成的体系，包括目标系统、规则系统、训练系统、检查考核系统和组织文化系统。工作质量的稳定和提高并非由某一要素单独影响，而是这五个相对独立、却又相互协作的子系统形成的大系统的综合效果。精细化管理需要与这一管理体系相适应的有效工具。

核能企业开展精细化管理的主要领域包括：核电工程质量提升、燃料生产成本降低、效率提高、核电安全生产、管理提升和组织发展。通过提高绩效，从而创造更多的利润和价值。同时，实施精细化管理也对核能企业的发展具有重要意义：一是从思想认识方面，提升全员对于提高管理水平和工作要求的统一认识，有助于全公司从管理、服务到生产各环节都为目标客户提供经受得住各种考验的高质量产品和服务。二是有助于企业各层面通过实施精细化管理，加强基础工作，挖掘潜力，降低成本、提高效率、确保本质安全，提升总体效益，从而提高综合竞争力，进入高质量发展的快车道。三是有助于企业提高战略的创新优化和整体协同，确保集团战略目标的实现。

3.2 提升精细化管理要站在核能战略角度,整体思考、系统解决

系统思维是核工业领域的重要思想,整体思考、系统解决是指精细化管理需从企业整体视角出发,广泛纳入企业全体成员的参与,实现对整个企业的精细化管理。其核心目标在于在确保个体工作质量的前提下,提高企业整体工作质量。精细化管理的实现依赖于整个企业管理系统的建立、完善和改进。这一原则是企业实施精细化管理时首要考虑的,因为它需要由上层推动,实现上下一体的协同作战。

3.3 精细化管理离不开工具支持,且要保障持续开展

核工业企业不断谋求管理提升,引入管理工具提升效能。精细化管理的内涵是持续改善,是在原有管理状况基础上的提升,且这种提升是不间断地进行的,是一个循序渐进、长期坚持的行为。持续改善的实现经验总结为知识,知识训练为技能,一是发展外部顾问组,负责解决企业看得远的问题。二是企业内部管理顾问组,由管理专家、业务专家、文化专家组成,负责解决企业看得清的问题。持续改善还要有科学的技术手段支持,包括各类图、表、卡、公式、模板等。

3.4 提升核能企业精细化管理要落实观念先行,统一员工思想

将精细化管理与“四个一切”核工业精神融合,企业开展精细化管理,推进企业管理的是持续改善,最终的落脚点还是人。企业通过规则的建立,流程、程序的改善来提高员工的工作技能,使员工生产合格的产品,提供合格的服务。因此推行精细化管理,实现管理的持续改善的指向是提高整个体系员工的职业化素养,职业化包括:态度积极、行为规范、技能专业。树立员工责任、诚信、规则的观念,塑造职业化的员工队伍是企业推行管理持续改善要遵循的第三个原则,真正体现“四个一切”核工业精神的“进取成就一切、严细融入一切”。

第一作者简介

孔德泰，中核战略规划研究总院副研究员，长期从事核领域产业规划、企业管理和经济运行分析研究，先后以第一执笔人承担国资委、四川省、青海省等政府单位和集团公司的《打造具有全球竞争力的世界一流核工业集团评价指标体系》《四川省核能技术规划》《青海省核能产业发展研究》《中核集团推动世界一流高质量发展对标库建设研究》等重点课题项目。

关于加快实施核能“三步走”国家战略提升我国核能国际竞争优势的建议

罗　琦

（全国人大代表、中国工程院院士、中核集团总工程师）

当前，我国在运在建核电规模即将世界第一，未来一个时期的发展规模和节奏已较为明确，已经具备引领全球核能产业发展的基础。面对世界核领域激烈竞争的新形势，我国更要在核科技创新方面引领全球，占据核领域战略竞争制高点。

一、必要性

落实核能发展“热堆—快堆—聚变堆”“三步走”战略既是形成我国核能国际竞争优势的关键，也是我国核行业发展的内在需要。

加快实施核能“三步走”战略对抢占战略制高点、形成全球竞争优势至关重

要。我国核科技发展迅速，近年来开展了一系列重大创新和工程建设，能力水平大幅提升。“热堆—快堆—聚变堆”的核能“三步走”战略，是符合我国国情的核能发展战略，也是能够引领世界核能发展的技术方向。我国已经具备相当的基础和条件，通过加快实施“三步走”战略，有望率先实现快堆的商业化应用，形成热堆 + 快堆的先进核能系统，引领带动世界核能产业发展。

二、有关建议

新时代新征程，我国要加快推动核能“三步走”战略走深走实，在核科技创新方面引领全球。建议充分考虑我国核工业现有技术基础和发展潜力，积极推动核能“三步走”发展战略在国家战略层面进一步明确，制定出具有前瞻性、全局性、权威性和可操作性的核能“三步走”发展战略规划，明确发展目标、路径和重点，引领我国核能长远发展。

关于建设国家辐射防护研发基地系统提升我国辐射防护安全水平的建议

刘士鹏
（全国人大代表，中核集团副总工程师，
中核四0四有限公司党委书记、董事长）

核辐射是核工业最为显著的特征之一，辐射防护技术贯穿核工业发展的始终，是核工业高质量发展的关键核心能力，为核工业的发展保驾护航，始终秉承“核能卫士，安防先锋”的战略定位。集中优势力量，打造国家级辐射防护研发基地，以“基础科研”与“技术/装备研发”为抓手，系统提升我国辐射防护与安全能力，将为建设核工业强国奠定坚实基础。

一、必要性

一是辐射防护领域与我国核工业的高质量发展及人民群众的健康息息相关。

一方面，辐射防护可以为载人航天等国家重大战略领域提供人员与装备等辐射防护支持，为推动我国核设施的建设落地和提高设施运行的经济性发挥着重要作用；另一方面，核技术在医疗健康领域的应用越来越广泛和深入，辐射防护可为医患人员在精准诊疗和防护等方面保驾护航。

二是我国辐射与防护领域缺乏高水平研发平台制约了本领域高质量发展。美、法等国均建有以辐射防护与安全为重要应用方向的高层次国家级实验室或平台，而我国在本领域仅中国辐射防护研究院是国内唯一专门从事辐射防护研究的综合性科研机构。相比国外同类科研机构，从资源投入、学科建设、实验能力条件到体量规模等多方面均与世界一流水平差距明显，严重制约了本领域的高质量发展。

二、有关建议

建议推动制定辐射防护领域的国家级发展战略，支持以中国辐射防护研究院为核心打造国家级辐射防护研发基地，将其建设成为该领域的原创技术策源地和国际一流的人才与创新高地。

关于设立国家“核科学日”营造全社会知核拥核发展环境的建议

师延财
（全国人大代表、中国核建中核检修有限公司
焊接首席技能专家）

在我国第一颗原子弹成功爆炸60周年、即将迎来核工业创建70周年之际，设立国家“核科学日”是获取社会公众支持与认可的重要途径，有助于进一步推动我国核事业高质量发展。

一、相关背景

1955年1月毛泽东主席在中南海主持召开中共中央书记处扩大会议，作出建立和发展中国原子能事业战略决策。中国核工业从此开启了波澜壮阔的创业历

程。以 1958 年 9 月 27 日我国第一座实验性重水反应堆和第一台回旋加速器（简称“一堆一器”）正式移交生产为代表，我国核工业逐步发展壮大，铸就了“两弹一艇”惊世伟业，创造了一个又一个奇迹，为我国国防和经济建设作出了巨大贡献，涌现出了以钱三强、邓稼先、王淦昌为代表的一大批科学家，形成了伟大的“两弹一星”精神和“四个一切”核工业精神。

二、设立国家“核科学日”的重要意义

设立国家“核科学日”，将有利于加强核科普工作，让公众正确了解核、认识核、接受核，教育广大青少年崇尚科学、热爱科学，为核事业发展创造良好的舆论氛围和社会环境；有利于继承并发扬“两弹一星”精神和核工业精神，培育和弘扬民族精神和时代精神；同时激励核事业工作者，对我国核事业和科学事业的发展具有非常重要的现实意义和深远影响。

三、具体建议

1958 年 9 月 27 日，“一堆一器”移交生产揭幕典礼隆重举行，开启了我国原子能事业的新纪元。“一堆一器”是我国核科技发展的象征，其蕴含的丰富精神和文化内涵具有纪念意义。建议将每年的 9 月 27 日设立为国家“核科学日”，并以设立“核科学日”为起点，普及核能知识，铭记核工业创业初心，以奋进之姿永葆强核报国之志，以躬身之为锻造成事之功，共担祖国核事业这项光荣使命，共圆核强国这个宏伟梦想。同时，以核科学日为契机，把“核科学日”打造成为普及核能知识的重要平台，向社会公众打开核科学技术世界的窗口，有利于激发青少年科学探索精神，提高社会公众对我国和平利用核能事业的关注度和认同感，促进公众形成对核能的理性认识，赢得社会各界的普遍支持，为我国核工业高质量发展营造良好的舆论氛围和社会环境。

加快构建清洁低碳、安全高效的能源体系

章建华
（全国政协委员、国家能源局局长）

能源是生态文明建设的重要领域。近年来，能源行业深入践行习近平生态文明思想，协同推进高质量发展和高水平保护，绿色发展不断迈上新台阶。一是从能源结构看，非化石能源加快成为供给增量主体。2023 年新增能源生产总量中，非化石能源占比超过 40%，能源生产供应体系加速低碳化发展。二是从产业体系看，绿色低碳技术加快跨入世界先进行列。我国新能源发电技术处在世界第一梯队，为全球贡献了 70% 以上的光伏组件和 60% 的风电装备。能源产业链绿色化、现代化水平不断提升。三是从终端用能看，多元化供给消费体系加快形成。全面供应国六 B 标准车用汽油，北方地区清洁取暖率达到 76%，全国建成充电基础设施约 860 万台，达到 2020 年的 5 倍以上，终端用能电气化水平“十四五”每年提高约 1 个百分点。

与此同时，能源转型进程中仍存在一些困难和挑战。一是能源需求超预期增

长加大转型压力。“十四五”前3年,能源消费年均增量是“十三五”的1.8倍,相当于每年新增一个英国的能源消费量,预计今后一个时期仍将维持刚性增长,统筹能源安全保障和低碳转型的难度加大。二是消费侧节能降碳亟待加强。我国能耗强度是世界平均水平的1.5倍,六大高耗能行业能耗占比高达75%,“十四五”单位GDP能耗降低指标进展滞后于预期。后续电能替代潜力逐渐收窄,终端用能清洁替代难度加大。三是重大项目建设面临诸多资源要素制约。集中连片新能源发展用地、用海空间不足,水电、核电、输电通道等工程建设与生态敏感区协调难度大,新型储能、光热发电等价格机制尚未健全,能源转型政策合力亟待加强。

新征程上,能源发展一定要坚定不移贯彻习近平生态文明思想,深入落实“四个革命、一个合作”能源安全新战略,加快构建清洁低碳、安全高效的能源体系,为此提出几点建议:

一是筑牢安全降碳基础。持续增强能源生产供应能力,提高自主保障水平,为推进中国式现代化提供可靠动能。立足我国资源禀赋,按照先立后破、通盘谋划的原则,统筹推进新旧能源有序替代。发挥好化石能源兜底保障作用,加强清洁高效利用,提高对能源低碳转型的支撑调节作用。

二是加大非化石能源供给。有序推进主要流域水电开发,保持核电平稳建设节奏。稳步推进新能源大基地建设,优化海上风电基地规划布局,大力推广分布式可再生能源系统,新能源装机每年增长1亿千瓦以上。2030年前,新增能源消费量的70%由非化石能源供应。

三是推动消费侧节能降碳。开展重点行业领域能效提升行动,加快工业、建筑、交通等领域电能替代,加强新能源汽车与电网融合互动,到2025年终端用能电气化水平达到30%左右。持续扩大绿电消费,促进电力市场、绿证市场、碳市场有序衔接,做好绿证核发全覆盖。

四是加强绿色低碳技术创新。巩固拓展新能源产业优势,推动大型风电、高效率光伏、光热等技术创新。大力推进小型堆、四代堆等新一代核能技术研发,前瞻性布局受控核聚变。优化能源科技创新机制,推动产学研用深度融合,打好财税、金融等政策“组合拳”,推动形成更强能源创新合力。

注:转载于《人民政协报》(2024年02月08日　第06版)

抢抓百年变局机遇　推动能源绿色转型

钱智民
（全国政协常委、人口资源环境委员会副主任，
国家电力投资集团公司原董事长）

中央经济工作会议强调，必须把坚持高质量发展作为新时代的硬道理，要坚持稳中求进、以进促稳、先立后破。能源是工业的粮食和国民经济的命脉，是经济社会高质量发展的重要保障，必须先立先行。

能源行业对我国 GDP 贡献度约 1/10，能源先立先行有利于增强我国经济发展动能；科技创新成为大国竞争“主战场”，全球能源转型已成大势所趋，掌握颠覆性的新能源技术，有利于抢占全球科技制高点；能源活动产生的碳排放约占总量的 86%，二氧化硫、氮氧化物、一般工业固废排放均居首位，能源绿色转型先立先行是生态文明建设的根本要求；我国风机整机、光伏组件产量约占全球总量的 65% 和 85%，发挥产业优势，加大海外投资有利于增强国际影响力。

近代，强国的更替都伴随着能源及相关技术的突破与迭代。因此，抓住能源

百年变局的历史机遇，把能源先立先行作为国家重大战略，可实现新时代高质量发展，助推中国式现代化新征程。能源先立先行涉及经济、科技、产业、乡村振兴、生态环保、金融、国防、国际合作等各方面，建议有关部门研究并统筹各方力量一体谋划、一体部署、一体推进。为此，提出以下几点建议。

一是加大能源投资力度。2023 年我国能源直接投资超 2 万亿元，拉动投资超 4 万亿元。加大能源尤其是清洁能源的投资力度，有利于带动经济增长、拉动投资、促进就业，实现高质量的“以进促稳”。加大对县域能源的投资，还可推动资源循环利用，带动乡村经济发展和农民就业。我国农村地区新能源可开发规模超 30 亿千瓦，生物质能 5 亿吨标煤，可拉动投资超 10 万亿元，直接创造近 300 万就业岗位，为居民增加可观收入。

二是加强清洁能源科技创新。未来，谁抓住了能源科技的制高点，谁就占据了引领社会发展的主动权，就像英国抓住柴薪到煤炭、美国抓住煤炭到石油转型机遇一样，我国要紧紧抓住化石能源向非化石能源转型的历史新机遇，抢占全球新能源科技创新的制高点。建议大力增加清洁能源科研投入，以设立重大示范项目加强颠覆性技术和前沿技术攻关，推动源网荷储一体化、绿电转化、光储发电机、先进核能等尽快取得突破。上述技术突破还可大规模替代油气进口，同时提高我国电气化水平，每提高 1%，可减少原油进口约 6.88%，降低我国能源对外依存度，保障国家能源安全。

三是推动能源与金融融合发力。建议加大金融对能源科技创新的投入和清洁能源投资的支持力度，推动完善包括信贷、债券、股票、保险、创业投资等在内的全方位、多层次金融与能源融合的服务体系，特别是大力发展绿色金融，支持绿色低碳能源产业。建议紧紧抓住历史机遇，将碳市场建设作为国家重大战略，充分发挥规模优势，加快推动与周边地区、共建“一带一路”倡议国家碳标准互认、碳市场互通，推动人民币与碳市场挂钩，助力人民币国际化。我国建立了全球覆盖排放量规模最大的碳市场，如按照欧盟碳市场交易主体、换手率和交易价格进行测算，我国碳市场年成交额将达到 2 万亿美元，超过 2022 年全球原油贸易总额。

四是充分发挥市场作用。建议进一步发挥市场在配置资源中的决定性作用，加强能源电力价格市场化力度，扩大价格限制范围，更好发挥价格信号作用，实现各类能源在更大范围内优化配置和协同消纳。建议进一步完善碳市场规则，充分发挥碳交易的市场作用，加快建立电碳衔接机制，促进价格完整体现各类能源在保供、系统稳定和绿色等方面的综合价值。

五是加大海外新能源投资力度。应对气候变化和推动绿色低碳转型是当前全球的普遍共识，加大海外新能源投资力度，加强国际标准研究制定，可巩固“新三样”的优势地位，提高我国在世界能源绿色转型中的影响力与话语权。2022 年，我国境内新能源新增装机 1.2 亿千瓦，境外仅为 136.8 万千瓦，占境外新增总量的 0.82%，与我国新能源产业优势地位不匹配。如我国企业每年在共建“一带一路”倡议重点国别地区投资建设 5 000 万千瓦新能源，预计将增加海外投资 2 500 亿 ~ 5 000 亿元，带动新增 10 万～ 20 万个就业岗位。

注：转载于《人民政协报》（2024 年 02 月 20 日　第 05 版）

关于将核电纳入我国绿色电力体系的提案

杨长利
（全国政协委员，中国广核集团有限公司党委书记、董事长）

党中央高度重视核电发展，党的二十大报告提出积极安全有序发展核电。习近平总书记在东北考察座谈时强调，加快发展风电、光电、核电等清洁能源，建设风光火核储一体化能源基地。核电行业深入贯彻落实党中央决策部署，持续推动高质量发展。截至目前，我国大陆地区在运在建核电机组总装机超过1亿千瓦，占全球在运在建核电总装机的21.2%。核电安全运行业绩位居世界前列，2023年发电量在全国占比接近5%，与燃煤发电相比，相当于减少二氧化碳排放3.5亿吨。小堆、四代堆等先进核能技术与国际领先水平保持同步，核电发展规模和质量迈上新台阶。根据各方预测，到2035年我国核电发电量占比将超过10%，将在保障国家能源安全、建设新型能源体系、助力“双碳”目标实现中发挥更大作用。

为促进能源绿色低碳转型发展，发挥绿色电力低碳环境价值，引导社会绿色电力消费，积极推进碳减排，国家于 2017 年建立了绿色电力证书制度，向满足条件的风电和太阳能发电核发绿证，通过交易获取绿色溢价。发展至今，已构建起日益完善的绿色低碳电力体系，建立了绿证交易、绿电交易两种市场机制，绿证核发范围拓展至包括水电在内的全部可再生能源，绿证也成为认定可再生能源生产、消费的唯一凭证和交易载体，实现了从“绿色溢价”到“可再生能源电力消费基础凭证”的定位转变和价值提升，为近期衔接能耗双控政策、抵扣能耗量，中长期衔接节能降碳政策、抵扣碳排放量奠定了坚实基础。

核电是所有清洁能源中碳排放最低的发电技术之一，根据国际原子能机构（IAEA）数据，全生命周期内每生产 1 度电的碳排放量为 5.7 克，而同口径的光伏发电为 74.6 克、水电为 64.4 克、风电为 13.3 克。作为稳定可靠的优质绿色低碳电力，核电迄今未被纳入我国绿证绿电体系，成为唯一被排除在体系之外的非化石能源，这既不利于助力国家双碳目标的实现，也不利于核电行业的长远发展。主要体现在：一是全社会绿电供应面临制约。在“双碳”目标牵引下，全社会绿电消费意识逐步提高。欧盟碳边境调节机制（CBAM）开始试运行并即将正式实施，使用绿电生产的商品更具国际竞争力，有助于在国际贸易中规避非关税壁垒。国内外减碳形势促使企业等各类主体对绿电需求不断增加。核电每年可提供超过 1 600 亿度的市场化电量，是用户购买绿电的重要选择之一，且核电机组主要分布在沿海地区，能极大缓解华东、华南地区绿电供不应求的局面。但由于核电企业无法提供绿证等官方证明，目前难以满足社会不断增长的绿电消费需求。二是核电参与市场竞争面临挑战。国家发布的可再生能源消纳责任权重政策要求电网企业、售电公司和电力用户承担消纳责任，意味着这些主体在销售或购买核电的同时，仍需同样承担可再生能源电力消纳责任和配额，这实际是将核电与化石能源放在同等地位对待，没有体现核电的低碳属性和减排贡献，降低了用户购买核电的积极性。未来，随着全国统一电力市场建设的加速推进以及全社会低碳消费理念的进一步深化，该问题将会对核电参与电力市场竞争带来严峻挑战，进而影响核电低碳价值的有效发挥。

当前，欧美等国更加重视核电在碳减排中的突出作用，已有部分国家在政策或实施层面将核电纳入绿色电力范畴。其中，比利时、荷兰、芬兰等11国向核电发放了欧盟来源担保证书（GO证书），用于向终端消费者证明所用电力的绿色属性。美国伊利诺伊州、纽约州等在清洁能源配额中细分设置了零排放信用，专门适用于核电，以支撑实现各州减排目标。从我国国情看，碳减排任务更加艰巨，将核电纳入绿色电力体系是实现能源消费侧和供给侧协同转型的重要举措之一，符合现有绿色电力体系促进碳减排的方针定位，水电纳入绿证的政策实践也给核电纳入提供了有益借鉴。

我国已经成为核电大国，正在向核电强国迈进，应该在引领全球核电发展的政策导向上做出表率。将核电纳入绿色电力体系具有必要性和可行性，建议尽早将核电纳入绿色电力证书体系，为核电的绿色低碳属性提供官方证明，实现绿证对非化石能源电力的全覆盖，满足市场用户购买需求，充分发挥核电在减碳降碳中的重要作用。

关于强化大型核科研设施综合利用助力核科技自立自强的建议

辛 锋
（全国政协委员、中国原子能科学研究院原党委书记）

习近平总书记在党的二十大报告中指出“加强科技基础能力建设”“加快实现高水平科技自立自强”。大型核科研设施是推动核科技进步、催生源头创新的必要条件，推进核领域大型科研设施建设和综合利用，是实现核科技自立自强的必由之路。

一、背景

美、俄等核大国高度重视大型核科学设施的资金投入，经费主要由国家保障支持，目前已建成众多世界一流、功能强大的核科研设施。美国在运研究堆 50 座，俄罗斯在运研究堆 53 座，美国在运加速器 35 台，这些大型核科研设施运维良好，成果显著，有力支撑了其在核科技创新发展中的领先地位。

我国核工业经过几十年的建设，已经拥有了一批大型科研设施，如中国实验快堆、中国先进研究堆、北京串列加速器等，至今设施运行良好，取得了丰硕的成果。随着新时期发展需求的变化，对现有核领域大型科研设施的性能和综合利用提出了更高要求。

二、存在的问题

大型科研设施数量偏少、性能不足。我国现有大型核科研设施数量偏少，研究堆、加速器、大型试验台架等设施性能与世界一流水平相比仍存在差距。

大型科研设施运维经费不足、使用效率较低。核领域大型科研设施的运维经费支持较低，经费缺口大，导致部分大型科研设施未充分发挥其科研试验平台的重要作用。

三、有关建议

一是建议有关部门牵头制定核领域大型科研设施有偿开放共享制度，加强大型科研设施使用管理，面向符合条件的科研院所、高校有偿开放，提高大型核科研设施综合利用效能。

二是建议建立国家专项经费，确保核领域大型科研设施的安全稳定运行和充分发挥作用。

关于加快推动一体化闭式循环快堆核能系统研发支撑核能可持续发展的建议

辛　锋
（全国政协委员、中国原子能科学研究院原党委书记）

核能是清洁低碳、安全高效的稳定基荷能源。积极发展一体化闭式循环快堆核能系统是落实核能发展“三步走”（热堆－快堆－聚变堆）战略、保障核能可持续发展、助力我国“双碳”目标实现的必经之路。

一、重要性

一体化闭式循环快堆核能系统（简称“一体化快堆”）是我国核能发展“三步走”战略的关键环节。一体化快堆同时具备发电、增殖、嬗变三个功能，是发展快堆的现实选择和较优路线，可突破核能发展天花板。在核能发展“三步走”战略指导下，我国快堆已经形成了完备的科研技术体系，为一体化快堆发展奠定了坚实基础。

通过建立一体化快堆闭式循环系统，可以实现铀资源循环利用，理论上可使我国铀资源可利用率提高 60 倍，资源可利用时间从百年尺度提升到千年尺度，是支撑我国核电积极安全有序发展及环境友好发展的必由之路。

二、有关建议

建议发挥新型举国体制优势,发挥国家战略科技力量主力军作用,加快推动快堆核能系统发展走深走实,保障国家能源安全,助力“双碳”目标实现。

关于加快完善适应小型模块化反应堆法规标准助力新型能源体系建设的建议

段旭如
（住川全国政协委员、中核集团首席专家）

对于传统的大型压水堆核电厂，目前国际上已经建立了一套比较完整的核安全法规标准。但是，当前国内尚未形成一套相对完整的适用于小堆发展的法规标准，有必要结合当前核电发展形势和建设新型能源体系的要求，加快建立完善适应小堆与核能综合利用的核安全相关核安全法规标准体系。

一、背景

近年来，小堆技术日益受到世界主要核电国家和国际原子能机构等国际组织的关注，被视为核能领域的“游戏改变者”。由于小堆功率较小，在保障安全的前提下，可以采用大型堆无法采用的技术和设备，更有利于实现模块化设计、模块化预制、模块化施工，有利于缩短建造周期、减少土建成本，因而以较低的初始投入与较少的投资总额受到新兴核电国家的青睐。小堆对厂址要求不像大型堆严苛，在选址方面具有较大的灵活性，可根据用户需求灵活设计和配置，我国内陆广大地区、边远地区都可以满足小堆建设需求，同样在世界范围内，小型堆可布置的地域范围更广，更利于出口。小型堆的多用途利用已成为业界共识，小堆是热电冷三联供的理想热源，有利于实现高度的安全性和具有高效率的电、热、汽、水联产能力，从而具有较好的经济性，能适应不同的需求。

二、存在的问题

一是适用小堆建设的核安全法规标准不完善，审批依据针对小堆的适应性不强。完善的法规标准是审批项目的前置条件，我国既有的涉核安全法规标准主要以大型反应堆为规范对象，小堆如果直接套用大型反应堆的法规标准体系，将造成冗余设计过多，无法反映小堆自身的优势，反而会制约小堆的发展。

二是法规标准的缺乏影响小堆产业规模化发展。虽然国内部分小堆的安全设计已超过三代大型核电站的标准，但由于小堆的选址与建造通常与目标用户距离较近，因而受到公众对安全性的广泛关注。但由于适用小堆的法规标准尚不健全，导致小堆项目设计落地难度加大，影响小堆产业规模化发展。

三、相关建议

建议国家相关部门尽快组织制定并完善适用于小堆的安全监管法规及相关标准体系，使项目从设计、规范、选址、监管等方面做到有章可循、有法可依，保障小堆的可持续发展，助力我国新型能源体系建设。

关于强化顶层统筹和创新支持推动核技术应用产业高质量发展的建议

韩泳江
（全国政协委员，中国宝原投资有限公司党委书记、董事长）

核技术应用产业是现代高新技术产业，是典型的战略性新兴产业，涉及核技术在工业、农业、医学、环保、公共安全等多个行业领域的广泛融合应用，多年来在促进世界科技进步、推动经济持续发展、保障人民生命健康等方面发挥了关键作用，已逐步成为举足轻重的新质生产力。

一、基本现状

一是深度嵌入国民经济领域，有力支撑国家战略实施。核技术应用产业与国民经济制造业领域43个细分行业中的近三分之一行业紧密相关，跨及工业、医学、农业、环保、公共安全、考古、文教、航空航天等领域，为生态环境治理、民生福祉改善、公共安全提升、自然科学探索等提供全方位支撑，成为健康中国、美丽中国、平安中国建设的重要助力。

二是产业发展空间巨大，是新质生产力的重要组成部分。核技术应用产业一直是促进传统产业升级和推动新产业培育的重要助推力量，代表高端生产力，是一个国家发展到高级水平的重要标志性产业。发达国家产业发展商业模式成熟、市场集中度高，已形成庞大规模。根据美国核科学顾问委员会等的相关数据，美国核技术应用产业及其带动的产业年产值占国民经济总产值约4%～5%，欧洲为2%～3%，全球核技术应用产业规模超万亿美元。我国核技术应用产业起步较晚，未来成长空间可期，并且将积极促进和带动我国经济向高质量转型发展。

二、存在的问题

一是产业涉及多领域协调，管理环节多而复杂。当前我国核技术应用产业发展受多个政府部门监管，在核技术应用产业宏观政策法规制定、重大科技创新、引导资金投入、专业人才培养等方面缺乏统筹，对产业发展的规划引导和推动牵引整体滞后。

二是自主创新能力有待提升。我国在核技术应用领域的基础研发、核心技术攻关、关键设备制造等方面还存在短板弱项。产业研发投入不足，且研发培育及成果转化周期长，重点学科建设相对滞后，前沿性重大科技创新力度不足，产业高质量发展面临挑战。

三、建议内容

一是持续强化核技术应用产业发展的统筹，提升产业发展的系统性、前瞻性和方向性。建议相关部门加强沟通协同，出台更多核技术应用细分领域的中长期发展规划类指导文件，推动核技术应用产业健康发展。

二是进一步加强创新基础能力建设及投入，提升产业创新发展能级。建议研究设立核技术应用科研专项，支持国内核技术应用领域相关学科建设，支持基础、前沿、高价值的核技术应用研究，以国家支持为产业发展注入持续动力。

关于推进核能全面纳入绿色低碳政策体系助力国家高质量发展的建议

卢铁忠
（全国政协委员，中国核能电力股份有限公司党委书记、董事长）

习近平总书记在2023年全国生态环境保护大会上强调，建设美丽中国，持续改善生态环境质量，要加快推动发展方式绿色低碳转型。促进全社会绿色低碳意识提升、加快推动发展方式绿色转型，是党中央立足全面建成社会主义现代化强国、实现第二个百年奋斗目标，以中国式现代化全面推进民族复兴作出的重大战略部署。核能是清洁低碳安全高效的基荷能源，不仅可以发电，还可以开展核能综合利用，是保障国家能源安全与低碳转型的关键能源品种，是推动我国高质量发展的重要力量。

2024年2月，国家发展和改革委员会、国家统计局、国家能源局发布《关于加强绿色电力证书与节能降碳政策衔接大力促进非化石能源消费的通知》，国家已经开始探索核能的绿色低碳属性和价值。然而，在当前绿电交易、绿证交易和碳排放权交易中，核能的绿色低碳价值尚未被认可和明确，未来仍需进一步推动核能全面纳入我国绿色低碳政策体系，从而加快核能促进我国发展方式绿色低碳转型、助力国家高质量发展的步伐。

一、必要性

一是核能具备明确的绿色低碳属性，是实现“双碳”目标的现实选择。核能发电过程不排放温室气体、烟尘、二氧化硫，以及氮氧化物等，核电全生命周期二氧化碳排放当量仅约 12.2 克 / 千瓦时，与水电、风电和光伏等可再生能源相当或较之更低。2023 年，我国核电发电量约为 4 334 亿千瓦时，与燃煤发电相比，核电发电相当于减少二氧化碳排放 3.2 亿吨，相当于植树造林 130 万公顷（约 8 000 个香山公园的景区面积），为持续建设美丽中国作出重要贡献。

二是核能有助于实现供应安全前提下的能源绿色低碳转型。核能安全高效、基本不受自然条件约束，能够 365 天不间断运行，持续稳定提供高品质电能，适于承担电网的基本负荷，维护电力系统安全稳定运行。认可核能的绿色低碳属性，有助于核电与可再生电力协同，为“两高”行业提供既稳定可靠且绿色低碳的电力供应组合。同时，开展供暖、供汽、制氢等核能综合利用，也有助于工业、建筑、交通等高排放领域的深度脱碳。

三是体现中国在全球气候治理中的绿色低碳担当。欧盟已在投融资方面支持满足特定条件的核能项目，探索核能的低碳属性。核能的使用可以帮助企业减少碳足迹、提高企业的绿色形象、帮助企业在国际市场获得市场准入和政策支持并在对接国际碳关税方面储备更多优势。在我国全面建成社会主义现代化强国的进程中，在国际上率先推进核能全面纳入绿色低碳政策体系，并推动国际间的相互认可，有助于打造绿色低碳的“中国制造”品牌，带动经济向更高质量发展迈进，也向国际社会高度展现我国的“负责任大国”形象。

四是有力促进新质生产力发展。利用市场机制能够激励全社会消费绿色电力、推动企业绿色低碳转型、推动国家高质量发展。核能是重要的绿色低碳能源，认可和明确核能的绿色低碳价值、推动核能全面纳入绿色低碳政策体系，有助于全社会进一步提高绿色能源消费意识，减少发电过程碳排放量与环境污染，助力“双碳”目标早日实现。

此外，将核能全面纳入绿色低碳政策体系，有助于进一步释放核能相关产业的科技创新活力，从而深度整合提升我国相关新装备、新材料、新技术的创新能力和技术实力，推动新质生产力加快发展。

二、有关建议

为统筹能源供应安全与绿色低碳转型、助力国家高质量发展，建议国家发展改革委、国家能源局等有关部门在“双碳”等配套相关政策体系制定和完善过程中进一步明确核能的绿色低碳属性，将核能全面纳入绿色低碳政策体系。

一是建议率先明确并认可核能的绿色低碳属性与价值，提升全球能源治理话语权。我国率先向核电电力用户颁发绿色电力消费凭证、向核能发电企业颁发绿色电力证书、开发核能项目碳减排方法学，激励全社会使用核能、推动国家发展方式的绿色低碳转型，并进一步提高我国在国际社会参与全球能源治理的话语权，讲好核能参与能源治理的中国故事。

二是通过国际合作，进一步促进国际社会对核能绿色低碳属性的认可。与核能领域的国际组织合作，推动核能作为低碳能源消费的国际互认，丰富全球绿色低碳体系的内涵，有助于我国在国际贸易中规避关税壁垒并赢得主动权，在国际碳减排行动中发挥引领作用，能够帮助出口企业树立绿色形象以及应对碳关税提供支撑，从而在全球化的绿色经济中获取更多的机会和竞争优势。

关于加快发展钠冷快堆、全面保障国家能源安全，全力助推“双碳”目标实现的提案

卢铁忠
（全国政协委员，中国核能电力股份有限公司党委书记、董事长）

力争2030年前实现碳达峰、2060年前实现碳中和，是以习近平同志为核心的党中央作出的重大战略决策。核工业是高科技战略产业，是国家安全重要基石。我国确定了积极安全有序发展核电方针，目前在运在建和核准待建核电机组位居世界第一位。要实现核能产业可持续发展，更好地保障国家能源安全，核能自身还需要提前谋划并解决核燃料长期稳定供应和乏燃料有效管理等挑战。

一、背景

钠冷快堆作为第四代核电技术中最成熟的堆型之一，可以充分利用天然铀，这使得核能的资源禀赋远远超过所有化石能源的总和，可以确保我国和全球上千年的能源安全供给。快堆既是高效的发电厂，也是燃料生产厂，还是长寿命放射性核素焚烧站，是我国“热堆－快堆－聚变堆”核能发展三步走战略的关键一步，对于推进核燃料闭式循环、促进我国核能可持续发展具有重大战略价值。

我国目前已经掌握快堆关键技术，形成了完备的快堆产业链，已成为继法、俄

之后第三个具备建造大型快堆能力的国家。在下一步发展上，百万千瓦级钠冷快堆（CFR1000）已经完成概念设计，其经济性有大幅提升；一体化快堆（CiFR1000）已列入核工业企业重点研发项目，关键技术正在按计划逐项获得突破。为更好地助力我国“双碳”目标实现，服务国家能源安全新战略，应着力加快钠冷快堆这一先进核能技术的推广，在项目核准、产业政策等方面加大支持力度，助力我国抢占快堆先进技术的制高点，实现更高水平的核科技自立自强和核科技发展的全球引领。

二、必要性

一是快堆具有核燃料增殖特性，“热堆－快堆”二元核能体系可有效支撑我国“双碳”目标的实现。作为具备最高效能的清洁能源，我国“双碳”目标对核能高质量发展提出了迫切需求。据中国核能行业协会推测，为实现碳中和，到2060年，我国核能发电占比要达到20%，需建成4亿千瓦、约400台百万千瓦级核电机组，若仅发展热堆，目前铀资源供给将很难满足上述目标规模核电站燃料的稳定供应，将导致“双碳”目标无法如期实现。而快堆的增殖特性可以有效利用压水堆的乏燃料和核燃料浓缩厂产生的贫铀，实现“乏燃料变原料、后端变前端”，有效“变废为宝”，破解核能发展资源瓶颈。

二是快堆具有高效的铀资源利用效率，能使我国核燃料供给和价格很大程度上摆脱国际市场波动影响。目前全球经济可采的铀资源为792万吨，中国的探明铀资源量仅占4%，且压水堆仅能使用占比为0.7%的铀－235同位素。而快堆可使用所有铀的同位素，将使铀资源的利用效率提升60倍以上，且快堆启动之后仅需消耗贫铀。以百万千瓦的一体化快堆为例，每年运行只需要不到1.5吨的贫铀。目前我国已经积累了一定数量的贫铀，不需要额外再进口天然铀。

三是快堆具有放射性核素处理的先进性，能够有效管控高放废物，消除核能发展后顾之忧。快堆可以将乏燃料中的长寿命放射性核素烧掉（嬗变），使用当代技术即可以实现放射性废物的有效处置，使核能成为对环境更加友好的全方位绿色能源。

三、有关建议

一是为顺利实现“双碳”目标，同时破除核能发展的铀资源瓶颈，确保能源安全，建议加快快堆厂址的落地，将商业快堆首堆纳入地方和国家核电发展规划，在2026年前实现开工建设。

二是建议完善快堆技术推广的政策支持。鉴于快堆尚处于商业化推广的初期，建议相关部门出台相关优惠政策，包括电价保障、电量满发、税收优惠等，为快堆高质量发展提供强大动力，更好地服务民族复兴和强国建设伟业。

关于建立核领域数据中心统筹核工业数据资源开发利用的建议

徐鹏飞
（全国政协委员，中核集团副总工程师，
中国核电工程有限公司党委书记、董事长）

核工业是高科技战略产业，是数据密集型产业，在加快发展数字经济，促进数字经济与实体经济深度融合，打造具有国际竞争力的数字产业集群要求下，推动建设核领域数据中心，统筹核领域数据资源共建共享，有利于充分发挥核工业数据要素的乘数作用和倍增效应，将为建设数字核工业奠定坚实基础。

一、背景

当前，国务院国资委、国家能源局、国家核安全局等国家相关主管部门高度重视核工业数字化、智能化发展，在相关部委领导下，我国核能领域产业链上下游以数据中心为基础推进数字化转型，并取得了一定成绩。但目前，核领域仍缺乏覆盖全产业链的行业性数据中心平台，制约了核工业数据价值最大化发挥。

二、必要性

一是支撑国家“双碳”目标和能源安全的实践要求。“双碳”目标下，积极安全有序发展核电是保障我国能源安全的重要选择。推进核工业数据中心建设，是核工业深入推进数字化转型，赋能核工业高质量发展，加快构建新型能源体系保障国家能源安全，推动实现“双碳”目标的实践要求。

二是重塑核工业产业形态，建设数字核工业，提升我国核能产业新优势的必然选择。通过构建核工业行业数据中心，促进数据要素高效流通释放数据价值，降低整个产业链协同成本，形成核工业产业链数据资产，赋能提升研发设计、采购、建安、调试、运维等全生命周期各环节高效协同，实现高质量、短周期交付，实现智能制造、模块化施工、数字化调试以及智能化运维；将形成核工业新型供应链与产业链生态圈，带动核能产业健康、高质量发展，是核工业加快发展数字经济，促进数字经济与核工业实体经济深度融合，打造具有国际竞争力的数字产业集群的实践要求和基础底座，能够从根本上构建我国核能产业新优势，有利于加快探索核工业新型工业化新实践。

三、相关建议

建议构建以数据和软件为中心的核工业数据中心及数字发展生态。通过构建“政—产—学—研—企—用”融合平台，在政府引导下，充分发挥核工业产业链链长单位优势，以核电设计为试点开展软件应用，分步实施软件应用替代及推广，形成满足核工业持续发展需要的软件产品和研发体系，构建核工业数字化发展生态。

关于积极安全有序发展核电的建议

王明弹
（全国政协委员，上海核工程研究设计院有限公司总经理）

2023 年 12 月举行的第 28 届联合国气候大会（COP28）上，22 个国家签署了“2050 年将核能发电增长到 2020 年基准的三倍”的联合宣言。党中央、国务院高瞻远瞩，在 2021 年《政府工作报告》中已明确提出“积极安全有序发展核电”。目前全球核电装机规模约 4 亿千瓦，根据全球主要国家核电发展规划统计，预测 2050 年全球核电装机规模将达 12 亿千瓦，核能将在全球实现碳中和目标过程中发挥更重大的作用。

核电产业位于全球制造业的顶端，具有较高的科技溢出、投资拉动和清洁降碳作用。经过大型先进压水堆和高温气冷堆国家科技重大专项的部署实施，我国已形成具有国际优势竞争力的“国和一号”等先进型号，基本建成了完整且自主可控的现代核电产业链，成为全球产品最先进且产能最大的核电国家，进入标准化批量化建设阶段。

建议:明确核电建设预期,提升核电产业生产组织能效;组织行业开展系统性经验反馈工作,促进行业持续健康发展;支持核能核电项目创新示范,试点推广风光火核储一体化能源基地项目建设,为新型能源体系和新型电力系统建设发挥更大作用。

同时,我国作为全球在建核电机组规模最大的国家,可以立足我国核电产业优势,抓住国际核电发展新需求新机遇,通过组织国际交流和经验分享,持续深化国际合作,推动“国和一号”等我国先进核电型号“走出去”,为“一带一路”倡议建设和全球气候治理发挥我国核电力量,巩固提升我国核能核电的国际影响力。

编者的话——致作者与读者

在广大作者大力支持和专家团队的积极参与下，由中国核能行业协会精心组织策划、编辑的《中国核能行业智库丛书（第七卷）》与读者见面了。第七卷共约稿件 110 篇，其中“序言”栏目稿件 1 篇，“特别推荐”栏目稿件 7 篇，全国“两会代表委员议案提案”稿件 14 篇，常规性稿件 88 篇。

按照丛书收录原则，初审没有入围的有 15 篇常规性稿件，其主要原因一是涉及敏感话题，不易公开；二是一般性工作交流，缺乏思想性；三是文章技术性太强。

除“序言”“特别推荐”栏目稿件和“两会代表委员议案提案”外，报送专家审阅的文章 73 篇。经过专家逐一审评，评出 4 篇优秀文章，淘汰文章 30 篇。最终，第七卷全卷共收录文章 65 篇。

2024 年 7 月 1 日，协会副理事长兼秘书长、党支部书记张廷克在为协会全体党员、员工讲授打造协会特色新型智库建设新标杆的专题党课时提出，要将协会全面打造成为以引领我国核能可持续发展为重点方向、最具行业权威性的高端智库标志性品牌形象，为持续提升协会行业影响力、竞争软实力、治理话语权提供切实支撑，为我国核能安全高效可持续发展提供重要的高端智力支撑。针对丛书，他提出了更高要求，要高水平规范化开展丛书的编辑约稿、作者投稿、专家审评遴选、编辑出版、征订与发行工作，尽快把丛书打造成为行业年度最具影响力的汇聚行业软课题研究优秀成果的行业知名的智库研究型品牌出版物。

截至 2024 年，丛书已出版 7 卷，得到了协会领导的大力支持和悉心指导；丛书编辑部积极探索实践，多渠道、多平台开展组稿工作和宣传推介工作；协会智库专家本着科学严谨、公平公正、确保质量的原则认真细致开展评审工作。从目前的效果看，该书在业界有了一定的知名度，但距离“智库研究型品牌出版物”的目标，还有一定的差距。为实现这个目标，需要丛书编辑部与广大作者和专家团队一道，扎实耕耘、奋楫笃行。

中国核能智库丛书编辑部

2024 年 7 月 16 日

ISBN 978-7-5221-3577-9

定价 228.00 元